城市生态水利工程规划设计与实践

主　编　周风华

副主编　哈　佳　田为军　关　靖

参　编　戴翠琴　张高旗　李维华

　　　　陈牧邦　陈　峰　梁东业

　　　　陈丽刚　孟　潇

黄 河 水 利 出 版 社

·郑 州·

内 容 提 要

　　城市生态水利工程是近年来传统水利工程在结合城市建设、生态理念过程中发展起来的一个新领域,本书从城市生态水利工程概况、生态水系规划、生态需水量估算、工程总体安全设计、生态护岸设计、城市河湖防渗设计、蓄水建筑物设计、水环境保障措施、河湖健康评价等方面,结合工程实践,对城市生态水利工程规划设计做了系统全面的总结和阐述。

　　本书为水利设计人员及管理人员提供了一定的参考和借鉴,可作为水利工程规划设计人员、管理人员的技术参考用书。

图书在版编目(CIP)数据

　　城市生态水利工程规划设计与实践/周风华主编.—郑州:黄河水利出版社,2015.12
　　ISBN 978 - 7 - 5509 - 1292 - 2

　　Ⅰ.①城… Ⅱ.①周… Ⅲ.①城市水利 - 水利工程 - 水利规划 - 研究 ②城市水利 - 水利工程 - 工程设计 - 研究 Ⅳ.①TV512

　　中国版本图书馆 CIP 数据核字(2015)第 286276 号

出 版 社:黄河水利出版社
　　　地址:河南省郑州市顺河路黄委会综合楼14层　　邮政编码:450003
发行单位:黄河水利出版社
　　　发行部电话:0371 - 66026940、66020550、66028024、66022620(传真)
　　　E-mail:hhslcbs@ 126. com
承印单位:河南承创印务有限公司
开本:787 mm×1 092 mm　1/16
印张:24
字数:555 千字　　　　　　　　　　　印数:1—1 000
版次:2015 年 12 月第 1 版　　　　　　印次:2015 年 12 月第 1 次印刷
定价:65.00 元

前　言

　　20 世纪 60 年代后期,德国及瑞士等西方发达国家已开始将生态学原理应用于土木工程以恢复受损河岸生态系统的试验研究。90 年代以后,河流生态修复理念在世界范围内成为趋势,一些国家率先开始了"恢复河流生命"的研究和实践。德国、美国、日本、法国、瑞士、奥地利、荷兰等国家都大规模拆除已经修建的混凝土河道,对其进行生态恢复。忽略河流也是生命体,将河流用混凝土"包"起来的河道治理方法,已被各国普遍否定,河流生态修复已经成为国际大趋势。

　　我国较早开展河流整治且比较成功的案例是四川成都府南河,府南河公园是一个以水的整治为主题的生态环保公园,受到污染的水从府南河抽取上来,经过公园的人工湿地系统进行自然生态净化处理,最后变为"达标"的活水,回归河流。2000 年 10 月召开的21 世纪城市建设与环境成都国际大会,对成都市府南河的治理给予了充分肯定,该项目获得了世界人居奖等 3 项国际大奖。府南河治理工程包含了城市可持续发展、城市建设与环境、住房与安居等多方面的内涵,是城市河流治理的成功范例。随后,城市水利"人与自然和谐,可持续"的理念逐渐被人们接受,北京以 2008 年奥运会为契机,对六环内的多条河流进行了整治,如长河、转河、小月河、菖蒲河、凉水河等,再现了水清、岸绿、景美的滨水环境,为市民提供了更多的休闲娱乐场所。其他城市如上海、广州、苏州、西安、天津、合肥等都陆续开展了城市河流整治工作,取得了良好的经济效益、生态环境效益和社会效益。

　　在上述城市水利建设的探索和实践中,人们认识到新时期城市水利的功能已不同于以往单纯的防洪排涝,在传统的防洪排涝基础上又被赋予了市政建设、环境保护、水体自净、城市生态建设、景观娱乐、文化内涵发掘和旅游资源开发等方面的综合性功能。很多城市以水决定城市发展的布局,充分体现了城市水利是城市发展的命脉、是城市血液的基础地位。城市水利工作的这种转变,涉及水利、生态、环境、经济、社会、文化、管理等诸多自然科学和社会科学,是一个有机联系的系统工程,是一个全新的领域——城市生态水利。

　　国家在政策层面上也一直倡导着城市水利可持续发展,党的十八大以来,生态文明建设被提到了前所未有的高度,党的十八大报告指出:建设生态文明,是关系人民福祉、关乎民族未来的长远大计。必须树立尊重自然、顺应自然、保护自然的生态文明理念,把生态文明建设放在突出地位,融入经济建设、政治建设、文化建设、社会建设各方面和全过程,努力建设美丽中国,实现中华民族永续发展。2013 年 12 月,中央城镇化工作会议更是提出:让城市融入大自然,让居民望得见山、看得见水、记得住乡愁。2013 年 7 月及 2014 年5 月,国家分两批确定了 104 个全国水生生态文明试点城市,旨在在全国范围内引领"水资源可持续利用、水生生态体系完整、水生生态环境优美、水文化底蕴深厚"的水生生态文明建设。近期,国家进一步大力倡导"海绵城市建设",遵循生态优先等原则,通过自然途径与人工措施相结合,在确保城市排水防涝安全的前提下,最大限度地实现雨水在城市区域的积存、渗透和净化,促进雨水资源的利用和生态环境保护。2014年11月,住房和城乡建设部印发《海绵城市建设技术指南》。2015年4月2日通过激烈竞争,16个城市被正式确定为海绵城市建设试点城市,这些城市将获得中央财政的专项资金补助。这些政策为城市生态水利的发展提供了良好的契机,也要求我们水利工作者以全新的理念认识城市水利与自然、与人、与经济发展的关系。

本书从城市生态水利工程概况、生态水系规划、生态需水量估算、工程总体安全设计、生态护岸设计、城市河湖防渗设计、蓄水建筑物设计、水环境保障措施、河湖健康评价等方面,结合作者十几年来在城市生态水利工作中的实践,对城市生态水利工程规划设计做了系统全面的总结和阐述。本书内容既是总结,也是探讨和交流。希望能和水利同行互动和交流,取长补短,共同为建设美丽家园做出贡献。

本书在编写过程中得到了作者所在单位黄河勘测规划设计有限公司生态院的领导和同事的大力支持,参考和引用了部分公开发表的有关文献资料,在此表示衷心的感谢。

本书由周风华担任主编,哈佳、田为军、关靖担任副主编,各章节编写分工如下:周风华编写前言、第2章,哈佳编写第1章、第4章、第10章10.8节,张高旗编写第3章、第10章10.2节,戴翠琴编写第5章5.1~5.5节,李维华编写第5章5.6节,关靖编写第6章、第10章10.5节,陈峰编写第7章7.1节、第10章10.9节,田为军编写第7章7.2~7.4节、第9章,陈丽刚编写第7章7.5节,陈牧邦编写第8章、第10章10.6和10.11节,梁东业编写第10章10.1、10.4、10.7节,孟潇编写第10章10.3和10.10节。全书由周风华统稿,连祎参与了本书的校核和修改工作。

由于作者水平有限,书中可能存在缺点和错误,敬请各位专家和读者给予批评指正。

作　者

2015年9月于郑州

目　录

第1章 城市生态水利工程

1.1 城市生态水利工程的概念

在了解城市生态水利工程之前,我们首先要了解什么是水利工程,水利工程是用于控制和调配自然界的地表水和地下水,达到除害兴利目的而修建的工程。人们修建水利工程的目的是控制水流,从而防止洪涝灾害,同时进行水量的调节和分配,以满足人民生活和生产对水资源的需要。水利工程中常见的建筑物包括大坝、河堤、水闸、渠道、渡槽、筏道等。

随着环境科学和生态学的发展,人们认识到传统意义上的水利工程虽然能满足社会经济发展的需求,但在不同程度上忽视了河流生态系统本身的需求,造成对生态系统的胁迫效应,导致河流生态系统不同程度的退化。而河流生态系统的功能退化,也给人们的长远利益带来损害。为在水资源开发利用与水生生态保护之间寻求合理的平衡点,从技术层面上探索和发展生态水利工程学就成为一种必然的选择,生态水利工程应运而生。

生态水利工程打破了传统水利工程的观念,对水利工程建设提出了全新的、更高的要求,其不仅需要满足防洪安全,还要追求改善和美化环境。城市生态水利工程是一种综合性工程,在河流综合治理中既要满足人类对水的各种需求,包括防洪、灌溉、供水、发电、航运以及旅游等需求,也要兼顾生态系统健康和可持续发展的需求。

1.2 城市生态水利工程的优势

城市生态水利工程是当下水利工程发展的趋势,也是未来城市水利工程发展的方向。城市生态水利工程可以保护城市生态环境、维持水生生态平衡、美化城市生活环境,给人类以更舒适的生存环境。生态水利工程的优势还有很多,主要表现在对地质活动和环境影响小、可以实现水资源的可持续发展等方面。

1.2.1 生态水利工程对地质活动的影响

生态水利工程以尊重自然规律为前提,遵循因地制宜、充分利用河流的自我修复功能的理念,把人与自然和谐发展的观念贯彻到水利工程建设当中。生态水利工程在组织、设计、建设等一系列阶段中也摒弃了传统水利工程一味追求安全和经济利益的观念,更加注重如何减少对地质环境的影响,同时在组织设计中遵循河流的自然属性和美学价值,探求最优的生态水利工程建设方案。这样的建设能够大大减少人为破坏地质环境的概率,使水利工程对地质活动的影响降到最低。

1.2.2　生态水利工程对环境的影响

生态水利工程对环境的影响小,主要在于生态水利工程注重自然规律,以水利建设与生态环境和谐共存为宗旨,以减少对生态环境和生态系统演变的影响为前提对水资源进行开发与利用。在城市生态水利工程建设中,对水资源开发、利用、配置和保护的组织设计更多考虑的是减少水利工程对周围生物活动的影响。因此,在城市中发展生态水利工程,可以减少对环境的影响。

1.2.3　生态水利工程实现水资源的可持续开发

生态水利工程是在考虑生态环境与工程建设和谐发展的基础上进行建设的,并非是一味地向大自然索取。它的主要目的是提高自然环境的自我恢复能力,将水资源开发对自然环境的影响降到最低。

水利工程建设应贯彻水资源可持续开发这一宗旨,在城市大力发展水利工程建设的过程中要积极推广人与自然和谐发展的生态水利工程,实现在保持、推动自然环境发展的前提下满足人类生产生活需要的建设目标。

1.3　城市生态水利工程的发展历史与现状

1.3.1　国外发展历史与现状

世界上一些发达国家都在进行河流回归自然的生态恢复。20世纪60年代后期,德国及瑞士等西方发达国家已深刻认识到混凝土护岸是导致河流污染的根本原因,开始将生态学原理应用于土木工程以恢复受损河岸生态系统的试验研究。美国于20世纪90年代开始恢复已经建设的混凝土河道,如著名的洛杉矶河现已拆除了混凝土河道。

1986年,日本开始学习欧洲的河流治理经验,拆除已经修建的混凝土河道,进行生态修复。由于多地震和台风,地表经常处于变动状态,所以日本在理论、施工及新材料开发等各个领域丰富、发展了“河流生态恢复技术”。原建设省河川局将“河流生态恢复技术”称为“多自然型河川工法”或“近自然河川工法”,其现已成为一门成熟的技术被推广应用到道路、城市建设等领域,统称为“近自然工法”。在理论上,诞生了应用生态工学。

应用生态工学是在20世纪90年代以后由日本丰富和发展的生态学和工程学交叉性的学科,它是一门在生态学和土木工程学的边界领域建立新的理论、知识和技术体系的学科。主要方法是以工程控制论“反馈—控制”的基本范式为指导,通过“设定假说,验证假说”的反复,在土木工程设计中纳入生态学原理,研制适于生物生存的近自然工程材料和标准化缀块,在完成的土木工程中形成生境缀块之间存在相互联系的近自然景观格局。这门科学以“整体论”思想为基础,基于典型事例积累建立标准化设计和工程规范。应用生态工学不仅全方位变革了传统的土木工学,而且也为人类解决受损生态系统恢复与重建等重大环境问题提供了全新的技术科学视点。

20世纪90年代以来,德国、美国、日本、法国、瑞士、奥地利、荷兰等国家都大规模拆除已经修建的混凝土河道,对其进行生态恢复。忽略河流也是生命体,将河流用混凝土"包"起来的河道治理方法,已被各国普遍否定,河流生态修复已经成为国际大趋势。

国外的河流生态修复实践丰富和发展了河流生态修复技术,促进了水利工程学和生态学的有机结合,为河流生态修复提供了科学方法和行动指导。但是,国外河流生态修复多是河道形态的修复,而且多集中于生态恢复材料的开发及生境斑块的设计和构建上,关于系统在恢复中的生态学过程和机理的研究却很少,缺乏证明城市受损河流生态系统在恢复过程中是如何进行自我调节的理论证据,距离河流生态的良性循环,即河流生态系统健康还差距甚远。

1.3.2 国内发展历史与现状

受国外治河成功及国内城市经济发展对河流整治需求推动的影响,国内城市河流治理正在如火如荼地开展,积累了丰富的治河经验,促进了该领域的深入研究,带动了相关产业的发展。治理后的城市河流发挥了巨大的经济效益、社会效益和生态环境效益。但从总体上讲,我国的城市河流治理仍更多地停留在以改善河流周围环境、促进经济链发展的层面,河流整治多以景观美化为主要目标,与国外的城市河流生态修复工作仍存在差距,要达到真正意义上的河流生态修复目标,仍需要不断地总结经验,积极探索和研发新技术、新方法,以增强我国城市河流治理的生态效果。

我国较早开展河流整治且比较成功的案例是四川成都府南河,府南河公园是一个以水的整治为主题的生态环保公园,受到污染的水从府南河抽取上来,经过公园的人工湿地系统进行自然生态净化处理,最后变为达标的活水,回归河流。该公园的创意由美国学者贝·达蒙女士提出,得到成都市政府的支持,由中国、美国、韩国3国的水利、城建、环保、园林和艺术家共同设计而成。2000年10月召开的21世纪城市建设与环境成都国际大会,对成都市府南河的治理给予了充分肯定,该项目获得了世界人居奖等3项国际大奖。府南河治理工程,包含了城市可持续发展、城市建设与环境、住房与安居等多方面的内涵,是城市河流治理的成功范例。北京的城市河流整治以2008年奥运会为契机,根据每条河流所处的区位及周围土地利用情况,有针对性地制定生态保护与修复措施,对六环内的多条河流进行了整治,如长河、转河、小月河、菖蒲河、凉水河等,再现了水清、岸绿、景美的滨水环境,为市民提供了更多的休闲娱乐场所。绍兴市城市防洪一期工程,让人们透过护城河改造工程,体味到了古城绍兴的风韵,再现了江南水乡独特的地域风貌,带动了城市经济的发展。值得一提的是,哈尔滨的城市河流整治工作虽开展较晚,但突出"以水定城"的新理念,2009年规划并实施的"松北湿地水城规划",将水系规划作为城市规划的上位规划,突出了水系对城市经济和生态系统的重要支撑地位,有利于实现水系规划与城市规划的有机协调。其他如上海、广州、苏州、西安、天津、合肥等都陆续开展了城市河流整治工作,取得了良好的经济效益、生态环境效益和社会效益。城市河流治理不仅在我国大城市及省会城市得到了普遍的开展,一些中小城市也陆续开展了城市河流生态修复和景观重建工作,可以说,我国的城市河流整治掀起了以东部发达省市为起始,逐步带动其余省市整治的热潮,各级政府及公众对河流整治的重视为河流面貌的改善提供了前所未有的机遇。

总体上，我国目前城市河流整治的初衷是改善城市面貌、提高城市环境质量、打造城市特色滨河空间、带动沿河经济发展等。因此，城市河流整治主要围绕改善水质、改善滨河空间环境、增加河道内蓄水量等展开。水质改善主要通过换水、原位净化、引水稀释等实现，滨河空间环境改善和休闲娱乐空间的建立主要通过对宝贵的滨河空间按照新时期"人－水－建筑"三者间的关系重新梳理定位，根据不同河段的功能需求建设滨河绿地、休闲空间，提高人居环境质量。城市河流整治技术主要包括生态需水量确定、水质改善措施、河道形态的近自然化、满足生态需水过程的生态水文调度、生物栖息地构建、满足城市人群需求的景观重现、规划设计和水文化展现等方面。

目前，我国在借鉴国外先进经验进行城市河流整治实践的同时，对上述各种技术都有所尝试并取得了一定的成绩。水利工作者们也就生态水利的理论进行了大量的、系统的研究，董哲仁教授先后发表了《生态水工学探索》《生态水利工程原理与技术》等专著，也有很多学者就生态水利的某一领域，如生态水利规划、生态需水量、生态护岸、水利与景观建设的关系等方面发表了大量的研究著作或论文，引导着行业发展的方向。

1.4　城市生态水利工程的发展趋势

随着经济的迅速发展和人类生活、生产范围的不断扩大，我们对自然环境的开发与利用力度也越发加大，这种开发使得对自然生态环境尤其是对河流的破坏越来越严重。如果对此仍然不给予充分的重视，继续加大对自然生态环境的开发、破坏，那么其结果必然影响水资源的开发利用和可持续发展。

如果长期沿用传统的水利开发理念，则必定会加剧生态环境的恶化，而生态水利工程建设有别于传统水利工程理念，它是在充分保护和尊重自然生态环境的基础上，开发利用水资源，这样既能保护自然生态环境，又能满足人们对水资源开发利用的需要。

如今的生态水利工程发展具有巨大的优势，也在大部分地区得到了工程实践的证明。随着人们环境保护意识的不断增强，在城市未来发展过程中，生态水利工程将会具有更好的发展应用空间。

第 2 章　城市生态水系规划

2.1　城市生态水系规划的内容

　　水是生命之源,人类对水有与生俱来的亲近之感;水也是人类与自然的联系纽带。河流水系是城市存在和发展的基本条件,是城市形成和发展过程中最关键的资源与环境载体,水系关系到城市的生存,制约着城市的发展,是一个城市历史文化的载体,是影响城市风格和美化城市环境的重要因素。在过去,城市水系发挥着防洪排涝、防御、运输等作用;而在现代社会里,城市水系对城市更为重要,更多地承担着保持自然环境生态平衡、调节微气候、提供旅游休闲娱乐场所、展示弘扬独特的历史文化、城市名片等各项功能。

　　城市规划是确定城市性质、规模和发展方向,合理利用城市土地,协调城市空间布局以及建设和管理城市的基本依据。城市的建设和发展要在城市规划的框架与引导下进行,实现有序开发、合理建设,实现城市发展目标和可持续运行。同样,城市内水系建设,也应在城市水系规划的指导下,进行合理的布局和开发,实现城市整体的发展目标和水系自身的良性运行。同时,城市水体及水系空间环境也是城市重要的空间资源,城市水系的总体布局甚至影响着城市的总体布局,因此城市水系规划也是城市规划的基础和重要的组成部分。

　　随着经济社会的快速发展和城市化进程的快速推进,一方面,城市对水安全、水资源、水环境的依赖性和要求越来越高;另一方面,城市的建设不断侵占着城市的水面、向城市水体排放污染物,导致城市水系的生态环境问题日益突出。因此,迫切需要编制城市水系规划,来完善城市水系布局,强化滨水区控制,充分发挥水系功能,维持河湖健康生命,保障水资源的可持续利用和水环境承载能力。2008 年,水利部发布《城市水系规划导则》(SL 431—2008),住房和城乡建设部联合国家质量监督检验检疫总局发布了《城市水系规划规范》(GB 50513—2009),成为城市水系规划编制的依据。

　　那么,什么是城市水系和城市水系规划呢?《城市水系规划导则》中给出了定义:城市水系是指城市规划区内河流、湖库、湿地及其他水体构成脉络相通的水域系统。这里的河流指的是江、河、沟、渠等,湿地主要指有明确区域命名的自然和人工湿地,城市其他水体主要指河流、湖库、湿地以外的城市洼陷地域,城市内大的水坑及与外部水系相通的居住小区和大型绿地中的人工水域。

　　城市水系规划是指以城市水系为规划对象,综合考虑城市人口密度、经济发展水平、下垫面条件、土地资源和水资源等因素,对水系空间布局、水面面积、功能定位、水安全保障、水质目标、水景观建设、水文化保护、水系与城市建设关系以及水系规划用地等进行协调和安排,提出城市水系保护和整理方案。城市水系规划对城市规划的影响以及城市规划对水系的要求是城市规划建设不可回避的问题。水系规划在满足水系功能要求的安全,即城市防洪排涝安全、生态用水安全、水环境质量安全等前提下,尽可能地整合、协调城市总体规划发展布局、目标和建设用地的要求,以期提出城市水系规划切实可行的方案。

2.1.1　城市水系规划的内容

城市水系规划的内容包括保护规划、利用规划和涉水工程协调规划,具体内容应包括:确定水系规划目标、明确城市适宜的水面面积和水面组合形式、构建合理的水系总体布局,确定水系内的河湖生态水量和控制保障措施、制定城市水质保护目标和水质改善措施,制订水系整治工程建设方案、水系景观建设方案,划定水系管理范围和管理措施,估算水系建设投资等。

2.1.1.1　保护规划

建立城市水系保护的目标体系,提出水域、水质、水生生态和滨水景观保护的规划措施和要求,核心是建立水体环境质量保护和水系空间保护的综合体系,明确水面面积保护目标、水体水质保护目标,建立污染控制体系,划定水域控制线、滨水绿化带控制线和滨水区保护控制线(蓝线、绿线、灰线,简称三线),提出相应的控制管理规定。

2.1.1.2　利用规划

完善城市水系布局,科学确定水体功能,合理分配水系岸线,提出滨水区规划布局要求,核心是要建立起完善的水系功能体系,通过科学安排水体功能、合理分配岸线和布局滨水功能区,形成与城市总体发展规划有机结合并相辅相成的空间功能体系。

2.1.1.3　涉水工程协调规划

协调各项涉水工程之间以及涉水工程与水系的关系,优化各类设施布局,核心是协调涉水工程设施与水系的关系、涉水工程设施之间的关系,各项工程设施的布局要充分考虑水系的平面与竖向关系,特别是竖向关系,避免相互之间的矛盾甚至规划无法落地的问题。

2.1.2　城市水系规划的原则

在城市水系规划阶段,要树立尊重自然、顺应自然和保护自然的生态文明理念,要从城市水系整体的角度将水系规划与用地规划结合起来进行考虑,综合考虑水安全、水生态、水景观、水文化等不同的需求,避免各自为政,或走"先破坏、后治理"的老路。在编制水系规划时,应坚持以下原则:

2.1.2.1　安全性原则

河流对于人类而言,没有了安全,其他的一切都无从谈起。在水系规划中,安全性是规划应坚持的第一原则,要充分发挥水系在城市给水、排水和防洪排涝中的作用,确保城市饮用水安全和防洪排涝安全。安全性的原则主要强调水系在保障城市公共安全方面的作用。如城市河道的防洪排涝要满足一定的标准,滨水区的设计要考虑亲水安全,水源地要充分考虑水质保护措施等。

2.1.2.2　生态性原则

维护水系生态资源,保护生物多样性,改善生态环境。水系的生态性原则主要强调水系在改善城市生态环境方面的作用,要求在水系规划中考虑水系在城市生态系统中的重要作用,避免对水生生态系统的破坏,对已经破坏的,在水系改造中应采取生态措施加以修复,要尊重水系的自然属性,考虑其他物种的生存空间,按照水域的自然形态进行保护或整治。这一原则体现了人水和谐的水生生态文明理念。

2.1.2.3 公共性原则

人水和谐是一种既强调保护和恢复河流生态系统,也承认了人类对水资源的适度开发利用的"友好共生"理念,那些认为"生态河流"就是要将河流恢复到一种不被人类活动干扰的原生态状态,反对河流的任何开发活动的观念已经被大家认识到是片面和不科学的。特别是城市水系,由于其位于城市这一人类聚集区的特性,更成为城市不可多得的宝贵的公共资源。城市水系规划应确保水系空间的公共属性,提高水系空间的可达性和共享性。公共性原则主要强调水系资源的公共属性,一方面体现在权属的公共性上,滨水区应成为每一个城市居民都有权享受的公共资源,为保证水系及滨水空间为广大市民所共享,不少国家的城市对此制定了严格的法规,在我国,三线的划定,特别是蓝线、绿线的控制,是水系保护的需要,也为水系的公共性提供了保证;公共性的另一方面表现在功能的公共性上,在滨水地区布局的公共设施有利于促进水系空间向公众开放,并有利于形成核心凝聚力来带动城市的发展。如绍兴环城水系、济南护城河沿岸的景观河公共设施建设都带动了当地旅游业的发展,并已成为城市名片。

2.1.2.4 系统性原则

城市水系规划系统性强调将水体、水体岸线、滨水区三个层次作为一个整体进行空间、功能的协调,合理布局各类工程设施,形成完善的水系空间系统。第一层次是水体,是水生生态保护和生态修复的重点。第二层次是水体岸线,是水陆的交界面,是体现水系资源特征的特殊载体。第三层次是滨临水体的陆域地区即滨水区,是进行城市各类功能布局、开发建设以及生态保护的重点地区。水系规划必须兼顾这三个层次的生态保护、功能布局和建设控制。水体岸线和滨水区的功能布局需形成良性互动的格局,避免相互矛盾,确保水系与城市空间结构关系的完整性。同时,系统性原则还体现在城市水系与流域、区域关系的协调,与城市总体规划发展目标、布局的协调,与城市防洪排涝、给水排水、水环境保护、航运、交通、旅游景观以及与其他专业规划的协调上。

水系规划是一项系统工程,正如钱学森院士所说,"无论哪一门学科,都离不开对系统的研究"。在传统的水系和河道建设中,各主管部门缺乏协调,单独行事,水利部门硬化河道、裁弯取直,考虑排洪通畅;市政部门利用河道作为排污渠道;园林部门在河道某一防洪高程以上进行绿化。人们的活动被局限在堤顶或河岸顶的笔直路上;一些政府看到了河道的商业价值,开始侵占河道造地,进行房地产开发。河流慢慢丧失了原有的自然景观,洪涝频发、水污染加剧、生物多样性丧失、河道景观"千河一面"。科学发展观强调经济建设必须保持环境的生态性和可持续发展。城市水系规划应从系统的角度综合考虑城市水安全、水生生态、水景观、水经济、水管理、水文化和水环境治理的多学科内容,在整合不同学科团队规划建议和意见的基础上进行统一与整体的规划。

例如,在唐山环城水系的规划建设之中,就很好地体现了"系统的涉水规划理念",在规划中明确了规划团队在水系规划中的主导作用,使得规划团队与水利团队的合作顺利进行。同时包含经济学、社会学、文化学、城市规划、建筑设计和风景园林师的规划团队的人员组成,也保障了涉及多学科内容的"系统的涉水规划理念"实施的可能性。在具体规划中,规划团队首先以分解手法,独立解读了各个学科对水系规划的要求。例如,水利视角下的河道规划要解决防洪排水、水质的净化和水的来源与补给。水文视角下的河道规划要解决可用于城市公用的水资源与用水对策(景观及生态用水)。经济学视角下的河道规划要实现社会经济效益的最大化,包括沿河土地的利用与转型下的产业布局、考虑投资与回报的开发模式以及维护的生态景观系统。社会学视角下的河道规划追求资源享受的社会公平性,要求河道景观的均享性。在上述解读基础上,环城水系规划统筹城市设计、景观规划设计、水利设计、土地效益分析、环境福利(公园、城市广场等城市开放空间)的均衡分布和水域与绿地生态系统的整合,合理组织利用目前的河道系统、新建河道的规划与补给水系统,通过协调环城水系景观系统内部各节点空间、桥梁与道路设置等和外部其他系统之间的关系,发挥景观系统的最大效益,实现周边产业布局合理化、生态功能最优化、社会经济效益最大化、后期管理维护轻松化的目标。

2.1.2.5　特色化原则

城市水系规划应体现地方特色,强化水系在塑造城市景观、传承历史文化方面的作用,形成有地方特色的滨水空间景观,展现独特的城市魅力,避免生搬硬套、人云亦云。特色化原则强调的是因地制宜,可识别性。

绍兴的环城河整治工程于 1999 年动工建设,2001 年竣工,全长 12.2 km。外与浙东古运河、鉴湖相连,内与城区河道相通,历史久远,文化深厚。经整治以后的环城河景区沿古老的环城河两岸,面积达 114 万 m²,其中水域 60 万 m²。碧水绿地串起八大景区(稽山园、鉴水苑、治水广场、西园、百花苑、迎恩门、河清园、都泗门),景区内以不同的方式展现着绍兴特有的历史文化,如璀璨明珠串成的项链镶嵌于古城四周,凸现出"不出城廓而获山水之怡,身居闹市而有林泉之致"的古城特色,区内有 20 余处大小广场是市民晨练的集聚地,还有酒楼、茶座、旅游购物网点和健身活动点,以及环城河水上游览专线,是市民休闲娱乐的好去处,同时也成为绍兴市接待参观、考察的主要场所。2004 年,环城河获得全国最佳人居范例奖,荣获国家级水利风景区称号。

唐山市环城水系工程通过新建 13 km 的凤凰河与南湖生态引水渠相连,并同南湖、东湖、凤凰湖相通,形成河河相连、河湖相通的水循环系统,形成环绕中心城区的长约 57 km 的环城水系,整个水系分为 8 个主题功能区,即郊野自然生态区、城市形象展示区、工业文化生活区、湿地生态恢复区、现代都市文化景观区、滨河大道景观区、都市休闲生活区和湿地修复景观区,构筑起"城中有山、环城是水、山水相依、水绿交融"的宜居生态城市。

上述工程都具有独特的可识别性,这些可识别性更多的是依靠体现河与城市的历史文化而显示出其独特性和不可复制性。

2.2 水系保护规划

2.2.1 城市水域面积保护

2.2.1.1 城市水面的功能和水面规划原则

城市水面规划应根据城市的自然环境、地理位置、水资源条件、社会经济发展水平、历史水面比例、城市等级、人们生活习惯和城市发展目标等方面的实际情况,并考虑国际先进经验和国内研究成果,确定符合城市现状发展水平和发展需求的适宜水面面积和水面组合形式,提出城市范围内河流、湖泊、水库、湿地以及其他水面的保持、恢复、扩展或新建的要求。

1. 城市水面的功能

城市水面对社会经济及生态系统有着重要的作用,具体有以下功能。

1)防洪排涝

在城市中,暴雨径流首先由地面向排水系统汇集,再排放到城市河湖中,如果城市水面面积较大,相应的调节能力就越大,可起到调蓄部分洪水的作用,并调节洪水流量过程,降低洪峰峰值流量,为洪水下泄提供一定的安全时间,缓解河道排洪压力。

2)提高环境容量

水体具有一定的纳污能力和净污能力,在城市水生生态系统中,水域的大小决定水环境容量,水面面积越大,水体越多,水环境容量就越大,在同样排放污染物的条件下,水环境质量就越好,开阔的湖、塘可以沉淀水体中部分颗粒物质以及吸附于其上的难降解污染物质。

3)健康保健

空气中的负离子可以促进人体合成和储存维生素,被誉为"空气维生素"。负离子还具有降尘、灭菌、防病、治病等功能,一般来说,空气中的负离子浓度在 1 000 个/m³ 以上就有保健作用,在 8 000 个/m³ 以上就可以治病。水的高速运动会产生负离子,城市水面中的喷泉、溪流、跌水等,提高了空气中负离子的产生量,对促进市民健康起到了积极的作用。

4)景观功能

水体变化的水面,多样的形态,水中、水边的动植物,随着时间而变换的景物,在喧嚣的城市里给人们提供了或清新、或灵秀、或广阔、或安静的愉悦感受,形成了有吸引力的景观。

5)文化功能

在人类活动的作用下,城市水面不仅是单纯的物质景观,更是城市中的文化景观,人们除维持生命需水外,还有观水、近水、亲水、傍水而居的天性,对水的亲近与关注使水与社会文化结下了不解之缘。以水咏志的诗句更是赋予了水生命的特征,有关水与漂泊、水与归家、水与失意、水与心境的诗句则带给人们无穷的联想和启示,这使水获得一种文化属性。比如有些城市在历史中留下的护城河,人们只要看到它就会想起远古的战争、攻城与防守等,这些水面承载了特定的历史和文化。

6)生态功能

水面是城市中最活跃、最有生命力的部分,它在水生生态系统和陆地生态系统的交界处,具有两栖性的特点,并受到两种生态系统的共同影响,呈现出生态的多样性。它不仅承载着水体循环、水土保持、蓄水调洪、水源涵养、维持大气成分稳定的功能,而且能调节湿度、温度,净化空气,改善小气候,有效调节了城市生态环境,增加了自然环境容量,促进了城市健康发展。

7)经济功能

在现代城市规划中,水面有着重要的作用,有时候甚至影响城市规划布局和社会经济发展的趋势。一个地区水面的建设或治理往往会带动周边的地产升值,促进片区的经济发展。城市水体的总量和水面的组合形式影响着城市的产业结构和布局。水与经济越来越密不可分。

2. 城市水面规划的原则

水面是城市重要的资源。适宜的水面面积有利于改善城市的生存环境,提高城市品位,创造良好的投资环境,加快城市的可持续发展。在城市水面规划时,应遵循以下原则:

(1)严格保护和适当恢复的原则。应严格保护规划区内现有的河湖水面,规划水面不得低于城市现状水面面积,禁止填河围湖工程侵占水面,对于历史上侵占的水面,在条件允许的情况下,可采取措施恢复原有状况。

(2)统筹考虑和合理布置的原则。应统筹考虑确定城市适宜的水面面积率和城市水面形式,根据城市自然特点和水系功能要求,合理布置河道、湖库、湿地、洼陷结构等。

(3)因地制宜和量力而行的原则。应根据城市地理位置、历史水面状况、水资源条件、城市发展水平等方面的因素,因地制宜,量力而行,不应生搬硬套,盲目扩建。

(4)与经济社会发展相协调的原则。

(5)有利于景观生态建设的原则。

2.2.1.2 城市适宜的水面面积

我国城市水面面积差别很大,表2.2-1是我国部分城市水面面积比例调查表,15个重要城市的平均水域比例为7.59%,一般城市的平均水域比例为9.09%,河南的几座城市的平均水域比例则低于1%。由表2.2-1可以看出,我国城市水面面积比例差别很大,南方平原地区比例较大,可达10%～25%,南方丘陵地区一般可达5%～15%,而中部地区城市的比例较小,一般在5%以下,西部地区由于水资源严重短缺,甚至接近于0。

城市水面面积的确定取决于城市水资源总量,没有水资源的保证,水面面积就无法实现,城市水资源的总量又取决于城市的地域位置和自然条件。《城市水系规划导则》中提出城市适宜的水面面积率可参照表2.2-2、表2.2-3确定。同时,导则中提出城市适宜的水面面积率的实现应是动态的过程,近期以保持现有水面面积率为目标,随着经济社会的发展和生态环境意识的提高,中、远期逐步实现规划的适宜水面面积。当城市现状水面面积率大于适宜水面面积率时,应保持现有水面,不应进行侵占和缩小,当现状水面面积率小于适宜水面面积率时,应采取措施补偿或恢复,以满足适宜水面面积率的要求。

表2.2-1 我国部分城市水面面积比例调查表

重要城市		国内其他城市		河南城市	
城市	水域比例(%)	城市	水域比例(%)	城市	水域比例(%)
重庆	11.50	无锡	15.00	洛阳	0.90
上海	5.90	南通	11.50	焦作	0.20
北京	2.10	泰州	17.50	鹤壁	0.07
武汉	25.10	盐城	3.80	新乡	0.15
南京	15.00	扬州	5.20	安阳	0.31
杭州	11.20	连云港	16.35	濮阳	1.23
福州	8.20	淮安	10.00		
广州	7.10	宿迁	5.00		
海口	6.80	绍兴	10.00		
哈尔滨	6.20	丽水	11.80		
桂林	6.10	南平	8.70		
昆明	2.60	泉州	15.60		
太原	2.60	龙岩	15.10		
成都	1.90	徐州	6.70		
长春	1.60	泰安	0.80		
		烟台	0.50		
		深圳	0.99		

表 2.2-2　城市适宜水面面积率

城市分区	适宜水面面积率（S'_Δ）	备注
I	$S'_\Delta \geqslant 10\%$	现状水面面积率很大的城市应保持现有水面，不应按此比例进行侵占和缩小
II	$5\% \leqslant S'_\Delta < 10\%$	
III	$1\% \leqslant S'_\Delta < 5\%$	
IV	$0.1\% \leqslant S'_\Delta < 1\%$	可设计一些景观水域
V	—	非汛期可不人为设计水面面积率

表 2.2-3　城市分区表

省（市）	分区	省（市）	分区	省（市）	分区	省（市）	分区
北京	III	太原	III	赤峰	IV	丹东	II
天津	II	大同	IV	呼伦贝尔	V	锦州	III
河北		阳泉	IV	通辽	IV	营口	II
石家庄	III	长治	IV	鄂尔多斯	V	阜新	III
唐山	IV	晋城	IV	巴彦淖尔	V	辽阳	III
秦皇岛	III	朔州	IV	乌兰察布	V	盘锦	II
邯郸	IV	晋中	IV	兴安盟	V	铁岭	III
邢台	IV	运城	IV	锡林郭勒盟	V	朝阳	III
保定	III	忻州	IV	阿拉善盟	V	葫芦岛	III
张家口	IV	临汾	IV	辽宁		吉林	
承德	III	吕梁	IV	沈阳	III	长春	III
沧州	III	内蒙古		大连	III	吉林	II
廊坊	IV	呼和浩特	V	鞍山	III	四平	III
衡水	III	包头	V	抚顺	II	辽源	III
山西		乌海	V	本溪	II	通化	III

省(市)	分区	省(市)	分区	省(市)	分区	省(市)	分区
白山	Ⅲ	盐城	Ⅱ	滁州	Ⅲ	宜春	Ⅰ
松原	Ⅲ	扬州	Ⅰ	阜阳	Ⅱ	抚州	Ⅱ
白城	Ⅲ	镇江	Ⅰ	宿州	Ⅲ	上饶	Ⅱ
延边	Ⅲ	宿迁	Ⅱ	巢湖	Ⅱ	山东	
黑龙江		泰州	Ⅰ	六安	Ⅲ	济南	Ⅲ
哈尔滨	Ⅱ	浙江		亳州	Ⅱ	青岛	Ⅲ
齐齐哈尔	Ⅳ	杭州	Ⅰ	池州	Ⅰ	淄博	Ⅳ
鸡西	Ⅳ	宁波	Ⅰ	宣城	Ⅱ	枣庄	Ⅲ
鹤岗	Ⅳ	温州	Ⅰ	福建		东营	Ⅲ
双鸭山	Ⅳ	嘉兴	Ⅰ	福州	Ⅰ	烟台	Ⅲ
大庆	Ⅳ	湖州	Ⅰ	厦门	Ⅰ	潍坊	Ⅲ
伊春	Ⅳ	绍兴	Ⅰ	莆田	Ⅱ	济宁	Ⅲ
佳木斯	Ⅳ	金华	Ⅱ	三明	Ⅰ	泰安	Ⅲ
七台河	Ⅳ	衢州	Ⅱ	泉州	Ⅰ	威海	Ⅲ
牡丹江	Ⅱ	舟山	Ⅰ	漳州	Ⅰ	日照	Ⅲ
黑河	Ⅳ	台州	Ⅰ	南平	Ⅰ	莱芜	Ⅲ
绥化	Ⅳ	丽水	Ⅱ	龙岩	Ⅰ	临沂	Ⅲ
上海	Ⅱ	安徽		宁德	Ⅰ	德州	Ⅲ
江苏		合肥	Ⅱ	江西		滨州	Ⅲ
南京	Ⅰ	芜湖	Ⅰ	南昌	Ⅰ	聊城	Ⅲ
无锡	Ⅰ	蚌埠	Ⅰ	景德镇	Ⅰ	菏泽	Ⅲ
徐州	Ⅱ	淮南	Ⅱ	萍乡	Ⅱ	河南	
常州	Ⅰ	马鞍山	Ⅰ	九江	Ⅰ	郑州	Ⅲ
苏州	Ⅰ	淮北	Ⅲ	新余	Ⅱ	开封	Ⅱ
南通	Ⅰ	铜陵	Ⅰ	鹰潭	Ⅱ	洛阳	Ⅱ
连云港	Ⅰ	安庆	Ⅰ	赣州	Ⅰ	平顶山	Ⅳ
淮安	Ⅰ	黄山	Ⅲ	吉安	Ⅰ	焦作	Ⅲ

省(市)	分区	省(市)	分区	省(市)	分区	省(市)	分区
鹤壁	IV	长沙	II	河源	II	四川	
新乡	IV	株洲	II	阳江	II	成都	III
安阳	IV	湘潭	II	清远	II	自贡	III
濮阳	III	邵阳	II	东莞	II	攀枝花	III
许昌	IV	岳阳	I	中山	II	泸州	II
漯河	III	常德	I	潮州	II	德阳	III
三门峡	III	张家界	II	揭阳	II	绵阳	III
南阳	IV	益阳	II	云浮	II	广元	III
商丘	III	彬州	II	广西		遂宁	III
信阳	IV	永州	II	南宁	II	内江	II
周口	III	怀化	II	柳州	II	乐山	III
驻马店	III	娄底	II	桂林	II	南充	II
湖北		湘西	II	梧州	II	宜宾	
武汉	I	广东		北海	II	广安	III
黄石	I	广州	II	防城港	II	达州	III
襄樊	II	深圳	III	钦州	II	眉山	III
十堰	II	珠海	II	贵港	II	雅安	III
荆州	I	汕头	II	玉林	II	巴中	III
宜昌	I	韶关	II	百色	II	资阳	III
荆门	II	佛山	II	贺州	II	贵州	
鄂州	I	江门	II	河池	II	贵阳	II
孝感	I	湛江	II	来宾	II	六盘水	II
黄冈	I	茂名	II	崇左	II	遵义	II
咸宁	II	肇庆	II	海南		安顺	II
随州	II	惠州	II	海口	II	铜仁	II
恩施	II	梅州	II	三亚	II	毕节	II
湖南		汕头	II	重庆	I	云南	

省(市)	分区	省(市)	分区	省(市)	分区	省(市)	分区
昆明	Ⅲ	铜川	Ⅳ	平凉	Ⅳ	克拉玛依	Ⅳ
曲靖	Ⅲ	宝鸡	Ⅳ	酒泉	Ⅳ	吐鲁番	Ⅳ
玉溪	Ⅱ	咸阳	Ⅳ	庆阳	Ⅳ	哈密	Ⅳ
保山	Ⅱ	渭南	Ⅳ	定西	Ⅳ	和田	Ⅳ
昭通	Ⅲ	延安	Ⅳ	陇南	Ⅳ	阿克苏	Ⅳ
丽江	Ⅱ	汉中	Ⅲ	临夏	Ⅳ	喀什	Ⅳ
普洱	Ⅱ	榆林	Ⅳ	合作	Ⅳ	阿图什	Ⅳ
临沧	Ⅱ	安康	Ⅲ	青海		库尔勒	Ⅳ
景洪	Ⅱ	商洛	Ⅳ	西宁	Ⅳ	昌吉	Ⅳ
楚雄	Ⅲ	甘肃		宁夏		博乐	Ⅳ
大理	Ⅲ	兰州	Ⅳ	银川	Ⅴ	伊宁	Ⅳ
潞西	Ⅲ	嘉峪关	Ⅴ	石嘴山	Ⅴ	塔城	Ⅳ
西藏		金昌	Ⅳ	吴忠	Ⅴ	阿勒泰	Ⅳ
拉萨	Ⅴ	白银	Ⅳ	固原	Ⅴ	石河子	Ⅳ
日喀则	Ⅴ	天水	Ⅳ	中卫	Ⅴ		
陕西		武威	Ⅳ	新疆			
西安	Ⅳ	张掖	Ⅳ	乌鲁木齐	Ⅳ		

2.2.2 水域保护规划

2.2.2.1 蓝线保护

蓝线是水域的控制线,明确水域的控制范围,在水系规划中划定蓝线时,应符合以下规定:有堤防的水体,宜以堤顶临水一侧的边线为基准划定,无堤防的水体,宜按防洪排涝设计标准所对应的洪(高)水位划定,对水位变化较大,而形成较宽涨落带的水体,可按多年平均洪(高)水位划定,对规划新建水体,其水域控制线应按规划的水域范围线划定。

2005 年 12 月,建设部发布了《城市蓝线管理办法》,于 2006 年 3 月 1 日正式实施,对城市蓝线的管理进行了明确的规定,明确了管理责任人、蓝线划定的原则、蓝线内的控制要求。《城市蓝线管理办法》中明确规定:国务院建设主管部门负责全国城市蓝线管理工作。县级以上地方人民政府建设主管部门(城乡规划主管部门)负责本行政区域内的城市蓝线管理工作。编制各类城市规划,应当划定城市蓝线。城市蓝线由直辖市、市、县人民政府在组织编制各类城市规划时划定。城市蓝线应当与城市规划一并报批。划定城市蓝线,应当遵循以下原则:

(1)统筹考虑城市水系的整体性、协调性、安全性和功能性,改善城市生态和人居环境,保障城市水系安全;

(2)与同阶段城市规划的深度保持一致;

(3)控制范围界定清晰;

(4)符合法律、法规的规定和国家有关技术标准、规范的要求。

在城市蓝线内禁止进行下列活动：

(1)违反城市蓝线保护和控制要求的建设活动；

(2)擅自填埋、占用城市蓝线内水域；

(3)影响水系安全的爆破、采石、取土；

(4)擅自建设各类排污设施；

(5)其他对城市水系保护构成破坏的活动。

例如,在郑州市生态水系规划中,对水系水体进行了三线划定,并明确了控制要求。其中的蓝线,即为水体控制线。表2.2-4为郑州市水系部分河流三线控制范围。

表 2.2-4   郑州市水系部分河流三线控制范围

河流	控制区间	控制模式	三线控制范围(m)		
			蓝线	绿线	灰线
贾鲁河	岔河口上游	集中自然生态区	27～33	300	—
	岔河口—西流湖	集中自然生态区	76～82	200	300
	西流湖	集中自然生态区	蓝线随湖变化;绿线与蓝线之间的面积不小于湖面面积的50%,并不得小于30 m和不宜超过250 m。绿线与灰线间距300 m		
	西流湖出口—南阳坝	一般自然生态区	76～82	70	300
	南阳坝—江山路	一般自然生态区	58.6～220	50～100	100
	江山路—中州大道	集中自然生态区	58.6～220	300	250
	中州大道—索须河口	一般自然生态区	58.6～220	70	—
	索须河口—连霍高速	一般自然生态区	220	100	300
	连霍高速—京港澳高速	公共活动滨水区	220	50～200	300
	京港澳高速—贾鲁支河口	一般自然生态区	220	100～200	—
	贾鲁支河口—七里河口	一般自然生态区	220	100～200	—
索须河	索河高速—连霍高速	公共活动滨水区	81～87	50～150	300
	连霍高速—汇合口	一般自然生态区	81～87	100～150	—
	刘沟水库—规划西区边界	一般自然生态区	33～39	100～150	—
	规划西区边界—汇合口	公共活动滨水区	33～39	50～150	300
	汇合口(岔河村)—狮家坝	一般自然生态区	200	100～150	300
	狮家坝—江山路	一般自然生态区	200	50～300	—
	江山路—规划城区北边界	集中自然生态区	200	100～300	300
	规划城区北边界—贾鲁河入口	集中自然生态区	200	300	—
七里河干流	汇合口—东风渠口(6+330以上)	公共活动滨水区	100～120	30～50	200
	汇合口—东风渠口(6+330以下)	公共活动滨水区	105～125	30～50	200
	东风渠口(8+804以下)—京珠高速	公共活动滨水区	225～230	30～50	300
	京珠高速—潮河口	一般自然生态区	130～150	100～150	300
	潮河口—贾鲁河口	一般自然生态区	120～150	100～150	300

河流	控制区间	控制模式	三线控制范围(m)		
			蓝线	绿线	灰线
十七里河	南运河—京广铁路	一般自然生态区	38～44	100～150	—
	京广铁路—河西村桥	一般自然生态区	76～82	100～150	—
	河西村桥—郑许高速	集中自然生态区	76～82	300	150
	郑许高速—航海东路	公共活动滨水区	76～82	100～300	150
	航海东路—汇合口	一般自然生态区	76～82	30～300	150
十八里河	后湖水库—刘湾水库	集中自然生态区	51～57	300	—
	刘湾水库—南运河	集中自然生态区	51～57	300	—
	南运河—京广铁路	公共活动滨水区	106～116	50～100	300
	京广铁路—航海东路	公共活动滨水区	106～116	30～150	300
	航海东路—汇合口	一般自然生态区	106～116	300	150
东风渠	索须河口—皋村闸	一般自然生态区	18～24	50～100	—
	皋村闸—贾支汇入口	公共活动滨水区	约121	30～50	150
	贾支汇入口—新柳路	公共活动滨水区	约93	30～60	150
	新柳路—陈寨桥	公共活动滨水区	约113	30～60	150
	陈寨桥—郑花电站	公共活动滨水区	73	30～50	300
	郑花电站—中州大道	公共活动滨水区	73	30～70	300
	中州大道—金水河口	公共活动滨水区	85	50	300
	金水河口—熊耳河口	公共活动滨水区	140～155	30	200
	熊耳河口—东四环路	一般自然生态区	155～165	30～50	300

2.2.2.2 水生生态保护

河流形态具有变动性,但又具有持续性和规则性,冲蚀的地方会产生洼地,淤积的地方会产生沙洲,物理性质的河流形态结合生物性质的生命,就是河流生态系统,也就是生物、水、土壤随时间与空间而变化的关系。水域的地理、气候、地质、地形、生物适应力因时因地而异,从而造就出丰富的水域生态特色。

水域生态单元由水力、地形、地质、河流形态、生物栖息地、河廊、生物所组成,如图 2.2-1 所示。

健康的水生生态系统通过物理与生物之间,以及生物与生物之间的相互作用,具有自我组织和自净作用(见图 2.2-2),并为水生生物、昆虫、两栖类提供生长、繁殖、栖息的健康环境。

水生生态保护规划应划定水生生态保护范围,提出维护水生生态系统稳定及生物多样性的措施。水生生态保护区域的设立主要是保护珍稀及濒危野生水生动植物和维护城

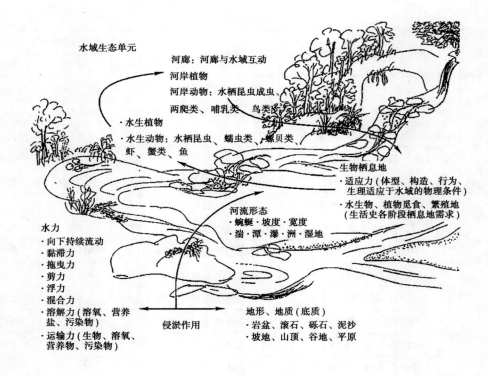

图 2.2-1　水域生态单元

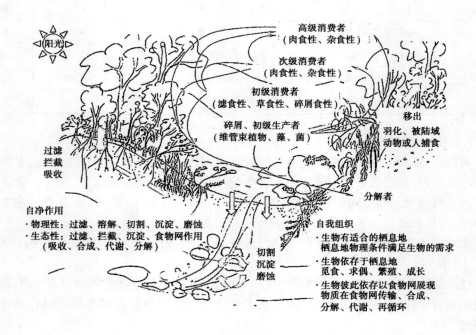

图 2.2-2　河流生态的自我组织和自净作用

市湿地系统生态平衡、保护湿地功能和湿地生物多样性，这些区域一部分已经被批准为自然保护区或已被规划为城市湿地公园，对那些尚未批准为相应的保护区但确有必要保护的水生生态系统，应在规划中明确水生生态保护范围。

自然特征明显的水体涨落带是水生生态系统与城市生态系统的交错地带，对水生生态系统的稳定和降解城市污染物，以及促进水生生物多样性都具有重要的作用，但在城市建设过程中，为体现亲水性和便于确定水域范围，该区域自然特征又很容易被破坏，因此未列入水生生态保护范围的水体涨落带，宜保持其自然生态特征。

水生生态保护应维护水生生态保护区域的自然特征，不得在水生生态保护的核心范围内布置人工设施，不得在非核心范围内布置与水生生态保护和合理利用无关的设施。

2.2.2.3 水质保护

水系功能的健康可持续运行，水量与水质是两个重要条件（关于生态需水量的内容详见本书第3章）。由于水体污染、水质下降导致的水质性缺水越来越受到广泛关注，因此水系规划必须把水质保护作为一项重点内容。传统的污水治理规划更多的是对规划区域的污水的收集与集中处理，并未建立起针对不同水体功能、水质目标、水污染治理之间的关系。水系规划中的水质保护内容应根据水体功能，制定不同水体的水质保护目标及保护措施。

1. 水体功能区划分

《地表水环境质量标准》（GB 3838—2002）依据地表水水域环境功能和保护目标，按功能高低依次划分为五类：

Ⅰ类，主要适用于源头水、国家自然保护区；

Ⅱ类，主要适用于集中式生活饮用水地表水源地一级保护区、珍稀水生生物栖息地、鱼虾类产卵场、仔稚幼鱼的索饵场等；

Ⅲ类，主要适用于集中式生活饮用水地表水源地二级保护区、鱼虾类越冬场、洄游通道、水产养殖区等渔业水域及游泳区；

Ⅳ类，主要适用于一般工业用水区及人体非直接接触的娱乐用水区；

Ⅴ类，主要适用于农业用水区及一般景观要求水域。

对应地表水上述五类水域功能，将地表水环境质量标准基本项目标准值分为五类，不同功能类别分别执行相应类别的标准值。水域功能类别高的标准值严于水域功能类别低的标准值。同一水域兼有多类使用功能的，执行最高功能类别对应的标准值。

地表水环境质量标准基本项目标准限值见表2.2-5。

表 2.2-5　地表水环境质量标准基本项目标准限值　　（单位：mg/L）

序号	分类标准值项目	Ⅰ类	Ⅱ类	Ⅲ类	Ⅳ类	Ⅴ类
1	水温（℃）	人为造成的环境水温变化应限制在： 周平均最大温升≤1 周平均最大温降≤2				
2	pH（无量纲）	6～9				

序号	分类标准值项目		I 类	II 类	III 类	IV 类	V 类
3	溶解氧	≥	饱和率90% (或7.5)	6	5	3	2
4	高锰酸盐指数	≤	2	4	6	10	15
5	化学需氧量(COD)	≤	15	15	20	30	40
6	五日生化需氧量(BOD_5)	≤	3	3	4	6	10
7	氨氮(NH_3-N)	≤	0.15	0.5	1.0	1.5	2.0
8	总磷(以 P 计)	≤	0.02 (湖、库 0.01)	0.1 (湖、库 0.025)	0.2 (湖、库 0.05)	0.3 (湖、库 0.1)	0.4 (湖、库 0.2)
9	总氮(湖、库,以 N 计)	≤	0.2	0.5	1.0	1.5	2.0
10	铜	≤	0.01	1.0	1.0	1.0	1.0
11	锌	≤	0.05	1.0	1.0	2.0	2.0
12	氟化物(以 F^- 计)	≤	1.0	1.0	1.0	1.5	1.5
13	硒	≤	0.01	0.01	0.01	0.02	0.02
14	砷	≤	0.05	0.05	0.05	0.1	0.1
15	汞	≤	0.000 05	0.000 05	0.000 1	0.001	0.001
16	镉	≤	0.001	0.005	0.005	0.005	0.01
17	铬(六价)	≤	0.01	0.05	0.05	0.05	0.1
18	铅	≤	0.01	0.01	0.05	0.05	0.1
19	氰化物	≤	0.005	0.05	0.2	0.2	0.2
20	挥发酚	≤	0.002	0.002	0.005	0.01	0.1
21	石油类	≤	0.05	0.05	0.05	0.5	1.0
22	阴离子表面活性剂	≤	0.2	0.2	0.2	0.3	0.3
23	硫化物	≤	0.05	0.1	0.05	0.5	1.0
24	粪大肠菌群(个/L)	≤	200	2 000	10 000	20 000	40 000

2. 水质目标

水质保护应明确城市水系水质保护目标,制定水质保护措施。水质保护目标应根据水体规划功能制定,满足对水质要求最高规划的功能需求,并不应低于水体的现状水质类别。指定的水质保护目标应符合水环境功能区划,与水环境功能区划确定的水体水质目标不一致的应进行专门说明。同一水体的不同水域,可按照其功能需求确定不同的水质保护目标。不同功能区水体水质要求按表 2.2-6 确定。

表 2.2-6　不同功能区水体水质要求

水体类别	标准名称	标准编号
水源地	《地表水环境质量标准》 《生活饮用水卫生标准》	GB 3838—2002 GB 5749—2006
排水调蓄	《污水排入城镇下水道水质标准》 《污水综合排放标准》	CJ 343—2010 GB 8978—2002
景观游憩	《地表水环境质量标准》 《再生水回用于景观水体的水质标准》	GB 3838—2002 CJ/T 95—2000
水产养殖	《渔业水质标准》	GB 11607—89
农业灌溉	《农业灌溉水质标准》	GB 5084—92
港口航运	《船舶污染物排放标准》	GB 3552—83

3. 水质保护措施

水质保护措施应包括城市污水的收集与处理、面源污染的控制和处理、内源污染的控制措施,必要时还应包括水生生态修复等内容。

1)城市污水的收集与处理

水质保护首先应保证城市污水的收集与处理,要做到达标排放。目前,城市污水收集处理率已成为国家发展规划和城市发展规划的一项约束性目标,城市的污水收集与处理率必须满足目标要求。

污水处理厂的选址应优先选择在城镇河流水体的下游,必须选择在湖泊周边的,应位于湖泊出口区域。

污水处理等级不宜低于二级,以湖泊为尾水受纳水体的污水处理厂应按三级控制。

污水一级处理:又称污水物理处理,是指通过简单的沉淀、过滤或适当的曝气,去除污水中的悬浮物,调整 pH 及减轻污水的腐化程度的工艺过程。处理可由筛滤、重力沉淀和浮选等方法串联组成,除去污水中大部分粒径在 $100~\mu m$ 以上的颗粒物质。筛滤可除去较大物质;重力沉淀可除去无机颗粒和相对密度大于 1 的有凝聚性的有机颗粒;浮选可除去相对密度小于 1 的颗粒物(油类等)。废水经过一级处理后一般仍达不到排放标准。

污水二级处理:是指污水经一级处理后,再经过具有活性污泥的曝气池及沉淀池的处理,使污水进一步净化的工艺过程。常用的有生物法和絮凝法。生物法是利用微生物处理污水,主要除去一级处理后污水中的有机物;絮凝法是通过加絮凝剂破坏胶体的稳定性,使胶体粒子发生凝絮,产生絮凝物而发生吸附作用,主要是去除一级处理后污水中无机的悬浮物和胶体颗粒物或低浓度的有机物。经过二级处理后的污水一般可以达到农灌水的要求和废水排放标准,但在一定条件下仍可能造成天然水体的污染。

污水三级处理:又称深度处理,是指污水经二级处理后,进一步去除污水中的其他污染成分(如氮、磷、微细悬浮物、微量有机物和无机盐等)的工艺过程。主要方法有生物脱氮法、凝集沉淀法、砂滤法、硅藻土过滤法、活性炭过滤法、蒸发法、冷冻法、反渗透法、离子交换法和电渗析法等。

2)面源污染的控制和处理

近年来,随着点源污染逐步得到治理,面源污染对水环境的危害性受到人们的普遍关注,面源污染研究已成为国际上环境问题研究的活跃领域。

面源污染受降雨、土壤类型、土地利用类型和地形条件等的影响,具有间歇性、地域性和不确定性。农业的大面积、分散性、收集处理措施不够等特征,使农业成为面源污染的重要来源。农业面源污染问题研究成为环境科学、水文学、生态学、土壤学以及土地科学等学科的研究热点。

目前,国内外一些国家和地区已把农业面源污染防控作为水质管理的必要组成部分,并提出了各种行之有效的控制措施。综观已有研究成果,当前国内外面源污染控制总体思路比较一致,也就是仅靠单一的控制措施无法彻底防控农业面源污染,因此对农业面源污染防控措施的研究开始从单一措施演变到多方法、多角度、多层次的综合措施,即通过建立污染控制措施体系进行控制。通过利益相关者等控制主体,采用工程措施、技术措施、科学规划、政策法规、管理和监测等多种控制手段,从源头、过程和终端等不同环节来控制不同类型的农业面源污染。

城市河流的面源污染,主要是以降雨引起的雨水径流的形式产生的,径流中的污染物主要来自于雨水对河流周边道路表面的沉积物、无植被覆盖裸露的地面、垃圾等的冲刷,污染物的含量取决于城市河流的地形、地貌、植被的覆盖程度和污染物的分布情况。因此,就河流的水质保护来说,对面源污染的控制也可以理解成对该河流周边降雨径流污染的控制。

城市河流面源污染的突出特征是污染源时空分布的分散性和不均匀性、污染途径的随机性和多样性、污染成分的复杂性和多变性。面源污染控制按污染物所处位置的不同,分为源头的分散控制和末端的集中控制。

(1)源头的分散控制。

污染物源头的分散控制,就是在各污染源发生地采取措施将污染物截留下来,避免污染物在降雨径流的输送过程中溶解和扩散,使污染物的活性得到激活。通过污染物源头的分散控制措施可降低水流的流动速度,延长水流时间。对降雨径流进行拦截、消纳、渗透,可减轻后续处理系统的污染处理负荷和负荷波动,对入河的面源污染负荷能起到一定的削减作用。

城市河流周边地区绿地、道路、岸坡等不同源头的降雨径流的控制技术措施主要包括下凹式绿地、透水铺装、缓冲带、生态护岸等。在选用技术措施时,可依据当地的实际情况,单独使用或几种技术配合使用。

下凹式绿地:对于河流周边入渗系数较低的绿地,为了更多地消纳地表径流,可采用下凹式绿地。现状绿地与周围地面的标高一般相同,甚至略高,通过改造,使绿地高程平均低于周围地面 10 cm 左右,保证周围硬质地面的雨水径流能自流入绿地。绿地表面种植草皮和绿化树种,保证一定的景观效果;绿地下层的天然土壤改造成渗透系数大的透水材料,由表层到底层依次为表层土、砂层、碎石、可渗透的底土层,以增大土壤的储存空间。根据实际情况,在绿地中因地制宜地设置起伏地形,在竖向上营造低洼面。在绿地的低洼处适当建设渗透管沟、入渗槽、入渗井等入渗设施,以增加土壤入渗能力,消纳标准内降水。这种既能保持一定的绿化景观效果，又能净化降雨径流的控制措施，具有工艺简单、工程投资少、不额外占地等优点。

透水铺装：河流两侧人行步道和滨河路路面，可以采取在路基土上面铺设透水垫层、透水表层砖的方法进行渗透铺装，以减少径流量，对于局部不能采用透水铺装的地面，可按不小于0.5%的坡度坡向周围的绿地或透水路面。

缓冲带：水体周边缓冲带一般沿河道、湖泊水库周边设置，利用植物或植物与土木工程相结合，对河道坡面进行防护，为水体与陆地交错区域的生态系统形成一个过渡缓冲，强调对水质的保护功能，以控制水土流失，有效过滤、吸收泥沙及化学污染、降低水温、保证水生生物生存、稳定岸坡。合理的植被配置是实现缓冲带有效控制径流和控制污染的关键。根据所在地的实际情况，进行乔、灌、草的合理搭配，既要考虑灌、草植物的阻沙、滤污作用，又要安排根系发达的乔、灌木以有效保护岸坡稳定、滞水消能。选择植物时要重视本地品种的使用，兼顾经济品种，尽可能照顾缓冲带经营者的利益。

生态护岸：通过构建不同类型的生态护岸，如植草护坡、三维植被网护岸、防护林护岸技术、生态混凝土护坡、自然石护坡、石笼护坡等生态护岸型式，固土护岸、增大土壤的渗透系数、重建和恢复水陆生态系统，尽可能地减少水土流失，提高岸坡抗冲刷、抗侵蚀能力，对降雨径流进行拦阻和消纳。

（2）末端的集中控制。

少量经源头分散控制措施作用后仍存在的污染源会汇流成一股，集中进入水体，因此需要在汇流口面源污染的末端实施集中控制，进一步减少进入河流的污染物。

末端技术以人工湿地为主。在降雨径流的入河汇流口，多数以雨簸箕的形式出现，可以根据周边的环境，利用雨水入河口的小部分土地构建小型的人工湿地，在入河口底部通过堆积碎石、播种植物的方式拦截入河雨水中的污染物质，即在汇流口附近铺上碎石，使污水在流入河道前先经过碎石床，利用碎石上的生物膜对水体进行净化，对进入河中的径流作最后的过滤净化处理。湿地构建时考虑其景观美化功能，以各种观叶、观花的湿地植物为主，使建造的小型人工湿地与周边的环境相协调。

以清华大学为主联合其他单位组成的课题组于2000年在滇池流域开展了系统的面源污染控制技术研究与示范。经过近4年的攻关，在面源污染控制关键技术与设备、工程实施、软件开发、污染控制示范工程建设与运行等方面取得了一系列重要研究成果，为我国大规模面源污染控制提供了有益的经验和探索。

研究中提出以新型人工复合生态床技术、地下渗滤污水处理技术、缺/好氧低能耗生物滤池污水处理技术对村镇生活污水氮磷污染进行处理；采用"序批式进料分阶段温度反馈通风控制"好氧共堆肥技术实现蔬菜废物、花卉秸秆、粪便等多种农村固体废物的无害化处理，并进一步研发了复合肥生产技术，为农业固体废弃物的处置提供了新出路；针对台地水土和氮磷流失控制，开发了适合当地特点的生态工程集成技术，包括植被快速修复技术、生物篱技术、农林复合经营技术、植被快速恢复喷播技术和山地径流综合调控技术，运用人工辅助方法缩短植被自然演替过程，修复生态系统的结构和功能，从而达到控制水土和氮磷流失的目的；开发了适合滇池流域面源污染控制的精准化施肥成套技术，可大幅度减少流域集约化种植的蔬菜、花卉、农田氮磷化学肥料的投入量，达到施肥用量和比例合理、肥效高、缓效和保护耕地的目的;针对暴雨径流和农田排灌水氮磷污染问题,研发了大流量多功能复合型固液旋流分离技术和设备,能够在大流量处理条件下对微固体颗粒进行有效去除;开发了表面流人工湿地和沸石潜流湿地组合工艺,实现了功能互补,提高了暴雨径流处理中整体除氮效果;利用可视化编程技术、GIS 空间信息技术、RS 技术以及数据库管理技术开发了面源污染模拟与控制决策支持系统,这一综合性软件系统可应用于不同尺度下的流域面源污染现状评价,并可为在规划和管理层次上的面源污染控制管理提供决策支持。

《三峡库区农业面源污染控制技术体系研究》中提出,作为举世闻名的特大型水利工程,三峡工程的生态环境效应成为国内外关注的重大问题,尤以库区水质为焦点所在,而面源污染则是受纳水体水质恶化的重要原因之一。随着三峡工程的竣工与运营,其生态环境效应亦随之逐步突现,部分支流出现"水华"现象,库区农业面源污染问题日益突出。研究根据库区生态环境特点和农业面源污染发生特征,结合库区农户生活生产方式以及地形地貌、土地利用、种植作物等条件,提出了既能有效控制污染发生,又能使经济投入最小化,也适宜库区的控制技术体系。针对三峡库区生态环境特点和农业面源污染发生特征,紧扣农业面源污染发生来源,采取源头控制、过程阻断和末端调控相结合的综合防控思路,以"水、土、热、气、肥"5 要素的综合控制为主线,根据农村生活区—农业生产区—消落带生态屏障区(简称消落区)3 个空间层次,提出了农村居民点—旱坡地—水田—消落区多重拦截与消纳农业面源污染技术体系,以期对三峡库区农业面源污染控制战略决策提供科学依据,从而有力地促进库区生态与经济的同步建设和协调发展,形成经济发展与环境保护的良性循环。

三峡库区农业面源污染产生示意图如图 2.2-3 所示。

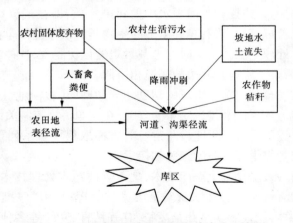

图 2.2-3　三峡库区农业面源污染产生示意图

三峡库区农业面源污染控制技术体系如图 2.2-4 所示。

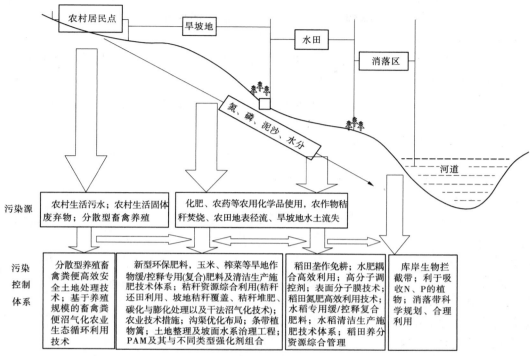

图 2.2-4　三峡库区农业面源污染控制技术体系

3）内源污染的控制措施

内源污染是指在底泥中污染物向水体释放造成的污染以及底泥污染导致的底栖生态系统破坏等。内源污染主要是由于外源性污染物持续输入或高浓度的污染物瞬间输入所造成的。在超出水体自净能力后,水体中污染物沉积到底泥中,并在沉积物表面发生物理吸附或与沉积物中的铁铝氧化物及氢氧化物、碳酸盐、硅酸盐等矿物表面发生化学吸附,成为水体污染物的储存场所。

内源污染的危害表现与底泥中的主要污染物种类有关。氮磷营养盐含量较高的底泥往往加重了水体富营养化程度和治理难度,对于重金属和有机物污染较为严重的底泥而言,除向水体释放的溶解性重金属和有机物污染物外,其危害的方式更加直接。由于风浪、水力学扰动、生物扰动等因素悬浮泛起的悬浮污染沉积物(Resuspended Contaminated Sediments,简称 RCS)成为产生危害的主要载体。而在实际水体环境中,也观测到 RCS 对生物体的危害。Sundberg 等研究发现,在底泥疏挖施工过程中成年鱼类的基因毒性生物标记物明显增加,其原因就是成年鱼类从 RCS 中积累的有机污染物可能传递给了鱼卵,而不仅仅是由于底泥疏挖等工程引起的扰动。有研究表明即使在水力学条件较为稳定的情况下,污染严重的底泥也会向水体中释放大量污染物,并会产生严重的生态危害。

目前,内源污染治理技术主要有底泥疏挖、引水冲刷、原位控制技术等。

(1)底泥疏挖。

底泥疏挖是治理内源污染的重要措施,其通过挖除表层污染底泥并对底泥进行合理处置来去除湖泊水体中污染物,控制底泥中污染物的释放以及营养物质的生物可利用性,增强底泥对水体的净化能力。底泥疏挖定义为:用人工或机械的方法把富含营养盐、有毒化学品及毒素细菌的表层沉积物进行适当去除,来减少底泥内源负荷和污染风险的技术方法。

河、湖底泥疏挖属于环保疏挖,其工程要求比一般的疏挖工程高,是在充分考虑环境效益的基础上进行的高精度疏挖。河、湖底泥疏挖具有疏挖量小、污染物含量高、疏挖深度和边界要求特殊、疏挖过程中产生二次污染等特点。湖泊底泥疏挖的基本特点见表 2.2-7。

表 2.2-7　湖泊底泥疏挖的基本特点

项目	特点
生态要求	尽可能保留其部分生态特征,为疏挖后疏挖区的生态重建建立条件,充分考虑生物多样性和物种的保护
工程目标	去除湖泊底泥中所含的污染物,减少底泥中高浓度营养盐向水体的释放
边界要求	按底泥污染层分布确定
疏挖泥层厚度	一般小于 1 m,按清除内源性污染、控制大型水生植物的生长以及有利于生态恢复的要求确定疏挖深度
对颗粒物扩散限制	尽量避免扩散及颗粒物再悬浮,防止二次污染的出现
施工精度	5 ~ 10 cm
工程设备选型	专用环保疏挖设备或由标准设备改造
工程监控	对污染物防扩散、堆场余水排放、污染底泥处置进行专项分析、严格监控
底泥处置	根据底泥和湖泊水的污染性质及程度的不同进行特殊的处理,避免疏挖污染物对其他环境的再污染

如果在施工中采取的疏挖方案不当或技术措施不力,将会带来严重的后果。可能带来的问题主要如下:

①底泥间隙水中的营养盐再次释放重新进入水体,释放的污染物质可能在水流作用下扩散进入表层水体,破坏水体中氮、磷营养元素的平衡,导致湖泊富营养化程度进一步恶化;

②疏挖过程将会影响湖泊水环境原有的水生生态系统,破坏底栖生物的生存环境,影响湖泊水生生态系统的恢复;

③底泥疏挖后,如果底泥没有得到妥善的处理,底泥中的营养物质、重金属、有毒有害物质有可能被雨水冲刷,随径流进入其他水体,对周边地表水体和地下水体造成二次污染。

(2)引水冲刷。

引水冲刷是受污染水体修复的一种物理方法,稀释作用、冲刷作用和动水作用是引水工程净化湖泊水体的主要作用。其中,稀释作用是引水工程改善水环境最主要的作用,引水工程通过引入污染物和营养盐浓度较低的清洁水来稀释水体,降低水体中污染物和营养盐的浓度,抑制藻类的生长,有效控制水体富营养化程度;冲刷作用能洗去水体中的藻类,降低藻类生物量,增加水体的透明度;动水作用增强了水体的动力,使水体由静变动,激活水体,增加了水体的复氧能力,从而加强水体的自净能力。

（3）原位控制技术。

污染底泥原位控制技术主要是在水体内部利用物理、化学或者生物方法减少污染底泥的体积,减少污染物量或降低污染物的溶解度、毒性或迁移性,并抑制污染物释放的底泥污染控制技术,主要包括底泥覆盖、化学钝化、曝气复氧以及生物修复等技术。

底泥覆盖技术主要通过在污染底泥上放置一层或多层覆盖物,实现水体和污染底泥的隔离,阻止底泥污染物向水体释放。覆盖物主要选用未污染的底泥或砂砾、人造材料等。

化学钝化技术主要采用化学试剂将污染物固定在沉积物中,例如投放铝盐、铁盐、石灰石和飞灰等;在富营养化湖泊治理中,最常用的钝化剂主要有硫酸铅和偏硝酸钠,因为硝盐与磷发生络合反应生成的络合物十分稳定,但成本偏高。另外,投加钝化剂的生态风险则一直饱受争议。

曝气复氧技术是通过人工曝气向处于缺氧/厌氧环境的水体进行复氧,通过增加水体溶解氧含量来提高有机物的好氧分解速率和硝化速率,并氧化底泥中的还原性耗氧物质、促进水生生物生长,从而降低底泥污染物含量,进而改善水质。

生物修复技术是利用微生物来降解沉积物中的污染物。这一技术主要有添加电子受体和投加工程菌两种手段。添加电子受体实际上是一种化学增氧技术,通过投加硝酸盐类等含氧量高的化合物,改变沉积环境的氧化还原电位,同时补充有机物分解所需氧量,抑制氨、硫化氢等厌氧代谢产物的生成。但添加化学药剂这一处理方式一直以来都难以被公众接受。投加工程菌即在沉积物表面投加具有高效降解作用的微生物和营养物,它以微生物的代谢活动为基础,通过对有毒有害物质进行降解和转化,修复受破坏的生态平衡,以达到治理环境的目的。微生物修复的关键是能针对处理体系中的污染物找到相应的高效降解菌株。有报道显示,黏细菌、中性柠檬酸菌、硝化细菌和玉垒菌组合等能通过释放毒藻素或激发食藻生物的繁殖,达到一定的杀藻或抑藻效果。但也有观点认为,投加外来菌种进行修复时,水体中土著微生物与外来菌种进行生存竞争,导致外来菌种的生物量和生物活性下降,水体净化效果下降。因此,目前越来越多的研究者采用无毒且不含菌的生物制剂对景观水体进行修复,生物制剂可以激活原本已经存在于水体中的微生物,使它们大量繁殖进而治理水体富营养化。

4. 水生生态修复措施

水生生态系统以水生植物为坚实基础构成相互依存的有机整体,包括水体中的微生物、水生植物、水生动物及其赖以生存的水环境。水生植物包括沉水植物、浮叶植物、漂浮植物、挺水植物、湿地植物等,能吸收水体或底泥中的氮、磷等营养物质,吸附、截留（藻类等）悬浮物,同时植物的茎秆、根系附着种类、数量繁多的微生物,具有活性生物膜功能和很强的净化水质能力。另外,沉水植物是整个水体主要的氧气来源,给其他生物提供了生存所需的氧气。水生动物包括鱼、虾、蚌、螺蛳等,它们直接或间接地以水生植物为食,或以水生微生物为食,延长了生物链,增强了生态系统的稳定性。水生微生物包括细菌、真菌和微型动物,它们摄食动、植物的尸体及动物的排泄物,将有机物分解为植物能吸收的无机物,提供植物生长的养料,净化水质。在整个水生生态系统中,水生植物为不同层次的生物提供了生活的空间,也为不同的生物直接或间接地提供了食物,离开了它们,生物链就会变得相当脆弱。稳定的水生生态系统可对水中污染物进行转移、转化及降解,使地表水体具有一定的生物自净能力。

水生生态修复是指通过一系列保护措施,最大限度地减缓水生生态系统的退化,将已经退化的水生生态系统恢复或修复到可以接受的、能长期自我维持的、稳定的状态水平。随着水生生态修复理论的不断完善和深入,水生生态修复技术发展较快且不断成熟。为了加速已被破坏的水生生态系统的修复,除依靠水生生态系统本身的自适应、自组织、自调节能力来修复水生生态系统外,还可以通过一些辅助人工措施为水生生态系统的健康运转服务。辅助人工措施通常包括重建干扰前的物理环境条件、调节水和土壤环境的化学条件、减轻生态系统的环境压力、原位处理采取生物修复或生物调控的措施、尽可能保护水生生态系统中尚未退化的组成部分等过程。其中生物生态修复是关键的一环。

水体的生物生态修复技术,是利用培养、接种微生物或培育水生植物和水生动物,对水中污染物进行吸收、降解、转化及转移,从而使水体得到净化的技术。该技术是对自然界自我恢复能力、自净能力的一种强化,具有以下优点:

(1)处理范围广、污染物去除率高、时间短、效果好;

(2)生物生态水体修复的工程造价相对较低,不需耗能或低耗能,运行成本低廉;

(3)属原位修复,可使污染物在原地被清除,操作简便;

(4)不产生二次污染,对周围的环境影响小。

生物生态修复技术分为微生物净化、植物净化、动物净化、生物净化等,就治理水体污染技术发展趋势而言,趋向于多种技术集成。而具体由哪几种技术集成,则要根据治理水域的污染性质、程度、气候、生态环境条件和阶段性或最终的目标而定。在生物生态修复技术中,水生植物的修复尤为重要。

生物生态修复必须和污染源控制相结合,采取的技术线路可归纳为"高强度治污,自然生态恢复"。即先投入大量的物力、财力、人力对河湖流域的污水进行截留并统一进行处理,达标后排放,再利用河湖水体的自我调节机能进行生态修复。在黑臭水体中,除厌氧菌外,其他微生物无法生存。水体生态功能丧失殆尽的河道,则必须先采取生态调水、底泥生态疏浚、人工增氧、生物酶制剂和外源微生物投放等工程措施,改善水体质量,为后续生物生态净水技术的介入创造条件。

董悦、霍姮翠等对中国2010年上海世博园区后滩湿地底泥利用沉水植物进行生态修复作了研究。他们利用伊乐藻、狐尾藻、轮叶黑藻、金鱼藻、苦草、微齿眼子菜、菹草、马来眼子菜等沉水植物构建了5种不同的沉水植物群落,于2009年8月至2010年8月对沉水植物覆盖度与生物量,以及底泥有机质(OM)、总氮(TN)、总磷(TP)的分布与变化进行了动态监测。结果表明:沉水植物群落覆盖度、生物量有明显的季节变化,总体呈升高趋势,且与底泥 OM、TN、TP 呈正相关;底泥经修复后,OM 质量分数、TN 和 TP 质量比分别比背景值降低 61.9%～79.7%、78.7%～83.9%、32.3%～42.7%;底泥有机指数从Ⅳ级(有机污染)降至Ⅱ级(较清洁),降低了水体富营养化的风险;2010年8月,各净化区沉水植物群落数量特征均高于2009年8月,1区的伊乐藻、狐尾藻、轮叶黑藻、金鱼藻群落以及Ⅱ区的苦草、金鱼藻、轮叶黑藻对营养物的去除效果较其他净化区显著;底泥OM质量分数、TN质量比在垂直的0~30 cm内分布较一致,TP质量比在0~15 cm内降低,在15~30 cm内升高。研究表明,后滩湿地沉水植物群落系统对底泥营养盐修复效果明显,沉水植物群落逐渐趋于稳定,具有一定的可持续性。

北京市新凤河水环境治理工程是世界银行贷款北京环境二期项目中的一项。该项目在水质保护方面采用了全面、综合的措施,首先对沿河的污水排放口进行了截流和收集,统一输送到黄村污水处理厂进行处理。在水资源日益紧张的情况下,该项目利用了污水处理厂的二级排放水通过人工湿地进一步进行处理,使其达到了Ⅳ类水质标准,可作为河道补水的水源。结合景观绿化,设立了堤坡过滤带,对顺坡面入河的雨水等污染进行了进一步的渗透过滤。通过底泥疏浚清淤、水生植物种植等措施降低了内源污染,这些措施进一步促进了水生生态修复,取得了良好的效果(该项目详细情况见本书10.6节)。

2.2.3 滨水空间控制

滨水空间是水系空间向城市建设陆地空间过渡的区域,其主要作用表现在:一是作为开展滨水公众活动的场所来体现其公共性和共享性,二是作为城市面源污染拦截场所和滨水生物通道来体现其生态性,三是通过绿化景观、建筑景观与水景观的交相辉映来展现和提升城市水环境景观质量。因此,完整的城市滨水空间既包括滨水绿化区,也包括必要的滨水建筑区,为有利于明确这两个范围,分别用滨水绿化控制线和滨水建筑控制线进行界定,也就是我们常说的绿线和灰线。

2.2.3.1 滨水绿化区

对滨水绿化区的宽度进行明确规定比较困难,需要结合具体的地形地势条件、水体及滨水区功能、现状用地条件等多个因素综合确定。具体划定时,可以参照以下的一些研究成果和有关规定。

参照《公园设计规范》关于容量计算的有关规定,人均公园占有面积建议不少于30~60 m²,人均陆域占有面积不宜少于30 m²,并不得少于15 m²。因此,当陆域和水域面积之比为1:2时,水域能够被最多的游人合理利用。该规范还要求作为带状公园的宽度不应小于8 m。

沟渠两侧绿化带控制宽度应满足沟渠日常维护管理和人员安全通行的要求,单边宽度不宜小于4 m。

对于作为生态廊道或过滤污染物的绿化带宽度,有关学者的研究成果见表2.2-8~表2.2-10。

"科技部武汉水专项研究"中水生生态系统方面的研究成果认为:如果滨水绿化区域面积大于水体面积,在没有集中的城市排入污水时,水生生态系统将能够维持自身稳定并呈现多样化趋势。

对于历史文化街区(如周庄、丽江古城)等,由于保护和发扬历史文化的要求,应结合历史形成的现有滨水格局特征进行相应控制。

结合滨水绿化控制线,布局道路可有利于实现滨水区域的可达性和形成地理标识。

有堤防的水体滨水绿线为堤防背水一侧堤角或其防护林带边线。

无堤防的江河滨水绿线与蓝线的距离须满足：水源地不小于300 m,生态保护区不小于江河蓝线之间宽度的50%,滨江公园不小于50 m并不宜超过250 m,作业区根据作业需要确定。

无堤防的湖泊绿线与蓝线的距离须满足：水源地不小于300 m；生态保护区和风景区绿线与蓝线之间的面积不小于湖泊面积,并不得小于50 m；城市公园绿线与蓝线之间的面积不小于湖泊面积的50%,并不得小于30 m和不宜超过250 m；城市广场不得小于10 m并不宜超过150 m；作业区根据作业需要确定。

表2.2-8   不同学者提出的生物保护廊道的适宜宽度值

作者	发表年份	宽度(m)	说明
Corbett E S 等	1978	30	使河流生态系统不受伐木的影响
Stauffe 和 Best	1980	200	保护鸟类种群
Newbold J D 等	1980	30	伐木活动对无脊椎动物的影响会消失
		9 ~ 20	保护无脊椎动物种群
Brinson 等	1981	30	保护哺乳、爬行和两栖类动物
Tassone J E	1981	50 ~ 80	松树硬木林带内几种内部鸟类所需最小生境宽度
Ranney J W 等	1981	20 ~ 60	边缘效应为10 ~ 30 m
Peterjohn W T 等	1984	100	维持耐阴树种山毛榉种群最小廊道宽度
		30	维持耐阴树种糖槭种群最小廊道宽度
Harris	1984	4 ~ 6 倍树高	边缘效应为2 ~ 3 倍树高
Wilcove	1985	1 200	森林鸟类被捕食的边缘效应大约范围为600 m
Cross	1985	15	保护小型哺乳动物
Forman R T T 等	1986	12 ~ 30.5	对于草本植物和鸟类而言,12 m是区别线状和带状廊道的标准。12 ~ 30.5 m能够包含多数的边缘种,但多样性较低
		61 ~ 91.5	具有较大的多样性和内部种
Budd W W 等	1987	30	使河流生态系统不受伐木的影响
Csuti C 等	1989	1 200	理想的廊道宽度依赖于边缘效应宽度,通常森林的边缘效应有200 ~ 600 m宽,窄于1 200 m的廊道不会有真正的内部生境
Brown M T 等	1990	98	保护雪白鹭的河岸湿地栖息地较为理想的宽度
		168	保护Prothonotary较为理想的硬木和柏树林的宽度
Williamson 等	1990	10 ~ 20	保护鱼类
Rabent	1991	7 ~ 60	保护鱼类、两栖类

作者	发表年份	宽度(m)	说明
Juan A 等	1995	3～12	廊道宽度与物种多样性之间相关性接近于 0
		12	草本植物多样性平均为狭窄地带的 2 倍以上
		60	满足生物迁移和生物保护功能的道路缓冲带宽度
		600～1 200	能创造自然化的、物种丰富的景观结构
Rohling J	1998	46～152	保护生物多样性的合适宽度

表 2.2-9　根据相关研究成果归纳的生物保护廊道适宜宽度

宽度(m)	功能及特点
3～12	廊道宽度与草本植物和鸟类的物种多样性之间相关性接近于 0;基本满足保护无脊椎动物种群的功能
12～30	对于草本植物和鸟类而言,12 m 是区别线状和带状廊道的标准。12 m 以上的廊道中,草本植物多样性平均为狭窄地带的 2 倍以上;12～30 m 能够包含草本植物和鸟类多数的边缘种,但多样性较低;满足鸟类迁移;保护无脊椎动物种群;保护鱼类、小型哺乳动物
30～60	含有较多草本植物和鸟类边缘种,但多样性仍然很低;基本满足动植物迁移和传播以及生物多样性保护的功能;保护鱼类,小型哺乳、爬行和两栖类动物;30 m 以上的湿地同样可以满足野生动物对生境的需求;截获从周围土地流向河流的 50% 以上的沉积物;控制氮、磷和养分的流失;为鱼类提供有机碎屑,为鱼类繁殖创造多样化的生境
60/80～100	对于草本植物和鸟类来说,具有较大的多样性和内部种;满足动植物迁移和传播以及生物多样性保护的功能;满足鸟类及小型生物迁移和生物保护功能的道路缓冲带宽度;许多乔木种群存活的最小廊道宽度
100～200	保护鸟类,保护生物多样性比较合适的宽度
≥600～1 200	能创造自然的、物种丰富的景观结构;含有较多植物及鸟类内部种;通常森林边缘效应有 200～600 m 宽,森林鸟类被捕食的边缘效应大约范围为 600 m,窄于 1 200 m 的廊道不会有真正的内部生境;满足中等及大型哺乳动物迁移的宽度从数百米至数十千米不等

表 2.2-10　不同学者提出的保护河流生态系统的适宜廊道宽度值

功能	作者	发表年份	宽度 (m)	说明
水土保持 Soil and water conservation	Gillianm J W 等	1986	18 ~ 28	截获 88% 的从农田流失的土壤
	Cooper J R 等	1986	30	防止水土流失
	Cooper J R 等	1987	80 ~ 100	减少 50% ~ 70% 的沉积物
	Low rance 等	1988	80	减少 50% ~ 70% 的沉积物
	Rabeni	1991	23 ~ 183.5	美国国家立法,控制沉积物
	Erman 等	1977	30	控制养分流失
防治污染 Pollution control	Peterjohn W T 等	1984	16	有效过滤硝酸盐
	Cooper J R 等	1986	30	过滤污染物
	Correllt 等	1989	30	控制磷的流失
	Keskitalo	1990	30	控制氮素
	Brazier J R 等	1973	11 ~ 24.3	有效降低环境的温度 5 ~ 10 ℃
	Erman 等	1977	30	增强低级河流河岸稳定性
其他 Other	Steinblums I J 等	1984	23 ~ 38	降低环境的温度 5 ~ 10 ℃
	Cooper J R 等	1986	31	产生较多树木碎屑,为鱼类繁殖创造多样化的生境
	Budd W W 等	1987	11 ~ 200	为鱼类提供有机碎屑物质
	Budd 等	1987	15	控制河流混浊

由上述数据可以看出,当河岸植被宽度大于 30 m 时,能够有效地降低温度、增加河流生物食物供应、有效过滤污染物。当河岸植被宽度大于 80 m 时,能较好地控制沉积物及土壤元素流失。美国各级政府和组织规定的河岸缓冲带宽度值变化较大,从 20 m 到 200 m 不等。

实际中,确定一个河流廊道宽度应遵循以下 3 个步骤:

(1)弄清所研究河流廊道的关键生态过程及功能;

(2)基于廊道的空间结构,将河流从源头到出口划分为不同的类型;

(3)将最敏感的生态过程与空间结构相联系,确定每种河流类型所需的廊道宽度。

2.2.3.2　灰线控制

在绿线以外的城市建设区控制一定范围的区域,对该区域的建设提出规划建设控制条件,以符合滨水城市的景观特色要求;该区域的外围控制线即为灰线。灰线的制定主要是从滨水区开发利用的角度来对城市建设进行控制和指导,通过灰线区域的土地利用规划和城市设计,塑造独具特色的滨水城市景观。

灰线一般不宜突破城市主干道;滨河滨湖道路作为城市主干道的,其灰线范围为该主干道离河一侧一个街区;灰线距滨水绿线的距离不小于一个街区,但不宜超过500 m。港渠两侧是否控制灰线可根据实际需要确定,滨渠绿线之间的距离小于50 m的可不控制灰线。

2.3 河流形态及生境规划

2.3.1 河流形态规划

城市生态河流规划设计中,可根据天然河流的空间形态分类,综合考虑当地自然环境条件与城市总体规划目标的平衡契合,寻求最优设计。天然的河流有凹岸、凸岸,有浅滩和沙洲,它们既为各种生物创造了适宜的生境,又可降低河水流速、蓄滞洪水,削弱洪水的破坏力。

河流平面形态设计要满足城市防洪的基本要求,体现河流的自然形态、保护河流的自然要素。设计中,尊重天然河道的形态,师法自然,可根据区域地形特点设计为自然型蜿蜒曲折的形态,创造多样化水流环境,营造城市中的绿色生态环境。多样化的水深条件有利于形成多样化的水流条件,是维持河流生物群落多样性的基础,蜿蜒曲折的河道形式可加强岸边土壤、植被、水的密切接触,保证其中物质和能量的循环及转化。

河流横断面设计以自然型河道断面为主,以过洪基本断面为基础,改造为自然断面形态,避免生硬的梯形、矩形断面。河岸两侧布置人行步道和种植带。河边可种植树木,为水面提供树荫,重建常水位生态环境。在合适位置交替布置深潭、浅滩,既可满足过洪要求,又可满足景观效果。

典型河道横断面结构图如图2.3-1所示。

图2.3-1 典型河道横断面结构图

河流纵向上有陡有缓,尽量少设高大的拦河建筑,必须设置时,要考虑为鱼类洄游设置通道,在跌水的地方尽量改造为陡坡。河道纵向断面塑造有陡有缓的河流底坡,尽量放缓边坡,为两栖类生物上岸创造条件。采用生态护岸,为生物创造生长、繁殖空间。河岸上尽量保持20 m以上的绿化廊道,为生物迁徙提供走廊。

2.3.2 生境规划

生境是指生物生存的空间和其中全部生态因子的总和,河流生境又被称为河流栖息地,广义上包含河流生物所必需的多种尺度下的物理、化学和生物特征的总和,狭义上包括河床、河岸、滨水带在内的河流的物理结构,包括的基本物质有阳光、空气、水体、土壤、动物、植物、微生物等。

城市河流是城市生态环境的重要组成部分,有水才有生命,有水才有生机。传统水利上讲,河流的主要功能是防洪排涝,随着经济的发展和生活水平的提高,人们意识到河流还有其生态、景观、文化和经济价值,河道的功能是多样化的。健康的河流应该有多种水生生物和动植物,能承载一定的环境容量,有自净功能,其形态上蜿蜒曲折,水面有宽有窄,水流有急有缓,而且保持流动。河流良好的水体环境还需要依靠优良的水质作为保障。

传统水利上,多偏重防洪功能,将河流与周边环境割裂开来,为了减小糙率,衬砌了河道。生态水利设计则重新沟通河流、植物、微生物与土壤的关联,河坡上种植树木和植物可以充分地涵养水分,它也增强了河流的自净功能。河坡的生态化改造,对水土保持和洪涝灾害的预防有利。一旦有洪水发生,河坡上的植物和土壤能够最大量地蓄积洪水,避免水资源的流失,同时也减少了下游洪水的威胁。生态河坡的改造,沟通了水、陆,为动植物的生存和繁衍提供了更恰当的栖息地,并为野生动物穿越城市提供了生物走廊。在不影响防洪的前提下,在河边建一些微地形,可改变河水的流态,使得水流有急有缓,更加接近天然河流的特性;也为水生生物提供庇护场所,是鱼儿产卵的绝佳之地。这些微地形对于增加水中日溶解氧的含量很有帮助,溶解氧的增加对避免水体富营养化有极大贡献。

设计中可采用的多样化生境要素如下:

蜿蜒的岸线——蜿蜒的河岸形成急、缓不同流速区。缓流区适合贝、螺类的生长,急流区为某些鱼类提供上溯条件。

浅滩、深潭——浅滩和深潭是构成河流的基本要素。在浅滩和深潭中,分别生活着不同的水生生物,所以浅滩和深潭是形成多样水域环境不可缺少的重要条件。浅滩中由于水流湍急,河床中的细沙被水流冲走,砾石间空隙很大,成为水生昆虫及附着藻类等多种生物的栖息地,而这又吸引了以此为食物的鱼类。同时,浅滩还是一些虾、鱼的产卵地。深潭水流缓慢,泥沙容易淤积,不利于藻类生长,是鱼类休息、幼鱼成长及隐匿的避难所。在冬季,深潭还是最好的越冬地点。大量研究表明,河流浅滩和深潭的位置是相对的,随河流主河槽的摆动而发生相应的变化。

河道形态示意图如图 2.3-2 所示。

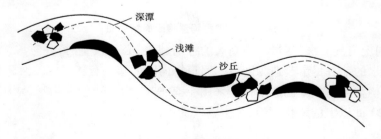

图 2.3-2　河道形态示意图

瀑布、跌水——为水体中补充氧气,并可提高河流局部区域空气湿度。但是高差较大的跌水会阻断鱼类洄游的路径,需要考虑为其提供洄游设施,布置鱼道等。

河心洲——自然的河流在激流的出口处会由于泥沙淤积,形成河心洲。河心洲是多种生物栖息生存的安全场所(人类不易到达)。

洄水区、洼地——洄水区和洼地处泥沙淤积、植物繁茂,同样形成与干流不同的水环境,成为喜欢静水和缓慢水流生物的栖息地。

丁坝、巨石——丁坝和巨石改变水流的方向,引导落淤,可以形成河滩洼地和静水区等多样的河道环境。

滩地——滩地是水、岸的过渡带,具备水、土、空气三大要素,是多种生物栖息的场所,更是两栖类动物的通道。

河畔林——河畔林在水面上形成树荫,使河水温度发生微妙的变化,为鱼类等水生生物提供重要的栖息场所。同时,河畔林树叶上还生活着各种昆虫,昆虫偶尔落入水中,是鱼类的重要食物。秋天,枯叶飘落河上,沉积在河底,又成为水生昆虫的筑巢材料和食粮,伸展在水面上的树枝还是食鱼鸟类的落脚点。

水生植物——水生植物为多种动物提供栖息场地和食物,有些还可起到净化水质的作用。常见的净水植物种类有芦苇、香蒲、水葱、灯芯草、菖蒲、莎草、荆三棱等。

生态堤防护岸——萤火虫通常栖息在植被繁茂、水流清澈的小溪浅滩中,如果河水被污染或者河岸被混凝土固定,萤火虫就无法生存。当然萤火虫生息的地方,也适合青蛙、蜻蜓等小动物的生息。生态堤防护岸有足够的缝隙空间,覆土后可以生长茂密的植被,萤火虫、鱼类会把卵产在这里。

河流生态治理在形态上的设计应本着实事求是、切实可行的原则。在城市周边河流未治理河段,尽量塑造自然型河流,保证形态和生境的多样性。城市内部往往受到区域限制,河流形态布置受限,尽量以生态修复为主。

河道纵向剖面示意图(Dunne and Leopold,1978)如图 2.3-3 所示。

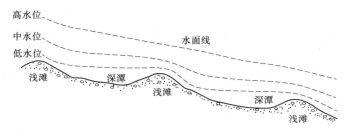

图 2.3-3　河道纵向剖面示意图(Dunne and Leopold,1978)

2.4　水系利用规划

城市水系利用规划应体现保护和利用协调统一的思想,统筹水体、岸线和滨水区之间的功能,并通过对城市水系的优化,促进城市水系在功能上的复合利用,城市水系利用规划应贯彻在保护的前提下有限利用的原则,满足水资源承载能力和水环境容量的限制要求,并能维持水生生态系统的完整性和多样性。

2.4.1 水体利用

城市水体对城市运行所提供的功能是多重的,城市水源、航运、滨水生产、排水调蓄、水生生物栖息、生态调节和保育、行洪蓄洪、景观游憩等都是水系可以承担的功能。这些功能应在水系规划中得到妥当的安排和布局,不可偏重某一方面,而疏漏了另一方面的发展和布局。应结合水资源条件和城市总体规划布局,按照可持续发展要求,在分析各种功能需求基础上,合理确定水体利用功能。

2.4.1.1 确定水体功能的原则

在水体的诸多功能当中,首先应确定的是城市水源地和行洪通道,城市水源地和行洪通道是保证城市安全的基本前提,对城市水源水体,应当尽量减少其他水体功能的布局,避免对水源水质造成不必要的干扰。

水生生态保护区,尤其是有珍稀水生生物栖息的水域,是整个城市生态环境中最敏感和最脆弱的部分,其原生态环境应受到严格的保护,应严格控制该部分水体承担其他功能,确需安排游憩等其他功能的,应做专门的环境影响评价,确保这类水的生态环境不被破坏。

位于城市中心区范围的水体往往是城市中难得的开敞空间,具有较高的景观价值,赋予其景观功能和游憩功能有利于形成丰富的城市景观。

确定水体的利用功能应符合下列原则:

(1)符合水功能区划要求;

(2)兼有多种利用功能的水体应确定其主要功能,其他功能的确定应满足主要功能的需求;

(3)应具有延续性,改变或取消水体的现状功能应经过充分的论证;

(4)水体利用必须优先保证城市生活饮用水水源的需要,并不得影响城市防洪安全;

(5)水生生态保护范围内的水体,不得对其安排对水生生态保护有不利影响的其他功能;

(6)位于城市中心区范围内的水体,应保证其必要的景观功能,并尽可能安排游憩功能。

同一水体可能需要安排多种功能,当这些功能之间发生冲突时,需要对这些功能进行调整或取舍,应通过技术、经济和环境的综合分析进行协调,一般情况下可以先进行分区协调,尽量满足各种功能布局需要;当分区协调不能实现时,需要对各种功能需求进行进一步分析,按照水质、水深到水量的判别顺序逐步进行筛选,并符合下列规定:

(1)可以划分不同功能水域的水体,应通过划分不同功能水域实现多种功能需求;

(2)可通过其他途径提供需求的功能应退让无其他途径提供需求的功能;

(3)水质要求低的功能应退让水质要求高的功能;

(4)水深要求低的功能应退让水深要求高的功能。

2.4.1.2 水体水位控制

一般情况下水位处于不断的变化之中,水位涨落对城市周边的建设,特别是对周边城市建设用地基本标高的确定有重要的影响,因此水位的控制是有效和合理利用水体的重要环节。江、河等流域性水体，以及连江湖泊、海湾，应将水文站常年监测的水位变化情况，统计的水体历史最高水位、历史最低水位和多年平均水位，以及防洪排涝规划要求的警戒水位、保证水位或其他控制水位，作为编制水系规划和确定周边建设用地高程的重要依据。同时，应符合下列规定：

（1）已编制防洪、排水、航运等工程规划的城市，应按照工程规划的成果明确相应水体控制水位。

（2）工程规划尚未明确控制水位的水体或规划功能需要调整的水体，应根据其规划功能的需要确定控制水位。必要时，可通过技术经济比较对不同功能的水位和水深需求进行协调。

常水位控制：有些城市水系规划喜欢把常水位确定得比较高，以减小水面和堤顶或地面的高差，以利于亲水或呈现更好的景观效果。水系规划中确定常水位时需要注意，常水位并非越高越好，需要结合现状地形条件、周边规划高程、防洪要求等综合确定，特别是需要修建堤防的河流，常水位一般不宜高于洪水位，以免人为造成安全隐患；一般水系规划中应要求雨污分流，但对于一些老城区，无法实现雨污分流，对某些水体有纳污要求时，常水位的确定还要考虑污水排放的要求。为保证常水位的稳定，一般需要规划壅水建筑物，建筑物的形式一般以溢流式为主，在有防洪要求的河道，应选择启闭快速、灵活的闸门形式，以保证防洪安全。

调蓄水位：在水位确定中，当水体有调蓄要求时，调蓄水体的水位控制至关重要，通常应在其常水位的基础上进行合理确定，但也必须同时充分考虑周边已建设用地的基本标高情况。一般情况下，调蓄水体与城市排水管网相通，如要起到调蓄的作用，必须使城市雨水和污水能够顺利排入水体，由于城市的排水管网覆土一般不小于 1~1.5 mm，因此调蓄水体的最高水位应低于城市建设标高 1.5 m 以上，才能满足一般的调蓄需要。

行洪（排涝）水位：当城市河道有防洪排涝要求时，河道满足某一规划标准的防洪排涝水位应尽可能满足其承担防洪排涝片区的雨水汇入。当个别雨水管网不能汇入，可能形成局部倒灌时，应与雨水规划协调设置强排措施。

江、河等流动性较强的水体，以及规模较大的湖泊、水库等水体，其水位就比较难以控制。对于这种水体，根据水文站常年监测的水位变化情况，明确水体的历史最高水位、历史最低水位和多年平均水位三种水位情况，以利于周边建设用地的建设标高等指标的确定。

2.4.1.3 城市水功能区划和水质管理标准

1. 水功能区划

水功能区是指为满足水资源合理开发、利用、节约和保护的需要，根据水资源的自然条件和开发利用现状，按照流域综合规划、水资源保护和社会发展要求，依其主导功能划定范围并执行相应的水环境质量标准的水域。

我国水功能区划分为两级，一级水功能区包括保护区、保留区、开发利用区、缓冲区。二级水功能区是对一级水功能区中的开发利用区进一步划分，划分为饮用水水源区、工业用水区、农业用水区、渔业用水区、景观娱乐用水区、过渡区、排污控制区。

水功能区分级分类系统如图 2.4-1 所示。

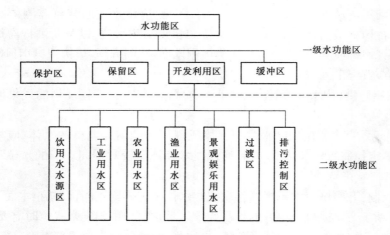

图2.4-1 水功能区分级分类系统

2.各级水功能划区条件及应执行的水质标准

1）一级水功能区

保护区的划区应具备以下条件：

（1）国家级和省级自然保护区范围内的水域或具有典型生态保护意义的自然环境内的水域；

（2）已建和拟建（规划水平年内建设）跨流域、跨区域调水工程的水源（包括线路）和国家重要水源地的水域；

（3）重要河流的源头河段应划定一定范围水域以涵养和保护水源。保护区水质标准应符合现行国家标准《地表水环境质量标准》GB 3838中的Ⅰ类或Ⅱ类水质标准，当由于自然、地质原因不满足Ⅰ类或Ⅱ类水质标准时，应维持现状水质。

保留区的划区应具备以下条件：

（1）受人类活动影响较少，水资源开发利用程度较低的水域；

（2）目前不具备开发条件的水域；

（3）考虑可持续发展需要，为今后的发展保留的水域。保留区水质标准应符合现行国家标准《地表水环境质量标准》GB 3838中的Ⅲ类水质标准或应按现状水质类别控制。

开发利用区的划区条件应为取水口集中、取水量达到区划指标值的水域。由二级水功能区划相应类别的水质标准确定。

缓冲区的划区应具备以下条件：

（1）跨省（自治区、直辖市）行政区域边界的水域；

（2）用水矛盾突出的地区之间的水域。

缓冲区水质标准应根据实际需要执行相关水质标准或按现状水质控制。

2）二级水功能区

饮用水水源区的划区应具备以下条件：

（1）现有城镇综合生活用水取水口分布较集中的水域，或在规划水平年内为城镇发展设置的综合生活供水水域。

（2）每个用户取水量不小于取水许可管理规定的取水限额。饮用水水源区的一级保护范围按Ⅱ类水质标准，二级保护范围按Ⅲ类水质标准进行管理。Ⅱ类水质标准的功能区应设置在已有和规划的生活饮用水一级保护区内，该区范围为：集中取水口的第一个取水口上游1 000 m至最末取水口的下游100 m；潮汐水域上、下游均为1 000 m；湖泊、水库的范围为取水口周围1 000 m范围以内。Ⅲ类水质标准的功能区应设置在现有和规划生活饮用水二级保护区范围内，生活饮用水二级保护区的下游功能区界应设置在生活饮用水一级保护区、珍贵鱼类保护区、鱼虾产卵场水域下游功能区界上，其功能区范围为根据水域下游功能区界处的水质标准，采用水质模型反推至上游水质达到Ⅲ类功能区水质标准中Ⅲ类标准最高浓度限值时的范围。也可根据水质常年监测资料，综合分析评价后确定Ⅲ类水质标准的功能区范围。湖泊和水库的饮用水二级保护区设置在一级保护区外1 000 m范围。

工业用水区的划区应具备以下条件：

（1）现有工业用水取水口分布较集中的水域，或在规划水平年内需设置的工业用水供水水域。

（2）每个用户取水量不小于取水许可管理规定的取水限额。

工业用水区按Ⅳ类水质标准进行管理，Ⅳ类水质标准的功能区应设置在工业用水区已有或规划的工业取水口上游，以保证取水口水质能达到Ⅳ类水质标准。

农业用水区的划区应具备以下条件：

（1）现有农业灌溉用水取水口分布较集中的水域，或在规划水平年内需设置的农业灌溉用水供水水域。

（2）每个用水户取水量不小于取水许可实施细则规定的取水限额。

农业用水区水质标准应符合现行国家标准《农业灌溉水质标准》GB 5084的规定，也可按现行国家标准《地表水环境质量标准》GB 3838中的Ⅴ类水质标准确定。Ⅴ类水质标准的功能区设置在已有的农业用水区，其范围为农业用水第一个取水口上游500 m至最末一个取水口下游100 m处。

渔业用水区的划区应具备以下条件：

（1）天然的或天然水域中人工营造的鱼、虾、蟹等水生生物养殖用水水域。

（2）天然的鱼、虾、蟹、贝等水生生物的重要产卵场、索饵场、越冬场及主要洄游通道涉水的水域。

渔业用水区水质标准应符合现行国家标准《渔业水质标准》GB 11607的有关规定，也可按现行国家标准《地表水环境质量标准》GB 3838中的Ⅱ类或Ⅲ类水质标准确定。

景观娱乐用水区的划区应具备以下条件：

（1）休闲、娱乐、度假所涉及的水域和水上运动场需要的水域；

（2）风景名胜区所涉及的水域。

景观娱乐用水区水质标准应符合现行国家标准《地表水环境质量标准》GB 3838中的Ⅲ类或Ⅳ类水质标准。

排污控制区是指生产、生活废污水排污口比较集中的水域，且所接纳的废污水对水环境不产生重大不利影响。排污控制区的划区应具备以下条件：

（1）接纳废污水中的污染物为可稀释降解的。

（2）水域稀释自净能力较强，其水文、生态特性适宜于作为排污区。

排污控制区应设置在干、支流的入河排污口或支流汇入口所在区域，城市排污明渠、利用污水灌溉的干渠，入河排污口所在的排污控制区范围为该河段上游第一个排污口上游100 m至最末一个排污口下游200 m。排污控制区的水质标准应按其出流断面的水质状况达到相邻水功能区的水质控制标准确定。

过渡区的划区应具备以下条件：

（1）下游水质要求高于上游水质要求的相邻功能区之间。

（2）有双向水流，且水质要求不同的相邻功能区之间。

过渡区水质标准应按出流断面水质达到相邻功能区的水质目标要求确定。

2.4.2 岸线利用

岸线是指水体与陆地交接地带的总称。有季节性涨落变化或者潮汐现象的水体，其岸线一般指最高水位线与常水位线之间的范围，水系岸线按功能可分为生态性岸线、生产性岸线和生活性岸线。生态性岸线是指为保护城市生态环境而保留的自然岸线，生产性岸线是指工程设施和工业生产使用的岸线，生活性岸线是指提供城市游憩、居住、商业、文化等日常活动的岸线。

岸线利用应确保城市取水工程需要。取水工程是城市基础设施和生命线工程的重要组成部分，对取水工程不应只包括近期需求，还应结合远期需要和备用水源一同划定，及早预留并满足远期取水工程对岸线的需求。

生态性岸线往往支撑着大量原生水生生物甚至是稀有物种的生存，维系着水生生态系统的稳定，对以生态功能为主的水域尤为重要，因此在确定岸线使用性质时，应体现"优先保护，能保尽保"的原则，对具有原生态特征和功能的水域随对应的岸线优先划定为生态性岸线，其他的水体岸线在满足城市合理的生产生活需要的前提下，尽可能划定为生态性岸线。

生态性岸线本身和其维护的水生生态区域容易受到各种干扰而出现退化，除需要有一定的规模以维护自身动态平衡外，还需要尽可能避免被城市建设干扰，这就需要控制一个相对独立的区域，限制或禁止在这个区域内进行城市建设活动。划定为生态性岸线的区域应符合《城市水系规划规范》的强制性条文规定，即划定为生态性岸线的区域必须有相应的保护措施，除保障安全或取水需要的设施外，严禁在生态性岸线区域设置与水体保护无关的建设项目。

生产性岸线易对生态环境产生不良的影响，因此在生产性岸线布局时，应尽可能提高使用效率，缩减所占用的岸线长度，并在满足生产需要的前提下尽量美化、绿化，形成适宜人观赏尺度的景观形象。生产性岸线的划定，应坚持"深水深用，浅水浅用"的原则，确保深水岸线资源得到有效利用，生产性岸线应提高使用效率，缩短长度，在满足生产需要的前提下，充分考虑相关工程设施的生态性和观赏性。

生活性岸线多布置在城市中心区内，为城市居民生活最为接近的岸线，因此生活性岸线应充分体现服务市民生活的特点，确保市民尽可能亲近水体，共同享受滨水空间的良好环境。生活性岸线的布局,应注重市民可以达到和接近水体的便利程度,一般平行岸线的滨水道路是人群接近水体最便利的途径,人们可以沿路展开亲水、休憩、观水等多项活动,水系规划应尽量创造滨水道路空间。生活性岸线的划定,应结合城市规划、用地布局,与城市居住和公共设施等用地相结合。水体水位变化较大的生活性岸线,宜进行岸线的竖向设计,在充分研究水文地质资料的基础上,结合防洪排涝工程要求,确定沿岸的阶地控制标高,满足亲水活动需要,并有利于突出滨水空间特色和塑造城市形象。

2.4.3 水系改造

水是城市活的灵魂,进行合理的城市水系改造,能使城市特色更加鲜明、功能更加健全,有利于实现城市可持续发展目标。建设部仇保兴副部长在 2005 年首届城市水景观建设和水环境治理国际研讨会上曾着重指出,错误的城市水系改造是城市特色、功能退化的主因之一,城市水系改造要走科学之路。城市水系是社会—经济—自然复合的生态系统,对一个城市的水系的设计要上溯及历史文化和经济社会的渊源,下放眼未来,来构建城市的独特性和可持续发展能力。水系改造应遵循一些基本原则,避免盲目的改造。

《城市水系规划规范》中提出了水系改造应遵循的原则:

(1)水系改造应尊重自然、尊重历史、保住现有水系结构的完整性,水系改造不得减少现状水域面积总量。

(2)水系改造应有利于提高城市水系的综合利用价值,符合区域水系各水体之间的联系,不宜减小水体涨落带的宽度。

(3)水系改造应有利于提高城市防洪排涝能力,江河、沟渠的断面和湖泊的形态应保证过水流量和调蓄库容的需要。

(4)水系改造应有利于形成连续的滨水公共活动空间。

(5)规划建设新的水体或扩大现有水体的水域面积,应与城市的水资源条件和排涝需求相协调,增加的水域宜优先用于调蓄雨水径流。

一些城市的水系改造中增加了水系的连通,以促进水体循环和水资源利用,取得了较好的效果。但是也存在一些盲目的连通,特别是在行洪河道中增加的十字交叉的四通型连通,给水流的控制和河道管理带来了不便,应尽量避免。

当前,城市水系的综合治理和改造越来越受到重视。许多城市制定专项规划,重整城市水系,实现江、河、湖泊的水系连通,取得了许多成功经验。

(1)明尼阿波利斯公园体系(Minneapolis Park System)。

明尼阿波利斯(Minneapolis)位于美国中部明尼苏达州,是密西西比河航线顶端的入口港,东与州首府圣保罗市隔河相望,两市合称"双子城"(Twin Cities)。明尼阿波利斯的历史与经济发展都与水密切相关,"Minne"在印第安语中意为"河流","apolis"在希腊语中意为"城市"。正如这一名称所示,明尼阿波利斯拥有丰富的水资源,全市分布有 20 多处湖泊和湿地,以及密西西比河、众多的溪流与瀑布,水域面积为 58.4 平方英里(约151.3 km²),占市域总面积的 6%。

早在 1883 年,明尼阿波利斯市议会就成立了第一届明尼阿波利斯公园和休闲委员会(Minneapolis Park and Recreation Board,简称 MPRB),并请当时著名的景观设计师克里夫兰(Horace W. S. Cleveland)制定公园体系的总体规划。克里夫兰是美国公园运动的先驱之一,他的设计原则是"一定要使最初的设计和布局展现出来这里的本质特征,而这种需要并不是通过装饰和装潢就可以弥补的"。他把"水"作为重要的自然特色和设计的核心,设计了一个线形的开放空间系统,沿密西西比河两岸修建宽阔的林荫道,与南部的明尼哈哈瀑布相接,并向西延续,将明尼哈哈河沿线的小溪和湖泊组成的天然水系串联起来,形成一个"大环"(Grand Rounds)和连续的园路(Parkway)。园路包括人行/慢跑道,自行/轮滑道和机动车道,连接了湖泊、密西西比河河滨和居民区、商业区。实际上,除了哈里特湖(Lake Harriet),大多数湖泊当时已经干涸和淤塞。这些湖泊被清淤、深挖,或重新改变形状和创造新的湿地,湖泊水位由管道、泵站和渠道组成的排水系统控制,并连接密西西比河。当其他城市正忙于填湖造地之时,明尼阿波利斯却完整保留了超过 1 000 英亩(1 英亩 = 4 047 m²,下同)的湖泊和公园。1906 ~ 1935 年,继克里夫兰之后,公园监管者西奥多·沃思(Theodore Wirth)负责完成克里夫兰提出的公园系统,他疏浚湖泊、整理堤岸、控制洪泛、增加铺装,购买了数千英亩的公园用地,将许多社区公园吸收到原有的公园系统中,并将"大环"向北一直延伸到市中心北面的密西西比河,为最终形成完整的环状公园体系奠定了基础。

现在的公园体系成为明尼阿波利斯引以为豪的"城市名片",是城市的绿肺、市民最喜爱的休闲活动场所。总面积超过 6 400 英亩(约 2 600 hm²),4 800 英亩(约 1 940 hm²)陆地和 1 600 英亩(约 650 hm²)水面,有 14 条连接廊道、12 个湖泊公园、9 处历史建筑古迹、70 个邻里公园、11 个各种主题花园、2 个鸟类禁猎区。公园由密西西比河两岸大部分滨水区和三条重要的支流构成,由一个约 60 英里(约 1 600 m)长的"大环"园路串联起来。这个环线还连接了 49 个休闲和社区中心、7 个高尔夫球场、2 个溜冰场、4 个游泳池、2 个水上乐园和 6 个轮滑场等众多游憩设施。其中,"湖链"区是公园体系 7 个主题区的精华,主要由哈里特湖(Lake Harriet)、卡尔霍恩湖(Lake Calhoun)、群岛湖(Lake of the Isles)及雪松湖(Lake Cedar)组成。哈里特湖景色秀美,水质清澈,是极受欢迎的野餐目的地,以家庭活动为主题特色;卡尔霍恩湖水面开阔,以运动为主题,是水上、冰上运动的乐园;群岛湖原为湿地,经过疏浚并与卡尔霍恩湖连通后形成岛湖,被作为鸟类禁猎区;雪松湖因其岸边生长的铅笔柏而得名,湖岸边大量的浅水植物使之充满野趣。湖沿岸大都设有园路,与周边社区道路融为一体,从城市的任何地方都可以快捷地进入。同时,各种花园、运动场地、休闲设施等因地制宜地布置在风景公路沿线,以便最大限度地向公众开放。

明尼阿波利斯公园系统如图 2.4-2 所示。

(2)桂林"两江四湖"环城水系改造。

桂林是闻名遐迩的风景游览城市和全国首批历史文化名城。水是桂林的城市之魂、城市之命脉。宋代即有"桂林山水甲天下"及"千峰环野立,一水抱城流"的千古佳句。随着历史的变迁和经济的发展,桂林的城市水系遭到严重破坏,水质污染严重。

为了改善城市水环境,突出城市特色,桂林市决定大做水文章,于 1998 年正式启动了开挖水道,沟通漓江、桃花江与内湖(桂湖、榕湖、杉湖及木龙湖)的环城水系改造工程,即"两江四湖"工程。通过开挖木龙湖、内湖清淤截污、引水入湖、修建生态护岸和防洪排

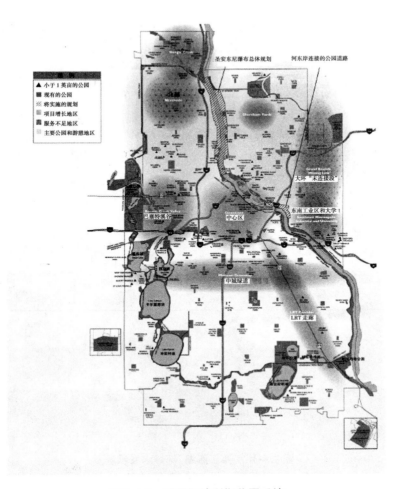

图 2.4-2 明尼阿波利斯公园系统

涝工程、拆除水系周边旧房,以及恢复整理文物古迹、配置园林绿化景观等一系列的环境综合整治,将市中心的四湖和漓江、桃花江两江贯通,形成中心城区的环城水系。由于"四湖"与漓江、桃花江水面的高差分别为 3.5 m 和 4.5 m,在木龙湖、榕湖、桃花江等 3 个出口分别兴建了木龙潮升船机、春天湖船闸和象山升船机,将两江与四湖连通,以提升四湖水位;拆除原"四湖"上的 8 座旧桥,重建 10 座不同建筑结构形式和风格的新桥,实现了全线通航(见图 2.4-3)。

原来的湖泊被改建为各具特色的公园。桂湖在历史上是宋代城西护城河,以植物为主题,是集名树、名花、名草、名园、名桥于一体的博览园;榕湖与杉湖为宋代南护城河,沿岸有大量的历史建筑和名人故居,具有浓厚的人文氛围;木龙湖依托宋代东镇门、宋城墙遗址等历史人文景观,自然山水与历史文化相融合;而漓江、桃花江犹如一幅百里画卷,展现了桂林的秀美山水和人文民风。"两江四湖"环城水系使"死水"变"活水",从根本上改善了内湖水环境质量,水质从劣 V 类提高到 III 类,不仅满足了环境要求,而且实现了环城水系的水上通航,使桂林城市中心区真正形成了"人在城中、城在景中、城景交融"的格局。

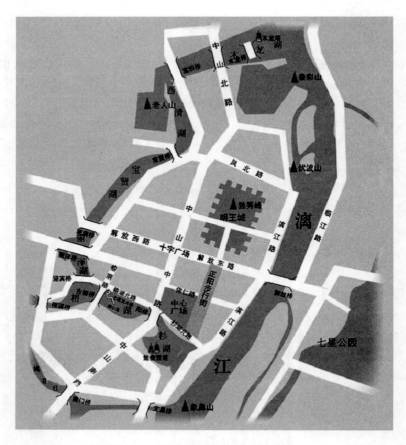

图 2.4-3 "两江四湖"环城水系示意图

"两江四湖"城市水系改造成功后,市中心区优美的生态环境立即在全国旅游界引起了反响,桂林在国内外的旅游知名度进一步得到了提高。同时,桂林市也获得多项殊荣。2005 年,"两江四湖"荣获国家 4A 级景区、广西十佳景区称号。"两江四湖"游是除漓江外桂林最大亮点之一,且夜游"两江四湖"已经成为桂林市夜游市场的新的品牌代表。

(3)武汉"六湖连通"水系改造。

武汉地处长江与汉水交汇处,历史上曾是云梦泽国,素有"百湖之市"的美誉,有着独特的城市特色和景观。由于局部经济利益驱动和保护意识淡薄,蚕食和破坏湖泊的现象时有发生,造成水系分割、功能萎缩、水污染严重,临湖建设问题突出,武汉正面临着"优于水而忧于水"的尴尬境地。

从 20 世纪 80 年代起,武汉市从种草养鱼到截污清淤,从污水处理到湿地建设,经历了曲折发展的治水历程。在此过程中人们逐渐认识到,保护利用湖泊的根本在于注重水生生态功能的修复和水环境的综合治理,应在修复措施、自然重塑、人文彰显等方面进行多元开发,发挥湖泊的复合功能。2003 年,武汉市将"以水治水、引江入湖"列为国家重大科技专项"武汉水专项"的一个重要课题,申请在湖泊资源丰富的汉阳地区开展"水污染控制技术与治理工程"的技术研究和示范工程。

汉阳地区原有大小湖泊 30 多个,现尚有月湖、莲花湖、墨水湖等 13 个自然湖泊。

"六湖连通"水系网络规划改造现有 8 条明渠,新建 8 条明渠,总长共计 45.8 km,将墨水湖、南太子湖、北太子湖、龙阳湖、三角湖、后官湖等 6 个天然湖泊连接贯通,形成纵横交错的河网水系。内部河网水系通过墨竹港连通后官湖,通过琴断口小河连通汉水,通过东风闸和东风泵站连通长江,形成"襟江带湖"的内外连通水系(见图 2.4-4)。其中,墨水湖规划为市级公园,是主城区的生态中心,是"六湖连通"云梦泽水文化的重要组成部分;龙阳湖规划为市级公园,以生态绿化功能为主,形成环境优美的湿地公园和都市休闲度假基地;北太子湖规划为区级公园,是三环线生态隔离廊道的重要组成部分;南太子湖规划为市级体育公园,为康体娱乐旅游区;三角湖规划为市级公园,为休闲度假区;后官湖规划为都市发展区六大生态绿楔之一,是环城游憩带的重要休闲度假区。同时,在六湖地区共布置了 109 座桥梁,将开通水上旅游线路。

武汉"六湖连通"水系网络规划如图 2.4-4 所示。

图 2.4-4 武汉"六湖连通"水系网络规划

"六湖连通"及生态修复工程自 2005 年启动以来,已新建、改造节制闸、桥梁、渠道;完成水体修复和各类湿地恢复;完成琴断小河 4 km 水上生态示范段,初步形成了"六湖连通"雏形。"六湖连通"为武汉水环境治理和水景观建设指明了方向,不仅可借长江、汉江活水,以动治静、以清释污、以丰补枯,实现江湖互通,缓解城市水质型缺水矛盾,也能为市民提供多样化的游憩空间,形成各具特色的滨水景观,促进武汉水文化发展。该项目完全实施后,将实现"一船摇遍汉阳"的美妙设想。

2.4.4 滨水区利用规划

城市滨水区有赖于其便捷的交通条件和资源优势,易于人口和产业集聚,因此历来都是城市发展的起源地。滨水区作为城市中一个特定的空间地段,其发展状况往往与城市所处区位、城市化阶段以及当地城市发展战略紧密相关。水的功能从起初仅满足人类的农业生产、生活需要,到工业化时代依托水岸线进行工业布局,再到后工业化时代承载城市景观、生态系统服务、水文化、游憩功能等,体现了滨水区功能的多样化。

20 世纪 70~80 年代,世界许多城市在建设潮流中,滨水区的建设与城市地位、竞争力和形象联系在一起,滨水地区受到前所未有的重视。北美率先有了城市滨水区的更新,随后这一潮流蔓延至全球各地。现代的滨水城市在世界城市滨水区更新的大潮下,需要对滨水区域传统的发展模式进行反思,立足于给这些区域带来新的活力的基点上,对滨水区进行更新。

在国内,近代以来,工业生产一直在国内的城市中成长壮大。尤其是新中国成立后的几十年间,工业的进程大大加快,许多城市的滨水区域成为传统工业的聚集地。改革开放后,中国的城市发展方式也开始向西方的现代城市转型,滨水区开发建设成为各级中心城市挖掘潜在价值、建立形象和提高竞争力的共同手段。

在滨水区开发中,最尖锐的一对矛盾就是开发与保护的矛盾,这一矛盾以环境保护和开发效益表现最为激烈。同时又贯穿着人与自然、政府与市场的相互作用,总体上把这一各方关注的焦点变为各方利益旋涡的中心(见图 2.4-5)。

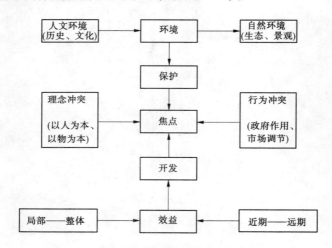

图 2.4-5 滨水区建设中开发与保护相互作用示意

我国的滨水区建设在实践中既取得了很好的效果,也存在着许多问题,甚至失误。主要有以下几个方面:

(1)近年来,随着城市建设和房地产的升温,滨水区以其优越的地理环境和潜在的升值空间,成为众多开发商争夺的热门地块,掠夺性的瓜分使滨水区的土地资源十分紧张,可以留给城市公共空间的土地日渐稀少,用地的稀缺又带来开发强度过高的后果,高楼大厦造成视线不通畅、空间轮廓线平淡,抢景败景现象严重。

（2）许多城市滨水区规划滞后，不能发挥规划的引导作用，各地块独立开发，缺乏有机联系，配套设施自成一套，且多处于低水平状态。这种状况降低了滨水区的整体价值，并且改造成本过高。尤其体现在外部交通联系不便和内部缺乏整体性设计。

（3）大部分的滨水区驳岸注重防洪安全而缺乏生态保护。很多城市河道采用了混凝土、砌石等硬质驳岸，对防洪安全起到重要作用，却缺乏生态保护。硬质的驳岸阻断了河流与两岸的水、气的循环和沟通，使植被和水生生物丧失了生长、栖息和繁殖的环境，造成了驳岸生物资源的丧失和生态失衡。

（4）城市水体是一个相互连通的系统，在整体水系没有得到系统治理、外围水体水质较差的情况下，城市中心区内的水质基本难以保证。水体的污染和富营养化成为城市水体的新难题，而水质状况直接影响着滨水区的形象和品质。

（5）景观水体往往与自然界中的大水体相连，水位受水体涨落的影响非常大，亲水平台的设计受到制约，常常达不到预想的效果，甚至留下安全隐患。

（6）城市滨水区的改造总是不可避免地要面对老旧的历史建筑和传统空间，大部分改造往往忽视了城市的历史文化传承，大量的拆除、破坏，通过改造焕然一新，但是城市历史的痕迹、记忆也被匆匆抹去，不可能恢复。

（7）城市水体是市民共有的财富，然而在实施过程中，滨水地块的开发商经常将水岸纳入到自己私有的领域内，造成滨水公共开放空间的割断。

这些滨水区在建设中出现的问题，究其原因，既有市场无序的因素，也有城市综合管理不力的原因。从滨水区建设的角度看，首先滨水区应有一个统一的规划，避免混乱无序的开发；其次，滨水区规划应是一个系统的规划，要在规划中解决防洪、生态、建设的矛盾和各方控制的要求。应严格按照规划设计管理的相关法律法规，对涉及跨领域、跨行政管辖区的部分问题，要由政府统一协调。

从功能角度看，滨水区可以划分为生态型、居住型、商办型、休闲娱乐型和码头广场型。滨水区可由这些功能区单一构成，也可由多种功能复合形成。多种功能的混合带来十分复杂的相关因素，如滨水区的开放性、环境的生态性、绿地系统的构成、景观视线通廊、水岸型式、城市天际线、交通、防汛、亲水平台等。滨水区规划设计控制要素构成见表2.4-1。

表 2.4-1　滨水区规划设计控制要素构成

第一层次	第二层次	第三层次
1. 功能要素	1）宏观	经济全球化背景
		城市发展的功能定位与目标
	2）区域	与城市总体规划功能相协调
		与周边地区开发的互动作用
	3）本体	水体功能
		临水界面的建筑功能
		公共开放空间的功能设定

第一层次	第二层次	第三层次
2. 生态要素	1）水质	水源
		换水周期
		湿地生态系统
		生物多样性
		雨水的排放与利用
		污水的收集与处理
		后期管理
	2）水量	水源
		区域水量调配
		雨水收集与调蓄
	3）驳岸	生态型驳岸
		硬质驳岸
	4）绿地	绿化覆盖率
		绿地构成
		绿地的生态体系
3. 景观空间要素	1）视线通廊	视线的通透性
		视线的广度
		视线的焦点与观景点
	2）空间架构	建筑的退界
		开发强度布局
		建筑高度与天际线
	3）滨水界面	驳岸处理方式
		水体的形态与尺度
		亲水性
		水岸的梯度处理
	4）防汛墙	硬质与软质
		临水与后退
		多功能性
	5）桥梁	空间跨度
		车行桥与人行桥
		桥体造型对景观的影响

第一层次	第二层次	第三层次
4. 历史文脉要素	1）历史建筑与构筑物	建筑立面
		建筑空间
		功能更新
		扩大的保护空间
	2）环境传统	原有的环境构成
		环境特色的延续
		传统空间构成
	3）非物质性历史文化	传统民间活动
		传统社会精神认同
5. 交通要素	1）外部交通	可达性
		公交系统
		停车场、库
	2）内部交通	人车分流
		交通模式
		步行系统
		集散广场
	3）水上交通	码头
		站厅
		水上游览
6. 安全要素	1）防洪安全	洪水位
		设防级别
	2）水量安全	水位
		区域调控
	3）亲水平台	离水面高度
		人性化警示标志

众多的相关因素使滨水区规划设计显得千头万绪，这些因素之间有的相互包容、有的相互矛盾，梳理好这些要素，是规划设计重要的前期工作。在滨水区的利用规划中应综合系统地考虑上述众多要素，避免顾此失彼和考虑缺项的问题。

奥克兰（Auckland）位于新西兰北岛的奥克兰区，是新西兰第一大城市，是全国工业、商业和经济贸易中心。它拥有 56 个小岛，一半是内陆城镇、一半是滨海城镇的特点使之成为一个多元化的水世界，素有"风帆之都"的美誉。渔业、农作物生产和贸易曾是奥克兰滨水区历史发展初期的组成部分。如今，奥克兰滨水区已是新西兰最主要的国际贸易及旅游门户窗口，它拥有新西兰最密集的海洋产业，并且是最大的港口。

为了引导整个滨水区的合理开发及有序建设，奥克兰地方政府于2010年11月成立了奥克兰滨水开发机构（Waterfront Auckland），着眼于经济、社会、环境及文化综合效益的滨水开发战略，以实现滨水区、市中心及奥克兰地区的一体化发展。

奥克兰地方政府曾通过广泛的磋商，征集了有关滨水区发展的意见与建议，并形成了许多战略性文件。其中包括2040年奥克兰滨水区远景规划、奥克兰市中心滨水区总体规划、奥克兰区域规划。奥克兰滨水开发机构在这些规划的指导下，为市中心滨水区的长远发展制订了规划草案和发展目标。2011年9~10月，通过媒体、网站、图书馆、听证会等多种渠道对滨水规划草案进行公示，并接收相关反馈信息。奥克兰滨水开发机构根据这些反馈意见，将现有的规划策略与公众评审意见及建议相整合，形成了2012年奥克兰滨水区发展规划。

奥克兰滨水区发展规划是奥克兰系列规划与经济发展策略的集中展现。为促进其可持续发展，奥克兰滨水开发机构提出了5项规划目标：①可持续发展；②丰富的公共空间；③用地功能复合；④通达性良好的路网系统；⑤创造宜居环境。

奥克兰滨水区发展规划总图（见图2.4-6）由5个功能区组成，从东至西依次为：威斯特海温码头区、温亚德区、高架桥港口区、中央码头区和码头公园区。各功能区通过街巷、林荫道与城市中心区有机地联系在一起，综合考虑了滨水区长远的经济、社会、文化及环境效益的发展需要。根据各功能区所在区位及目标定位，共设置了30个项目，其中，威斯特海温码头区7项、温亚德区11项、高架桥港口区6项、中央码头区4项、码头公园区2项。

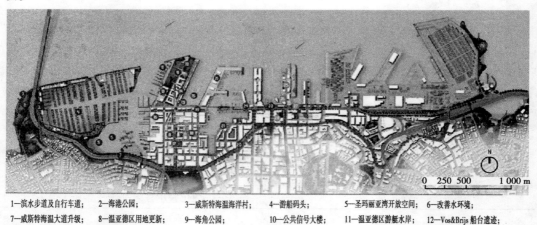

1—滨水步道及自行车道；　2—海港公园；　　　　3—威斯特海温海洋村；　4—游船码头；　　　5—圣玛丽亚湾开放空间；6—改善水环境；
7—威斯特海温大道升级；8—温亚德区用地更新；9—海角公园；　　　　10—公共信号大楼；　11—温亚德区游艇水岸；12—Vos&Brijs船台遗迹；
13—接驳站；　　　　　14—新西兰队基地；　　15—渔业水区；　　　　16—游艇改装区；　　17—Daldy线形公园；　18—创新专区；
19—延伸滨水路；　　　20—林荫大道；　　　　21—怀特马塔广场绿化；22—港口岸线；　　　　23—哈西街码头延伸区；24—"航海者号"海事博物馆入口；
25—皇后码头公共空间；26—客运码头更新；　　27—港口岸线；　　　　28—街巷；　　　　　29—TEAL公园；　　　30—码头公园区更新。

图2.4-6　奥克兰滨水区发展规划总图

奥克兰滨水区发展规划的实施周期为30年，分为三个阶段：第一阶段为2012~2022年；第二阶段为2022~2032年；第三阶段为2032~2042年。五个功能片区的开发时序安排为:同步推进、化整为零,分阶段进行。

为实现前述的五项规划目标,发展规划提出了具体的规划策略。

(1)针对可持续发展目标的规划策略。

可持续性设计:最大限度地减少能源和水的利用,用雨水收集实现水的回收利用,利用光伏发电技术生产绿色能量。

管理决策:制订可持续的市政基础设施综合解决方案,出台政策扶持办法,创建一批具有可持续性的示范项目。

应对海平面上升:柔化海岸线,通过营造一个自然的海岸线来提供丰富的自然栖息地,完善配套设施、增强应变能力。

治理污染:寻求新技术,对温亚德区遭受化工污染的土地进行治理。

减少浪费:拓展资源可回收利用的范围,在街边布置有机废物收集设施,与拆迁企业合作,对废旧建筑材料进行资源回收,鼓励零浪费。

能源和气候变化:大力推广利用可再生能源,倡导公共交通捷运系统优先,减少温室气体排放量,增加能源的应变能力。

水质和雨水:采用了低冲击影响的设计方法,减少雨水地表径流、防止污染物排入海中。

(2)针对公共空间目标的规划策略。

文化和传统:保护和增强滨水区显著的地域特色,在文化旅游项目中展示新西兰原住民毛利人(Maoris)的文化仪式、休闲和娱乐活动,并设置古迹观光路线,保留滨水区的传统工业活动。

高品质的城市设计和建筑:沿水岸设置步行长廊,提供一个连续的滨水通道,创造具有适宜高度、规模和形式的建筑,保持滨水区与相邻区域及市中心整体的统一性。

人性化的公共空间:建设以人为中心的、带有一系列活动的公共空间,吸引各年龄段的人们参加各种活动。

结合公共通道:沿扩宽的或新建码头设置公共通道,在公共通道沿线设置轮渡和游艇项目,设置垂钓平台、游泳池、划船设施。

活动场所:沿近代外滩设置传统艺术走廊,新建滨水步道和自行车道,配套建设各类休闲运动主题公园。

(3)针对用地功能复合目标的规划策略。

旅游业:奥克兰旅游局联合相关机构制定了一个为期19年的经济发展战略、游客发展计划及主题活动策划。

创新专区:在温亚德区建立创新专区,改善滨水区与城市中心区的公共交通运输和步行通道联系,提供各类创新型空间以吸引更多的商业活动及游客。

海运与渔业:保留、激活和改善现存的码头及海运与渔业,为海事和渔业配套便利通道、停车场等设施。

接驳—皇后码头:提供完善的接驳基础设施,以适应大游轮长时间的停留需求,并为游轮提供便利的补给,鼓励运输游船长时间地停留在奥克兰,以便为周边区域的游客提供便捷服务。

（4）针对通达性目标的规划策略。

区域交通运输策略：完善步行道和自行车道，发展快速、高频率、低影响的旅客运输专线。

新建海底隧道：在温亚德区的西端拟建一条海底隧道，满足人们通行和货物运输需要。

市中心交通优先权：支持慢速交通，增加滨水区附近的步行道，使中心区高速路成为东西向的主要连接，以优先确保城市中心附近交通运输需求。

轮渡服务：开发新的渡口，完善基础设施建设。

交通规划：鼓励大通量捷运服务系统建设，限制小汽车停车场地建设，完善温亚德区与其他区的连通性，为步行者和骑自行车者提供专用通道。

连续性：开设一条连续的滨水步行道和自行车道，通过减少过境交通及改善街景逐步把码头街道转变为以人为主的公共空间。

（5）针对宜居环境目标的规划策略。

邻里交往：设置供居民休闲、活动的开放空间，开展社区聚会，增强社区邻里之间的联系。

多样性：为住户提供可供选择的不同的住宅类型，发展高品质及可持续的城市及建筑设计，以适应社会经济变化，在街区或社区中心提供便利的公共配套服务设施，满足居民全天候的不同活动需求，促进当地经济的繁荣与多样性。

社区配套设施：根据居住人数及需求的变化，确定城市中心区内社区服务设施的性质及功能定位，如零售业规模和类型及娱乐设施等。

2012年奥克兰滨水区发展规划无疑是城市滨水区复兴计划的典范，其操作过程中的一些经验对于当前我国滨水区开发与再开发具有重要的启示意义，具体如下。

（1）规划组织。

目前我国许多城市在推进滨水区开发与再开发时，主要由地方政府牵头，通过招、拍、挂等方式，将滨水区分成若干宗地，由开发主体自行操盘，很容易造成各自为政，使得滨水区开发与再开发处于无序混乱状态。另外，许多城市在进行滨水区规划建设时，"重规划、轻实施"现象较为严重，规划建设忽视开发时序，没有明确的时间节点概念，增加了滨水区建设的随意性和不确定性。奥克兰滨水开发机构是奥克兰地方政府的特设组织，全权代表政府进行统筹安排，为滨水区发展规划的顺利实施提供了组织保障。在规划实施过程中，通过制定详细的规划实施周期表，将规划愿景分解为若干具体项目，采取分阶段、递进式推进办法，使得规划项目能落到实处。奥克兰滨水区规划的组织模式无疑给我国滨水区开发与再开发提供了新的思路。

（2）规划策略制定。

奥克兰滨水区发展规划提出的5项规划目标，最终通过30个规划项目来体现，在制定详细规划策略时，紧扣可持续发展理念，注重公共空间建设、强调用地功能复合、关注滨水区的通达性和城市宜居性，使得虚幻的规划愿景得以最终落实。

（3）公众参与。

目前我国城市规划设计中所包含的公众参与多为末端式参与，即在规划编制完成后的公示阶段,有公众参与环节,还未能形成规划周期的过程参与。滨水区开发与再开发关乎市民切身利益,其规划理应体现群众心声。目前,我国许多城市滨水区建设过程中出现的且屡禁不止的填占湖泊、水污染现象,从某种程度上讲,正是缺乏切实的公众参与。因此,将公众参与制度引入到规划设计及项目实施过程中,应成为我国当前和今后城市滨水区开发与再开发关注的重点。

2.5　涉水工程协调规划

涉水工程主要包括对水系直接利用或保护的工程项目,如给水、排水、防洪排涝、水污染治理、再生水利用,综合交通、景观、游憩和历史文化保护等工程,这些工程往往都已经有了相对完备的规划或设计规范,但不同类别的工程往往关注的仅是水系多个要素中的一个或几个方面,需要在城市水系保护与利用的综合平台上进行协调,在城市水系不同资源特性的发挥中取得平衡,也就是要有利于城市水系的可持续发展和高效利用。从水系规划的角度,在协调各工程规划内容时,一是从提高城市水系资源利用效率角度对涉水工程系统进行优化,避免由于一个工程的建设使水系丧失其应具备的其他功能;二是从减少不同设施用地布局矛盾的角度对各类涉水工程设施的布局进行调整。涉水工程各类设施布局有矛盾时,应进行技术、经济和环境的综合分析,按照"安全可靠、资源节约、环境友好、经济可行"的原则调整工程设施布局方案。

2.5.1　饮用水源工程与城市水系的协调

饮用水源包括地表水源和地下水源,是城市的水缸,必须保证其不被污染。

关于水源地的保护区划定及保护要求详见本书2.2部分的有关内容,在保护区一定范围内上下游水系不得排放工业废水、生活污水,不得堆放生活垃圾、工业废料及其他对水体有污染的废弃物,水源地周围农田不能使用化肥、农药等,有机肥料也应控制使用。

取水口应选在能取得足够水量和较好的水质,不易被泥沙淤积的地段。在顺直河段上,应选在主流靠近河岸、河势稳定、水位较深处,在弯曲河段,应选在水深岸陡、泥沙量少的凹岸。

水源地规划还应考虑取水口附近现有的构筑物,如桥梁、码头、拦河闸坝、丁坝、污水口以及航运等对水源水质、水量和取水方便程度的影响。

2.5.2　防洪排涝工程与城市水系的协调

防洪排涝功能是城市水系最重要的功能,在规划中,要在满足防洪排涝安全的基础上,兼顾城市水系的其他功能。

在规划防洪工程设施时,应本着统筹规划、可持续发展的原则,把整个城市水系作为一个系统来考虑,来合理规划行洪、排洪、分洪、滞蓄等工程布局。在防洪工程规划中,应尽量少破坏或不破坏原有水系的格局,做到既能满足城市防洪要求,又不致破坏城市生态环境,应大力倡导一些非工程的防洪措施。

排涝工程是利用小型的明渠、暗沟或埋设管道,把低洼地区的暴雨径流输送到附近的主要河流、湖泊。暴雨径流出口可能和外河高水位遭遇,使水无法排出而产生局部淹没。这就需要在规划中协调二者之间的关系,在规划中,尽可能通过疏挖等方式使排洪河道满足一定的排涝标准。当不能满足时,应提出防洪闸或排涝泵站的规划。布置排水管网时,应充分利用地形,就近排放,尽量缩短管线长度,以降低造价。城市排水应采取雨污分流制,禁止把生活污水或工业废水直接排入自然水体。

2.5.3 水运路桥工程与城市水系的协调

1. 滨水道路与城市水系的协调

滨水道路往往沿着城市河流、湖泊的岸线布置,道路可布置在地方内侧、外侧及堤顶。滨水道路往往利用河流、湖泊的自然条件,辅助以绿化和景观,设计为景观道路。滨水道路分为车行道和人行道,考虑到汽车尾气及噪声对水体环境的污染,以及道路的安全,车行道往往距离岸线较远。若河流承担生态廊道的功能,车行道的位置则应满足生态廊道的宽度要求,尽量布置在生态廊道宽度之外,避免对生态廊道造成干扰。人行道则可以设置在离水近的地方,甚至堤内侧,以增强亲水性。人行道可以结合景观与滨水活动广场水面游乐设施等统一规划布置。

2. 跨水桥梁与城市水系的协调

在规划跨水桥梁时,应尽量布置在水面较窄处,避开险滩、急流、弯道、水系交汇口、港口作业区和锚地。桥梁尽量与河流正交,城市支路不得跨越宽度大于道路红线 2 倍的水体,次干道不宜跨越宽度大于道路红线 4 倍的湖泊,桥下通航时,应保证有足够的净空高度和宽度。

3. 码头港口与城市水系的协调

港口选址与城市规划布局、水系分布、水面宽、水体深度、水的流速和流态、岸线的地质构造等均有关系,海港位于沿海城市,应布置于有掩护的海湾内或位于开敞的海岸线上,最好是水深岸陡、风平浪静。河港位于内地沿河城市,应布置于河流沿岸,内港码头最好采用顺岸式布置,尽量避免突堤式或挖入式带来的影响河流流态、泥沙淤积等问题。海港码头则可根据需要布置成各种形式。

4. 航道、锚地规划与城市水系的协调

我国内河航运发展的战略目标是"三横一纵两网十八线"。航道的发展应与规划发展目标一致。我国各地的航道标准和船型还没有完全统一,随着水运的发展,各大水系会相互衔接,江河湖海会相互连通,形成四通八达的水运体系。因此,需要及早统一航道标准和优化船型。目前,我国很多航道标准较低,需要运用各种措施,通过对水系的治理,提高城市通航能力。

2.5.4 涉水工程设施之间的协调

取水设施的位置应考虑地质条件、洪水冲刷和其他设施正常运行产生的水流变化等对取水构筑物安全的影响,并保证水质稳定,尽可能减少其他工程设施运行中对水质的污染。取水设施不得布置在防洪的险工险段区域及城市雨水排水口、污水排水口、航运作业区和锚地影响区域。

污水排水口不得设置在水源地一级保护区内,设置在水源地二级保护区内的排水口应满足水源地一级保护区水质目标的要求。当饮用水源位于城市上游或饮用水源水位可能高于城市地面时,在规划保护饮用水源的同时应考虑防洪规划。

桥梁建设应符合相应防洪标准和通航航道等级的要求,不应降低通航等级,桥位应与港口作业区及锚地保持安全距离。

航道及港口工程设施布局必须满足防洪安全要求。航道的清障与改线、港口的设置和运行等工程或设施可能对堤防安全造成不利影响,需要进行专门的分析,在确保堤防安全及行洪要求的前提下确定改造方案。

码头、作业区和锚地不应位于水源一级保护区和桥梁保护范围内,并应与城市集中排水口保持安全距离。

在历史文物保护区范围内布置工程设施时,应满足历史文物保护的要求。

第3章 城市河流生态需水量估算

3.1 生态需水量的概念

生态需水研究是近年来国内外广泛关注的热点,涉及生态学、水文学、环境科学等多个学科。现阶段生态需水的概念还未得到统一,其研究主体不明确,在实际应用中存在不同的理解。诸多学者根据研究对象的具体情况对其进行界定,因此出现了不同的定义。

1976年,Tennant等提出了Tennant法,该方法奠定了河道生态需水量的理论基础,对后期的研究有很大的促进作用。1993年,Covich强调了在水资源管理中要保证恢复和维持生态系统健康发展所需的水量。1995年,Falkeiunark将绿水的概念从其他水资源中分离出来,提醒人们要注意生态系统对水资源的需求不仅仅只满足人类的需求。1998年,Gleick明确给出了基本生态需水的概念,即提供一定质量和一定数量的水给自然生境,以求最少改变自然生态系统的过程,并保证物种多样性和生态完整性。在其后续研究中将此概念进一步升华并同水资源短缺、危机与配置相联系。在国内,研究的生态需水更广泛,涉及了水域(河流、湖泊、沼泽湿地等)、陆地(干旱区植被)、城市等诸多生态系统,不同研究者的研究侧重点不同,生态需水的定义也不同。真正具有普适性的生态环境需水定义,是2001年钱正英等在《中国可持续发展水资源战略研究综合报告》及各专题报告中提出的,即:从广义上讲,生态需水是指维持全球生态系统水分平衡包括水热平衡、水盐平衡、水沙平衡等所需用的水。狭义的生态环境需水是指为维护生态环境不再恶化,并逐渐改善所需要消耗的水资源总量。这一定义得到了众多学者的肯定与支持。综合国内外学者观点,作者认为城市河流生态需水量是指维护河流自身生态系统健康所需水量,具体说是指提供一定质量和数量的水给天然生境,以求最小程度地改变生态系统,保护物种多样性和生态系统的完整性。

3.2 城市河流生态需水量的计算方法

河流生态需水量包括河道内和河道外的需水量。河道内生态需水主要指功能生态需水,功能生态需水是指为了维持生态系统某项功能或几项功能所需要的最小水量,其中包括维持生物多样性生态需水、冲沙生态需水、稀释污染物需水与景观文化需水等。河道外的需水是指河道范围以外的生态系统需水,如周边绿地灌溉、需要从河道取水的农业灌溉等。

3.2.1 城市河流内生态需水量计算方法

国内外学者对河流内生态需水量计算和评价方法作了大量研究,并取得了重大进展。

归纳为以下 4 种,即水文学方法、水力学方法、栖息地法和综合法,不同方法的评价方式、优缺点见表 3.2-1。

表 3.2-1　河流生态需水量计算方法优缺点比较

研究方法	评价方式	代表方法	优点	缺点
水文学方法	水文资料,流量的历史资料,非现场测量数据	Tennant 法、7Q10 法、Texas 法	计算简单,容易操作,数据要求不高	简化了河流的实际情况,没有考虑生物影响、河道形状
水力学方法	水力参数河宽、水深、流速等可以实测,也可以用曼宁公式计算	湿周法、R2CROSS 法	简单的河道测量,不需详细的物种 – 生境数据	体现不出季节变化因素
栖息地法	水力、生物特定水力条件和鱼类栖息地参数	IFIM 法	生物资料与河流流量相结合,更具说服力	某个目标物种非河流生态系统
综合法	水文、生物,长年流量变化与河流生态系统的响应	BBM 法	体现生态整体性,与流域管理规划相结合	时间长,需要多方面专家,资源消耗大

3.2.1.1　蒙大拿法

1. 计算方法

蒙大拿法建立了河流流量和水生生物、河流景观及娱乐之间的关系,见表 3.2-2。它将年平均流量的百分比作为生态流量。

表 3.2-2　河流流量与鱼类、野生动物、娱乐相关的环境资源关系

第一列	第二列	
栖息地等定性描述	推荐的流量标准(年平均流量百分数,%)	
	一般用水期(10 月~翌年 3 月)	鱼类产卵育幼期(4~9 月)
最大流量	200	200
最佳流量	60~100	60~100
极好	40	60
非常好	30	50
好	20	40
开始退化的	10	30
差或最小	10	10
极差	<10	<10

注:表中的栖息地是指与鱼类、野生动物、娱乐相关的环境资源;年平均流量为多年平均天然流量。

表 3.2-2 说明：

（1）10%的平均流量：对大多数水生生命体来说，是建议的支撑短期生存栖息地的最小瞬时流量。此时，河槽宽度、水深及流速显著地减少，水生栖息地已经退化，河流底质或湿周有近一半暴露，旁支河道将严重地或全部脱水。要使河段具有鱼类栖息和产卵、育幼等生态功能，必须保持河流水面、流量处于上佳状态，以便使其具有适宜的浅滩水面和水深。

（2）对一般河流而言，河流流量占年平均流量的60%～100%，河宽、水深及流速为水生生物提供优良的生长环境，大部分河流急流与浅滩将被淹没，只有少数卵石、沙坝露出水面，岸边滩地将成为鱼类能够游及的地带，岸边植物将有充足的水量，无脊椎动物种类繁多、数量丰富；可满足捕鱼、划船及大游艇航行的要求。

（3）河流流量占年平均流量的30%～60%，河宽、水深及流速一般是令人满意的。除极宽的浅滩外，大部分浅滩能被水淹没，大部分边槽将有水流，许多河岸能够成为鱼类的活动区，无脊椎动物有所减少，但对鱼类觅食影响不大；可以满足捕鱼、筏船和一般旅游的要求，河流及天然景色还是令人满意的。

（4）对于大江大河，河流流量占年平均流量的5%～10%，仍有一定的河宽、水深和流速，可以满足鱼类洄游、生存和旅游、景观的一般要求，是保持绝大多数水生生物短时间生存所必需的瞬时最低流量。

本方法的计算结果为生态流量。从表3.2-2第一列中选取生态保护目标所期望的栖息地状态，对应的第二列为生态流量占多年天然流量的百分比。该百分比与多年平均天然流量的乘积为生态流量。鱼类产卵育幼期的生态流量百分比与一般时期不同。

2.方法的特点和适用性

1）方法的特点

蒙大拿法是依据观测资料而建立起来的流量和栖息地质量之间的经验关系。它仅仅使用历史流量资料就可以确定生态需水，使用简单、方便，容易将计算结果和水资源规划相结合，具有宏观的指导意义，可以在生态资料缺乏的地区使用。但由于对河流的实际情况作了过分简化的处理，没有直接考虑生物的需求和生物间的相互影响，只能在优先度不高的河段使用，或者作为其他方法的一种粗略检验。因此，它是一种相对粗略的方法。

2）方法的适用性

蒙大拿法主要适用于北温带河流生态系统，更适用于大的、常年性河流，作为河流进行最初目标管理、战略性管理方法使用，但不适用于季节性河流。

3.方法的应用

蒙大拿法在美国是所有方法中第二个最常用的方法，是流量历史法中最为常用的方法，为16个州采用或承认，并在世界各地得到了应用。

一些学者在对美国维吉尼亚地区的河流的研究中证实：年平均流量10%的流量是退化的或贫瘠的栖息地条件；年平均流量20%的流量提供了保护水生栖息地的适当标准；在小河流中，定义年平均流量30%的流量接近最佳栖息地标准。

4.注意事项

蒙大拿法作为经验公式，具有地区限制。因此，在其他地区使用时，需要对公式在本地区的适用性进行分析和检验。在使用该法前,应弄清该法中各个参数的含义。在流量百分比和栖息地关系表中的年平均流量是天然状况下的多年平均流量,其中某百分比的流量是瞬时流量。

3.2.1.2　90%保证率年最枯月平均流量法

将90%保证率年最枯月平均流量作为生态流量,采用的流量为天然流量。此生态流量为维持河道基本形态、防止河道断流、避免河流水生生物群落遭到无法恢复的破坏所需的最小流量。

3.2.1.3　流量历时曲线法

(1)流量历时曲线法利用历史流量资料构建各月流量历时曲线,将某个累积频率相应的流量(Q_p)作为生态流量。Q_p的频率P可取90%或95%,也可根据需要作适当调整。Q_{90}为通常使用的枯水流量指数,是水生栖息地的最小流量,为警告水管理者的危险流量条件的临界值。Q_{95}为通常使用的低流量指数或者极端低流量条件指标,为保护河流的最小流量。

(2)这种方法一般需要20年以上的流量系列。

(3)流量历时曲线法是水文学法中第二个广泛应用的方法。

3.2.1.4　湿周法

1.计算方法

该方法利用湿周作为栖息地质量指标,建立临界栖息地湿周与流量的关系曲线,根据湿周流量关系图中的拐点(见图3.2-1)确定河流生态流量。当拐点不明显时,以某个湿周率相应的流量,作为生态流量。某个湿周率为某个流量相应的湿周占多年平均流量相应湿周的百分比,可采用80%的湿周率。当有多个拐点时,可采用湿周率最接近80%的拐点。

此生态流量为保护水生物栖息地的最小流量。

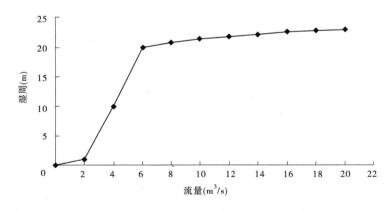

图 3.2-1　湿周流量关系

2.制约条件

湿周法受河道形状影响较大,三角形河道湿周流量关系曲线的拐点不明显;河床形状不稳定且随时间变化的河道,没有稳定的湿周流量关系曲线,拐点随时间变化。

3.适用范围

湿周法适用于河床形状稳定的宽浅矩形和抛物线形河道。

3.2.1.5 R2CROSS法

1.计算方法

美国科罗拉多州对该州自由流动的河流进行了大量调查研究,提出了不同尺度河流的浅滩栖息地的水力参数,见表3.2-3。其水力参数相应流量即为生态流量。它将河流平均深度、平均流速和湿周长度作为栖息地质量指标。该法可以用两类指标确定生态流量:一是湿周率,二是平均水深和平均流速。

这种方法认为,对于一般的浅滩式河流栖息地,如果作为反映生物栖息地质量的水力学指标,且在浅滩栖息地能够使这些指标保持在相当令人满意的水平上,那么也足以维护非浅滩栖息地内生物体和水生生境。

此生态流量为保护水生生物栖息地的最小流量。

表3.2-3 R2CROSS法确定生态流量的标准

河宽(m)	平均水深(m)	湿周率(%)	流速(m/s)
0.3 ~ 6	0.06	50	0.30
6 ~ 12	0.12	50	0.30
12 ~ 18	0.18	50 ~ 60	0.30
18 ~ 31	0.30	≥70	0.30

2.限制条件

(1)不能确定季节性河流的流量。

(2)精度不高:根据一个河流断面的实测资料,确定相关参数,将其代表整条河流,容易产生误差,同时计算结果受所选断面影响较大。

(3)标准单一:三角形河道与宽浅型河道水力参数采用同一个标准。

(4)适用的河顶宽度为0.3 ~ 31 m,不适用于大中型河流。

3.适用范围

R2CROSS法适用于确定河宽为0.3 ~ 31 m的非季节性小型河流的流量,不能用于确定季节性河流的流量。同时,为其他方法提供水力学依据。

3.2.1.6 生物空间需求法

1.计算方法

1)关键物种选择

水生生物的生存空间是其生存的基本条件,生存空间的丧失将直接导致河流生态系统的严重衰退,因此河道的生态水量首先要保证生物的生存空间,河道水生生态系统中有多种生物,主要有藻类、浮游生物、大型水生植物、底栖动物和鱼类等,河道生态系统所有生物对生存空间的最小需求确定后,取其最大值即为河道生态系统对生物空间的最小需求。用下式表示:

$$\Omega e_{min} = \max(\Omega e_{min1}, \Omega e_{min2}, \cdots, \Omega e_{minn}) \tag{3.2-1}$$

式中　$\Omega e_{\min}$——河道生态系统中生物对生存空间的最小需求；

　　　$\Omega e_{\min i}$——第 $i(i = 1,2,\cdots,n)$ 种生物对生存空间的最小需求；

　　　n——河道生态系统中的生物种类。

现阶段无法确定每类生物所需的最小空间,因此需选择河道生态系统的关键物种。鱼类和其他类群相比在水生系统中位置独特,一般情况下,鱼类是水生系统中的顶级群落,对其他种群的存在和丰度有着重要的作用,同时鱼类对生存空间最为敏感,因此可将鱼类作为指示物种,认为鱼类的生存空间得到满足,其他生物的最小空间也得到满足。即:

$$\Omega e_{\min} = \Omega e_{\min 鱼} \tag{3.2-2}$$

2) 鱼类生存空间要素选择及最小空间要素取值

描述鱼类生存空间的要素有水面宽率、平均水深、最大水深、横断面面积、横断面形态等。水面宽率为水面宽和多年平均天然流量相应的水面宽的比值,是河流生态系统食物产出水平的指标。平均水深是整个断面上的平均深度,代表生物在整个断面上的生存空间情况。最大水深是鱼类通道指标,要求断面的最大水深达到一定值,以保证鱼类通道的畅通。因此,选择水面宽率、平均水深和最大水深作为鱼类生存空间指标。

水面宽率、平均水深和最大水深的取值还有统一的标准。通过分析 R2CROSS 法中的数据和蒙大拿法野外试验统计数据发现:表 3.2-3 中对于自由流动的大中型河流,最小生态流量平均水深应不小于 0.30 m,湿周率应该大于等于 70%;蒙大拿法野外试验统计分析表明,最小生态流量——10% 的平均流量对应的平均水深是 0.3 m,湿周率为 60%。综合两种研究成果,对中型河流,最小生态流量对应的平均水深为 0.3 m,水面宽率为 60% ~70%(适合于非分汊河流)。

为满足鱼类通道要求,河道断面最大水深必须达到一定值。国内外对鱼道的研究表明,鱼道所需的最小深度约是鱼类身高的 3 倍。由于缺乏鱼类身高的资料,需对鱼类对最大水深的需求进行粗估,中型河鱼类所需的最大水深的下限为 0.6 m。中上游较小河流鱼类所需的最大水深的下限为 0.45 m。

对自由流动的河流,鱼类需求的最小生存空间参数见表 3.2-4。该表依据的资料代表性有限,推算的最小生态流量是粗估的。

表 3.2-4　鱼类需求的最小生存空间参数

空间参数	中型河流	小型河流
水面宽率(%)	60 ~70	60 左右
平均水深(m)	0.3 左右	0.2 ~0.3
通道水深下限(m)	约 0.6	约 0.45
最小流速(m/s)	0.3 ~0.4	0.3

2. 适用范围

对缺乏资料的中小型河流可以用此方法进行生态需水量的估算。

以上 6 种计算方法都可以对生态需水量进行计算。在资料充足的河道可以用前 5 种计算方法,在资料比较匮乏的中小河流可以用第 6 种计算方法来估算。后面有实例,请参考阅读。

3.2.2　城市河流外生态需水量计算方法

河流外生态需水的计算多出现在河流系统或流域生态需水的研究中。河道外生态需水量主要是维持河道外植被群落稳定所需要的水量,包括:天然和人工生态保护植被、绿洲防护林带的耗水量,主要是地带性植被所消耗降水和非地带性植被通过水利供水工程直接或间接所消耗的径流量;水土保持治理区域进行生物措施治理需水量;维系特殊生态环境系统安全的紧急调水量(生态恢复需水量);调水区人民生存和陆生动物生存所需水量;维持气候和土壤环境所需水量。对于不同的河流生态系统,其生态需水理论及机制不同,并且跟各研究目标密切相关,因此在进行计算时会有所差别。目前的研究多侧重于单项研究,由于上述各项之间的重叠性,在区域生态需水总量的计算中,并不能简单机械地对上述各项相加减,而应把生态系统作为一个整体来考虑,通过分析水分在生态系统中的循环机制,建立生态需水耦合关系,并结合实际的保护目标来确定各单项和总量之间的关系。

河道外生态需水计算中,对于水土保持生态环境需水的研究相对比较成熟,一般采用水保法和水文法两种方法进行比较研究。水保法是依据水土保持试验站对水土保持措施减水减沙作用的观测资料,并结合流域产沙的冲淤变化,来计算水土保持措施减水量。水文法是利用水文泥沙观测资料,建立流域降雨径流产沙模型,来分析水土保持减水减沙效益。河道外生态需水中,对于植被需水的研究,国内外都开展了大量的工作。国外的研究主要是针对天然植被和人工植被,通过建立不同条件下植被生长过程需水模型,对土壤蒸发和植被蒸腾进行模拟,具有较为成熟的理论和方法。我国学者对河道外生态需水的研究主要是对区域生态需水的分类、分区及计算方法的探讨,对水分生态作用机制的研究则相对较少,而在对河道外生态需水进行计算时,采用的方法多为面积定额法,以植物耗水量(植被蒸腾量)代替生态需水量。植被是生态系统最基本的组成部分,是主要的生产者,在生态系统中起着主导作用。一定条件下,用植被生态需水来反映实际生态系统的生态需水,也是可以接受的。陆地植被生态系统中,主要水分消耗是满足植被生长期内的蒸散发,基本可反映植被生态需水。目前估算植被蒸散发主要采用计算植被参考作物的蒸散发潜力的方法。国内关于植被生态需水计算的方法有很多,目前运用得比较多的方法有彭曼公式法、潜水蒸发蒸腾模型、直接计算方法、间接计算方法、基于遥感和 GIS 技术的研究方法等,各方法适用范围、优缺点归纳如表 3.2-5 所示。

(1)彭曼公式是通过计算作物潜在腾发量来推算作物生态需水量的,目前常用的是改进后的彭曼公式。该法计算的是在充分供水条件下获得的作物需水量,即植被的最大需水量,从理论上讲其并不是维持植物生长的最低生态需水量。但该方法理论较成熟完整,实际应用上具有较好的操作性。

(2)潜水蒸发蒸腾模型,是通过蒸发蒸腾模型(具有代表性的有阿维里扬诺夫公式和沈立昌公式),计算得出对应不同地下水位埋深的潜水蒸发量,用植被生态系统的面积与其地下水位埋深的潜水蒸发量相乘得到植被的生态需水量。

（3）直接计算方法计算的关键是要确定出不同生态用水植被类型的生态用水定额，而生态用水定额的计算对生态水文要素的很多参数要求较高，且工作量繁重，极大地限制了该方法在实际生产中的应用。

（4）间接计算方法都是以潜水蒸发蒸腾模型为基础而提出的，是用某一植被类型在某一潜水位的面积乘以该潜水埋深下的潜水蒸发量与植被系数，得到的乘积即为生态用水量，其中对植被系数的确定是该方法的关键。

（5）基于遥感和 GIS 技术的研究方法计算生态需水量，其主要思路为利用遥感与 GIS 技术进行生态分区，确定流域各级生态分区的面积及其需水类型和生态耗水的范围和标准（定额），以流域为单元进行降水平衡分析和水资源平衡分析，在此基础上计算生态需水量。

表 3.2-5　植被生态需水计算方法优缺点比较

研究方法	适用范围	主要优点	局限性
潜水蒸发模型	任何地区	理论依据较充分	需要大量实测数据支撑
Penman － Monteith 方程	覆盖度高、水分条件充足区域	理论较成熟完整，操作性好	计算结果为供水充分条件下最大耗水量，结果偏大
Priestly － Taylor 方程	郁闭度高的森林区域	操作相对简单	在我国的适用性有待论证
Shuttle worth － Wallace 方程	低植被覆盖度的全球尺度区域	对于较低植被覆盖度的全球尺度，研究精度较高	流域尺度、中小尺度适用性差
直接计算方法	基础工作较好地区	理论依据充分	对参数要求高，工作量繁重
间接计算方法	数据较缺乏地区	基于潜水蒸发模型，操作相对简单	植被系数确定对结果影响很大

3.3　城市河流生态需水量的计算实例

3.3.1　新凤河生态需水量计算实例

新凤河水环境治理工程由大兴区水资源局于 2004 年 11 月底启动，旨在争取获得部分世界银行环境二期工程项目贷款余款，用于改善大兴区的区域水环境。

该项目要求应用科学的研究成果，通过切实可行的工程措施，紧紧围绕使人口、资源、环境与经济的发展相协调，通过水质返清、河道疏浚、河岸绿化和周边生态景观建设等措施，实现水资源的合理开发、优化配置、高效利用和有效保护，最终实现人水和谐的治理目标。

3.3.1.1 河道生态需水量

由于新凤河无径流资料,可根据生物空间需求法估算河道生态需水量。

通过考虑鱼类生存的水面、水深、通道、产卵所需的流速等因素,来估算河道生态需水量。鱼类需求的最小生存空间参数见表3.2-4。

考虑到大兴的水资源状况,河道总体设计采用了溪流与水湾结合的方案,溪流段宽2~5 m,底坡0.000 2左右,水深0.3~0.4 m,流速0.3~0.4 m/s。水湾段平均水深1 m,最大水深1.5 m。需要流量$Q = 0.2$ m³/s,基本满足河道生物空间需求。

3.3.1.2 河道水面蒸发量和河道渗漏量

1. 水面蒸发量分析

水面蒸发量计算公式为

$$W_{蒸} = F_{河} \times \varepsilon / 1\ 000 \tag{3.3-1}$$

式中　$W_{蒸}$——水面蒸发量,万 m³;

　　　$F_{河}$——河道水面面积,万 m²;

　　　ε——水面净蒸发强度,mm。

根据《北京市大兴区水资源综合规划》成果,大兴区1980~2000年多年平均蒸发量为1 021.3 mm(E601型蒸发皿),蒸发皿换算系数取0.9,则大水面蒸发量为919.17 mm,当地多年平均降雨量为493.0 mm,计算得当地多年平均净蒸发强度为425.9 mm;根据工程设计,推荐方案河道水面面积为10.49万 m²,河道水面年蒸发量为4.47万 m³,年均有效蒸发天数按240天计算,则日均蒸发水量为0.02万 m³/d。

2. 河道入渗水量分析

根据维杰尔尼可夫公式估算新凤河入渗水量:

$$S = 0.011\ 6(B + 2hk_i)k_{\varphi} \tag{3.3-2}$$

式中　S——每千米河道输水损失量,m³/s;

　　　B——河道水面宽度,m;

　　　k_{φ}——渗漏系数,m/d;

　　　h——河道水深,m;

　　　k_i——第一类完全椭圆积分的比值。

根据调研资料和工程设计成果,估算新凤河渗漏量,推荐方案约为0.30万 m³/d。

3.3.1.3 生态绿化需水量

根据绿地面积和相应的灌溉定额资料,计算分析生态绿化需水量:

$$W_{绿} = F \times M / 1\ 000 \tag{3.3-3}$$

式中　$W_{绿}$——生态绿化需水量,m³/d;

　　　F——绿化面积,m²;

　　　M——灌溉定额,L/(d·m²)。

根据工程初步设计成果,河道两岸绿化面积280万 m²,绿化灌溉定额按2 L/(d·m²)考虑,据此计算,河道两岸绿化用水量为0.56万 m³/d。

3.3.1.4　灌溉用水量分析

根据《大兴区北野厂灌区节水改造工程初步设计报告》，黄村污水处理厂的再生水是北野厂灌区的灌溉水源，规划到 2005 年灌区节水灌溉面积达到 2 万亩，其中粮食作物种植面积 0.6 万亩、蔬菜 0.7 万亩、果树及经济苗木 0.4 万亩、草地 0.3 万亩，年灌溉天数以 120 天计，渠系水利用系数取 0.8，灌区枯水年（$P=75\%$）灌溉用水量为 854 万 m^3，合 7.11 万 t/d。北野厂灌区作物组成及需水量见表 3.3-1。

表 3.3-1　北野厂灌区作物组成及需水量

作物	保证率	小麦	玉米	果树及经济苗木	草地	蔬菜	合计
种植面积（亩）		6 000	3 000	4 000	3 000	7 000	23 000
灌水方式		喷灌	喷灌	管灌	喷灌、畦灌	微灌、管灌	
定额（m^3/亩）	$P=50\%$	180	35	250	180	520	
	$P=75\%$	210	70	280	200	520	
年需水量（万 m^3）	$P=50\%$	108	11	100	54	364	637
	$P=75\%$	126	21	112	60	364	683
渠系利用系数							0.8
年用水量（万 m^3）	$P=50\%$						796
	$P=75\%$						854
灌水次数	$P=75\%$	6	2	4	5	15	
次需水量（万 m^3）	$P=75\%$	21	10.5	28	12	24	

可以看出，在灌溉高峰季节，北野厂灌区用水量达到 7.11 万 m^3/d，黄村污水处理厂处理能力仅为 8 万 m^3/d，此时与新凤河生态景观用水之间有冲突，因此在灌溉高峰季节，可在孙村闸处取水，利用河道换水量来满足灌溉用水的需求。

3.3.1.5　人工湿地净化工程损失水量

根据工程初步设计成果，为对污水处理厂处理后中水进行深度净化处理，设计建设 1 处功能湿地系统，该系统包括 4 个人工湿地净化单元和 3 个阿科蔓生物净化单元。

由于湿地采用常流水的净化模式，且水池采取了防渗措施，结合以往的经验，其蒸散发及渗漏损失量非常有限，可以不计其损失水量。

综合以上分析，考虑到新凤河周边可用于中水处理的面积及处理负荷，灌溉用水直接利用黄村污水处理厂的出水，绿地灌溉考虑分日进行，综合确定日需水量为 2 万 m^3。

3.3.2　涧河新安县城段河道生态需水量计算实例

涧河发源于豫西陕县观音堂，流经渑池、义马、新安、洛阳市区，在洛阳市区汇入洛河，经伊洛河最终汇入黄河,干流全长112 km,流域面积1 349 km²,为典型的羽状水系。流域气候特点为"春旱少雨风沙多,夏季炎热雨集中,秋季晴和日照长,冬季寒冷雨雪少";流域内地形、地势起伏变化大,多年平均降雨量680 mm,降雨时空分布不均匀,主要降雨集中在7月、8月,洪水特点为洪峰高、洪量大、历时短、陡涨陡落。

根据1959~2010年新安水文站资料统计结果,多年平均降雨量为620.23 mm,多年平均径流量为0.67亿m³。1959~1970年,新安水文站多年平均径流量为0.97亿m³,1971~1990年多年平均径流量为0.82亿m³,1991~2010年多年平均径流量为0.36亿m³。可以看出,涧河流域新安断面多年平均径流量呈持续下降趋势,而近些年来降雨量变化相对不大,三个时间段新安站多年平均降雨量分别为608.69 mm、660.49 mm和584.64 mm。不同时段新安水文站多年平均降雨径流值见表3.3-2。黄河流域在20世纪70年代之后工农业逐渐开始发展,在90年代之后进入高速发展期。因此,来水量减少主要是由于近些年工农业快速发展,用水量不断增加造成。因此,新安水文站1959~1970年径流系列基本可代表未受人类活动影响的天然来水系列,满足水文学法的计算要求。

表3.3-2 不同时段新安水文站多年平均降雨径流值

年份	1959~1970	1971~1990	1991~2010	1959~1990	1959~2010
降雨量(mm)	608.69	660.49	584.64	641.50	620.23
径流量(亿m³)	0.97	0.82	0.36	0.87	0.67

3.3.2.1 河道生态需水量

1.Tennant法(特纳法)

在我国南方地区,汛期多能满足生态基流,而在北方缺水地区则常出现汛期生态基流得不到满足的情况。涧河位于北方地区,因此其基本生态需水量应分非汛期和汛期(或丰水期和枯水期)两个水期分别进行确定。

Tennant法是水文学法中最常用的基本生态需水量计算方法,适用于任何有季节性变化的河流。它根据大量实测数据,总结出河道内不同时段、不同流量百分比和与之相对应的生态环境状况(见表3.3-3)。

表3.3-3 河道内流量与生态环境状况关系

生态环境状况描述	推荐的流量标准(年平均流量百分数,%)	
	一般用水期(11月至翌年6月)	鱼类产卵育幼期(7~10月)
最大	200	200
最佳	60~100	60~100
极好	40	60
非常好	30	50

生态环境状况描述	推荐的流量标准（年平均流量百分数，%）	
	一般用水期（11月至翌年6月）	鱼类产卵育幼期（7～10月）
好	20	40
开始退化的	10	30
差或最小	10	10
极差	<10	<10

计算中,将涧河基本生态需水量分为枯水期(11月至翌年6月)和丰水期(7～10月),采用天然状况下年平均流量的百分比确定河道内不同时段的基本生态需水量,对全年求和即可求得全年的涧河城区段河道基本生态需水量,其计算式为

$$W_R = 24 \times 3\,600 \times \sum_{i=1}^{12} M_i \times Q_i \times P_i \qquad (3.3\text{-}4)$$

式中　W_R——多年平均条件下维持河道一定功能的基本生态需水量,m³;

　　　M_i——第i月天数,天;

　　　Q_i——第i月多年平均流量,m³/s;

　　　P_i——第i月生态需水百分比(%)。

根据 Tennant 法提供的经验参数,汛期基本生态需水量采用多年平均水量的40%,非汛期基本生态需水量采用多年平均水量的20%,可使河道生态环境状况达到并保持较好的状态,避免生态退化。以涧河流域新安县城区河段20世纪70年代以前的实测资料作为天然流量,采用 Tennant 法计算的各月基本生态需水量见表3.3-4,其中,涧河非汛期11月至翌年6月平均生态流量为0.48 m³/s,汛期7～10月平均生态流量为1.88 m³/s。因此,河道内基本生态需水量约为3 010.0万 m³,其中非汛期基本生态需水量为1 008.3万 m³,汛期基本生态需水量为2 001.6万 m³。

表3.3-4　河道内基本生态需水量计算表(Tennant 法)

分类	1月	2月	3月	4月	5月	6月
基本生态需水量(万 m³)	126.6	106.7	112.4	112.0	121.4	123.2
生态流量(m³/s)	0.47	0.44	0.42	0.43	0.45	0.48
分类	7月	8月	9月	10月	11月	12月
基本生态需水量(万 m³)	577.2	612.4	423.2	388.8	172.7	133.3
生态流量(m³/s)	2.16	2.29	1.63	1.45	0.67	0.50

2. R2CROSS 法

水生生物生存空间是其生存的最基本条件。河道水生生态系统中有多种生物,主要

包括藻类、浮游植物、浮游动物、大型水生植物、底栖动物和鱼类等。确定河道生态系统所有生物对生存空间的最小需求后,取其最大值即为河道生态系统中生物对生存空间的最小需求。因无法确定每种生物所需最小空间,而鱼类和其他类群相比在水生生态系统中的位置独特。一般情况下,鱼类是水生系统中的顶级群落,是大多数情况下的渔获对象。作为顶级群落,鱼类对其他类群的存在和丰度有着重要作用。鱼类对河流生态系统具有特殊作用,加之鱼类对生存空间最为敏感,故将鱼类作为关键物种和指示生物。

描述鱼类生存空间的水力要素主要有水面宽度、平均水深、最大水深、流速、横断面面积、横断面形态等。R2CROSS法通过大量现场实测数据,确定将平均水深、流速及河顶宽度作为栖息地指标,提出了不同尺度河流的最小生态流量相应的水力学参数(见表3.2-3)。

计算中,根据新安水文站断面宽度,查表得到生态环境流量所需的水力学参数平均水深、平均流速,再根据该断面建立的水深、平均流速与流量的关系得到所需要的基本生态需水量。

根据1990年以来的新安水文站历年实测资料,各月对应50%的实测流量见表3.3-5,近20年来频率为50%时,河道内月平均流量为0.78 m³/s。根据涧河新安站实测大断面成果分析,其对应的水面宽度为21.28 m。

表3.3-5　新安水文站50%保证率下各月流量表

月份	1	2	3	4	5	6	7	8	9	10	11	12
流量(m³/s)	0.71	0.64	0.70	0.57	0.62	0.46	1.24	0.98	1.09	0.76	0.87	0.77

结合实测数据,对R2CROSS法中的参数进行选取,取河顶宽度18 m,平均水深0.18 m,流速0.3 m/s,计算得基本生态需水量为3 065.3万 m³/年。

Tennant法和R2CROSS法计算所得的基本生态需水量分别为3 010.0万 m³/年和3 065.3万 m³/年,两者结果比较相近。其中,Tennant法根据涧河属季节性变化河流的特点,对汛期和非汛期生态需水分别进行分析和计算,考虑了河道生态系统在全年内的生态需水量变化,更符合实际;而R2CROSS法是以水生生物的生存空间为基础建立水力学关系,在参数选取中参考了实测断面资料,所得结果较为可靠,可作为对Tennant法所得结果的校核。因此,选取Tennant法的计算结果作为计算河段的基本生态需水量,即3 010.0万 m³/年。

3.3.2.2　河道水质净化需水

由于缺乏上游排放污水、再生水等的水量和水质资料,无法通过水质预测模型计算河道水质净化需水。但可采用近10年最小月平均流量法对稀释净化需水量进行估算,此方法目前在我国应用较为广泛,采用此法计算出的流量能满足一般河流污染防治及水体自净的生态需水。

近10年最小月平均流量法是由水文学的7Q10法演变而来的,由于7Q10法在我国应用对数据要求太高,由此演变出了近10年最小月平均流量法。在《制订地方水污染物排放标准的技术原则与方法》(GB 3839—83)中规定:一般河流可采用近10年最小月平

均流量,作为河流稀释净化需水量。计算中,以河流最小月平均实测径流量的多年平均值作为河流的水质净化需水量。其计算公式为

$$W_b = \frac{T}{n} \sum_{i=1}^{n} Q_{imin} \qquad (3.3-5)$$

式中　W_b——河流水质净化需水量,万 m^3;

　　　Q_{imin}——第 i 年最小月平均流量,m^3/s;

　　　T——换算系数,其值为 $365 \times 24 \times 60 \times 60 \div 10^4 = 3\ 153.6$;

　　　n——统计年数,年。

以新安水文站 2001～2010 年的实测流量作为该河段的天然流量,其历年最枯月平均流量见表 3.3-6。

表 3.3-6　新安水文站近 10 年最小月平均流量表

年份	2001	2002	2003	2004	2005	2006	2007	2008	2009	2010
流量 (m^3/s)	0.152	0.136	0.085	0.593	0.572	0.421	0.330	0.584	0.458	0.687

根据表 3.3-6 数据,采用近 10 年最小月平均流量法计算生态流量为 0.381 m^3/s,河道内水质净化需水量为 1 201.7 万 m^3。

3.3.2.3　河道蒸发渗漏需水

河道蒸发渗漏需水量包括蒸发需水量和渗漏需水量两部分,其中,蒸发需水量根据水面面积和当地历年平均降水量、蒸发量进行计算,公式为

$$W_e = \begin{cases} (P - E) \times A & (E \geqslant P) \\ 0 & (E < P) \end{cases} \qquad (3.3-6)$$

式中　W_e——河道蒸发需水量,万 m^3;

　　　P——多年平均降雨量,mm;

　　　E——多年平均蒸发量,mm;

　　　A——计算时段内水体的水面面积,m^2。

根据新安水文站实测资料,近 20 年来水频率为 50% 时,水面宽度为 21.35 m。涧河城区段河流长度为 4.5 km,计算得涧河流经城区段形成水面面积为 0.10 km^2。新安县 1991～2000 年各月平均降水量和蒸发量见表 3.3-7,据此计算河道逐月蒸发需水量(见表 3.3-8)。由此得到涧河城区段蒸发需水量为 9.37 万 m^3。

表 3.3-7　新安县 1991～2000 年各月平均降水量和蒸发量

月份	1	2	3	4	5	6
平均降水量(mm)	8.3	11	33.7	44.7	48.7	64
平均蒸发量(mm)	66.9	83.8	105.2	161.7	208.7	218.2
月份	7	8	9	10	11	12
平均降水量(mm)	141.1	105	64.8	41.1	28.6	4.1
平均蒸发量(mm)	186	157.8	126.9	101.8	81.1	72.5

表 3.3-8　河道逐月蒸发需水量计算表　　　　　　（单位：万 m^3）

月份	1	2	3	4	5	6	
蒸发需水量	0.56	0.70	0.69	1.12	1.54	1.48	全年合计9.37
月份	7	8	9	10	11	12	
蒸发需水量	0.43	0.51	0.60	0.58	0.50	0.66	

由于缺乏相关资料，河道年渗漏量按照近 20 年来水频率为 50% 时水体规模的 30% 进行估算，约为 0.43 万 m^3，因此涧河城区段河道蒸发渗漏需水量为 9.8 万 m^3。

3.3.2.4　河道最小输沙需水

维持河流的冲淤平衡、冲刷与侵蚀的动态平衡，需要一定的生态环境用水量与之匹配，这部分水量即为最小输沙需水（或水沙平衡用水）。在一定的输沙总量要求下，输沙水量取决于河流含沙量的大小。其计算公式为

$$W_s = S_t / k \tag{3.3-7}$$

式中　W_s——年输沙需水量，m^3；

　　　S_t——多年平均输沙量，kg；

　　　k——多年最大月平均含沙量，kg/m^3。

新安水文站 1962～2010 年实测各月平均含沙量最大值及输沙量见表 3.3-9。由表 3.3-9 中可知，多年最大月平均含沙量为 82.70 kg/m^3，年均输沙量为 41.91 万 t，由此计算，河道最小输沙需水量为 506.7 万 m^3。

表 3.3-9　新安水文站历年各月平均含沙量最大值及输沙量

统计时段	各月平均含沙量最大值（kg/m^3）												年均输沙量（万 t）
	1 月	2 月	3 月	4 月	5 月	6 月	7 月	8 月	9 月	10 月	11 月	12 月	
1962～2010	0.10	0.03	0.05	1.35	4.70	82.70	55.40	68.40	36.70	0.67	0.39	0.04	41.91

3.3.2.5　河道两岸绿化带需水

根据《新安县城市总体规划（2010—2020）》中的内容，规划涧河沿岸两侧滨水绿地宽度为 20～50 m。城区段景观河段长度暂按 5 km 计算，则沿河两侧绿化带面积约为 30 万 m^2，绿地灌溉定额按 7～10 月 0.12 $m^3/(m^2 \cdot 月)$、11 月至翌年 6 月 0.08 $m^3/(m^2 \cdot 月)$ 计算，涧河城市段沿岸两侧滨水绿地 7～10 月每月需水量大约为 3.6 万 m^3，11 月至翌年 6 月每月需水量大约为 2.4 万 m^3。

河道内水温、水质、水流状况、污水来源、河道纳污能力等资料匮乏，本书从生态基流、河道水质净化需水、河道蒸发渗漏需水、河道最小输沙需水几个方面推算出河道内生态环境需水量，按照不重复计算的原则，在几个方面的需水量中取最大值，得出涧河城区段河道内生态基流为 0.95 m^3/s，年需水量为 3 010.0 万 m^3。

第4章 城市生态水利工程总体安全设计

城市水利工程通常兼具安全、资源、航运、环境、景观、文化、休闲等多种功能,安全功能往往是水利工程的基础目标和要求,对保证城市安全具有重要的意义。区别于传统的水利工程,现代城市水利工程安全功能主要包含防洪排涝、亲水安全和生态安全等方面的内涵,由于城市水利工程具备景观休闲功能,不同于传统水利,设计时,在满足防洪安全的基础上,还需要着重考虑亲水安全。

4.1 防洪排涝安全

我国城市化发展速度十分迅猛,目前城市人口已占总人口的30%左右,预计到2020年前后可达到50% ~ 60%。这就意味着城市的人口和财产要大量增加,城市规模要不断扩大,表现在城市防洪方面主要有两方面的问题:

(1)城市致灾因子加强:主要表现在随城市扩大,地表覆盖面积增加,即不透水面积增加,透水面积缩小。相对同样降雨,地表径流加大,发生内涝的因素增加。同时由于城区地下水补给减少,加剧地面沉降,排涝困难,城市下垫面的变化是大城市内涝不断发生的主要原因。

(2)城市相对于灾害脆弱化:有人认为随着城市的现代化,城市的防洪排涝能力也自然有所加强,事实正相反,越是现代化的城市,对城市洪涝灾害的承受能力越差。主要表现在以下方面:

①城市人口与财产密度加大,同样的洪涝所造成的生命财产损失加大;

②城市地下设施,如交通、仓库、商场、管线等大量增加,抗洪涝能力较差;

③维持城市正常运转的生命线系统发达,如电、气、水、油、交通、通信、信息等网络密布,一处发生故障将产生较大面积的辐射影响。

城市河道一般是排洪除涝的主要通道,因此在设计过程中更要重视防洪功能的实现。特别是城市河道往往具有景观、休闲等多重功能,要充分认识和辨清防洪安全在其所具有的复合功能中占据的主导地位,其他功能的实现必须以防洪功能为基础。在实际工作中,这些具体功能之间可能会存在一些差异甚至矛盾,需要通过调查和研究予以协调,选择最符合可持续发展要求的治理方法。

4.1.1 防洪、排涝、排水三种设计标准的关系

目前,在我国大部分城市,城市防洪与城市排水分别属于水利和市政两个行业,在学术研究上,两者也分别属于水利学科和城市给排水学科。而一个城市的防汛工作则由这两个行业合作完成。市政部门负责将城区的雨水收集到雨水管网并排放至内河、湖泊,或者直接排入行洪河道;水利部门则负责将内河的涝水排入行洪河道,同时保证设计标准以

内的洪水不会翻越堤防对城市安全造成影响。为了保证城市防洪排涝安全,两个部门各有自己的设计标准。市政部门采用的是较低的重现期标准,一般只有 1～3 年一遇,有的甚至一年几遇。而水利部门有两种设计标准,分别是防洪标准和排涝标准,其重现期一般较高,范围也很宽,防洪标准可从 5 年一遇到最高万年一遇。在工作中,对于城市防洪、城市排涝以及城市排水三种设计标准的概念往往比较模糊,容易弄混。

要搞清楚城市防洪、排涝及排水三种设计标准的区别,先要明白洪灾与涝灾的区别。按水灾成因划分,洪灾通常指城市河道洪水(客水或外水)泛滥给城市造成的严重损失,而涝灾则是指由于城区降雨而形成的地表径流,进而形成积水(内水)不能及时排出所造成的淹没损失。为了保护城市免受洪涝灾害,需要构建城市防洪排涝体系。

一个完整的防洪排涝体系包括防洪系统和排涝系统。防洪系统是指为了防御外来客水而设置的堤防、泄洪区等工程设施以及非工程防洪措施,建设的标准是城市防洪设计标准;而排涝系统包括城市雨水管网、排涝泵站、排涝河道(又称内河)、湖泊以及低洼承泄区等,城市管网、排涝泵站的设计标准一般采用的是市政部门的排水标准,排涝河道、湖泊等一般采用水务部门的城市排涝设计标准。

城市防洪标准的制定,是一项涉及面很广的综合性系统工程,它与城市总体规划、市政建设以及江河流域防洪规划等联系密切,城市防洪标准分级只采用"设计标准"一个级别。按照国家标准《城市防洪工程设计规范》(GB/T 50805—2012),防洪工程设计标准根据城市防洪工程等别和洪灾类型按表 4.1-1 和表 4.1-2 确定。

表 4.1-1　城市防洪工程等别

城市防洪工程等别	分等指标	
	防洪保护对象的重要程度	防洪保护区人口(万人)
Ⅰ	特别重要	≥150
Ⅱ	重要	≥50 且 <150
Ⅲ	比较重要	>20 且 <50
Ⅳ	一般重要	≤20

注:防洪保护区人口指城市防洪保护区内的常住人口。

表 4.1-2　城市防洪工程设计标准

城市防洪工程等别	防洪标准(年)			
	洪水	涝水	海潮	山洪
Ⅰ	≥200	≥20	≥200	≥50
Ⅱ	≥100 且 <200	≥10 且 <20	≥100 且 <200	≥30 且 <50
Ⅲ	≥50 且 <100	≥10 且 <20	≥50 且 <100	≥20 且 <30
Ⅳ	≥20 且 <50	≥5 且 <10	≥20 且 <50	≥10 且 <20

这里的城市防洪工程设计标准是指狭义上的标准,特指表 4.1-2 中"洪水"的防洪标准,是以城市行洪河道所抵御的洪水(客水)的大小为依据,洪水的大小在定量上通常以

某一重现期(或频率)的洪水流量表示。同样,这里所谓的城市排涝设计标准,也即表4.1-2中"涝水"的防洪标准,在1992年编写的《城市防洪工程设计规范》(CJJ 50—92)中并没有将城市排涝设计标准列入。在新编写的《城市防洪工程设计规范》(GB/T 50805—2012)中,对原规范进行了修订,城市排涝标准是本次修订新增的内容。

在规划设计上,排水管网采用的是将暴雨强度公式计算的一定重现期的流量作为设计标准,这个重现期是指相等的或更大的降雨强度发生的时间间隔的平均值,一般以年为单位。按照《室外排水设计规范》规定,重现期一般采用0.5~3年,重要干道、重要地区或短期积水即能引起较严重后果的地区,一般采用3~5年,更重要的地区还可以更高,如北京天安门广场的雨水管道,是按照特别重要的排水标准采用设计重现期等于10年进行设计的。

城市防洪、排涝及排水三种设计标准的区别与联系主要表现在以下几个方面:

(1)适用情况不同。

城市排涝设计标准主要应用于城市中不具备防洪功能的排涝河道、湖泊、池塘等的规划设计中,主要计算由区域内暴雨所产生的城市"内涝";而城市防洪标准主要应用于城市防洪体系的规划设计,包括城市防洪河道、堤防、泄洪区等,沿海城市还包括挡潮闸及防潮堤等。其涉及的范围不但包括区域内暴雨所产生的城市"内涝",还包括江河上游地区及城市外围产生的"客水"。城市排水设计标准主要应用于新建、扩建和老城区的改建、工业区和居住区等建成区,它以不淹没城市道路地面为标准,对管网系统及排涝泵站进行设计。

(2)重现期含义的区别。

城市防洪设计标准中的重现期是指洪水的重现期,侧重"容水流量"的概念;城市排涝设计标准与城市排水设计标准中的重现期,是指城市区域内降雨强度的重现期,更侧重"强度"的概念。

另外,城市排涝设计标准和城市排水设计标准中的重现期的含义也有区别。城市排涝设计标准中的重现期采用年一次选样法,即在 n 年资料中选取每年最大的一场暴雨的雨量组成 n 个年最大值来进行统计分析。由于每年只取一次最大的暴雨资料,所以在每年排位第二、第三的暴雨资料就会遗漏,这样就使得这种方法推求高重现期时比较准确,而对于低重现期其结果就会明显偏小。城市排水设计标准中暴雨强度公式里面的重现期采用的是年多个样法,即每年从各个历时的降雨资料中选择6~8个最大值,取资料年数3~4倍的最大值进行统计分析,该法在小重现期时可以比较真实地反映暴雨的统计规律。

(3)突破后危害程度不同。

洪水对整个流域内经济社会的危害程度要远远大于一场暴雨对一个城市的危害程度。如1998年嫩江、松花江发生的超历史记录大洪水,损失巨大。据初步统计,受灾县(市)达到88个,受灾人口1 733万人;被洪水围困人口144万人,紧急转移人口258万人,进水城镇70个,积水城镇73个,淹没耕地5 193万亩,死亡牲畜137万头,全停产工矿企业3 742个,洪水淹没油井4 100口,铁路中断32条次、中断时间3 658 h,中断各级公路1 512条次,冲毁铁路桥涵101座、公路桥涵7 457座,毁坏铁路61.51 km、公路8 601

km，毁坏水库 124 座，毁坏堤防 3 390 km，冲毁水文站 67 个，直接经济损失达 480 亿元。这样的损失是流域内任何一个城市出现超标准的暴雨对该城市造成的内涝损失所无法比拟的。

值得注意的是，从 20 世纪 90 年代以来的水灾统计资料看，涝灾在水灾损失中所占的比例呈增长趋势，这一特点在南方流域中下游平原地区和城市表现得尤为突出。经分析，在我国水灾损失中，涝灾损失约为洪水的 2 倍。分析其原因，主要是随着城市化进程的加快，城市向周边地区高速扩张，这些地区又往往是低洼地带，城市不透水面积的增加，导致地表积涝水量增多，加之在城市发展过程中对涝水问题往往缺乏足够的认识，排涝通道和滞蓄雨水设施不充分，因而造成一旦发生较强的降雨就出现严重内涝的情况。

（4）外洪内涝之间具有一定程度的"因果"关系。

城市外来洪水和城市内涝之间存在相互影响、相互制约、相互叠加的关系：行洪河道洪水水位高，则涝水难以排出；而城市排涝能力强，则会增加行洪河道的洪水流量，抬高河道水位，加大防洪压力和洪水泛滥的可能性；当出现流域性洪水灾害时，平原发生洪水泛滥的地区通常已积涝成灾，如 1931 年、1954 年、1998 年洪水期间，长江中下游洪水泛滥区多为先涝后洪，遭受洪灾的圩垸，80% ~85% 都已先积涝成灾，洪水泛滥则使其雪上加霜。

城市防洪标准与城市排涝标准的接近程度与流域面积的大小有关，流域面积越小，二者标准越接近，这是由于越小的流域内普降同频率暴雨的可能性越大。在一个较大流域内，不同地区可能发生不同重现期的暴雨，而整个流域下游河道形成的洪水的重现期可能大于流域内大部分地区暴雨的重现期，而两者的关系还取决于各地区排涝设施的完善程度。对于小流域来说，二者常常等同。

据统计，目前我国有防洪任务的城市 642 座（未计港澳台地区），其中只有 177 座城市达到国家防洪标准，占有防洪任务城市总数的 28%；而另外还有 465 座城市低于国家规定的防洪标准，占总数的 72%。随着我国各地经济的发展，越来越多的城市把城市防洪排涝体系建设提上了重要议程，大约已有 440 座城市制定了防洪规划。在城市防洪体系的建设中，一定要正确处理好"防外洪"与"排内涝"之间的关系，依据作为保护对象的城市的重要程度及破坏后果，合理确定不同区域、不同河道相应的防洪、排涝及排水设计标准，保证各个城市的防洪排涝安全，把超标准洪涝灾害对城市的威胁降到最低。

4.1.2 相关水力设计

4.1.2.1 流量和水位

城市水利工程定量的分析和设计需要进行水文、水力、泥沙、结构稳定等方面的计算，推求设计流量和相应水位是所有工作的第一步，也是关键的一步。城市河湖流量和水位往往不是单一的，应考虑多个流量和水位条件。图 4.1-1 为理想化的河流断面，从图中可以看出，主要的设计流量包括洪水流量和枯水流量，设计水位包括设计洪水位、常水位、设计枯水位。

在图 4.1-1 中，Q_k 为枯水流量，对于不同的工程有不同的含义，对于没有壅水或蓄水建筑物的河道，此流量为过水断面的最小流量，通常也为水生生物的极限水生条件，在这一流量条件下，对应的水深 H_k 为最小水深；对于有蓄水建筑物的河道，Q_k 代表满足水质净

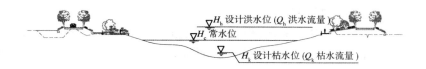

图 4.1-1　理想河流断面图

化和换水要求的基流流量，在常水位 H_c 的确定中，一般需要考虑此流量对应的水深要求。Q_h 代表洪水流量，也就是设计最大流量，相应的 H_h 为最大洪水流量条件下的水位。

城市河道的设计洪水流量是根据汇流区域的暴雨资料排频推求出来的，具有发生时间短、流量大的特点，需要的河道断面尺寸比较大，而平时的枯水流量或基流又很小，这样就造成洪水位和枯水位之间相差很大，为了适应这种条件，设计中城市河道往往做成复式断面结构，见图 4.1-2。断面中，岸顶或堤防顶高程是根据洪水位 H_h 确定的，步行道或亲水平台高程是根据常水位确定的。滨水植物一般在枯水位和常水位之间生长，常水位至洪水位间的区域很少被淹没，是陆生植物与动物的理想栖息地，河边湿地、景观节点也主要分布在这一区域。

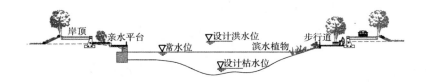

图 4.1-2　城市复式河道典型断面图

在不同的流量条件下，流速随着流量的加大相应变大，当流量达到出槽（出滩）水位时，河道流速一般情况下会逼近最大值。很多观测资料已经证明，在水位上升阶段，水流溢出到河漫滩，横向的动量损失会导致河道水流流速降低，在这种情况下，可根据平滩水力条件进行河岸防护设计或进行河流内栖息地结构的稳定性分析。如果水流受到地形或植被的影响，随着流量的增加，河道流速会继续增加，需采用最大洪水流量条件下的参数进行河道岸坡防护和栖息地结构设计。

在工程规划设计中考虑河岸带的植物和景观设计，应进行有植被区可能淹没水深及流速的评价分析，从而指导植被物种的选取以及节点铺装的选择。为了避免滩地景观建设对河道行洪安全的影响，在河岸带种植、景观设施建设中一般应满足以下要求：

（1）滩地景观节点处的铺装广场高程应与附近平均滩面平齐，广场栏杆、路灯、座凳和雕塑的排列方向应与主流方向基本一致。

（2）滩地上禁止种植一定规模的片林，减少冠木和高秆植物的种植。

（3）滩地禁止建设较大体积的单体建筑或永久性建筑。

（4）施工临时物料堆放场地应尽量安排在近堤处或堤外，禁止在大桥等河道卡口处集中堆放大量的河道疏浚开挖料。

4.1.2.2 设计雨洪流量过程计算

城市防洪、排涝是有紧密联系的,但是也有区别的两个概念。一般认为,城市防洪是防止外来水影响城市的正常运作,防止外洪破城而入;城市排涝是排除城市本地降雨产生的径流。城市洪涝灾害显著的特点是内涝,即外河洪水位抬升,城区雨洪内水难以有效排除而致涝灾;外洪破城而入并非普遍现象,城市河道设计流量往往根据暴雨系列资料,按照设计标准推求雨洪流量。

1. 城市地区设计暴雨过程计算

目前排水设计手册应用下式计算平均暴雨强度:

$$i = \frac{A_1(L + C \lg T_E)}{(t + B)^n} \tag{4.1-1}$$

式中　i——平均暴雨强度,mm/min;

　　　T_E——重现期,a;

　　　t——降水历时,min;

　　　L——地面的集水距离,m;

　　　B、n、A_1、C——地方参数。

另一种计算平均暴雨强度的公式形式为:

$$i = \frac{A}{t^n + B} \tag{4.1-2}$$

重现期 T_E 在综合考虑当地经济能力和公众对洪灾的承受能力后选定,也可进行定量经济分析。地方参数可查排水设计手册,也可据历史资料进行计算。

水利部门采用的设计暴雨公式为:

$$i = \frac{A}{t^n} \tag{4.1-3}$$

水利部门拟定设计暴雨的时程分配的方法,一般是采取当地实测雨型,以不同时段的同频率设计雨量控制,分时段放大,要求设计暴雨过程的各种时段的雨量都达到同一设计频率。

参考我国水利部门习惯采用的同频率放大法及城市设计暴雨的特性,可以得到用于推求城市设计暴雨过程的同频率法。使用本方法所得设计暴雨过程的最大各时段设计雨量与公式计算结果一致。用 A 表示峰前降水历时时段数(包括最大降水时段)。取

$$A = A_1(L + C \lg T_E) \tag{4.1-4}$$

设计暴雨强度公式也可以写成:

$$i = \frac{A}{(t + B)^n} \tag{4.1-5}$$

计算时段用 D_t 表示,降水总时段数为 m,降水总历时为

$$T = m \times D_t$$

取 $t = kD_t$ 可计算出各种历时的设计暴雨强度 i_k 及设计暴雨量 SP_k,即

$$i_k = \frac{A}{(kD_t + B)^n} \quad (k = 1, 2, \cdots, m)$$

$$SP_k = \frac{AkD_t}{(kD_t + B)^n} \quad (k = 1, 2, \cdots, m)$$

(4.1-6)

用 $LP_{(k)}$ 表示各时段的设计暴雨量,即

$$LP_{(1)} = SP_{(1)}$$
$$LP_{(2)} = SP_{(2)} - SP_{(1)}$$
$$LP_{(k)} = SP_{(k)} - SP_{(k-1)} \quad (k = 2, 3, \cdots, m)$$
$$LP_{(1)} \geqslant LP_{(2)} \geqslant LP_{(3)} \geqslant \cdots \geqslant LP_{(k)}$$

(4.1-7)

然后将这样得出的设计暴雨过程再作进一步修正。修正方法是将最大时段暴雨放在第 r 时段上,设 $P_{(1)}, P_{(2)}, \cdots, P_{(m)}$ 为修正后的设计暴雨时程分配,则有:

当 $r \leqslant \frac{m}{2}$ 时,

$$P_{(j)} = \begin{cases} LP(2r - 2j) & (j = 1 \sim (r-1)) \\ LP(2j - 2r + 1) & (j = r \sim (2r - 1)) \\ LP_j & (j = 2r \sim m) \end{cases}$$

(4.1-8)

当 $r > \frac{m}{2}$ 时,

$$P_{(j)} = \begin{cases} LP(m - 1 - j) & (j = 1 \sim (m - 2(m-r) - 1)) \\ LP(2r - 2j) & (j = (m - 2(m-r)) \sim (r-1)) \\ LP(2j - 2r + 1) & (j = r \sim m) \end{cases}$$

(4.1-9)

2. 设计暴雨频率计算中的选样方法

暴雨资料选样的原则,应满足独立随机选样的要求,并符合防洪设计标准的含义。而每年有多个洪峰、时段洪量、时段雨量,国内外常见的有年最大值选样法、一年多次选样法、年超大值法、超定量法等四种选择方法。

1）年最大值选样法

每年只选一个最大的量值,如年最大洪峰流量、年最大一天洪量、年最大三小时连续降雨量等。这样,若有 n 年实测资料,就可以选出 n 个年最大值组成一个 n 年系列,作为频率计算的样本。

年最大值选样法一般适用于设计频率较小的情况,如江河上的水利工程设计。

2）一年多次选样法

一年多次选样法是每年选出 K 个最大数值,因此 n 年资料可以选出 Kn 个值组成一个样本。

3）年超大值法

从 n 年资料中选出 n 个最大值组成一个样本系列。

4）超定量法

超定量法首先确定最低选择数值,然后把 n 年资料大于这一选择数值的 M 个值选入,组成一个样本。这一选样方法在我国城市排水设计中应用较为广泛。

4.1.2.3 糙率

传统的河道工程一般从防洪角度出发,为了有利于行洪,不允许河道内生长高秆、高密度植物,但在城市河道工程中,为了发挥河流的生态景观功能,一般要在河道岸坡和河漫滩引入植被。但植被的引入不可避免地要改变河道水力特性,影响水流过程,降低行洪能力。为此需要进行专门的水力计算,评价河道过流能力,并采取相应的补偿措施以满足防洪需求。按照常规水力学的计算要求,需要确定河道和河漫滩的糙率 n。

糙率又称粗糙系数,是反映河床表面粗糙程度的重要水力参数。城市河道的糙率与河道断面的形态、床面的粗糙情况、植被生长状况、河道弯曲程度、水位的高低、河槽的冲淤以及整治河道的人工建筑物的大小、形状、数量和分布等诸多因素有关,是水力计算的重要灵敏参数。在水力计算中,河道糙率选取得恰当与否,对计算成果有很大影响,因此在确定糙率时必须认真对待。

糙率 n 值的变化受到上述诸多因素影响,而这些因素的变化情况,不但不同特性的河流不同,即使是同一条河流的上、下游各处,乃至同一河段的各级水深时也是不一样的。因此,各个具体河段糙率的大小及其变化,取决于上述诸因素综合作用的结果。也就是说,在影响河道糙率的河床质组成、岸坡特征、植被状况、平面形态这些因素中,只要其中任何一项发生变化,就可能会引起糙率 n 值的不同程度的变化。如果其中多项因素均发生变化,通过综合作用的结果,可能会出现糙率 n 值的巨变、微变、不变等多种情况。因此,糙率随水深变化的 h—n 关系曲线,实际反映了某一河段各级水深时不同因素综合影响的结果。在某一级水深变幅内,如果这种综合作用的影响逐渐地增大了对水流的阻力,则糙率 n 值也增大,反之则减小;如果维持不变,则 n 值也不变。

从实际的水文分析和经验认识中可得出,一般情况下,低水深时随着水深的减小,河床底部相对糙度和湿周的影响增大,所以糙率增大;随着水深的增加,床面影响逐渐减小,岸坡影响逐渐增大。如果岸坡是天然岩石或人工浆砌的,或虽然是土质,但相对平整、规则,且植被稀疏,河岸线顺直,河床和岸坡的综合影响对整个水流的阻力相对减小,则糙率随水深的增大而减小;如果岸坡凹凸度大,坎坷不平,岸边线不顺直,而且随水深的增加更加显著,或是随着水深的增加有了植被影响,如树林、高秆农作物,而且密度渐增等,则低水深以上可能出现糙率增大的情况;如前所述,若低水深或中等水深以上,河段平面特征、河床、岸坡、植被等情况下的阻水作用互相抵消了,则可能糙率值不变。

对河道糙率的确定一般最好采用本河道实测水文资料进行推算,而对无实测资料或资料短缺的河道,参照地形、地貌、河床组成、水流条件等特性相似的其他河道的实测资料进行分析类比后选定,或用一般的经验公式来确定。

1. 基于实测水文资料的糙率推算

如果为某一典型河段,根据实测的水位 Z、流量 Q、断面面积 A、湿周 χ 等,应用谢才公式及曼宁公式可得

$$n = \frac{A}{Q} R^{\frac{2}{3}} J^{\frac{1}{2}} \tag{4.1-10}$$

$$R = \frac{A}{\chi}$$

式中　n——糙率；

　　　R——水力半径；

　　　J——河道比降。

对于多段河段,当水位资料不足时,可通过假设各段糙率,进行水面曲线的计算,反复调试,使水面曲线和已知的站点水位吻合,来确定各河段糙率。

2. 查表法

当河道的实测资料短缺时,可根据河道特征,参照类似河道的糙率。河道糙率表较多,现列出一种供参考,见表4.1-3。

表 4.1-3　城市河道常用糙率 n 值

城市河道护面情况	建议糙率值	备注
混凝土板全断面护坡	0.014	
卵石底、边壁干砌块石	0.033	
全断面浆砌石	0.025	
全断面干砌石	0.032	
河道子槽:土底、卵石岸	0.03	常用
河道顺直、断面均匀,河坡、河底有杂草	0.027	
河道弯曲、断面变化、没有植物的土质河道	0.025	
河道弯曲、断面变化、有一些杂草的土质河道	0.03	常用
河道弯曲、断面变化、有茂密的杂草或在深槽中的水生植物、有深潭和浅滩、少量石块的土质河道	0.035 ~ 0.04	常用
岸坡有一些灌木	0.04 ~ 0.042	
洪水滩地漫流,滩地多树木	0.05 ~ 0.06	湿地滞洪区可参照采用
洪水滩地漫流,滩地为密林	0.1	湿地滞洪区可参照采用

3. 糙率公式

在无实测资料推算糙率,也无类似河道糙率可参照的情况下,可用下式进行计算:

$$n = (n_0 + n_1 + n_2 + n_3 + n_4)m_5 \tag{4.1-11}$$

式中　n_0——天然顺直、光滑、均匀渠道的基本糙率值；

　　　n_1——考虑水面不规则影响的糙率修正值；

　　　n_2——河道横断面形状以及尺寸变化影响的修正值；

　　　n_3——阻水物影响的修正值；

　　　n_4——植物影响的修正值；

　　　m_5——河道曲折程度的影响参数。

各系数的取值见表4.1-4。

表 4.1-4　糙率 n 选取表

河渠状况			数值
材料	土料	n_0	0.020
	石料		0.025
	细砾		0.024
	粗砾		0.028
不规则的程度	光滑的	n_1	0.000
	较小的		0.005
	中等的		0.010
	严重的		0.020
渠道横断面的变化	渐变的	n_2	0.000
	不经常改变的		0.005
	经常改变的		0.010 ~ 0.015
阻水物的影响	可以忽略的	n_3	0.000
	较小的		0.010 ~ 0.015
	中等的		0.020 ~ 0.030
	严重的		0.040 ~ 0.060
植物的影响	低矮的	n_4	0.005 ~ 0.010
	中等的		0.010 ~ 0.025
	高的		0.025 ~ 0.050
	很高的		0.050 ~ 0.100
曲折程度的影响	较小的	m_5	1.000
	中等的		1.150
	严重的		1.30

4.1.2.4　流速

河道流速的大小主要与河流的水面纵比降、河床的粗糙度、水深、风向和风速等因素有关。河流中的流速沿着垂线(水深)和横断面是变化的,理解和研究流速的变化规律对解决工程的实际问题有很重要的意义。

1. 垂线上的流速分布

河道中常见的垂线流速分布曲线,一般水面的流速大于河底,且曲线呈一定形状。只有封冻的河流或受潮汐影响的河流,其曲线呈特殊的形状。由于影响流速曲线形状的因素很多,如糙率、冰冻、水草、风、水深、上下游河道形态等,致使垂线流速分布曲线的形状多种多样。垂线上的流速分布如图 4.1-3 所示。

许多学者经过试验研究导出一些经验、半经验性的垂线流速分布模型,如抛物线模

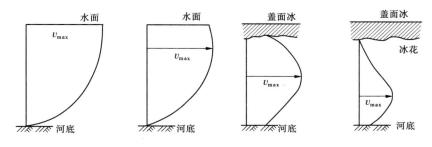

图 4.1-3　垂线上的流速分布

型、指数模型、双曲线模型、椭圆模型及对数模型等。但这些模型在使用时都有一定的局限性，其结果多为近似值。许多观测、研究结果表明，以下几种模型与实际流速分布情况比较接近。

1）抛物线形流速分布曲线

只具有水平轴的抛物线形流速分布曲线见图4.1-4。A 点为抛物线的原点，抛物线上任意一点 a 的坐标为：

$$\begin{cases} y = h_x - h_m \\ x = v_{max} - v \end{cases} \tag{4.1-12}$$

将其代入抛物线方程式 $y^2 = 2Px$，并加以整理得：

$$v = v_{max} - \frac{1}{2p}(h_x - h_m)^2 \tag{4.1-13}$$

式中　v ——曲线上任意一点的流速；

　　　v_{max} ——垂线上最大测点流速；

　　　h_x ——任意一点上的水深；

　　　h_m ——最大测点流速处的水深；

　　　p ——常数，表示抛物线的焦点在 x 轴上的坐标。

垂线上 v_{max}、h_m 及 p 皆为常数项。

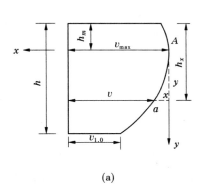

(a)

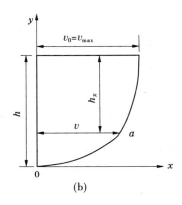

(b)

图 4.1-4　抛物线形流速分布曲线

2）对数流速分布曲线

按普朗德的紊流假定，动力流速为

$$v_* = \sqrt{ghI} = Ky\frac{\mathrm{d}v}{\mathrm{d}y} \tag{4.1-14}$$

积分得：

$$\mathrm{d}v = \frac{v_*}{K} \cdot \frac{\mathrm{d}y}{y}$$

$$v = \frac{v_*}{K}\ln y + C \tag{4.1-15}$$

当 y（y 是由河底向上起算的深度）$=h$ 时，$v = v_{\max}$，将此边界条件代入式(4.1-15)得：

$$v_{\max} = \frac{v_*}{K}\ln h + C \tag{4.1-16}$$

则：

$$v_{\max} - v = \frac{v_*}{K}(\ln h - \ln y) = \frac{v_*}{K}\ln\frac{h}{y} \tag{4.1-17}$$

式中　K——卡尔曼常数。

在管流中，$K=0.40$；在河流中，苏联热烈兹拿柯夫研究得 K 近似取 0.54，但实际变化很大，有人建议卵石河床 $K=0.65$，沙质床 $K=0.50$。

整理式(4.1-17)得：

$$v = v_{\max} + \frac{v_*}{K}\ln\eta \tag{4.1-18}$$

其中，η 为由河底向上起算的相对水深，$\eta = h/y$；其他符号含义同前。

3）椭圆流速分布曲线

卡拉乌舍夫研究的椭圆流速分布公式为

$$v = v_0\sqrt{1 - P\eta^2} = \sqrt{P}v_0\sqrt{\frac{1}{P} - \eta^2} \tag{4.1-19}$$

式中　v_0——水面（$\eta = 0$）流速；

　　　P——流速分布参数，如取 $P=0.6$，相当于谢才系数 $C=40\sim60$；

　　　其他符号含义同前。

2. 横断面的流速分布

横断面的流速分布也受到断面形状、糙率、冰冻、水草、河流弯曲形态、水深及风等因素的影响。可通过绘制等流速曲线的方法来研究横断面流速分布的规律，图 4.1-5 和图 4.1-6 分别为畅流期及封冻期等流速曲线示意图。

从图 4.1-5、图 4.1-6 及其他许多观测资料的分析结果表明：河底与岸边附近流速最小；冰面下的流速、近两岸边的流速小于中泓的流速，水最深处的水面流速最大；垂线上最大流速，畅流期出现在水面至 0.2 倍水深范围内，封冻期则由于盖面冰的影响，对水流阻力增大，最大流速从水面移向半深处，等流速曲线形成闭合状。

在工程规划设计中，技术人员关注流速大小的意义主要表现在以下两个方面：

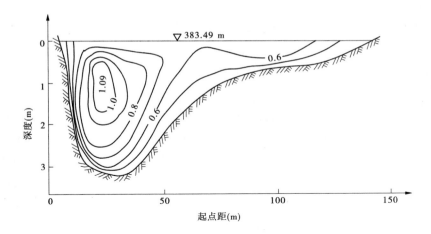

图 4.1-5　畅流期等流速曲线示意图

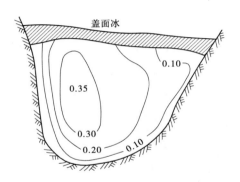

图 4.1-6　封冻期等流速曲线示意图

(1)河道的河床土质是否能满足设计最大流速的抗冲要求。这决定了是否对岸坡或河底采取防护措施。不同土性的河床允许不冲流速见表 4.1-5 和表 4.1-6。

表 4.1-5　黏性土质河床允许不冲流速

土质名称	不冲流速(m/s)
轻壤土	0.00 ~ 0.30
中壤土	0.65 ~ 0.85
重壤土	0.70 ~ 1.00
黏土	0.75 ~ 0.95

注:条件:R(水力半径,下同) = 1 m,当 $R > 1$ m 时,乘以 R^a,$a = 1/3 \sim 1/5$。

表 4.1-6　非黏性土质河床允许不冲流速

土质	粒径(mm)	不冲流速(m/s)			
		0.4 m	1 m	2 m	≥3 m
淤泥	0.005 ~ 0.05	0.12 ~ 0.17	0.15 ~ 0.21	0.17 ~ 0.24	0.19 ~ 0.26
细砂	0.05 ~ 0.25	0.17 ~ 0.27	0.21 ~ 0.32	0.24 ~ 0.37	0.26 ~ 0.4
中砂	0.25 ~ 1.0	0.27 ~ 0.47	0.32 ~ 0.57	0.37 ~ 0.65	0.4 ~ 0.7
粗砂	1.0 ~ 2.5	0.47 ~ 0.53	0.57 ~ 0.65	0.65 ~ 0.75	0.7 ~ 0.8
细砾石	2.5 ~ 5	0.53 ~ 0.65	0.65 ~ 0.8	0.75 ~ 0.9	0.8 ~ 0.95
中砾石	5 ~ 10	0.65 ~ 0.8	0.8 ~ 1.0	0.9 ~ 1.1	0.95 ~ 1.2
大砾石	10 ~ 15	0.8 ~ 0.95	1.0 ~ 1.2	1.1 ~ 1.3	1.2 ~ 1.4
小卵石	15 ~ 25	0.95 ~ 1.2	1.2 ~ 1.4	1.3 ~ 1.6	1.4 ~ 1.8
中卵石	25 ~ 40	1.2 ~ 1.5	1.4 ~ 1.8	1.6 ~ 2.1	1.8 ~ 2.2
大卵石	40 ~ 75	1.5 ~ 2.0	1.8 ~ 2.4	2.1 ~ 2.8	2.2 ~ 3.0
小漂石	75 ~ 100	2.0 ~ 2.3	2.4 ~ 2.8	2.8 ~ 3.2	3.0 ~ 3.4
中漂石	100 ~ 150	2.3 ~ 2.8	2.8 ~ 3.4	3.2 ~ 3.9	3.4 ~ 4.2
大漂石	150 ~ 200	2.8 ~ 3.2	3.4 ~ 3.9	3.9 ~ 4.5	4.2 ~ 4.9
顽石	>200	>3.2	>3.9	>4.5	>4.9

注:条件:$R = 1$ m,当 $R > 1$ m 时,乘以 R^a,$a = 1/3 \sim 1/5$。

(2)计算防护工程或水工建筑物河床冲刷深度时设计流速的选取。这里需要注意不同的公式要求的流速概念是不同的,比如说,在冲刷深度的计算公式中,波尔达科夫公式流速为坝前的局部冲刷流速,马卡维耶夫公式和张红武公式中流速则为坝前行进流速。

另外,由于水沙运动及其河床变形的复杂性,设计人员对流速进行准确选择是相当困难的。如果取断面平均流速作为行进流速,难以反映流速对工程的直接作用,且偏小;而若采用大水行进流速或建筑物前的瞬时最大流速,不仅缺乏测验资料,而且偏大甚多。因此,在设计中大多是根据河道的实际特点概化合理的流速范围,最终结合经验选择。对设计人员来说,在实际工作中能够收集或者掌握的是某个断面位置某一点的实测流速值或者根据水面线推求计算得到的某个河道大断面的平均流速,这就需要注意不同流速之间的换算。如果知道断面流量、河道大断面地形,可采用下式计算局部水流流速:

$$v_j = \frac{Q}{(B - b')h_0} \frac{2\varepsilon}{1 + \varepsilon} \tag{4.1-20}$$

式中　ε ——流速分布不均匀系数;

　　　B ——河宽,m;

　　　Q ——流量,m^3/s;

　　　b' ——丁坝沿水流方向的投影长度,m;

　　　h_0 ——行近水深,m。

4.1.3 工程顶高程的确定

对于有防洪任务的城市河道,一般工程顶高程是指堤防的设计高程,根据《城市防洪工程设计规范》(GB/T 50805—2012),堤顶设计高程应按下列公式确定:

$$Z = Z_p + R + e + A \tag{4.1-21}$$

式中　Z——堤防顶超高,m;

　　　Z_p——设计的洪(潮)水位,m;

　　　R——设计波浪爬高,m;

　　　e——设计风壅增水高,m;

　　　A——安全加高,m。

R、e、A的值可按现行国家标准《堤防工程设计规范》(GB 50286—2013)的有关规定计算。

对于以排涝任务为主的城市河道,工程顶高程是指岸顶的高程,可按以下2种工况的最大值确定:

一种工况是正常蓄水期,岸顶高程按照正常蓄水水位 + 安全超高确定;另一种工况是排涝期,岸顶高程按排涝水位 + 波浪爬高 + 安全加高确定。

4.2　亲水安全

亲水设计一词是现代景观设计的概念,也是现代景观设计的重要内容之一,是为了满足人们亲水活动的心理要求,建造现代城市亲水景观和亲近自然的居住环境而提出的。亲水设计的内容通常根据人们亲水活动的范围而确定,常见的亲水活动主要有岸边戏水、水边漫步、垂钓和其他活动。因此,亲水设计更多体现的是亲水设施和场地的设计,例如,水边阶梯与踏步、水边散步道、栈道与平台、休憩亭与座椅等。

亲水设计按照利用者的活动方式和相应的配套设施,可分为以下几种类型,如表4.2-1所示。

表 4.2-1　亲水活动及设施的类型

名称	活动类型	主要内容	设施
近水、触水型	河溪戏水	在浅滩、小溪戏水	小溪、浅滩、台阶、小道
观赏型	游览欣赏	在滨水区行走游览	水边小道、散步道
休闲、散步型	陶冶性情	以放松的心情散步、休憩	散步道、座椅、广场、栈道
运动、健身型	水上活动	在河岸边利用水面娱乐	散步道、广场、阶梯踏步
大型文化娱乐活动	传统性、季节性活动	在滨水区举行传统活动及众多人的聚集活动	多功能广场、坡道、河滩、草坪、边滩

在提倡近水和亲水设计的同时,不应忽略安全问题,狭义的亲水安全指的是在接近、接触水的水边部位应考虑采取防范性的安全设施,避免在亲水区发生跌倒、溺水事故。广义的亲水安全除考虑采取安全防护设施避免人员伤亡外,还应满足人们戏水、玩水等与水接触时水质的达标与否。

4.2.1 亲水水质要求

4.2.1.1 水质标准

1.景观娱乐用水水质标准

一般城市水利工程的水源来自两个方面:河水以及地下水,各种景观因其要求的效果不同,对水质的要求也有很大区别,共分为 A、B、C 三类标准,景观娱乐用水水质标准见表4.2-2。

表 4.2-2　景观娱乐用水水质标准

序号	项目		A 类	B 类	C 类
1	色		颜色无异常变化		不超过 25 色度单位
2	嗅		不得含有任何异嗅		无明显异嗅
3	漂浮物		不得含有漂浮的浮膜、油斑和聚集的其他物质		
4	透明度(m)	≥	1.2		0.5
5	水温(℃)		不高于近 10 年当月平均水温 2 ℃		不高于近 10 年当月平均水温 4 ℃
6	pH	≤	6.5 ~ 8.5		
7	溶解氧(DO)(mg/L)	≤	5	4	3
8	高锰酸盐指数(mg/L)	≤	6	6	10
9	生化需氧量(BOD₅)(mg/L)	≤	4	4	8
10	氨氮(mg/L)	≤	0.5	0.5	0.5
11	非离子氨(mg/L)	≤	0.02	0.02	0.2
12	亚硝酸盐氮(mg/L)	≤	0.15	0.15	1.0
13	总铁(mg/L)	≤	0.3	0.5	1.0
14	总铜(mg/L)	≤	0.01(浴场 0.1)	0.01(海水 0.1)	0.1
15	总锌(mg/L)	≤	0.1(浴场 1.0)	0.1(海水 1.1)	1.0
16	总镍(mg/L)	≤	0.05	0.05	0.1
17	总磷(以 P 计)(mg/L)	≤	0.02	0.02	0.05
18	挥发酚(mg/L)	≤	0.005	0.01	0.1
19	阴离子表面活性剂	≤	0.2	0.2	0.3
20	总大肠菌群(个/L)	≤	1 000		
21	粪大肠菌群(个/L)	≤	2 000		

注:氨氮和非离子氨在水中存在化学平衡关系,在水温高于 20 ℃,pH≥8 时,必须用非离子氨作为控制水质的指标。

A 类:主要适用于天然浴场或其他与人体直接接触的景观、娱乐水体。

B 类:主要适用于国家重点风景游览区及那些与人体非直接接触的景观娱乐水体。

C 类:主要适用于一般景观用水水体。

2. 地表水环境质量标准

地表水环境质量标准具体见 2.2.2.3 部分相关内容。

4.2.1.2 水质评价

1. 评价方法

一般可采用单因子法与综合加权法对河道水体进行水质评价。下面对单因子法和综合加权法予以介绍。

1）单因子法

单因子法是以水体单个指标与标准值的比较为依据来评价水质的一种方法,计算公式如下:

$$P_i = C_i/S_i \tag{4.2-1}$$

式中　P_i——超标倍数;

　　　C_i——第 i 项污染参数的监测统计浓度值;

　　　S_i——第 i 项污染参数的评价标准值。

2）综合加权法

综合加权法将综合指标与水质类别统一起来进行分析,计算公式如下:

$$I_j = q_j + \rho \times \sum_{i=1}^{m} \frac{W_i}{\sum W_i} \cdot \frac{C_i}{S_i} \tag{4.2-2}$$

式中　I_j——j 断面综合指数;

　　　q_j——j 断面综合水质类别的影响,当水质类别为 Ⅰ、Ⅱ、Ⅲ、Ⅳ、Ⅴ 类时分别对应 1、2、3、4、5,水质超过 Ⅴ 类水质时定义为劣 Ⅴ 类水质,q_j 取 6;

　　　ρ——经验系数;

　　　W_i——第 i 项污染指标的权重;

　　　其他字母含义同前。

ρ 的作用是满足式(4.2-3):

$$\rho \times \sum_{i=1}^{m} \frac{W_i}{\sum W_i} \cdot \frac{C_i}{S_i} \leqslant 1 \tag{4.2-3}$$

ρ 的选取既要保证式(4.2-3)的成立,又要具有较高的分辨率。当水质类别为 Ⅰ 类时,ρ 取 1;Ⅱ 类时,ρ 取 0.147;Ⅲ 类时,ρ 取 0.145;Ⅳ 类时,ρ 取 0.141;Ⅴ 类时,ρ 取 0.118;劣 Ⅴ 类时,ρ 取 0.117。

W_i 的计算公式如下:

$$W_i = \frac{S_{i1}}{S_{i5}} \tag{4.2-4}$$

式中　S_{i1}——第 i 种污染指标 Ⅰ 类水质标准值;

　　　S_{i5}——第 i 种污染指标 Ⅴ 类水质标准值。

很明显,这种方法计算的综合指数由整数和小数两部分组成,其优点在于,指数的整数部分代表了水质的类别,小数部分考虑了各污染指标的超标程度及其权重,说明了水体的污染程度。式中的 W_i 的确定是以污染物超标倍数对水质的贡献率大小为依据的,它的指导思想是基于《地表水环境质量标准》中的 I 类标准,同样的超标倍数,若达到更差类别水质标准,即说明此污染指标对水污染超标率贡献大,并且考虑综合指标与水质类别相一致,这在水质综合评价中具有一定的可比性。

2. 评价指标

根据功能要求,选定相应的水质标准作为评价标准,通过取样采用合理的评价方法对水体中的高锰酸盐指数、总氮、总磷、色度、pH 和浊度等指标进行分析,说明水质达标情况。一般来说,高锰酸盐指数、总氮、总磷、色度、pH 和浊度的大小就代表了水体受污染的程度,也就是说,这些指标的数值是水体是否受到污染以及受污染的程度体现。

1)氮和磷

氮和磷高含量是景观水体富营养化的根源,景观水质变化的主要原因是太阳光直接照射到池底,加上部分富营养化的生活污水的渗透,极易促进藻类的生长与繁殖。如果藻类的生长不能尽快处理,就会出现藻类疯长的现象,如水体变绿,水的底层变成黑色,甚至透明度降为零。同时,藻类在生长中还与观赏鱼争抢水中的氧气,使观赏鱼因为缺乏氧气而死亡。另外,水体藻类的繁殖会引起水体中溶解氧的消耗,导致水体缺氧并滋生厌氧微生物造成水体发黑发臭。一般来说,水体中出现藻类大量繁殖生长,水质发生恶化,则在这种情况下仅靠水体原有的生态系统是难以完成自净的。通过科学研究发现,水菌藻类大量繁殖的原因在于水体中的磷和氮等营养成分。大多数水体的来源主要是补充河水、地下水和雨水,水中含有数量不等的磷和氮等营养元素,且水在空气中自然蒸发,水中的氮、磷不断浓缩,加上换水不及时、水体不流动,几乎是一潭"死水",致使藻类以及其他水生物过量繁殖,水体透明度下降,溶解氧降低,造成水质恶化。

2)高锰酸盐指数

高锰酸盐指数是指在一定条件下,以高锰酸钾($KMnO_4$)为氧化剂,处理水样时所消耗的氧化剂的量。

水体中的高锰酸盐指数越低,表明景观水的水质越好;水体中的高锰酸盐指数越高,表明景观水受污染状况越严重。

3)浊度

水中含有泥土、粉砂、微细有机物、无机物、浮游生物等悬浮物和胶体物都可以使水质变得混浊而呈现一定的浊度。水的浊度不仅与水中悬浮物质的含量有关,而且与它们的大小、形状及折射系数等有关。浊度的高低一般不能直接说明水质的污染程度,但水的浊度越高,表明水质越差。

4)pH

水的 pH 也就是水的酸碱度,它主要对水体和水岸边植物的生长产生影响,对水体中动物的生活以及水体中的微生物活动产生影响。

如果水体的 pH 太大或太小,就会导致水体中的动植物和微生物不能正常活动,从而导致整个水体的自净功能瘫痪。

5）水的色度

水的色度是对天然水或处理后的各种水进行颜色定量测定时的指标。水中溶解性物质和悬浮物两者呈现的色度是表色，水的色度是指去除混浊度以后的色度，是真色。纯水无色透明，清洁水在水层浅时应无色，水层深时为浅蓝绿色。天然水中含有腐殖酸、富里酸、藻类、浮游生物、泥土颗粒、铁和锰的颗粒等，所观察到的颜色不完全是溶解物质所造成的，天然水通常呈黄褐色。多数洁净的天然水色度在 15 ~ 25 度，色度这一指标并不能清楚地说明水的安全性。

虽然色度并不能准确地表示水体的污染程度，但城市河道水体本身就是供人们欣赏所用的，人们从感官上只会注意水的颜色和味道，所以如果景观水的水体颜色较深的话，常给人以不愉悦感。水质分析结果显示，景观水的水体颜色越深，水体受污染状况越严重。

4.2.1.3 水处理技术

城市河道水体的水质维护目标主要是控制水体中 COD、BOD_5、氮、磷、大肠杆菌等污染物的含量及菌藻滋生，保持水体的清澈、洁净和无异味。水处理的目的是保证和保持整个景观水域的水质，使水景真正成为提高居民生活品质的重要因素。为了使水景的感官效果和水景的水质指标都能达到景观水景的设计和运行要求，就要有适用的水处理技术对景观水水体进行处理，从而使水景完美地展示出其效果。

1. 物理措施

在景观水处理的技术中，传统的治理方法就是引水换水法和循环过滤方法，虽然这些物理方法不能保证水体有机污染物的降低，彻底净化水质，但其能在短时间内改善水质，是水体净化的首选处理方法。

1）引水换水

水体中的悬浮物（如泥、沙）增多，水体的透明度下降，水质发浑。可以通过引水、换水的方式，稀释水中的杂质，以此来降低杂质的浓度。但是需要更换大量的干净的水，在水资源相当匮乏的今天，势必要浪费宝贵的水资源。换水的效果依补水量而定，维持时间不确定，操作容易。

2）循环过滤

在水体设计的初期，根据水量的大小，设计配套循环用的泵站，并且埋设循环用的管路，用于以后日常的水质保养。和引水、换水相比较，大大减少了用水量。景观水处理技术方法简单易行、操作方便、运行稳定，可根据水系的水质恶化情况调整过滤周期。仅需要循环设备及过滤设备，运行简单，效果明显，自动化程度高，操作较为容易，但需要专人管理。

3）截污法

对城市河道首先考虑的是控制外源污染物的进入。截污就是指将造成水体污染的各个污染源除去，使水体不再受到进一步的污染，这也是保证水质达标的先决条件。

2. 物化处理

河道水体在阳光的照射下，会使水中的藻类大量繁殖，布满整个水面，不仅影响了水体的美观，而且挡住了阳光，致使许多水下的植物无法进行光合作用，释放氧气，使水中的污染物质发生化学变化,导致水质恶化,发出难闻的恶臭,水也变成了黑色。所以,可投加化学灭藻剂,杀死藻类。但久而久之,水中会出现耐药的藻类,灭藻剂的效能会逐渐下降,投药的间隔会越来越短,而投加的量会越来越多,灭藻剂的品种也要频繁地更换,对环境的污染也会不断地增加。用化学的方式处理水质,虽然是立竿见影的,但它的危害也是显而易见的。使用灭藻剂,设备成本(循环设备、加药装置)、运行成本(耗电、药剂费用)较高,虽操作较为容易,效果明显,但维持时间短,且需要专人管理。

因此,在采用化学法处理景观水水体时,可以结合物理措施,这样可以使化学法和物理法共同达到最佳处理效果。

1)混凝沉淀法

混凝沉淀法的处理对象是水中的悬浮物和胶体杂质。混凝沉淀法具有投资少、操作和维修方便、效果好等特点,可用于含有大量悬浮物、藻类的水的处理,对受污染的水体可取得较好的净化效果,城市景观河流、人工湖可以采用此方法。沉淀或澄清构筑物的类型很多,可除藻率却不相同,可以根据实际情况选择合适的处理构筑物。

2)气浮法

投加化学药剂虽然能使水体变清而且成本较低,但该方法并不能从根本上改善水质,相反长期投加还会使水质越来越差,最终使水体成为一潭死水。而气浮净水工艺处理效果显著且稳定,并能大大降低能耗,其对藻类的去除率能达到80%以上。

气浮净水工艺具有如下主要优点:

(1)可有效去除水中的细小悬浮颗粒、藻类、固体杂质和磷酸盐等污染物;

(2)气浮可大幅度增加水中的溶解氧;

(3)易操作和维护,可实现全自动控制;

(4)抗冲击负荷能力强。

3)人工曝气复氧技术

水体的曝气复氧是指对水体进行人工曝气复氧以提高水中的溶解氧含量,使其保持好氧状态,防止水体黑臭现象的发生。曝气复氧是景观水体常见的水质维护方法,充氧方式有直接河底布管曝气方式和机械搅拌曝气方式,如瀑布、跌水、喷水等,可以和景观结合起来运行,如喷泉、水墙。研究表明,纯氧曝气能在较短的时间内降低水体中的有机污染,提高水体溶解氧浓度和增加水体自净能力,达到改善环境质量的积极效果。

4)太阳光处理法

一是在水中加入一定量的光敏半导体材料,利用太阳能净化污水。二是利用紫外线杀菌,紫外线具有消毒快捷、彻底、不污染水质、运作简便、使用及维护的费用低等优点。紫外线消毒的前处理要求高,在紫外线消毒设备前端必须配置高精密度的过滤器,否则水体的透明度达不到要求,影响紫外线的消毒效果。

3. 生化处理

生物界菌种的种类繁多,都有着相当复杂的生理特性,例如有固氮菌、嗜铁细菌、硫化细菌、发光菌等,这些微生物在生态系统中起着举足轻重的作用,离开了它们,自然界将堆积满动植物的尸体,到处都是垃圾。

在水生生态中,作为分解者的微生物,能将水中的污染物(包括有机物,某些重金属等)加以分解、吸收,变成能够被其他生物所利用的物质,同时还要让它能够降低或消除某些有毒物质的毒性。

微生物菌种在水体中,不仅要完成它基本的分解有机物,降低或消除有害物质毒性的作用,还要能将水生植物的残枝败叶转换成有机肥,增加土壤的有机质,并且对土壤进行改良,改善土壤的团粒结构和物理性状,提高水体的环境容量,增强水体的自净能力,同时也减少了水土流失,抑制了植物病原菌的生长。生态水处理无需循环设备的投资,但需增加对微生物培养的费用,包括充氧设备及调节水质的药剂等。

生化处理法的原理是利用培育的生物或培养、接种的微生物的生命活动,对水中污染物进行转移、转化及降解作用,从而使水体得到恢复,也可以称之为生物–生态水体修复技术。从本质上说,这种技术是对自然界恢复能力和自净能力的一种强化。开发生物–生态水体修复技术,是当前水环境技术的研究开发热点。

1)生物接触氧化

生物接触氧化广泛用于微污染水源水的处理,一般去除 COD_{Mn}、NH_3-N 分别可达 20%~30% 及 80%~90%。若景观水体的初期注入水和后期补充水中的有机物含量较高,则可利用生化处理工艺去除此类污染物,目前广泛采用的工艺是生物接触氧化法,它具有处理效率高、水力停留时间短、占地面积小、容积负荷大、耐冲击负荷、不产生污泥膨胀、污泥产率低、无需污泥回流、管理方便、运行稳定等特点。

2)膜生物反应器

在反应器中,用微滤膜或超滤膜将进水与出水隔开,并在进水部分培养活性污泥或投入培育好的活性污泥,曝气,其出水水质不仅可去除 COD_{Mn}、NH_3-N,而且浊度的去除率极高。

3)PBB 法

PBB 法是原位物理、生物、生化修复技术,主要是向水体中增氧与定期接种有净水作用的复合微生物。PBB 法可以有效去除硝酸盐,这主要是通过有益微生物、藻类水草等的吸附,在底泥深处厌氧环境下将硝酸盐反硝化成气态氮,再上升至水面返还大气、抑制与去除水中磷、氮的化学机制虽不相同,但都需要充足的氧,氧是治理水环境的首要条件。所以,PBB 法采用叶轮式增氧机,它具有很好的景观水体治理功能。

4)生物滤沟法

生物滤沟法是将传统的砂石过滤与湿地塘床相结合的组合处理方法,它采用多级跌水曝气方式,能有效地控制出水的臭味、氨氮值和提高有机物的去除效果。

5)综合法

将曝气法、过滤法、细菌法、生物法有机地结合起来,以这样的环节处理景观水,将使景观水永远清澈、鲜活,不变质。

4. 生态修复法

生态修复法是一种采用种植水生植物、放养水生动物建立生物浮岛或生态基的做法,适用于全开放式景观水体。它以生态学原理为指导,将生态系统结构与功能应用于水质净化,充分利用自然净化与水生植物系统中各类水生生物间功能上相辅相成的协同作用来净化水质,利用生物间的相克作用来修饰水质,利用食物链关系有效地回收和利用资源取得水质净化和资源化、景观效果等综合效益。生态方法通过水、土壤、砂石、微生物、高等植物和阳光等组成的"自然处理系统"对污水进行处理,适合按自然界自身规律恢复其本来面貌的修复理念,在富营养化水体处理中具有独到的优势,是目前最常用和用得最成功的生态技术。

1)生物操纵控藻技术

生物操纵是利用生态系统食物链摄取原理和生物相生相克关系,通过改变水体的生物群落结构来达到改善水质、恢复生态平衡的目的。其实现途径有两种:放养滤食性鱼类吞藻,或放养肉食性鱼类以减少以浮游动物为食的鱼类数量,从而壮大浮游动物种群。有研究认为,平突船卵蚤等大型植食性浮游动物能显著减少藻类生物量。而且有试验表明,放养滤食性鱼类可有效地遏制微囊藻水华。在实际应用中,生物操纵控藻技术的操作难度较大,条件不易控制,生物之间的反馈机制和病毒的影响很容易使水体又回到原来的以藻类为优势种的浊水状态。

2)水生植物净化技术

高等水生植物与藻类同为初级生产者,是藻类在营养、光能和生长空间上的竞争者,其根系分泌的化感物质对藻细胞生长也有抑制作用。日本尝试过利用大型水生植物的生物活性抑制藻类生长。国内研究表明,沉水植物占优势的水体,水质清澈,生物多样性高。目前研究较多的水生植物有芦苇、凤眼莲、香蒲、伊乐藻等。浮床种植技术的发展为富营养化水体治理提供了新的思路,该技术以浮床为载体,在其上种植高等水生植物,通过植物根部的吸收、吸附、化感效应和根际微生物的分解、矿化作用,削减水体中的氮、磷营养盐和有机物,抑制藻类生长,净化水质。生态浮床技术进行水体修复试验,水体透明度、TP、TN 等指标均明显好转。利用水生高等植物组建人工复合植被在富营养化水体治理中具有独特优势,但要注意防止大型植物的过量生长,使藻型湖泊转变为草型湖泊,这会加速湖泊淤积和沼泽化,在非生长季节大型植物的腐败对水质的影响会更大。大型水生植物对河道、湖泊的船只通航也有一定影响。

3)自然型河流构建技术

"亲近自然河流"概念很早就已经被人们提出了,在工程实践中也得到广泛的应用,这些构建自然型河流思路的共同特点是通过河流生态系统的修复,恢复、提高河流的自净能力。自然型河流构建技术主要包括生物和物理两部分。

多自然型河流构建技术的生物部分:应用的生物主要是水生植物和水生动物。利用水生植物净化河水的原理是利用水生植物如芦苇、水花生、菖蒲等吸收水中的氮、磷,有些水生植物如凤眼莲、满江红等能较高浓度富集重金属离子,芦苇则能抑制藻类生长。此外,水生植物还能通过减缓水流流速促进颗粒物的沉降。利用植物净化水体与自然条件下植物发挥净化河水的作用有不同之处,它必须考虑其中的不足之处。首先,大部分水生植物在冬季枯萎死亡,净化能力下降,对此,已有使植物在冬季继续生长的研究报道;其次,植物收获后有处理处置的问题,处置不当,会造成二次污染,目前已有利用经济植物净化水体的报道。生物操纵法则是利用水生动物治理水体污染,尤其是治理富营养化水体。经典生物操纵法的治理对策是:放养食鱼性鱼类控制捕食浮游动物的鱼类,以促进浮游动物种群的增长,然后借助浮游动物遏制藻类,使藻类的叶绿素含量和初级生产力显著降低。

多自然型河流的物理结构:包括多自然型河道物理结构和生态护岸(河堤)物理结构。多自然型河道物理结构建设的思路是还河流以空间,构造复杂多变的河床、河滩结构;富于变化的河流物理环境有利于形成复杂的河流动植物群落,保持河流水生生物多样性。目前,生态护岸常采用石笼护岸、土工材料固土种植基、植被型生态混凝土等几种结构。它们的共同特点是采用有较强结构强度的材料包覆部分或者全部裸露的河堤或者河岸,这些材料通常做成网状或者格栅状,其间填充有可供植物生长的介质,介质上种植植物,利用材料和植物根系的共同作用固化河堤或者河岸的泥土。生态护岸在达到一定强度河岸防护的基础上,有利于实现河水与河岸的物质交换,有助于实现完整的河流生态系统,削减河流面源污染输入量。

4)人工湿地

人工湿地是对天然湿地净化功能的强化,利用基质－水生植物－微生物复合生态系统进行物理、化学和生物的协同净化,通过过滤、吸附、沉淀、植物吸收和微生物分解实现对营养盐和有机物的去除。采用由砾石、沸石和粉煤灰填料组成的三级人工湿地净化富营养化景观水体,对总氮、总磷、COD、浊度和蓝绿藻的去除效果很好。利用水平潜流人工湿地修复受污染景观水体,湿地系统对有机物、总氮和总磷均有较好的去除作用,去除率随停留时间的延长而提高,温度、填料和植物种类对处理效果也有很大影响。人工湿地占地面积较大,且填料层易堵塞、板结,限制了其在城市景观水体治理中的应用。

4.2.2 滨水景观设计的安全

近年来,城市环境迅猛发展,滨水景观空间一如既往地受到市民喜欢和亲近,而水安全隐患也令人深思,如何在滨水空间中营造既有休闲功能、美观效益,又具备高安全、低隐患的亲水空间环境,是滨水景观设计应重点考虑的问题。现代滨水景观中的亲水景观主要通过以下几种方法来营造:

(1)亲水道路。亲水道路是进深较小,有几米或十几米的长度,也有几百米以及上千米长度的线形硬质亲水景观。

(2)亲水广场。亲水广场进深与长度都有几十至上百米,是大块而硬质的亲水景观。

(3)亲水平台。亲水平台是一种进深较小,宽度只有几米或十几米,长度也只有几十米的小块而硬质的亲水景观。

(4)亲水栈道。这是一种滨水园林线形近水硬质景观,是比亲水道路、亲水广场、亲水平台更加近水的一种亲水景观场所。有时亲水栈道离水面只有十几厘米、二十几厘米,游人可以伸手戏水、玩水。

(5)亲水踏步。这也是滨水园林线形亲水硬质景观,采用阶梯式踏步,可下到水面,阶梯宽0.3～1.2 m,长几十米至上百米,便于游人安坐钓鱼或休闲戏水。这种亲水踏步比前述各种亲水景观更接近水面,更便于戏水娱乐,更能给人以亲水之乐趣、回归自然之情趣。

(6)亲水草坪。亲水草坪是滨水园林软质亲水景观。设计缓坡草坪伸到岸边,离水面0.1～0.2 m,水底在离岸2 m处逐渐向外变深,岸边游人可戏水娱乐,伸脚踏水,其乐无穷。岸边可用灌木或自然山石砌筑,既可固岸,又有亲水岸线景观变化。

(7)亲水沙滩。亲水沙滩也是一种软质亲水景观,可容纳大量人流进行各种休闲娱乐。它充分利用滨水资源,创建不同于海滨沙滩的独特休闲空间,为内陆游客提供与众不同的体验。

(8)亲水驳岸。这是一种线性硬质亲水景观。亲水驳岸的特点:驳岸低临水面,而不是高高在上,这种驳岸压顶离水只有0.1~0.3 m,让游人亲水、戏水。驳岸材料不是平直的线条,而是高低错落的自然石或大小不一的方整石、卵石,自然散置在驳岸线上,取得与周围环境和谐的亲水景观效果。

不论采用哪种方式营造亲水景观,在设计中都要注意亲水的安全性,本书将常见滨水空间内与人行为安全和心理安全相关的因素列举出来,通过分析各个因素的种类和特点,提出在亲水空间设计中所应注意的事项及关注的重点,为今后亲水景观空间设计提供参考。

(1)亲水平台设计。

现有常见的亲水平台大体分为两种,分别是内嵌式和出挑式。内嵌式距离景观水较远,亲水性差,但是能够保证安全性。外挑式亲水平台亲水性较好,但是安全性较差,尤其是相对较深的水体,对在平台上活动的人群存在安全的隐患和心理上的不适感。亲水平台的设计和定位须与场所功能性质相结合,如内嵌式平台适合远望水景,可营造良好的景观观望点;出挑式平台设计可作为亲水、戏水的功能空间,设计中须充分考虑景观水深和水质条件。

在进行设计时,首先应满足项目所在地相应的设计规范,比如《公园设计规范》中就明确说明,在近水区域2.0 m范围内水深大于0.7 m,平台须设栏杆。

有几十米的小块而硬质的亲水平台,在静水环境可设踏步下到水面,按安全防护要求,一般应设栏杆,在离岸2 m以内水深大于0.70 m的情况下,栏杆应高于1.05 m;如果离岸2 m以内水深小于0.7 m或实际只有0.30~0.50 m深,栏杆可以做0.45 m高,可以利用座凳栏杆造型,既可供休闲娱乐观光,又有一定安全防护功能。如果实际水深只有0.30 m,可不设栏杆。一般各处亲水平台,在动水环境下,应设高于1.05 m的栏杆。

(2)驳岸设计。

现有常见的驳岸形式大体为草坡入水驳岸、景观置石驳岸、亲水台阶式驳岸、退台式驳岸、垂直立砌驳岸等。

草坡入水驳岸、景观置石驳岸实际较为安全,设计多可结合植物种植营造生态型野趣驳岸,这种驳岸亲水性较好。退台式驳岸整体安全性不够,台地与台地之间也存在安全隐患,设计须结合栏杆和防滑措施。垂直型驳岸空间呆板无趣,并且有一定心理不安的感觉,设计需结合栏杆保证场地安全性,在垂直驳岸上可以营造立体绿化,增添水岸景观性。

(3)安全设施设计。

滨水空间设施从安全性角度上分为栏杆、小品、标示及指示系统等。设施指引着使用者正确、安全的行为方式,承担场地空间的提示与维护的作用,在不同安全系数的滨水空间设置不同特点的设施,以保证使用者的安全。同时在设计中,充分考虑场地功能和使用人群的特点。

栏杆设计,从视觉效果上分为软质形式和硬质形式。软质栏杆能够保证使用者的亲水性,但是无形中怂恿了戏水者的过度亲水行为,存在安全隐患。硬质栏杆安全系数较高,但是会阻碍市民的亲水行为。栏杆从材质上可分为金属栏杆、木质栏杆、混凝土栏杆、石材栏杆、混合型栏杆等。

在栏杆的设计上主要有以下两个问题：一是栏杆尺寸不当，不符合人体工程学尺寸或未达到当地规范要求。二是栏杆的设置位置不当，并未能与其他景观构件形成良好的结合。从亲水空间管理方面，栏杆维护也是至关重要的，不稳固的栏杆安全隐患非常严重，很容易造成市民落水事故。《公园设计规范》中规定：侧方高差大于 1.0 m 的台阶，应设护栏设施；凡游人正常活动范围边缘临空高差大于 1.0 m 处，均设护栏设施，其高度应大于 1.05 m；护栏设施必须坚固耐久且采用不易攀登的构造。

景观小品作为直接与人相接触的设施，其尺寸和材料的确定须考虑人的行为习惯和心理习惯。

滨水空间是市民最喜爱的去处，人们往往在游玩尽兴时，忽略了人身安全，所以空间安全标示系统尤为重要。包括水深危险警示牌、临时性安全隐患警示牌、防滑警告牌等多种人性关怀的设施能够保证滨水空间使用者的人身安全。在垂直型驳岸处还可设置小平台或者水下脚踏台等自救设施，以保证不幸落水的使用者能够顺利自救。在滨水空间设计中，还需在合适的位置安排安全的无障碍设施，提高弱势群体的使用安全性。

（4）铺装设计。

铺装材质的确定关乎使用者的步行安全，尤其是在亲水铺装区，铺装上容易溅上水珠，增大了安全隐患。滨水空间主要选用防滑效果较好的铺装材料。常用的铺装材质分为石材、防腐木、植草、混凝土、沥青、金属、玻璃等。其中防腐木、沥青、植草较为安全。石材铺装须选用荔枝面或毛面材质，禁止选用磨光面石材铺装材料。金属和玻璃铺装材料安全系数较低，在滨水场地设计中建议慎用。

为保证安全性，铺装设计中可加入指示性色带或者其他材质的铺装带，以提示游人正确、安全的游憩方向。

（5）照明设计。

滨水空间的照明不但可以保证游人夜间的安全通行，而且还可以增添滨水空间夜景的魅力。行人在夜间通行时，无充足的灯光照明，有些写在高台边界的警示语无法看见，容易发生意外事故。

照明在形式上分为基础性照明和氛围性照明。色彩心理学显示，冷白色和蓝色灯光具有镇静功效，适合于基础性照明。红色和黄色的灯光对人的刺激和提醒作用比较强，适合烘托气氛。设计师在滨水空间景观设计中，慎用旋转及闪烁的光源，注意眩光问题，并且在人可触及范围内需使用冷光源。

（6）植物景观设计。

植物是滨水空间重要的景观资源，同时在人行为安全方面起着重要的作用。合理的植物设计，不仅增添空间的色彩化和多样性，还可以保证使用者行为的条理性和安全性。设计可在水边种植绿篱，以形成人与水的隔离。植物还可以结合栏杆、设施共同指引使用者正确的行为方向，以保证使用者的人身安全。

除上述相关因素外，设计师还可以增设安全急救设施、逃生指示牌等，在意外事故发生时，第一时间实施营救或自救。

4.3 生态安全

生态安全指的是相对于传统的城市河道治理,在采取必要的防洪抗旱措施的同时,将人类对河流环境的干扰降低到最小,与自然共存。即在河道的设计中,每一个设计元素都应该为生态恢复创造有利条件,通过人工物化,使治理后的河道能够贴近自然原生态,体现人与自然和谐共处,逐步形成草木丰茂、生物多样、自然野趣、水质改善、物种种群相互依存,并能达到有自我净化、自我修复能力的水利工程。生态化的核心是使河道具有自我净化和自我修复的能力。要想实现这一目标,在设计中要考虑河道的线形设计、断面设计、护岸型式、植物的配置等各方面因素,需要结合生态学、工程学、水力学等多种学科的知识,相互补充,形成一套有效的设计方法。一般对河流进行生态设计,应该能达到以下目的:

(1)保护和营造滨河地带多样化的生态系统,要以各种形式对自然进行修补和复原,使人与自然和谐相处。

(2)为生物创造富有多样性的环境条件。在治理后使水生植物、水生动物、各种微生物形成一个稳定的系统。

(3)扩大作为生物生存区域的水面和绿化。

(4)形成优美的河道景观,让河流的形态尽量与自然相接近。

(5)复苏真正的河流,构建一条具有本土特色的自然形态河道。

进行河流生态设计要考虑的因素很多,在各章节中都有不同的侧重点的阐述,这里重点讨论生态流速和植被的抗冲流速2个方面的内容。

4.3.1 生态流速

生态流速是指为了达到一定的生态目标,使河道生态系统保持其应有的生态功能,河道内应该保持的最低水流流速。生态目标包括:

(1)水生生物及鱼类对流速的要求,如鱼类洄游的流速、鱼类产卵所需的刺激流速等;

(2)保持河道输沙的不冲不淤流速;

(3)保持河道防止污染的自净流速;

(4)若是入海河流,要保持其一定入海水量的流速等。

4.3.2 植被的抗冲流速

图4.3-1(a)是英国建筑工业研究与情报协会原型试验结果,图4.3-1(b)是英国奈特龙公司资料,图4.3-1(c)为国内河海大学所做的试验研究成果。

综合分析,覆盖情况一般的草皮,在持续淹没时间12 h以内,其极限抗冲流速可达2 m/s以上。因此,在特别重要的部位,以及流速大于2 m/s时,对常水位以上的草皮护岸,应采取加强措施,如采取土工织物加筋、三维网垫植草等措施。

同时应当指出:土壤的结构、植被种类、植被生长的密度、不均匀程度等均在不同程度上影响着草皮的抗冲性能。

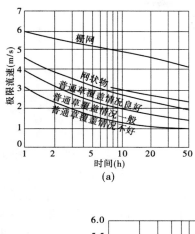

(a)

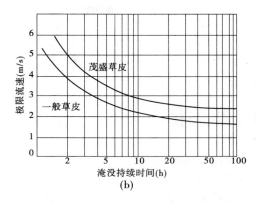

(b)

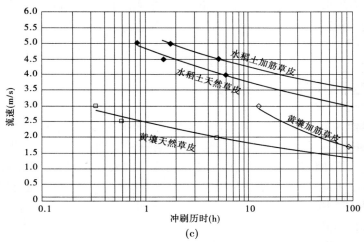

(c)

图 4.3-1　极限抗冲流速

第 5 章　生态护岸设计

5.1　生态护岸的概念

生态护岸是指通过一些方法和措施将河岸恢复到自然状态或具有自然河岸"可渗透性"的人工型护岸,将护岸型式由传统的硬质结构改造成为可使水体和土体、水体与生物之间相互融合,适合生命栖息和繁殖的仿自然形态的护岸。它拥有渗透性的自然河床与河岸基底,丰富的河流地貌,可以充分保证河岸与河流水体之间的水分交换和调节功能,同时具有一定的抗洪强度。生态护岸是城市生态水利的重要组成部分,兼具安全与生态的综合任务。

5.2　生态护岸的发展趋势

生态护岸作为重要的河岸防护工程,已经在国外得到了广泛的应用,在我国,这些年生态护岸也被广泛应用到城市河道治理当中,是一种有别于传统护岸型式的新型护岸。随着社会经济及城市的发展以及城市生态文明建设的要求,河道的建设对护岸工程的要求也越来越高。因此,生态护岸在我国发展速度较快,植被护岸和其他类型的护岸结合使用,形成了各种不同的生态护岸,如土工植草固土网垫、土工网复合技术、土工格栅、空心砌块生态护面的加筋土轻质护岸技术等。

生态护岸不仅起到保护岸坡的作用,与传统硬质护岸相比,还拥有更好的生态性。同时,生态护岸还具有结构简单、适应不均匀沉降、施工简便等优点,可以较好地满足护岸工程的结构和环境要求。在堤防护坡方面,仍应坚持草皮护坡,堤外滩地植树形成防浪林带。滨海地区的海塘工程,只要堤外有足够宽的滩地,都要考虑以生物防浪为主的措施。因此,在工程效果得到保证、条件允许的地方,应注重生态护岸型式的推广与应用。

5.3　生态护岸的功能及特点

5.3.1　防洪效应

河流本身就是水的通道,但随着社会和经济的快速发展,河流、湖泊大量萎缩,水面积不断缩小,防洪问题显得更加突出。生态护岸作为一种护岸型式,同样具备抵御洪水的能力。生态护岸的植被可以调节地表和地下水文状况,使水循环途径发生一定的变化。

当洪水来临时,洪水通过坡面植被大量地向堤中渗透、储存,削弱洪峰,起到了径流延滞作用。而当枯水季节到来时,储存在大堤中的水反渗入河,对调节水量起到了积极的作用。同时,生态护岸中大量采用根系发达的固土植物,其在水土保持方面又有很好的效果,护岸的抗冲性能(各类植物护岸可抵御的最大近岸流速、波浪高度和相应的冲刷历时)大大加强。

5.3.2　生态效应

大自然本身就是一个和谐的生态系统,大到整个社会,小至一条河流,无不是这个生物链中不可或缺的重要一环。当采用传统的方法进行堤岸防护时,河道大量地被衬砌化、硬质化,这固然对防洪起到了一定的积极作用,但同时对整个生态系统的破坏也是显而易见的,混凝土护坡将水、土体及其他生物隔离开来,阻止了河道与河畔植被的水气循环。相反,生态护岸却可以把水、河道与堤防、河畔植被连成一体,构成一个完整的河流生态系统。生态护岸的坡面植被可以带来流速的变化,为鱼类等水生动物和两栖类动物提供觅食、栖息和避难的场所,对保持生物多样性也具有一定的积极意义。另外,生态护岸主要采用天然的材料,从而避免了混凝土中掺杂的大量添加剂(如早强剂、抗冻剂、膨胀剂等)在水中发生反应对水质和水环境带来的影响。

5.3.3　自净效应

生态护岸不仅可以增强水体的自净功能,还可改善河流水质。当污染物排入河流后,首先被细菌和真菌作为营养物而摄取,并将有机污染物分解为无机物。水体的自净作用,即按食物链的方式降低污染物浓度。生态护岸上种植于水中的柳树、菖蒲、芦苇等水生植物,能从水中吸收无机盐类营养物,其庞大的根系还是大量微生物吸附的好介质,有利于水质净化,生态护岸营造出的浅滩、放置的石头、修建的丁坝、鱼道形成水的紊流,有利于氧从空气传入水中,增加水体的含氧量,有利于好氧微生物、鱼类等水生生物的生长,促进水体净化,使河水变得清澈、水质得到改善。

5.3.4　景观效应

近10～20年来,生态护岸技术在国内外被大量地采用,从而改变了过去的那种"整齐划一的河道断面、笔直的河道走向"的单调观感,现在的生态大堤上建起绿色长廊,昔日的碧水漪漪、青草涟涟的动态美得以重现。生态护岸顺应了现代人回归自然的心理,并且为人们休憩、娱乐提供了良好的场所,提升了整个城市的品位。

5.4　护岸安全性设计

安全是护岸工程的基本要求,包括可靠的岸坡防护高度和满足岸坡自身的安全稳定要求。

5.4.1　岸坡防护高度

按照岸与堤的相对关系,河岸防护可大致分为三类:第一类是在堤外无滩或滩极窄,要依附堤身和堤基修建护坡与护脚的防护工程;第二类是堤外虽然有滩,但滩地不宽,滩地受水流淘刷危及堤的安全,因而需要依附滩岸修建的护岸工程;第三类是堤外滩地较宽,但为了保护滩地,或是控制河势而需要修建的护岸工程。第一类和第二类都是直接为了保护堤的安全而修建的,因此统称为堤岸防护工程。

堤岸防护工程是堤防工程的重要组成部分,是保障堤防安全的前沿工程。针对第一类、二类堤岸防护,常按《堤防工程设计规范》来确定堤顶高程。护岸超高计算公式为

$$Y = R + e + A$$

式中　Y——护岸超高;

R——波浪爬高;

e——风壅水面高;

A——安全加高,按表 5.4-1 选取。

表 5.4-1　堤防安全加高值 A

堤防级别		1	2	3	4	5
安全加高值(m)	不允许越浪的堤防工程	1.0	0.8	0.7	0.6	0.5
	允许越浪的堤防工程	0.5	0.4	0.4	0.3	0.3

波浪爬高 R 的计算:

(1)在风的直接作用下,正向来波在单一斜坡上的波浪爬高可按下列要求确定:

①当斜坡坡率 $m = 1.5 \sim 5.0$、$\overline{H}/L \geqslant 0.025$ 时,可按下式计算:

$$R_P = \frac{K_\Delta K_V K_P}{\sqrt{1 + m^2}} \sqrt{\overline{H}L}$$

式中　R_P——累积频率为 P 的波浪爬高,m;

K_Δ——斜坡的糙率及渗透性系数;

K_V——经验系数;

K_P——爬高累积频率换算系数;

m——斜坡坡率,$m = \cot\alpha$,α 为斜坡坡脚;

$\overline{H}$——堤前波浪平均高;

L——堤前波浪的波长。

K_Δ 按表 5.4-2 确定。

表 5.4-2　斜坡的糙率及渗透性系数 K_Δ

护面类型	K_Δ
光滑不透水护面(沥青混凝土、混凝土)	1.0
混凝土板	0.95
草皮	0.90
砌石	0.80
抛填两层石块(不透水堤心)	0.60 ~ 0.65
抛填两层块石(透水堤心)	0.50 ~ 0.55

注:$m \leqslant 1.0$,砌石护面取 $K_\Delta = 1.0$。

K_V 可根据风速 V(m/s)、堤前水深 d(m)、重力加速度 g(m/s²)组成的无维量

$V/\sqrt{gd}$,按表 5.4-3 确定。

表 5.4-3　经验系数 K_V

$\dfrac{V}{\sqrt{gd}}$	≤1	1.5	2	2.5	3	3.5	4	≥5
K_V	1	1.02	1.08	1.16	1.22	1.25	1.28	1.30

K_P 按表 5.4-4 确定,对不允许越浪的堤防,爬高累积频率宜取 2%。对允许越浪的堤防,爬高累积频率宜取 13%。

表 5.4-4　爬高累积频率换算系数 K_P

H/d	$P(\%)$									
	0.1	1	2	3	4	5	10	13	20	50
<0.1	2.66	2.23	2.07	1.97	1.90	1.84	1.64	1.54	1.39	0.96
0.1~0.3	2.44	2.08	1.94	1.86	1.80	1.75	1.57	1.48	1.36	0.97
>0.3	2.13	1.86	1.76	1.70	1.65	1.61	1.48	1.40	1.31	0.99

$\overline{H}$ 按下式计算:

$$\frac{g\overline{H}}{V^2} = 0.13\text{th}\left[0.7\left(\frac{gd}{V^2}\right)^{0.7}\right]\text{th}\left\{\frac{0.001\,8\left(\frac{gF}{V^2}\right)^{0.45}}{0.13\text{th}\left[0.7\left(\frac{gd}{V^2}\right)^{0.7}\right]}\right\}$$

$$\frac{gt_{\min}}{V} = 168\left(\frac{g\overline{T}}{V}\right)^{3.45}$$

L 按下式计算:

$$L = \frac{g\overline{T}^2}{2\pi}\text{th}\frac{2\pi d}{L}$$

②当 $m \leqslant 1.0$,$\overline{H}/L \geqslant 0.025$ 时,2π 可按下式计算:

$$R_P = K_\Delta K_V K_P R_0 \overline{H}$$

式中　R_0——无风情况下,光滑不透水护面 $K_\Delta = 1$、$\overline{H} = 1$ m 时的爬高值,m。

R_0 可按表 5.4-5 确定。

表 5.4-5　R_0 值

$m = \cot\alpha$	0	0.5	1.0
R_0	1.24	1.45	2.20

③当 $1.0 < m < 1.5$ 时,可由 $m = 1.0$ 和 $m = 1.5$ 的计算值按内插法确定。

(2)带有平台的复式斜坡堤(见图 5.4-1)的波浪爬高,可先确定该断面的折算坡率 m_e,再按坡率为 m_e 的单坡断面确定其爬高。折算坡率 m_e 可按下列公式计算:

①当 $\Delta m = m_下 - m_上 = 0$ 时,

$$m_e = m_{\pm}(1 - 4.0\frac{|d_w|}{L})K_b$$

$$K_b = 1 + 3\frac{B}{L}$$

②当 $\Delta m > 0$ 时，

$$m_e = (m_{\pm} + 0.3\Delta m - 0.1\Delta m^2)(1 - 4.5\frac{d_w}{L})K_b$$

③当 $\Delta m < 0$ 时，

$$m_e = (m_{\pm} + 0.5\Delta m + 0.08\Delta m^2)(1 + 3.0\frac{d_w}{L})K_b$$

式中　$m_{\pm}$——平台以上的斜坡坡率；

　　　$m_{\mp}$——平台以下的斜坡坡率；

　　　d_w——平台的水深，m，当平台在静水位以下时取正值，当平台在静水位以上时取负值（见图 5.4-1），$|d_w|$ 表示取绝对值；

　　　B——平台宽度，m；

　　　L——波长，m。

折算坡率法适用条件：

$m_{\pm} = 1.0 \sim 4.0, m_{\mp} = 1.5 \sim 3.0, d_w/L = -0.025 \sim +0.025, 0.05 < B/L \leqslant 0.25$

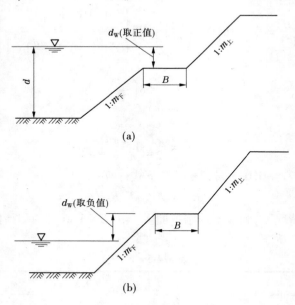

(a)

(b)

图 5.4-1　带平台的复式斜坡堤

（3）当来波波向线与堤轴线的法线成 β 角时，波浪爬高应乘以系数 K_{β}，当堤坡坡率 $m \geqslant 1$ 时，K_{β} 可按表 5.4-6 确定。

表 5.4-6 系数 K_β 值

$\beta(°)$	≤15	20	30	40	50	60	90
K_β	1	0.96	0.92	0.87	0.82	0.76	0.6

（4）1 级、2 级堤防或断面形状复杂的复式堤防的波浪爬高,宜通过模型试验验证。

护岸的防护高度一般可防护至设计堤顶或护岸顶高程,但宜根据冲刷程度及可能受到冲刷的概率、特性(直接冲刷、波浪爬高区,浪溅区,安全超高区等)分区进行,如:在某一标准的设计洪水位(常遇洪水位)以下,采取可安全抵抗冲刷的护岸型式,在其高程以上,由于受到冲刷的概率较小或仅仅只是受到波浪的冲刷或浪溅,可采用生态护岸或将护岸材料隐藏在种植防护之下,也可结合亲水平台等设计一并考虑。

护岸材料结合亲水平台分区设置如图 5.4-2 所示。

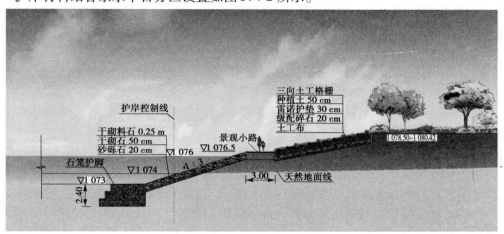

图 5.4-2 护岸材料结合亲水平台分区设置

5.4.2 岸坡防护安全性指标

5.4.2.1 天然土质岸坡的护岸安全

天然岸坡自身稳定安全与水流流速有关,流速越大,土壤中抗击水流的土粒越容易被水流带走,土层岩性不同,抗击水流的能力也不同,与河道土壤的类别、级配情况、密实程度以及水深有关。不同土性的抗击水流的能力,即河床允许不冲流速见表 4.1-5、表 4.1-6。

当设计水流流速大于土质允许不冲流速时,土粒随水流流失而形成冲刷,岸坡将被淘蚀,造成塌岸,应当对河段采取岸坡防护措施。

通常岸坡防护应根据河道上下游工程布局、河势以及功能需求,决定采取相应的工程防护措施、生物防护措施或二者相结合的方法进行,以达到经济合理并有利于环境保护的效果。

5.4.2.2 生物防护岸坡的护岸安全

生物防护是一种有效的防护措施,具有投资省、易实施、效果好的优点,对水深较浅、流速较小的河段,通常多采用生物防护措施。

草皮抵抗水流冲击能力的大小与其根部状态、草面完整状况、土壤结构、植被种类、植被生长的密度、不均匀程度等有很大关系。根据日本相关机构曾经做过的试验结果,只有根的植物防护岸坡的侵蚀深度大于同时有根和叶的岸坡侵蚀深度,侵蚀速度与过水时间长短无关,而与侵蚀深度有关,侵蚀深度与草皮根层厚度有关。

根据相关研究及图 4.3-1,覆盖情况一般的草皮,在持续淹没时间 12 h 以内,其极限抗冲流速可达 2 m/s。

通常,当流速小于 1.5 m/s 时,常遇水位以上岸坡或者淹没持续时间短的河段,可以考虑采用草皮护坡。在特别重要的部位以及流速大于 1.5 m/s 时,常水位以上的草皮护岸,应采取加强措施,如土工织物加筋、三维网垫植草等措施。

5.4.2.3 工程防护岸坡的护岸安全

工程防护岸坡按型式主要分为坡式、墙式,也有坡式与墙式相结合的混合型式、桩坝式等。工程型式分类不是绝对的,各类相互有一定的交叉。

1. 坡式护岸整体稳定

坡式护岸的整体稳定,应考虑护坡连同地基土的整体滑动稳定、沿护坡地面的滑动及护坡体内部的稳定。

对于沿护坡底面通过地基整体滑动的护坡稳定计算,基础部分沿地基滑动可简化为折线状,用极限平衡法进行计算。

瑞典圆弧法不计算条块间的作用力,计算简单,简化毕肖普法考虑了条块间的作用力,理论上比较完备,精度较高,但计算工作量较大。目前,我国的计算机应用已基本普及,简化毕肖普法比瑞典圆弧法坝坡稳定最小安全系数可提高 5% ~ 10%。当土质比较均匀时,护岸的整体稳定宜采用瑞典圆弧法和简化毕肖普法,当地基中存在比较明显的软弱夹层时,容易在这些软弱层中形成滑动,宜采用改良圆弧法。

2. 墙式护岸整体稳定

重力式护岸稳定计算应包括整体滑动稳定计算和挡土墙的抗滑、抗倾、地基应力计算;整体滑动稳定计算可采用瑞典圆弧法,计算时应考虑工程可能发生的最大冲深对稳定的影响。

1) 挡墙的抗滑稳定计算公式

$$K_c = \frac{f \sum G}{\sum H} \qquad (5.4-1)$$

式中 K_c——沿挡墙基底面的抗滑稳定安全系数;

f——挡墙基底面与地基之间的摩擦系数,可由试验或根据类似地基的工程经验确定,当没有试验资料时可参考《水闸设计规范》(SL 265—2001)中表 7.3.10 所列的数值确定;

$\sum G$——作用在挡墙上的全部竖向荷载,kN;

$\sum H$——作用在挡墙上的全部水平荷载,kN。

2）挡墙的抗倾覆稳定计算公式

$$K_0 = \frac{f \sum M_V}{\sum M_H} \qquad (5.4\text{-}2)$$

式中　K_0——挡墙的抗倾覆稳定安全系数；

　　　$\sum M_V$——对挡墙前趾的抗倾覆力矩，kN·m；

　　　$\sum M_H$——对挡墙前趾的倾覆力矩，kN·m。

3. 护岸基础安全

护岸工程以设计枯水位分界，上部和下部工程情况不同，上部护坡工程除受水流冲刷作用外，还受波浪的冲击及地下水外渗侵蚀，同时处在水位变动区。下部护脚工程一般经常受到水流冲刷和淘刷，是护岸工程的根基，关系着防护工程的稳定，因此上部及下部工程在型式、结构材料等方面一般不相同。通常情况下，下部护脚工程应适应近岸河床的冲刷，以保证护岸工程的整体稳定。

通常情况下，直接临水的护滩工程的上部护坡工程顶部与滩面相平或略高于滩面，以保证滩沿的稳定；下部护脚工程延伸适应近岸河床的冲刷，以保证护岸工程的整体稳定。不直接临水的堤防护坡及护岸，要考虑洪水上滩后对护坡和坡脚的冲刷，也要慎重考虑护脚工程。

当河道底无防护时，河道护岸的基础应保证足够的埋深，以保证护岸的安全。基础埋置深度宜低于河道最大冲深 0.5～1 m。

1）护岸冲刷计算

（1）水流平行于岸坡时产生的冲刷：

$$h_B = h_P \left[\left(\frac{v_{cp}}{v_{允}} \right)^n - 1 \right] \qquad (5.4\text{-}3)$$

式中　h_B——局部冲刷深度（从水面算起），m；

　　　h_P——冲刷处的深度，以近似设计水位最大深度代替；

　　　v_{cp}——平均流速；

　　　$v_{允}$——河床面上允许不冲流速，参考表 4.1-5、表 4.1-6；

　　　n——系数，与防护岸坡在平面上的形状有关，一般取 $n = 1/4$。

（2）水流斜冲岸坡时产生的冲刷：

$$\Delta h = \frac{23 V_j^2 \tan \dfrac{\alpha}{2}}{g \sqrt{1 + m^2}} - 30d \qquad (5.4\text{-}4)$$

式中　Δh——自河底算起的局部冲刷深度，m；

　　　α——水流轴线与坡岸的夹角；

　　　d——坡脚处土壤计算粒径，m，对非黏性土，取大于 15%（按质量计）的筛孔直径，对黏性土，取当量粒径值；

　　　m——防护建筑物迎水面边坡系数；

　　　V_j——水流的局部冲刷流速，m/s。

2）弯道最大冲深计算

当知道河床颗粒情况时,宜采用理论公式计算。当不知道河床颗粒情况时,可采用两种经验公式计算、比较或取均值。

（1）弯道最大冲深理论计算公式：

$$H_{max} = \left[\frac{\lambda Q}{B d^{\frac{1}{3}} \sqrt{g \frac{(\gamma_s - \gamma)}{\gamma}}} \right]^{\frac{6}{7}}$$ (5.4-5)

式中　H_{max}——最大冲深,m,从水面算起；

　　　Q——流量,m³/s；

　　　B——水面宽,m；

　　　d——河床砂平均粒径,m；

　　　γ_s、γ——床砂、水的重度；

　　　λ——系数。

λ 受河湾水流及土质影响,可由下式计算：

$$\lambda = 0.64 e^{3.61 \left(\frac{d}{H_0} \right)}$$ (5.4-6)

式中　H_0——直线段平均水深。

（2）弯道最大冲深经验计算公式：

$$\frac{1}{R} = 0.03 H_{max}^3 - 0.23 H_{max}^2 + 0.78 H_{max} - 0.76$$ (5.4-7)

式中　R——河道中心曲率半径,km；

　　　H_{max}——最大冲深值,m。

$$\frac{H_{max}}{H_m} = 1 + 2 \frac{B}{R_1}$$ (5.4-8)

式中　H_m——计算断面平均水深,$H_m = \frac{\omega}{B}$；

　　　ω——断面面积；

　　　B——河面宽；

　　　R_1——凹岸曲率半径。

5.4.3　防护厚度

（1）斜坡干砌块石护坡的斜坡坡率为 1.5 ~ 5.0 时,护坡厚度可按下式计算：

$$t = K_1 \frac{r}{r_b - r} \frac{H}{\sqrt{m}} \sqrt[3]{\frac{L}{H}}$$ (5.4-9)

式中　K_1——系数,对一般干砌石取 0.266；

　　　r_b——块石的重度,kN/m³,取 2.65；

　　　r——水的重度,kN/m³,取 1.0；

　　　H——计算波高,m,当 $d/L \geqslant 0.125$ 时,取 $H_{4\%}$,当 $d/L < 0.125$ 时,取 $H_{13\%}$,d 为坝垛前水深,m；

L——波长,m;

m——斜坡坡率,$m = \cot\alpha$,α 为斜坡坡角,(°)。

(2)当采用人工块体或分选的块石做护坡面层时,单个块体的质量 Q 及护面层厚度 t 按下式计算:

$$Q = 0.1 \frac{r_b H^3}{K_D \left(\frac{r_b}{r} - 1 \right)^3 m} \tag{5.4-10}$$

$$t = nc \left(\frac{Q}{0.1 r_b} \right)^{\frac{1}{3}} \tag{5.4-11}$$

式中　Q——主要护面层的护面块体、块石个体质量,t,当护面由两层块石组成时,块石质量可以在 $0.75Q \sim 1.25Q$,但应有 50% 以上的块石质量大于 Q;

r_b——人工块体或块石的重度,kN/m^3;

r——水的重度,取 $10\ kN/m^3$;

H——设计波高,m,当平均波高与水深的比值 $H/d < 0.3$ 时,宜采用 $H_{5\%}$,当 $H/d \geqslant 0.3$ 时,宜采用 $H_1 3\%$;

K_D——稳定系数;

t——块体或块石护面层厚度,m;

n——护面块体或块石的层数。

(3)当混凝土面板作为土堤护面时,满足混凝土板整体稳定所需要的护面厚度 t 可按下式确定:

$$t = \eta H \sqrt{\frac{r}{r_b - r} \frac{L}{Bm}} \tag{5.4-12}$$

式中　t——混凝土护面板的厚度;

η——系数,对开缝板可取 0.075,对上部为开缝板、下部为闭缝板可取 0.10;

H——计算波高,m,取 $H_{1\%}$;

r_b——混凝土板的重度,kN/m^3;

r——水的重度,取 $10\ kN/m^3$;

L——波长,m;

B——沿斜坡方向(垂直于水边线)的护面板长度,m;

m——斜坡坡率,$m = \cot\alpha$,α 为斜坡坡角,(°)。

5.4.4　根石及单块重的确定

在水流作用下,防护工程护坡、护根块石保持稳定的抗冲粒径(折算粒径)按下式计算:

$$d = \frac{v^2}{C^2 \times 2g \frac{r_s - r}{r}} \tag{5.4-13}$$

式中　d——折算粒径,m,按球形折算;

v ——水流流速,m/s;

g ——重力加速度,m/s^2;

C ——石块运动的稳定系数,水平底坡 $C=0.9$,倾斜底坡 $C=1.2$;

r_s ——块石的重度,取 2.65 kN/m^3;

r ——水的重度,取 1.0 kN/m^3。

5.5 生态护岸材料

随着经济社会的发展,生态护岸的材料从过去的硬质护坡材料到如今的生态护坡材料,也经历了长足的发展。本书大致将护岸材料分为三类,选取了一些典型材料进行介绍,并对其优缺点进行简要分析。

5.5.1 植草、植树等护岸

5.5.1.1 人工种草护坡

人工种草护坡,是通过人工在边坡坡面简单播撒草种的一种传统边坡植物防护措施。它多用于边坡高度不高、坡度较缓且适宜草类生长的土质路堑和路堤边坡防护工程。

优点:施工简单,造价低廉,自然生态。

缺点:由于草籽播撒不均匀、草籽易被雨水冲走、种草成活率低等,往往达不到满意的边坡防护效果,而造成坡面冲沟、表土流失等边坡病害,抗冲能力较差。

人工种草护坡如图 5.5-1 所示。

图 5.5-1 人工种草护坡

5.5.1.2 液压喷播植草护坡

液压喷播植草护坡,是国外近十多年新开发的一种边坡植物防护措施,是将草籽、肥料、黏合剂、纸浆、土壤改良剂、色素等按一定比例在混合箱内配水搅匀,通过机械加压喷射到边坡坡面而完成植草施工的。

优点:

(1)施工简单、速度快;

(2)施工质量高,草籽喷播均匀、发芽快、整齐一致;

(3)防护效果好,正常情况下,喷播一个月后坡面植物覆盖率可达70%以上,两个月后形成防护、绿化功能;

（4）适用性广。

目前,国内液压喷播植草护坡在公路、铁路、城市建设等部门边坡防护与绿化工程中使用较多。

缺点:固土保水能力低,容易形成径流沟和侵蚀;因品种选择不当和混合材料不够,后期容易造成水土流失或冲沟。

液压喷播植草护坡如图5.5-2所示。

图5.5-2　液压喷播植草护坡

5.5.1.3　客土植生植物护坡

客土植生植物护坡,是将保水剂、黏合剂、抗蒸腾剂、团粒剂、植物纤维、泥炭土、腐殖土、缓释复合肥等一类材料制成客土,经过专用机械搅拌后吹附到坡面上,形成一定厚度的客土层,然后将选好的种子同木纤维、黏合剂、保水剂、缓释复合肥及营养液经过喷播机搅拌后喷附到坡面客土层中。

优点:可以根据地质和气候条件进行基质和种子配方,从而具有广泛的适用性,客土与坡面的结合可提高土层的透气性和肥力,且抗旱性较好,机械化程度高,速度快,施工简单,工期短,植被防护效果好,基本不需要养护就可维持植物的正常生长,该法适用于坡度较小的岩基坡面、风化岩及硬质土砂地、道路边坡、矿山、库区以及贫瘠土地。

缺点：要求在边坡稳定、坡面冲刷轻微、边坡坡度大的地方，长期浸水地区不适合。

客土植生植物护坡如图5.5-3所示。

图 5.5-3 客土植生植物护坡

5.5.1.4 平铺草皮护坡

平铺草皮护坡，是通过人工在边坡面铺设天然草皮的一种传统边坡植物防护措施。

优点：施工简单，工程造价低、成坪时间短、护坡功能见效快，施工季节限制少。平铺草皮护坡适用于附近草皮来源较易、边坡高度不高且坡度较缓的各种土质及严重风化的岩层和成岩作用差的软岩层，是设计应用最多的传统坡面植物防护措施之一。

缺点：由于前期养护管理困难，新铺草皮易受各种自然灾害，往往达不到满意的边坡防护效果，而造成坡面冲沟、表土流失、坍滑等边坡灾害，导致需修建大量的边坡病害整治、修复工程。近年来，由于草皮来源紧张，平铺草皮护坡的作用逐渐受到了限制。

施工要点：

（1）种草坡面防护：草籽撒布均匀。在土质边坡上种草，土表面事先耙松。在不利于植物生长的土壤上，首先在坡上铺一层厚度为 5 ~ 10 cm 的种植土，当坡面较陡时，将边坡挖成台阶，再铺新土，种植植物。

（2）铺草皮坡面防护：草皮尺寸不小于 20 cm × 20 cm。铺草皮时，从坡脚向上逐排错缝铺设，用木桩或竹桩钉固定于边坡上。

（3）铺草皮要求满铺，每块草皮要钉上竹钉，草皮下铺一层 8 ~ 10 cm 厚的肥土，并要经常洒水养护。

平铺草坪，由于其特点，在边坡比较稳定、土质较好、环境适合的情况下有比较大的优势。

平铺草皮护坡如图 5.5-4 所示。

图 5.5-4　平铺草皮护坡

5.5.1.5　香根草技术

香根草技术是（Vetivre Grass Technology，简称 VGT）是指由香根草与其他根系相对发达的辅助草混合配置后，按正确的规划和设计种植，再通过约 60 天专业化的养护管理后，很快形成高密度的地上绿篱和地下高强度生物墙体的一种综合应用技术。香根草技术适用于土质或破碎岩层不稳定边坡，坡度较大（介于 20° ~ 70°），表层土易形成冲沟和侵蚀、容易发生浅层滑坡和塌方的地方。如山区、丘陵地带开挖或填方所形成的上、下高陡边坡。香根草技术主要材料为香根草、百喜草、百幕大草、土壤改良剂、香根草专用肥等。

优点：根系发达、高强，抗拉抗剪强度分别为 75 MPa 和 25 MPa，能防止浅层滑坡与塌方；生长速度快，能拦截 98% 的泥沙；极耐水淹（完全淹没 120 天不会死亡）、固土保水能力强、抗冲刷能力强；叶面具有巨大的蒸腾作用，能尽快排除土壤中的饱和水；无性繁殖，不会形成杂草；施工不受季节影响；工程造价适中，比传统浆砌石低。试验表明，香根草根系的抗拉强度较大，而且随根数（集群度）呈线性增大，随根系长度的增大而略有减小。

均匀拌入香根草根系的砂质黏土的物理和力学特性有显著的变化,即土的容重变小而土的抗剪强度则有明显的增大。其根系深长绵密,最长可达 5 m,拉张强度大,一行行香根草能像排排钢筋般稳定斜坡、控制洪水侵蚀,效果等同于混凝土护坡,造价却只有混凝土护坡的 1/10。

缺点:地上绿篱较高,缺少草坪的景观效果;不耐阴,不能与乔木套种;只适合黄河以南的地区应用。

香根草生态工程护坡效果很明显,工程实施半年就能产生明显的护坡效果,4 年后生物多样性大幅增加,土壤水分和养分含量都有不同程度的提高,并能明显改善边坡的生态环境,且可以节省大笔的工程经费。根据施工现场情况,可以跟其他技术结合施工,效果会更好,也能起到扬长避短的效果。

香根草护坡如图 5.5-5 所示。

图 5.5-5　香根草护坡

植物护坡材料小结:植物护坡材料有着明显的优点,即自然生态、景观效果好。但也有着明显的缺点,即质量不稳定,固土效果受土质、密实度、植物种类、根系情况、栽种时间长短等影响,抵抗冲刷的能力较差。应用中可以考虑与其他材料进行组合,如椰网(或椰毯)、三维土工网格等,以增强固土效果,并提高抗冲能力。

5.5.2 石材护岸

5.5.2.1 格宾石笼(护垫)护坡

格宾石笼(护垫)是将低碳钢丝经机器编制而成的双绞合六边形金属网格组合的工程构件,在构件中填石构成主要起防护冲刷的作用。当水流的冲刷流速大于河道的允许不冲流速时,格宾石笼(护垫)不会在水流的冲刷下发生位移,从而起到抑制冲刷发生、保护基层稳定的作用,达到维持堤岸(坝体)稳定的工程目的。

格宾石笼(护垫)的抗冲能力主要来源于两个方面:一方面为格宾石笼(护垫)内部填充石料的抗冲能力,另一方面为钢丝网箱提供的限制填充石料位移的能力。

优点:具有很好的柔韧性、透水性、耐久性以及防浪能力等优点,而且具有较好的生态性。它的结构能进行自身适应性的微调,不会因不均匀沉陷而产生沉陷缝等,整体结构不会遭到破坏。由于石笼的空隙较大,因此能在石笼上覆土或填塞缝隙进行人工种植或自然生长植物,形成绿色护岸。格宾石笼(护垫)护坡既能防止河岸遭水流、风浪侵袭破坏,又保持了水体与坡下土体间的自然对流交换功能,实现了生态平衡;既保护了堤坡,又增添了绿化景观。

1983 年,马克菲尔公司和美国科罗拉多大学做了详尽的格宾石笼(护垫)的抗冲刷模型和原型试验,试验得到的抗冲流速如表 5.5-1 所示。利用抗冲流速表进行格宾石笼(护垫)的设计更加直观实用。

表 5.5-1 抗冲流速表

厚度(m)	填充石料		临界流速 (m/s)	极限流速 (m/s)
	石料规格(mm)	d_{50}(m)		
0.17	70 ~ 100	0.085	3.5	4.2
	70 ~ 150	0.110	4.2	4.5
0.23	70 ~ 100	0.085	3.6	5.5
	70 ~ 150	0.120	4.5	6.1
0.30	70 ~ 120	0.100	4.2	5.5
	100 ~ 150	0.125	5.0	6.4
0.50	100 ~ 200	0.150	5.8	7.6
	120 ~ 250	0.190	6.4	8.0

缺点:可能存在金属的腐蚀、覆塑材料老化、镀层质量及编织质量等问题。因此,在应用中应对材料强度、延展度、镀层厚度、编织等提出控制要求。

格宾石笼护坡如图 5.5-6 所示。

5.5.2.2 干砌石护坡

干砌石护坡是一种历史悠久的治河护坡方法,一般利用当地河卵石、块石,采用人工干砌形成直立或具有一定坡度的岸坡防护结构。

这种护坡的最大特点是:结构形式简单、施工操作方便、工程造价低廉。另外,干砌石

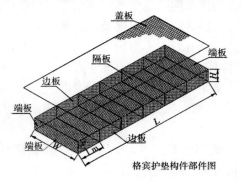

格宾护垫构件部件图

图 5.5-6　格宾石笼护坡

护坡具有一定的抗冲刷能力,适用于流量较大但流速不大的河道;对流速较大的河道,可在干砌施工时在石料缝隙中浆砌黏土或水泥土等,并种植草木等植物,可进一步美化堤岸。实际工程中多在常水位以下干砌直立挡土墙,用以挡土和防水冲刷。在常水位以上做成较缓的土坡,并种植喜水的本地草皮和树木。该护坡型式适用于城镇周边流量较大、有一定防冲要求的中小型河道。

干砌石护坡如图 5.5-7 所示。

图 5.5-7　干砌石护坡

5.5.2.3　浆砌石护坡

浆砌石护坡是采用胶结材料将石材砌筑在一起,形成整体结构的护坡型式。在进行砌石的胶结材料选择时,可根据河道最大流速选择水泥砂浆或白灰砂浆。可用于大江大河(如长江、黄河使用较多)或流速大的堤防护岸。该护坡型式适用于城镇周边流量较大、有较强防冲要求的河道。

优点:结构稳定性较好、整体性好、强度较高、抗冲能力强。

缺点:外观生硬,透水性差,不能生长植物,生态性差。

浆砌石护坡如图 5.5-8 所示。

图 5.5-8　浆砌石护坡

5.5.2.4　自然石护坡

自然石是存在于天然河道的天然材料,由于长期受水流冲刷,具有不规则的光滑圆润的表面,没有尖锐的棱角,因此具有较好的景观效果,可以在景观要求较高的浅水区无规则地堆放,也可以有规则地堆砌,形成一种天然亲水的效果。缺点是:由于其散粒体的特性,抗冲能力差,不适宜在流速大的河道护坡中应用。

自然石护坡如图 5.5-9 所示。

图 5.5-9　自然石护坡

自然石与卵石结合护坡如图 5.5-10 所示。

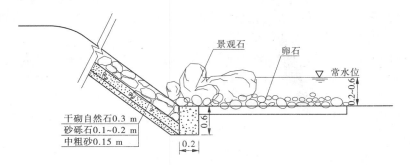

图 5.5-10　自然石与卵石结合护坡

5.5.2.5　卵石护岸

　　卵石是河流中自然形成的圆形或椭圆形的颗粒,由于其颗粒较小,一般用于流速较小、坡度较缓的水边或水下。其景观效果较好,多用于景观要求较高的水域。结合植物种植可凸显自然生态。缺点是抗冲性能差。

　　卵石缓坡护岸及卵石护岸如图 5.5-11、图 5.5-12 所示。

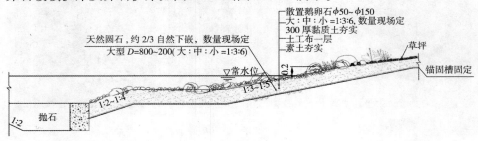

图 5.5-11　卵石缓坡护岸

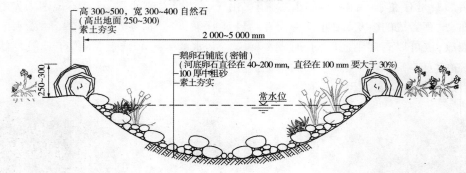

图 5.5-12　卵石护岸

5.5.3　人工材料护岸

5.5.3.1　自嵌式挡土墙

　　自嵌式挡土墙是在干垒挡土墙的基础上开发的另一种结构。这种结构是一种新型的拟重力式结构,它主要依靠挡土块块体、填土通过加筋带连接构成的复合体自重来抵抗动静荷载,起到稳定的作用。

　　特点:与传统的挡土墙结构相比,自嵌式挡土墙在施工方面具有非常大的优势,可以成倍地提高施工进度以及工程质量。同时,自嵌式挡土墙拥有多种颜色可供选择,可以充分发挥设计师的想象空间,给人提供自然典雅的景观效果。挡土墙为柔性结构,安全可靠,可采用加筋挡土墙结构,耐久性强,并且原材料及养护处处讲究环保,产品对人体无任何有害辐射。

　　自嵌式挡土墙如图 5.5-13 所示。

5.5.3.2　水工连锁砖

　　水工连锁砖的连锁性设计使每一个连锁砖块被相邻的四个连锁砖块锁住,这样保证

图 5.5-13　自嵌式挡土墙

每一块的位置准确并避免发生侧向移动。连锁砖铺面块能提供一个稳定、柔性和透水性的坡面保护层。混凝土块的形状与大小都适合人工铺设,施工简单方便。

特点:类型统一,不需要采用多种混凝土块,由于每块都是镶嵌在一起的,所以强度高、耐久性好。由于连锁砖属于柔性结构,适合在各种地形上使用,透水性好,能减少基土内的静水压力,防止出现管涌现象,可以为人行道、车道或者船舶下水坡道提供安全的防滑面层,并且面层可以植草,形成自然坡面。连锁砖施工方便快捷,可以进行人工铺设,不需要大型设备,维护方便、经济。

水工连锁砖护坡如图 5.5-14 所示。

图 5.5-14　水工连锁砖护坡

太湖太浦闸段铰链式护坡与香根 + 草体系生态系统示范工程实景如图 5.5-15 所示。

沈阳浑河护坡治理实景如图 5.5-16 所示。

图 5.5-15　太湖太浦闸段铰链式护坡与香根 + 草体系生态系统示范工程实景

图 5.5-16　沈阳浑河护坡治理实景

5.5.3.3　植生带(袋)护坡

植生带(袋)护坡:植生带是将含有种子、肥料的无纺布全面附贴在专用 PVC 网袋内,然后在袋中装入种植土,根据边坡形状垒起来以实现绿化。

优点:这种方法的基质不易流失,可以堆垒成任何贴合坡体的形状,施工简单。适合使用在岩面或硬质地块、滑坡山崩等应急工程中,还可作山体水平线与排水沟(能代替石砌排水沟)。

缺点:大面积使用造价很高,植物生长缓慢,需要配套草种喷播技术,才能尽快实现绿化效果。

植生带(袋)护坡如图 5.5-17 所示。

图 5.5-17　植生带(袋)护坡

5.5.3.4　加筋纤维毯

加筋纤维毯是主要用椰纤维与其他纤维材料复合而成的植生保水层,加上保水剂、植物物种、草炭、缓释肥料,上、下再结合 PP 或 PE 网形成多层结构,厚度在 4~8 cm。其主要应用于山体岩土边坡以及公路、铁路边坡、流速不大的河道边坡等边坡的水土防护。

特点:将加筋纤维毯铺设在坡面上,然后固定,由于土壤表层被纤维毯覆盖,雨水对土壤的冲刷会大大降低,且该产品能给植物根系提供理想的生长环境(保温、更有利于吸水、防止表面冲刷、均衡种子的出芽率等),促使植物在不良的条件下生长良好,从而达到绿化且防止水土流失的效果。加筋纤维毯在应用时,不需要撤除,植物可以从纤维毯中生长出来。另外,它可以降解,降解后变成植物生长所需要的有机肥料,非常环保。

加筋纤维毯如图 5.5-18 所示。

图 5.5-18　加筋纤维毯

5.5.3.5　浆砌片石骨架植草护坡

浆砌片石骨架植草护坡是指用浆砌片石在坡面形成框架,在框架里铺填种植土,然后铺草皮、喷播草种的一种边坡防护措施。通常做成截水型浆砌片石骨架,以减轻坡面冲刷,保护草皮生长,从而避免了人工种植草坪护坡和平铺草坪护坡的缺点。

浆砌片石骨架植草护坡适用于边坡高度不高且坡度较缓的各种土质、强风化岩石边坡。

优点:由于砌石骨架的作用,边坡抗冲刷效果较好,与整体砌石的边坡相比具有较好的生态性。

缺点:人工痕迹较重,不够自然。

浆砌片石骨架植草护坡如图 5.5-19 所示。

图 5.5-19　浆砌片石骨架植草护坡

5.5.3.6 土工网垫植草护坡

土工网垫是一种新型土木工程材料,属于国家高新技术产品目录中新型材料。材料中的增强体材料是用于植草固土的一种三维结构的似丝瓜网络样的网垫,质地疏松、柔韧,留有90%的空间可充填土壤、沙砾和细石,植物根系可以穿过其间,舒适、整齐、均衡地生长,长成后的草皮使网垫、草皮、泥土表面牢固地结合在一起。由于植物根系可深入地表以下30~40 cm,可形成一层坚固的绿色复合保护层。它比一般草皮护坡具有更高的抗冲能力,适用于任何复杂地形,多用于堤坝护坡及排水沟、公路边坡的防护。

优点:成本低、施工方便、恢复植被、美化环境等。

缺点:现在的土工网垫大多数以热塑树脂为原料,塑料老化后,在土壤里容易形成二次污染。

土工网垫植草护坡如图5.5-20所示。

图5.5-20　土工网垫植草护坡

5.5.3.7 生态混凝土护坡

生态混凝土是一种能够适应植物生长、可进行植被作业的混凝土。生态混凝土护坡在起到原有防护作用的同时还拥有修复与保护自然环境、改善人类生态条件的功能,工程性能好,符合"人与自然和谐相处"的现代治水思想,应用前景广泛。

特点:根据植物生长要求选择一定粒径的碎石和砖石,制成多孔的混凝土构件,多孔隙材质透水、透气性好,并可提供必要的植物生长空间,无须设置排水管,简化了施工工序;可改造并利用混凝土孔隙内的盐碱性水环境,还可提供能长期发挥效用的植物生长营养元素并使之得到充分利用,可配合多种绿化植生方式;适合各种作业面、施工简便,不需机械碾压设备,工艺控制简单,适合现浇施工;强度发展快,不受气候和温度等环境因素影响,可自然养护。

优点:能够实现永续性、多样性绿化;同时适应干旱地区气候条件,实现坡面的植被绿化;抗冲刷能力强,具有很强的生态功能和景观功能。

缺点:柔性不够,适应地基不均匀沉降能力较差,在寒冷地区应用时应考虑基层冻土、植物生长抗冻性等不利条件。

生态混凝土护坡实例如图5.5-21所示。

现浇生态混凝土块护坡结构如图5.5-22所示。

5.5.3.8 混凝土预制块护坡

混凝土预制块是一种可人工安装,适用于中小水流情况下土壤水侵蚀控制的混凝土

图 5.5-21 生态混凝土护坡实例

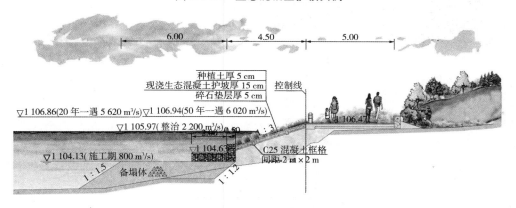

图 5.5-22 现浇生态混凝土块护坡结构

砌块铺面系统。它的优点是可根据需要制作成不同形状、不同重量的块体,以适应不同的要求,外观整齐。缺点是透水性、生态性差。

混凝土预制块护坡实例如图 5.5-23 所示。

混凝土预制块护坡结构如图 5.5-24 所示。

5.5.3.9 生态土工袋护坡

生态土工袋是将抗紫外线的聚丙烯材料制成袋子,内部根据需要装上各种土料、弃渣,加以改良后作为砌护材料,可以随坡就势进行砌护绿化。其结构柔韧稳定,能适应地基变化带来的结构调整要求,能保持水体通透性,可生长植物,净化水质。生态土工袋护岸已经成为一种环保、高效、原生态的护岸材料,可适用于流速不大的岸线防护。

生态土工袋护坡实例如图 5.5-25 所示。

图 5.5-23　混凝土预制块护坡实例

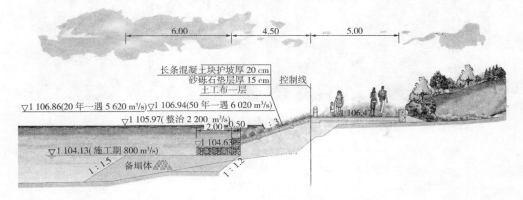

图 5.5-24　混凝土预制块护坡结构

图 5.5-25　生态土工袋护坡实例

生态土工袋护坡结构如图 5.5-26 所示。

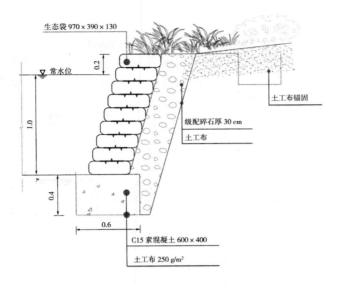

生态袋 970×390×130

常水位

0.2

1.0

0.4

0.6

土工布锚固

级配碎石厚 30 cm

土工布

C15 素混凝土 600×400

土工布 250 g/m²

图 5.5-26　生态土工袋护坡结构

5.6　生态护岸的结构型式

　　人们生活在社会和自然相互作用的环境中,周围阳光、蓝天白云、绿树和清新湿润的空气与我们息息相关。河流作为构成周围环境的重要因素,对一个城市甚至一个国家的地域空间布局、生活方式有很深的影响。国际上著名的城市总有一条著名的河流与之相随相伴。

　　目前,国内河道综合整治中,"创建自然型河流"构建人水和谐生态环境逐步深入人心,遵循河流本身的自然规律,释放被强行禁锢在僵直河槽中的河水,使其恢复往日的活力,已成为现代水利工作者的共识。岸坡防护型式与平面形态等设计要素共同构成河流最直观的外在形象。恢复生物多样性环境、蓄洪涵水、连通水岸、保持水陆生态系统的完整性而不被生硬的工法所割裂,是近些年来岸坡防护设计中新的关注点。

5.6.1　现阶段护岸设计中存在的问题

　　现阶段护岸设计中往往存在以下问题和缺陷:

　　(1)岸坡采用观赏性非本土植物较多,不能适应当地气候和土壤条件,植被覆盖率不高,抵抗冲刷能力有限,也增加了工程管理的难度。

　　(2)采用连续硬质防护,虽然抗冲刷效果较好,但是由于土壤无法透过缝隙外漏,不利于水生植物的生长,水体自净能力无从谈起。

　　(3)防护断面形式单一,过度重视岸坡的稳定安全,岸坡防护高度过高,且竖向设计与水位出现频率的适应性差,水位消落带环境单调,不利于水生生态环境的恢复。

　　(4)水陆交际线人工化痕迹很重,在规划设计中即使是弯曲的弧线也是整齐划一的,使水岸边界失去其自然不规则状态。过度重视人类的活动空间而忽略了其他生物生存空间需求。

5.6.2　生态护岸设计原则

岸坡防护结构型式、防护材料多种多样,各具不同特点,需根据具体情况分析研究采用,并兼顾工程的环境和生态效应、实现工程与生态景观的有机统一。防护设计应遵循下列原则:

(1)安全性原则:保证岸坡安全是防护工程的首要任务,必须优先考虑耐久性、抗冲刷性、稳定性、防冻胀性等整体性能。

(2)生态性原则:充分考虑河岸透水性,在水陆生态系统之间架起一道桥梁,为两者之间的物质和能量交流发挥廊道、过滤器和天然屏障的功能,使河岸具有水质自我生态修复能力和植被覆盖自我调整能力,提高河流承载能力、污染物吸附能力,恢复河流水生生态体系,恢复河道基本功能。

(3)断面结构的差异性和可亲水性原则:避免整齐划一、没有变化的断面形式,根据不同的地形条件、河道河势条件,注重与周边环境的整体协调性,关注人们滨水活动空间的集聚程度,采取不同的护岸型式。

(4)经济性原则:护岸设计在满足生态修复功能、断面形式景观多样功能、工程结构安全等功能的同时,要兼顾其经济性,尽量能够就地取材,降低工程投资。

5.6.3　生态护岸结构设计目标

生态护岸结构设计目标是河岸带生态修复与重建。河岸带是指高低水位之间的河床及高水位之上直至河水影响完全消失的地带。由于河岸带是水陆相互作用的地区,故其界限可以根据土壤、植被和其他可以指示水陆相互作用的因素的变化来确定。河岸带具有明显的边缘效应,是地球生物圈中最复杂的生态系统之一。作为重要的自然资源,河岸带蕴藏着丰富的动植物资源、地表水和地下水资源、气候资源以及休闲、娱乐和观光旅游资源等,也是良好的农林牧渔业生产基地。

根据河岸带的构成和生态系统特征,河岸带的生态恢复与重建包括河岸带生物恢复与重建、河岸缓冲带环境的恢复与重建、河岸带生态系统结构与功能恢复等三部分。物种种类和群落是河岸带生物恢复的评价指标。河岸缓冲带是指在河道与陆地的交界区域,在河岸带生物恢复与重建的基础上建立起来的两岸一定宽度的植被,是河岸带生态重建的标志,其主要通过河岸带坡面工程技术、河岸水土流失控制技术等措施,提高环境的异质性和稳定性,发挥河岸缓冲带的功能,在环境、生物恢复的基础上完成河岸带生态系统结构与功能恢复及构建。

岸坡防护工程位置处于河岸带水陆交替之中,是河道治理的一部分,它对于河岸带及其周围毗邻生态系统的横向或者纵向联系的影响越小,越有利于生态系统的恢复和稳定。岸坡防护材料材质应采用环境友好材料,以提高植被覆盖率和水体自净能力,岸坡的防护型式应能为河岸带生态系统的恢复与重建提供最基本的承载基底质。平面上应避免采用单一的防护形式,弱化水陆交际线人工化痕迹,使水岸边界尽量保持自然不规则状态。防护断面设计中,应考虑与水位出现频率相适应,避免岸坡防护高度过高,重视水位消落带环境的创造,留足动物活动迁移的河岸带空间。

5.6.4 城市季节性中小河流护岸断面设计

目前国内相关研究对于河道类型的划分没有统一的标准,本书根据河流所流经区域和河流的季节性将其划分为城市季节性中小河流和大中型天然河流。本书以城市生态水利工程规划设计中常遇的城市季节性中小河流为主介绍其护岸断面设计要点。

城市季节性中小河流一般流经城市人口集聚区,两岸空间小,且居民对于河道的亲水、休闲、绿化、景观设施的要求比较高,人们渴望见到天蓝水碧、绿树夹岸、鱼虾洄游的河道生态景观,需要河道内有一定的水深或者生态基流量以还原水面,塑造适宜的水边环境,构造适于动植物生长的水体护岸,促使河道形成浅滩和深潭的自然分布和蜿蜒曲折、宜宽宜窄的水路衔接,提高城市居民的居住环境。

单一的河道断面影响河流环境的生物多样性,河道护岸的断面结构型式应与河道断面的特征水位联系起来,根据水深和水动力特点选择合适的生态防护型式。

护岸设计可根据水位变化频率对护岸防护高度的影响,采用不同的防护材料和防护型式,也可在季节性(暂时性)淹没、间断性淹没、偶尔淹没的河岸带选择草皮护坡或采取加强措施,如采取土工织物加筋、三维网垫植草等措施。

河流的水位特征如图5.6-1所示。

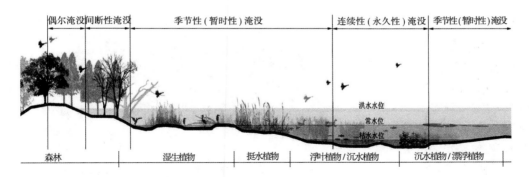

图5.6-1 河流的水位特征

生态护岸与河流水位特征结合示意图如图5.6-2所示。

不同的水位分区设置与其相适宜的功能,使防护平面更丰富自然。如在间断性淹没区域设置休闲自行车道或步行道,可以拉近人与水面的距离、近观宜人的滨水植物带景观,远离岸上的喧嚣,使其成为一处美丽静谧的城市"客厅",如图5.6-3所示。

防护设计本身与河道规划设计理念密不可分,它是河道设计的最直接表现。单一的防护断面简单粗放,河水束缚于狭窄的河岸之间,了无生趣;而融入生态治理理念的防护断面设计,拆除硬质护坡,使其边坡放缓,与两岸自然衔接过渡,软质的草皮护坡使水流速度慢下来,并在河道内自由流动,河流又恢复了其原有的活动,蜿蜒曲折成为其自然生态的最有力表现。新加坡碧山公园河道断面形式改造前后对比如图5.6-4所示。

受到空间、地域等条件限制的城市河道的护岸设计,没有足够的宽度衔接水面和陆地时,可采用台阶式分层处理:

(1)常水位以上,留相对较宽的腹地,以缓坡为主,也可设多层次的竖向台阶,配合植

生态防护驳岸

100年一遇洪水位

50年一遇洪水位

5年一遇洪水位

图 5.6-2　生态护岸与河流水位特征结合示意图

图 5.6-3　软质与硬质相结合的城市"客厅"

物种植,使人在不同高度和角度有不同的亲水体验,也可以与水文化结合起来,丰富城市滨河空间的表现形式。

（2）常水位以下,可采用垂直墙式或墙式基础以下为天然卵石护砌的墙坡结合式等,既能使人较近地接触到水面,又能在有限的空间内节省占地。如图 5.6-5、图 5.6-6 所示

图 5.6-4　新加坡碧山公园河道断面形式改造前后对比

为山东某城市河道护岸结构型式。

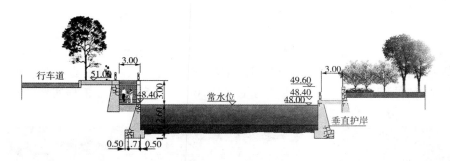

图 5.6-5　山东某城市河道护岸结构型式（一）

图 5.6-6　山东某城市河道护岸结构型式（二）

　　其中图 5.6-6 中两岸不对称的护岸设计，能形成变化的水深、水温等水环境，在给水生生物创造不同环境的同时，通过木栈台等景观的设置，丰富了城市滨水环境。

　　图 5.6-7、图 5.6-8 为湖北某新城河道护岸结构型式。这两种断面型式均在有条件的区域，拉大两级挡墙之间的距离，通过休闲广场和亲水平台的设置，形成开阔的下沉式活动空间。

　　图 5.6-9 ～ 图 5.6-11 为国内外多处休闲活动滨水空间的设计实例，其中图 5.6-10 为

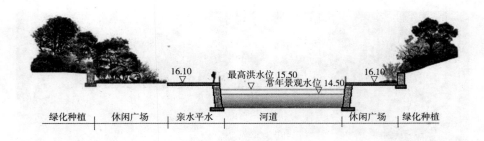

图 5.6-7　湖北某新城河道护岸结构型式(一)

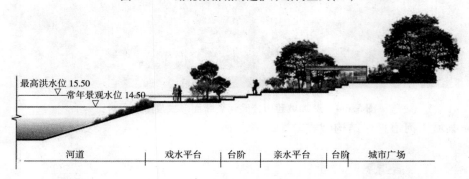

图 5.6-8　湖北某新城河道护岸结构型式(二)

法国里昂滨河公园实景。图 5.6-11 为闽江某滨河公园沙滩、河边散步小路与低层防洪墙、高层防洪墙的错落防护实景。由此可见,图 5.6-5~图 5.6-11 等工程实例的护坡结构型式采用台阶式分层处理的方式,均取得不错的治理效果。

图 5.6-9　某休闲活动滨水空间设计实例

5.6.5　护岸型式分类

《堤防工程设计规范》(GB 50286—2013)按护岸工程的布局、型式等方面特点将护岸工程分为以下四类:

坡式护岸,用抗冲材料直接铺敷在岸坡一定范围形成连续的覆盖式护岸,对河床边界形态改变较小,对近岸水流的影响也较小,是一种常见的护岸型式。我国长江中下游河道

图 5.6-10　里昂滨河公园——城市地标

图 5.6-11　闽江某滨河公园沙滩、河边散步小路与
低层防洪墙、高层防洪墙的错落防护实景

水深流急,总结经验认为最宜采用平顺护岸型式。我国许多中小河流堤防、湖堤及部分海堤均采用平顺坡式护岸,起到了很好的作用。

坝式护岸,依托河岸修建丁坝、顺坝、勾头丁坝导引水流离岸,防止水流、潮汐、风浪直接冲刷、侵袭河岸,危及堤防安全,是一种间断性的有重点的护岸型式,有调整水流的作用,在一定条件下常被一些河岸、海岸防护采用。我国黄河下游因泥沙淤积,河床宽浅,主流游荡、摆动频繁,较普遍地采用丁坝、垛(短丁坝、矶头)以及坝间辅以平顺护岸的防护工程布局。长江河口段,江面宽阔、水浅流缓,也多采用丁坝、顺坝、勾头丁坝挑流促淤,取得了保滩护岸的效果。

墙式护岸,顺河岸设置,具有断面小、占地少的优点,但要求地基满足一定的承载能力。墙式护岸多用于狭窄河段和城市堤防。护坡材料的选择应考虑坚固耐久、就地取材、利于施工和维修,既能满足水流冲刷和自身稳定的要求,也应达到美化环境、增加堤岸的美观及自然性,满足城市防洪工程对景观效果要求高的特点。

其他防护型式,包括坡式与墙式相结合的混合型式、桩坝、枬槎坝、生物工程等。桩式护岸,我国海堤过去采用较多,如钱塘江和长江采用木桩或石桩护岸已有悠久历史,美国密西西比河中游还保留有不少木桩堆石坝,黄河下游近年来修筑了钢筋混凝土试验桩坝。生物工程有活柳坝、植草防护等。

以上工程型式分类不是绝对的,各类相互有一定交叉,如坝式护岸在坝的本身护坡部分可以采取坡式、墙式,坝式护岸可采用桩丁坝、桩顺坝、活柳坝等,墙式护岸可采用桩墙式等。

城市水利工程中,采用最多的是坡式护坡和墙式护坡以及这两种护坡的组合。

5.6.5.1 坡式护坡

坡式护坡即斜坡式的护岸,目前常见的坡式护坡有格宾石笼(护垫)护坡、干砌石护坡、浆砌石护坡、土工生态袋、生态混凝土、混凝土砖(常见有六角形混凝土块和连锁水工砖)、土工生态袋护坡等,见本书5.5部分。坡式护岸可以是单一斜坡式、复式以及与其他材料的组合形式。

坡式格宾护垫覆土护岸如图5.6-12所示,根据水位分区采用不同材料的护岸如图5.6-13所示,坡式沙滩护岸如图5.6-14所示。

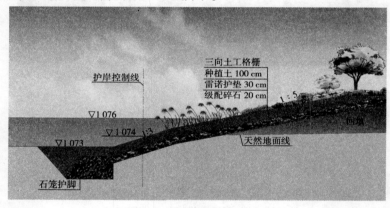

图5.6-12 坡式格宾护垫覆土护岸

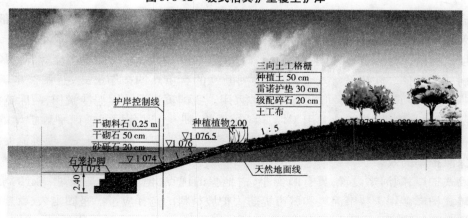

图5.6-13 根据水位分区采用不同材料的护岸

坡式与墙式护岸组合如图5.6-15～图5.6-17所示。

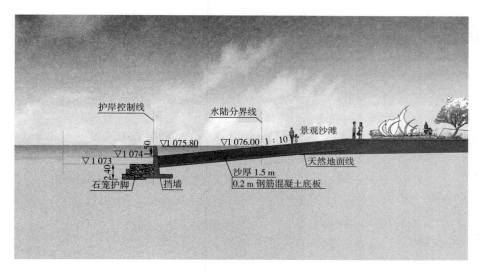

图 5.6-14　坡式沙滩护岸

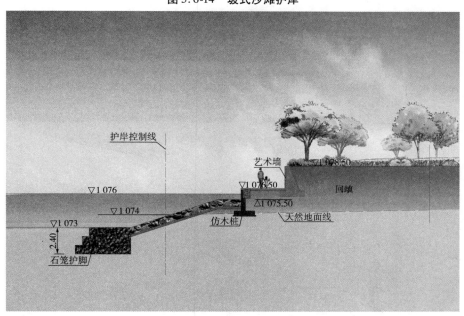

图 5.6-15　坡式与墙式护岸组合(一)

坡式格宾护垫与墙式自然石组合如图 5.6-18 所示。

5.6.5.2　墙式护坡

为保证边坡及其环境的安全,常常需要对边坡采取一定的支挡、加固与防护措施。墙式护岸具有断面小、占地少的优点,狭窄河段和城市堤岸多采用墙式护岸,挡土高度低于5 m 时,一般采用重力式挡土墙,用墙体本身重量平衡外力以满足稳定要求,多采用混凝土、浆砌石及石笼等建造,就地取材,构造简单,施工方便,经济效果好,被广泛应用于河道岸坡防护中。

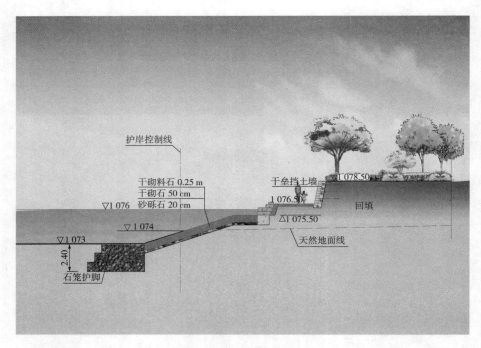

图 5.6-16 坡式与墙式护岸组合(二)

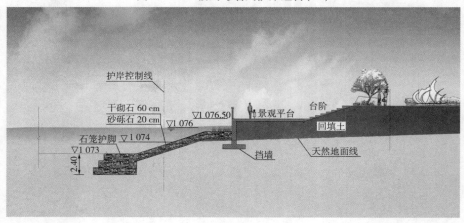

图 5.6-17 坡式与墙式护岸组合(三)

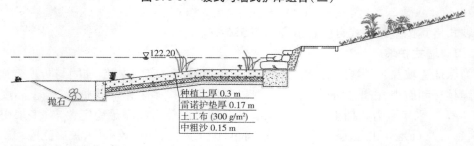

图 5.6-18 坡式格宾护垫与墙式自然石组合

1.常用墙式护坡型式

墙式护岸的受力大小随挡墙高度增大而增大,一般 3 ~ 5 m 高的挡墙多采用混凝土、浆砌石、加筋石笼、加筋挡墙砖等重力式挡墙或混凝土半重力式挡墙形式,高大于 5 m 的挡墙多考虑钢筋混凝土悬臂式或扶壁式挡墙形式。而高小于 3 m 的挡墙则有着更多的选择或组合形式。随着城市水利工程对景观和生态的要求越来越高,防护材料也越来越多地选择多种自然生态材料,通常水深小于 1.2 m 时,可采用的材料有舒布洛克挡墙砖(自嵌式挡墙砖)、浆砌景观条石、仿木桩、景观自然石、石笼等多种型式,挡墙的设计也越来越精巧,逐渐由过去传统笨重的水利工程形象向景观园林式挡墙过渡。图 5.6-19 ~ 图 5.6-26 为挡墙设计的典型图或者典型案例。

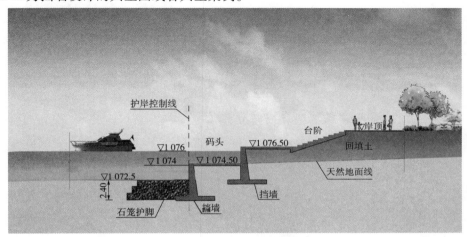

图 5.6-19　两级墙式护岸

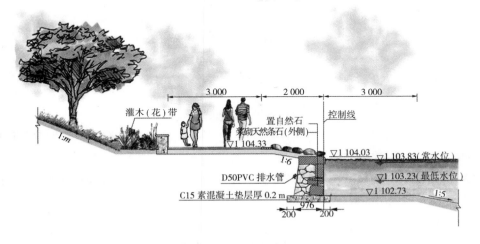

图 5.6-20　浆砌天然条石与自然石结合墙式护岸

2.墙式护坡的美学设计

水利工程中的墙式护坡,与园林挡土墙有所不同,常在多种水位条件下运用,需要考虑建成及运用期墙前后特征水位的变化对墙体的影响,因此人们往往更重视它的功能性,

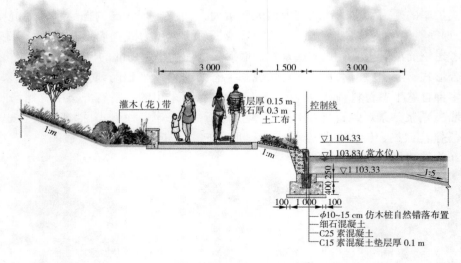

图 5.6-21　仿木桩护岸

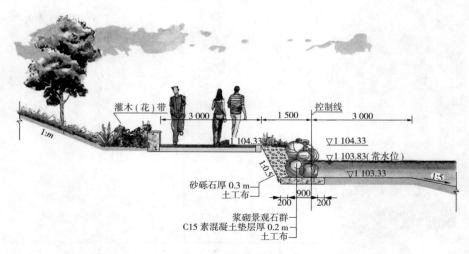

图 5.6-22　景观山石护岸

忽视工程结构的景观化设计。城市河道景观设计的岸坡防护应融入到整体风景中去,重视水际部位处理,墙式护坡要根据特征水位的具体条件、场地大小,充分考虑其他景观因素,从立面和平面视觉关系与尺度比例方面进行挡墙层次设计,并注重挡墙材质选用和利用植物配景,以体现水利工程墙式护坡的园林式景观效果。

1)重视挡土墙的层次设计

水岸线是连接水体与陆地的媒介,也是人与水发生关联、水与环境中各生态系统相互作用的结合部。岸线的处理不能一概而论地硬化成高陡整齐的直立式岸墙,此种隔绝式硬化虽然统一了岸线的视觉关系,却阻隔了水与岸畔的系统关系,阻断了水生生态系统和陆地生态系统边界的相互渗透、相互融合的链式网络,不利于人与水的自然和谐。

挡土墙与水体的形态对比和尺度比例关系,是景观形式感的量化反应。水面面积狭

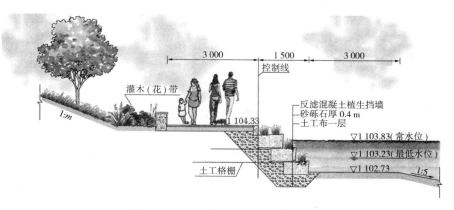

图 5.6-23　反滤混凝土植生挡墙护岸

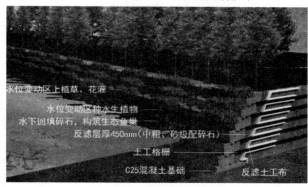

图 5.6-24　反滤混凝土植被挡墙护岸效果图

小,而岸畔护岸形态高大笨重,就会显得局促、压抑,有坐井观天的感觉;水面面积大,而岸畔护岸形态顺直,缺乏变化,简单平缓,就会显得单调,水面景象松散平淡。护岸采用垂直挡土墙时,挡土墙的形状和高矮影响护岸的整体结构层次,其形态和尺度比例关系上要根据环境特征,与周边形成多种对应关系,这没有固定法则,只有在变化中求规律,在规律中求变化,可具体采用"化高为低、化整为零、化大为小、化陡为缓、化直为曲"的五化手法,使水工挡土墙呈现大小、高低、凹凸、深浅、粗细等变化,改变挡土墙立陡的单一形式,再与植物等相结合,弱化挡土墙的不利视面,增加绿化面积,这样既有利于创造小气候,又有利于提高空间环境的视觉品质。

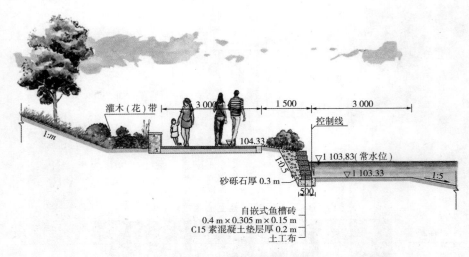

图 5.6-25 舒布洛克挡墙砖护岸

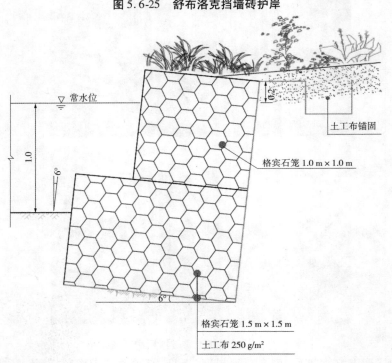

图 5.6-26 格宾石笼墙式护岸

（1）挡墙与斜坡结合、化高为低。

高差在 1.5 m 以内的台地，可降低挡土墙高度 0.6～1.2 m。上面部分采用斜坡，用花草、灌木进行绿化。如果坡度较陡，为保证土坡的稳定，可用生态护坡袋等固定斜坡，再用花草、灌木绿化。这样既能保持生态平衡、美观，又省工、省时，减少工程投资。

（2）化整为零、化大为小。

高差较大的台地，在 2.5 m 以上，做成一次性挡土墙，会产生压抑感，同时也增加结构安全设计难度,造成整体坍工,应化整为零,分成多阶挡土墙。挡土墙的尺寸也可随之由大变小,中间跌落处平台用观赏性较强的灌木(例如连翘、丁香、榆叶梅、粉刺玫、黄刺玫等)绿化,也可用藤本(例如五叶地锦、野蔷薇、藤本玫瑰等)绿化,形成观赏性很强的空间效果。这种处理方法消除了墙体视觉上的庞大笨重感,使美观与工程经济得到统一。

化高为低示例如图 5.6-27 所示。

图 5.6-27　化高为低示例

化整为零、化大为小示例如图 5.6-28 所示。

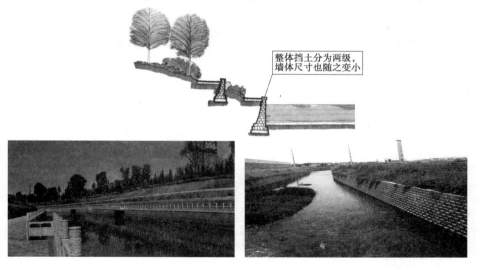

图 5.6-28　化整为零、化大为小示例

(3)化陡为缓。

重力式挡土墙按墙背倾斜形式分别为仰斜式、直立式、俯斜式三种,在相同外部条件下,仰斜式挡土墙承受主动土压力最小,断面小,而且同样高度由于采用仰斜式挡土墙,界面到人眼的距离变远了,视野空间变得开阔了,环境也显得更加明快了。

化陡为缓示例如图 5.6-29 所示。

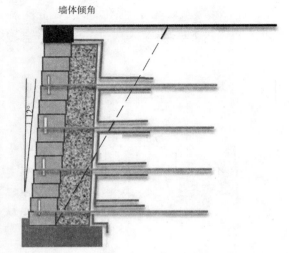

墙体倾角

①在受力合理（重心靠后）
的前提下，能节省更多的
土地资源；
②符合中国的审美观念；
③缓解挡墙面板的鼓胀

合肥四里河

上海定浦河箱式绿化混凝土挡墙

图 5.6-29　化陡为缓示例

（4）化直为曲。

根据岸线距离和长度等岸线条件结合周围地形，把挡土墙化直为曲，突出动态，更加能吸引人的视线，给人以舒美的感觉。流畅的曲线使空间形成明显的视觉中心，更有利于突出主要景物。

化直为曲示例如图 5.6-30 所示。

2）重视挡土墙的材料质感

色调灰暗的河道混凝土挡土墙岸坡，很难让人驻足停留。选用挡土墙材料时，通常应因地制宜，就地取材，尽量选用自然山石，以节省费用。即使采用混凝土材料，也应尽量与周围环境相协调，在景观比较重要的地段建议对其外立面进行贴面或拉毛处理。

（1）不使用贴面挡土墙常用自然石材：块石、片石、条石，勾缝或不勾缝，不修凿。可形成凸凹不同的纹络、形状，不同色彩的石材也可以组合，形成不同的图案。这种挡土墙粗犷夺人，富含野趣，变化无穷。也可用舒布洛克挡墙砖、混凝土预制块等，组合拼接成花墙等。

（2）使用贴面挡土墙：可用自然碎石片、卵石贴面形成图案，组成丰富的色彩、图案、

(a)

(b)

(c)

图 5.6-30 化直为曲示例

光影、质地的界面。也可在混凝土表面采用竹丝划块,水泥拉毛,用干粘石,留木纹,使用
彩粉等使其具有良好的景观效果。

3）化实为虚,弱化挡土墙功能,提升观赏效果

在适宜的位置利用墙体界面做成画廊、宣传栏、广告栏;也可使墙式护岸与自然山石、假山相结合,浑为一体,化实为虚;可利用地势差使墙式护岸与台阶、花坛、座椅相结合,既节省空间、减少费用,又有很强的观赏性和功能性,或采用攀爬或者藤本类植物对墙面遮盖掩映,分散人们对墙体的注意力,使人们对岸墙产生亲切感。

化实为虚示例如图5.6-31所示。

(a)

(b)

图5.6-31　化实为虚示例

第6章　城市河湖防渗设计

6.1　国内河湖防渗发展概况

在新中国成立初期,城市河道治理往往偏重于水利灌溉、排水泄洪,因此这个时期的河道是硬质的、渠化的。在防渗时也是多用黏土、混凝土、三七灰土或者是浆砌石。随着土工合成材料的发展,防渗膜以其防渗效果好、经济和施工方便的优点越来越多地得到应用。

防渗膜是 20 世纪 80 年代兴起的新型合成土工防水材料,是继软 PVC、氯磺化聚乙烯(CSPE)及丁基橡胶等高分子防渗漏材料之后的又一新型优质防水材料。防渗膜的应用开始于 20 世纪 80 年代中期,首先是在渠道防渗方面的应用,接着是 HDPE 防渗膜的出现。较早的防水防渗工程有河南人民胜利渠、陕西人民引渭渠、北京东北旺灌区和山西的几处灌区,使用防渗膜后效果很好,因此以后推广应用到水库、水闸和蓄水池等工程的防渗工程中。现在,防渗膜已经被广泛应用到各大工程的防渗工程中。

20 世纪末,新型防渗材料膨润土防水毯引入国内,并逐渐国产化。其主要应用于市政、公路、铁路、水利、环保及工业与民用建筑中的地下防水施工等各类防渗工程中,先后在上海太平桥人工湖项目、郑州 CBD 中心湖防渗工程、大同文瀛湖水库防渗改造工程等项目中得到运用。2005 年,圆明园防渗方案引发了防渗与生态关系的大讨论以及 2008 年防水毯在北京奥林匹克森林公园龙形水系项目中得到应用后,防水毯开始得到更大的关注。

随着科技和施工技术的进步,我国在垂直防渗技术上也有了很大的突破。近一二十年来,人们在研究渗流理论的同时,根据渗流机制,针对各类防渗工程,不断探索和改进了许多防渗效果优良的垂直防渗新技术、新材料、新工艺,并在国内外广泛应用。

6.2　防渗方案的选择

按防渗型式一般分为水平防渗和垂直防渗,按防渗材料分类主要分为黏土防渗、土工膜防渗、膨润土防水毯防渗、混凝土(或塑性混凝土)防渗墙防渗、水泥土搅拌桩防渗墙防渗、高压喷射灌浆防渗、振动切槽防渗板墙防渗等。下面按照防渗型式逐一进行介绍。

6.2.1　水平防渗

根据所使用的材料,防渗可分为土料(如黏土)防渗、膜料(如土工膜)防渗、膨润土防水毯防渗、混凝土防渗等。本文收集了国内近年来河湖防污的工程实例,以供参考。

6.2.1.1　黏土防渗

黏土防渗可以保持一定的渗透水量,从而有利于维持水质和生态环境,适量的水渗透有助于维持局部的水循环。

优点:(1)黏土对地层的变形适应性好;

(2)利于大型机械作业,施工便利;

(3)不阻隔湖体内外水的交换,有利于植物和生物的生长。

缺点:(1)防渗黏土工程量大,且对土料要求严格,需勘察专门料场,增加了料场的征地费用,使土料满足需求的不确定性增加;

(2)地表取土,破坏植被,影响环境;

(3)土料运输强度大,施工时受征地、土料运输等情况影响较大,施工工期无保证;

(4)增加外运土方量;

(5)施工质量要求高,尤其是填土压实度要求严格。

6.2.1.2 土工膜防渗

土工膜防渗技术是近年来国内外发展起来的一种将新材料、新工艺用于水工建筑物的防渗新技术,截渗性能好。

优点:(1)防渗能力强,质轻、运输便利;

(2)材料来源丰富,造价较低;

(3)施工快捷便利。

缺点:(1)土工膜渗透系数小(1×10^{-11} cm/s 级别),接近于不透水,不利于湖内水体与地下水的交换;

(2)人工材料的大量使用,将可能发生水环境方面的不良影响;

(3)容易破裂,土工膜强度较低,厚度也较薄,因此容易破裂;

(4)容易脆裂,在低温环境下,性能恶化;

(5)易老化,使用寿命短。

6.2.1.3 膨润土防水毯防渗

膨润土防水毯是采用特殊针刺技术,将高钠基膨润土均匀地织在两层土工织物之间,形成的一种毯状防渗材料。由于钠基膨润土遇水有超强的膨胀特性,在自由状态下,遇水膨胀 $15 \sim 17$ 倍,因此在受约束的条件下,膨润土防水毯遇水后可以形成一层无缝的高密度浆状防水层,渗透系数可以达到 1×10^{-10} cm/s,可起到良好的防渗效果。每 5 mm 厚度的 GCL 膨润土防水毯相当于 1 m 厚压实黏土的防渗效果。防水毯还是一种生态环保材料,不含水泥、化学添加剂等对环境有害的物质。膨润土防水毯具有良好的自愈性,可通过膨胀机理自动修复结构细小裂缝。该材料 20 世纪 90 年代进入中国后,已在奥运公园龙形水系、郑州 CBD中心湖等项目中得到了成功应用。

优点:(1)低透水性工程性能较好;

(2)膨润土防水毯核心材料为膨润土,其是由凝灰岩或者火山岩在碱性介质下蚀变而成的,属于天然材料,不存在环保污染问题;

(3)铺设施工比较简单;

(4)有良好的自愈性。

缺点:(1)工程投资高;

(2)接缝位置较多,施工技术要求高。

6.2.1.4 混凝土防渗

混凝土防渗技术国内外发展较早,技术比较成熟。

优点:(1)技术比较成熟,施工简单;

(2)耐久性好。

缺点:(1)施工接缝处理难度大,养护困难,容易出现裂缝;

(2)渗流点不易查找;

(3)对于较大湖面,工程造价高。

混凝土防渗技术近年来在造槽设备和工艺上有新的发展。

6.2.2 垂直防渗

垂直防渗技术的主要目的是阻断或延长渗径。近一二十年来,人们在研究渗流理论的同时,根据渗流机理,针对各类防渗工程,不断探索和改进了许多防渗效果优良的垂直防渗新技术、新材料、新工艺,并在国内外广泛应用。

垂直防渗技术按其作用机理及成墙原理,可分为置换(填充)及灌浆(固结)两大类;按墙体材料可分为刚性和柔性防渗墙。目前比较成熟的置换(填充)技术有射水法、抓斗法、锯槽法(链锯法)及板桩灌注法。比较成熟的灌浆(固结)技术有深层搅拌工法(单头或多小头直径)、高压喷射技术、土砂固结技术、劈裂灌浆技术及 TRD 工法和 SWM 工法。下面介绍几种常用的技术方法。

6.2.2.1 高压喷射灌浆技术

高压喷射注浆法始创于日本,它是在化学注浆法的基础上,采用高压水射流搅动和冲切原状地层,将水泥浆冲灌其中,使水泥浆与地层物质混合形成具有一定强度的固结体,从而达到防渗的目的。在喷射的过程中,喷嘴旋状角度大于180°,称为旋喷;小于30°,称为摆喷;定向喷射,称为定喷。

适用范围:适用于处理淤泥、淤泥质土、黏性土(流塑、软塑和可塑)、粉土、沙土、黄土、素填土和碎石土等地基。对土中含有较多的大直径块石、大量植物根茎和高含量的有机质,以及地下水流速较大的工程,需通过现场试验,取得处理效果后,再决定是否采用旋喷法。旋喷注浆法处理深度较大,我国目前处理深度已达 30 m 以上。

优点:该技术具有一定的地层适应性,且施工速度快,施工现场容易布置,临时工程费低,施工振动小、噪声低,特别是对于处理地下障碍物较多的地层,与其他技术相比更有其优势。

缺点:一般高压喷射高压区的有效半径不大于 0.5 m,0.5 m 以外为高喷扩散区,两区域材料差异较大。如果减小孔距,将明显增加工程投资。根据山东省高喷技术的实践,该项技术受土料岩性、施工工艺等条件的影响较大,孔与孔之间结合紧密与否不易检查,单孔斜度不易控制,处理效果往往不理想。平原水库坝基下伏主要为沙壤土、粉土、粉砂、裂隙黏土、淤泥质壤土、壤土夹姜石等,吃浆量较大,每平方米单价 280 元,工程总造价较高。

6.2.2.2 混凝土防渗墙

混凝土防渗墙的施工技术与工艺起源于 20 世纪 50 年代的意大利,后来一些国家相继采用。中国于 1958 年开始研究出一整套混凝土防渗墙施工技术与工艺。在各类复杂地层中,如纯砂层、淤泥层、密集孤石层、水下抛填未经压实的砂砾石层,均成功地建成了混凝土防渗墙。

混凝土防渗墙根据成槽工艺不同,又可分为射水法、锯槽法、液压抓斗法等。射水成墙技术主要是利用高压泵通过成槽底部和周围的喷嘴形成高速水泥浆射流切割和破坏原地层的砂、土、卵石等结构,并通过成槽器上下往复的冲击运动切割修整槽孔孔壁,使之形成具有一定形状和规格的槽孔。孔内的沉渣和水土混合物通过泥浆泵反循环吸出孔外,然后在槽孔内利用导管进行水下混凝土的浇筑,形成完整的混凝土防渗墙,最小墙厚一般大于 22 cm。液压抓斗成墙是在泥浆固壁的条件下,利用薄型抓斗机械在地层中抓孔成槽到设计深度,然后进行水下塑性混凝土浇筑到设计高程,形成一个单元墙段,各单元墙之间采用套管接头连接。目前,使用液压抓斗配合冲击钻建造薄防渗墙技术深度可达 30 余 m。

适用范围:适用于任何复杂的土质地层。包括坚硬的花岗岩、软土层以及漂石层等。

优点:(1)对周围环境所产生的噪声和污染影响比较小,甚至可以忽略。

(2)可以适用于任何地层结构。

(3)墙体深度和厚度可以得到较好的控制。

(4)墙体连续性好,防渗效果好。

缺点:(1)需要利用较多的临时设施以及有较大的施工作业面。

(2)施工工序多,施工难度大,施工过程风险较高。

(3)施工中,对槽孔稳定性要求较高,墙底端易出现粗颗粒落淤,影响墙体与相对不透水层的衔接可靠性,增加局部透水性。

(4)工程总造价较高。

6.2.2.3 水泥土搅拌法

水泥土搅拌法是利用水泥等材料作为固化剂,通过特制的搅拌机械,就地将软土和固化剂(浆液或粉体)强制搅拌,使软土硬结成具有整体性、水稳性和一定强度的水泥加固土,从而提高地基土强度和增大变形模量。根据固化剂掺入状态的不同,它可分为浆液搅拌和粉体喷射搅拌两种。前者是用浆液和地基土搅拌,后者是用粉体和地基土搅拌。

适用范围:适用于处理正常固结的淤泥、淤泥质土、素填土、黏性土(软塑、可塑)、粉土(稍密、中密)、粉细砂(松散、中密)、中粗砂(松散、稍密)、饱和黄土等土层。不适用于含大孤石或障碍物较多且不易清除的杂填土、欠固结的淤泥和淤泥质土、硬塑及坚硬的黏性土、密实的砂类土,以及地下水渗流影响成桩质量的土层。当地基土的天然含水量小于30%(黄土含水量小于 25%)时,不宜采用粉体搅拌法。冬季施工时,应考虑负温对处理地基效果的影响。一般处理深度不超过 20 m。

优点:(1)最大限度地利用了原土;

(2)搅拌时无振动、噪声和污染;

(3)对周围原有建筑物及地下沟管影响很小;

(4)施工工期短、造价低廉、实用可靠。

缺点:(1)在实际工程中,地基多数是由几种土质组合而成的多元结构,由单一土质构成的地基条件则很少,理论上对不同的土层应选择不同的施工参数,而实际施工时,由于单元墙体的成墙时间很短,而且是搅拌下沉或搅拌提升和喷浆是一气呵成的,使用不同施工参数进行施工难以实现。施工参数选择和施工过程控制如何适应地层的问题有待进一步研究解决。

（2）设备定位的垂直度控制主要靠人为调控,既麻烦,精度也不高。

（3）目前搅拌桩防渗墙的检测手段还不成熟,特别是单元墙体间的搭接质量还没有较好的检测方法,搭接处是否存在开叉现象也无法探明。

6.2.2.4 振动切槽防渗板墙

振动切槽防渗板墙法为一种介入式垂直防渗方法。墙体材料为常规的塑性水泥砂浆。振动切槽成墙技术是从国外引进开发的一种新型、成熟的防渗技术,已在长江、赣江、松花江、黄河堤防加固等多项工程中使用。成墙机理是:利用大功率振动器将振管下端的切头振动挤入地层,在挤入和提升切头的同时,水泥砂浆从其底部喷出并形成浆槽,后续施工利用切头副刀在相邻已成浆槽内振动搅拌和导向,从而建成连续完整的板墙。

适用范围:可适用于砂、砂性土、黏性土、淤泥质土和含小卵石的砂卵石层等。成墙深度为 20 m。

优点:（1）防渗板墙垂直连续,墙面平整,无接缝、缩板、断板缺陷,完整性良好,防渗效果好。

（2）成槽与成墙同时完成,墙底不产生落淤,与相对不透水层结合性能良好。

（3）成墙材料常规、可控,墙体抗压强度、渗透系数等项物理力学指标可根据设计要求调整浆料配比;板墙厚度均匀,目前可达到 10 ~ 25 cm。

（4）对地层有挤密作用,对裂隙有附加灌浆作用。

（5）施工效率高（单套设备日均完成约 500 m²）。

缺点:（1）工程造价较高;

（2）振动作用容易引起土壤液化,产生塌孔;

（3）对大的卵石、块石地层沉入困难;

（4）不能沉入基岩,深度受限制。

6.2.3　选择防渗技术措施应考虑的因素

我国幅员广大,河湖防渗结构种类很多,各地应根据具体条件因地制宜选择。前述各种防渗结构的主要技术指标及适用条件,在选择防渗结构时可以参考。河湖防渗工程所需材料量大,因此应就地取材。所选用的防渗结构,要求达到:防渗效果好,最大渗漏量能满足工程要求;经久耐用,使用寿命较长;施工简易,质量容易保证;管理维修方便,价格合理。除此之外,设计时尚应综合考虑当地的气候条件、地形地质条件、防渗材料来源等影响因素。

6.3　河湖防渗工程实例表

河湖防渗工程实例表如表 6.3-1 所示。

表 6.3-1 河湖防渗工程实例表

序号	项目名称	工程地点	建设单位	建成时间（年-月）	工程规模	地质条件	防渗方式	防渗材料
1	大庆市让胡路区燕都湖环境综合整治工程	黑龙江大庆市让胡路区东侧		2009	0.35 km²		湖区防渗	防渗膜
2	石家庄滹沱河综合整治工程	滹沱河综合整治工程位于河北省，西起黄壁庄水库，东至襄城晋州交界，全长 70 km	石家庄市水利局	2009	100 万 m²	滹沱河河漫滩地带地质类型属河漫滩侵蚀堆积土。岩性以粉细砂为主，局部夹有中粗砂。土体结构松散，地壳稳定性较差，易造成不均匀地面沉陷和地面裂缝。土壤发育在冲积母质上，类型为褐土、新积土、风沙土、潮土、水稻土。地形地貌特征明显，河谷宽阔，河曲发育，多浅滩	河道防渗（20 cm 壤土 + 防水毯 + 30 cm 壤土 + 2.2 m 厚的沙子）	防水毯
3	大兴滨河森林公园 1 标、4 标	北京市大兴新城西区预留片区之核心区之间，北起清源西路，南至黄良路，西为规划的芦东路，东边紧邻小龙河	大兴新城滨河森林公园项目建设办	2011	11 万 m²/12 万 m²		湖区防渗	防水毯

序号	项目名称	工程地点	建设单位	建成时间（年-月）	工程规模	地质条件	防渗方式	防渗材料
4	大同文瀛湖水库防渗改造工程	山西省大同市以东 5 km 处的石家寨村北	文瀛湖水库防渗加固工程建设项目部	2010	80 万 m²	砂砾土为主，渗透系数大	库区防渗	防水毯
5	大同御河河道治理工程	山西大同市御河城区	大同市御河治理工程建设项目部	2010	10 万 m²		河道防渗	防水毯
6	大城白马河改造建设工程	河北霸州市大城县白马河	大城县国有资产运营有限公司	2011	12.5 万 m² / 11 万 m²		河道防渗	防水毯（刘房子）
7	天津文化中心绿化景观工程	天津市文化中心	天津市环境建设投资有限公司	2012	10 万 m²		湖区防渗	防水毯（刘房子）
8	胶南市河道环境综合整治（相公山河、峰山河治理）工程	青岛市相公山河、峰山河	胶南市市政公用事业管理处	在建	12.5 万 m²		河道防渗	防水毯

续表 6.3-1

序号	项目名称	工程地点	建设单位	建成时间（年-月）	工程规模	地质条件	防渗方式	防渗材料
9	北京奥林匹克森林公园龙形水系项目	北京市北四环中路的北部		2008	18 万 m²		湖区防渗	防水毯
10	迁安三里河河道工程	河北省迁安市东部的河东区三里河沿岸	迁安市城市建设投资发展有限公司	2008	135 hm²		河道防渗	防水毯
11	上海太平桥人工湖项目	上海市卢湾区太平桥人工湖公园		1997	2 万 m²		湖区防渗	膨润土防水毯
12	常州高铁屋北侧公园工程	位于常州市新北区新桥镇,沪宁高速公路北侧、长江路西侧、常新路东侧,辽河路南侧	常州照壮丹建设投资有限公司	2012-08	12 万 m²		湖区防渗	防水毯
13	小窑湾人工湖护岸工程	大连小窑湾规划区	上海三航奔腾建设工程有限公司					

· 148 ·

序号	项目名称	工程地点	建设单位	建成时间（年-月）	工程规模	地质条件	防渗方式	防渗材料
14	丁香湖	沈阳市西北部于洪区		2007-08		砂砾石	湖底防渗	复合土工膜
15	上海金地格林风范城人工湖	上海市嘉定区						膨润土防水毯
16	白城市人工湖	吉林省白城市吉鹤灵苑的东侧					湖底防渗	复合土工膜
17	大凌河人工湖	辽宁省朝阳市						复合土工膜
18	咸阳湖	陕西省咸阳市						复合土工膜
19	鄂伦春自治旗嘎仙湖	阿里河镇西北端			5.5 万 m²			膨润土防水毯
20	惠州富力温泉酒店人工湖	惠州市惠城区					湖底防渗	膨润土防水毯
21	深圳世界大运中心湖	深圳市龙岗中心城的西区			10 万 m²			膨润土防水毯

续表 6.3-1

序号	项目名称	工程地点	建设单位	建成时间（年-月）	工程规模	地质条件	防渗方式	防渗材料
22	蟠龙山水人工湖	济南市历城区						复合土工膜
23	十家子河 3# 人工湖工程	辽宁省朝阳市			2011-10	3#橡胶坝坝长 165 m，橡胶坝工程为 4 等，回水长度距坝址以上 700 m	以黏土、粉土、砂砾石为主	湖区防渗	复合土工膜
24	乐亭古滦河湿地公园人工湖	乐亭县城东北部				古滦河湿地公园位于乐亭县城东北部，占地面积 147.04 hm²。湿地公园包括人工湖、堆山等主体景观设施。人工湖规划水域面积 32 hm²，人工湖自长河引水经蓄存，供景观用水后再流入长河。人工湖设计蓄水位为 7.8 m(相对高程)	透水性较强的粉细砂	湖区防渗	钠基膨润土防水毯
25	福州档案馆新馆人工湖	福州市				工程总建筑面积约 40 810 m²，档案馆前设有一个施工面积约为 3 000 m² 的人工景观湖		湖区防渗	膨润土防水毯

序号	项目名称	工程地点	建设单位	建成时间（年-月）	工程规模	地质条件	防渗方式	防渗材料
26	东方不夜城人工湖	北京市昌平县	北京市第一水利工程处		东方不夜城园区中部的人工湖工程位于北京市昌平县南口镇红泥沟村南部，呈东西走向，有六个湖区和一处人造沙滩，由五道海浪墙隔开，湖底呈阶梯状，湖区总面积 30 543 m²。另外，还有岸墙背后、船形公寓外墙及挡柱等部位防水工程，共计防渗设计面积 35 000 多 m²，按照甲方原设计工程造价为 570 万元左右，工程直接成本造价在 350 万元以上	砂卵石地基	湖区防渗	土工膜防渗
27	青城公园人工湖	内蒙古呼和浩特市		2008-09	公园 7 个湖都进行了防渗处理，完成防渗面积 12.4 万 m²，回填土方 5 万 m³，湖岸硬化铺装 6 800 m²，绿化 1.3 万 m²	湖水渗漏严重	湖区防渗	复合土工膜
28	大凌河朝阳城区段人工湖	辽宁省朝阳市		2005-06	河床上建三座橡胶坝，坝长均为 400 m，上游两座坝高 2.50 m，下游一座高 2.2 m，湖形成长 5 100 m，面积 206.06 hm² 的水面	粉土夹粉质黏土、中砂及细砂	湖区防渗	复合土工膜

续表 6.3-1

序号	项目名称	工程地点	建设单位	建成时间（年-月）	工程规模	地质条件	防渗方式	防渗材料
29	白洋淀华润集团培训中心人工湖	河北省雄县	铁道第三勘察设计院机械环工处		白洋淀华润集团培训中心位于河北省雄县城开发区东北侧，培训中心新建人工湖面积约1.8万 m²，与既有 2 个人工湖连成一体，整个人工湖总面积约 8 万 m²	素填土、粉质黏土、粉土	湖区防渗	高密度聚乙烯（HDPE）衬膜
30	太原市森林公园人工湖	太原市		2001-09	人工湖占地面积约 21 hm²，其水源利用汾河一坝东干渠引用汾河水源，湖水体按照总体规划的要求，与太原市的城市水系连通	公园内的土壤为汾河古河道沉积的黄土，大部分在 0.6 m 以下方为粉砂层	湖区防渗	聚乙烯膜料防渗
31	某高校人工湖	甘肃		2007	在某高校校园园区内，建造约 10 000 m² 的人工湖，湖体深 1.3 m，蓄水深度 1 m，湖底与湖壁主要以毛石不规则砌筑，湖壁垂直，湖中设有一个中心岛，一座石桥，设进水口和出水口各一处	湿陷性黄土	湖区防渗	从下到上依次为：素土翻夯 1 m，1.3 m 垫层 37 灰土保护层，C25 混凝土护层+双层0.5 黏土+双层土工膜+1.3 m 厚 37 灰土+1 m 厚素土翻夯两道，0.5 m 厚普通黏土，C25混凝土防护层

序号	项目名称	工程地点	建设单位	建成时间（年-月）	工程规模	地质条件	防渗方式	防渗材料
32	福建省龙岩市龙潭湖	福建省龙岩市	龙岩市新罗区水利水电技术工作队		龙潭湖是由建坝形成的一个人工湖，为省级风景旅游区龙峤洞的配套工程。坝址以上流域面积 1.5 km²，主要建筑物有拱坝及重力坝连接段、库周围挡土墙及亭台曲径等。挡水坝最大坝高 13.5 m，坝顶长 101.00 m，正常蓄水位 72.0 m	喀斯特岩溶发育地区	库底铺设土工膜	土工膜＋浆砌石挡土墙＋局部混凝土盖板
33	CBD 中心湖	郑东新区	郑东新区管委会	2005	10.5 万 m²	沙壤土、壤土	全部防渗	膨润土防水毯
34	郑州龙湖工程	郑东新区	郑东新区管委会	在建	608 万 m²	沙壤土、粉砂、中粗砂，下部连续壤土层	全部防渗	塑性混凝土防渗墙与壤土铺设结合
35	郑州绿博园枫湖	郑东新区		2009	17.5 万 m²	砂、沙壤土	全部防渗	0.6 m 厚黏土
36	乌海市卡布其沟一期	内蒙古乌海市		2011	40 万 m²	粉细砂、沙砾石	全部防渗	HDPE 土工膜
37	鸢都湖	山东潍坊		2000	56 万 m²	含砾沙层、亚黏土	全部防渗	底部黏土，上部黏土、土工膜

续表 6.3-1

序号	项目名称	工程地点	建设单位	建成时间（年-月）	工程规模	地质条件	防渗方式	防渗材料
38	北京芦沟晓月湖	北京		2001	30 万 m²	沙砾石	全部防渗	LDPE 土工膜
39	沈阳青年湖	沈阳		2002	9.8 万 m²	中、粗砂	全部防渗	两布一膜
40	圆明园	北京		2005	140 万 m²			原设计为土工膜，施工时改为黏土
41	济南西区景观湖	济南		2006	110 万 m²	沙砾石为主，夹粉质黏土、细沙		底部工防膜，上部防水毯
42	奥运公园龙形水系	北京		2007	16.5 万 m²	砂性土	全部防渗	膨润土防水毯上覆0.3 m 保护层及 0.4 m 种植土
43	康寿公司矿坑防护项目	美国宾夕法尼亚西南部		2009		透水性土层	矿区防渗	防水毯
44	赤道几内亚国家森林公园	赤道几内亚		在建	13.8 万 m²		湖区防渗	防水毯

6.4 渗流计算

6.4.1 达西定律简述

6.4.1.1 达西定律

法国水利工程师达西(H. Darcy)在 1852～1855 年进行了大量试验,于 1856 年总结得出渗流水头损失与渗流流速、流量之间的基本关系式,称为达西定律,其表达式为

$$v = kJ \tag{6.4-1}$$

或

$$Q = k\omega J \tag{6.4-2}$$

$$J = -\frac{\mathrm{d}H}{\mathrm{d}l} \tag{6.4-3}$$

式中 J——渗流坡降,即渗流水头 H 沿流程 l 的下降率;

k——土的渗流系数,具有流速的量纲,反映土体的渗流性能,其数值需要通过现场或室内试验进行测定,在初步估算时,可以参考采用与土层相关的经验值;

ω——渗流过水断面面积,包括土粒和空隙所占面积。

由 ω 可知,渗流流速 v 是小于实际渗流速度 v' 的,两者之间的关系为

$$v' = v\frac{\omega}{\omega - \omega'}$$

其中,ω' 为过水断面面积 ω 范围内土体颗粒所占的断面面积。

达西定律表明渗流流速与渗流坡降成正比,故又称为渗流的线性定律。达西定律是从均质砂土的恒定均匀渗流试验中总结得到的,经过后来的大量实践和研究,认为可将其推广应用到其他空隙介质的非恒定渗流、非均匀渗流等渗流运动中。渗流的流态也有层流与紊流之别,线性定律只适用于层流渗流运动。在水工实践中,规定达西定律应用范围的临界流速 v_k 的经验公式为

$$v_k = \frac{(0.75n + 0.23)Nv}{d} \tag{6.4-4}$$

式中 n——土的孔隙率,即空隙的体积与土体所占总体积的比值;

v——水的运动黏滞系数;

d——土的粒径;

N——常数,为 7～9。

实践证明,大部分的渗流问题都在达西定律的适用范围之内。

6.4.1.2 渗流系数

渗流系数 k 是综合反映土壤透水能力大小的系数,与土壤及液体的性质有关,例如与土壤颗粒的级配、形状、分布以及液体的黏度、密度等有关。k 值对于渗流的计算有着十分重要的意义,一般可用下述方法来确定。

1. 实验室测定法

在天然土壤中取土样,使用达西试验装置,测定水头损失 dH 与渗流量 Q,用公式可

求得 k 值。由于被测定的土样只是天然土壤中的一小块,而且取样和运送时还可能破坏原土壤的结构,因此取土样时应尽量保持原土壤的结构,并取足够数量的具有代表性的土样进行测定,才能得到较为可靠的 k 值。

2. 现场测定法

一般是在现场钻井或挖坑,往其中注水或从中抽水,在注水或抽水的过程中,测得流量 Q 及水头 H 值,然后应用有关公式计算渗流系数值。此法虽不如实验室测定简单易行,但却可使土壤结构保持原状,使测得的 k 值更接近真实值。这是测定 k 值的最有效的方法,但此法规模较大,费用多,一般只在重要工程中应用。

3. 经验公式图表法

经验公式图表法根据土壤颗粒的大小、形状、结构、孔隙率和温度等参数所组成的经验公式来估算渗流系数 k 值。这类公式很多,各有其局限性,只能作粗略估算。

6.4.2 河湖渗流计算

城市生态水利工程中河湖边坡一般较缓,一般均能满足渗流稳定要求,渗流稳定主要关注渗流出口水力坡降是否满足规范要求,是否发生渗透破坏,渗流稳定分析以达西定律为基础,把其视为一元流,采用流速理论的分析法。目前开发有很多渗流计算程序,可以很方便地进行计算。由于水资源的日益紧张,城市河湖渗流计算主要关注的是河湖的渗漏量计算。

河湖渗流计算可以分为带堤防河湖渗流计算和无堤防河湖渗流计算分别进行考虑。

6.4.2.1 带堤防河湖渗流计算

堤防的渗流计算根据堤基是否透水、堤防填土形式和堤外侧是否有排水设施分别有其计算公式。此处仅考虑最常见的不透水堤基均质土堤渗流计算,其他情况的渗流计算见堤防设计规范及有关资料。

带堤防河湖渗流计算图如图 6.4-1 所示。

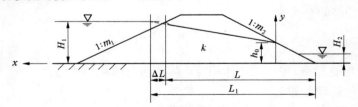

图 6.4-1　带堤防河湖渗流计算图

$$\frac{q}{k} = \frac{H_1^2 - h_0^2}{2(L_1 - m_2 h_0)} \tag{6.4-5}$$

$$\frac{q}{k} = \frac{h_0 - H_2}{m_2 + 0.5}\left[1 + \frac{H_2}{h_0 - H_2 + \frac{m_2 H_2}{2(m_2 + 0.5)^2}}\right] \tag{6.4-6}$$

$$L_1 = L + \Delta L \tag{6.4-7}$$

$$\Delta L = \frac{m_1}{2m_1 + 1}H_1 \tag{6.4-8}$$

$$y = \sqrt{h_0^2 + 2\frac{q}{k}x} \tag{6.4-9}$$

式中 q——单位宽度渗流量;

　　k——堤身渗透系数;

　　H_1——堤内侧水位;

　　H_2——堤外侧水位;

　　h_0——堤外侧出逸点高度;

　　m_1——内侧坡坡度;

　　m_2——外侧坡坡度;

　　L——堤内侧水位与内侧堤坡交点距外侧堤脚的水平距离;

　　ΔL——堤内侧水位与堤身浸润延长线交点距堤内侧水位与内侧堤坡交点的水平距离;

　　L_1——渗流总长度;

　　y——浸润线上任意一点距外侧堤脚的垂直高度;

　　x——浸润线上任意一点距出逸点的水平距离。

6.4.2.2 无堤防河湖渗流计算

无堤防河湖的特点就是背水侧并没有明显的边界,渗径长度难于确定。目前并无资料对无堤防河湖渗流计算进行介绍。作者根据自己在城市生态水利工程设计中多年的经验,由达西定律推导出来的公式进行渗流计算,可以用于此类河湖渗流的初步估算。

无堤防河湖渗流计算图如图6.4-2所示。选取河湖四周为均质各向同性土体进行渗流计算,其计算公式如下:

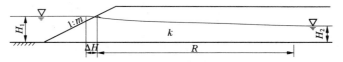

图6.4-2　无堤防河湖渗流计算图

$$q = \frac{(H_2^2 - H_1^2)k}{2(\Delta L + R)} \tag{6.4-10}$$

式中 R——影响渗径,m;

　　k——渗透系数,m/s。

影响渗径是指河湖水位对周边地下水的天然水面线的影响长度。目前并无资料对其进行详细的研究,它主要与土壤的渗透性能有关,需要用试验方法或野外实测方法来确定。在没有试验或实测参数情况下,作者认为河湖渗流的影响渗径可以参照无压井渗流影响半径计算方法来估算,影响渗径的确定可以采用以下经验公式:

$$R = 3000s\sqrt{k} \tag{6.4-11}$$

式中 s——河湖水位与地下水的水位差,$s = H_1 - H_2$,m;

k——渗透系数,m/s。

在粗略估算时,影响渗径可以在下列范围内取用,细粒土 $R = 100 \sim 200$ m,中粒土 $R = 250 \sim 500$ m,粗粒土 $R = 700 \sim 1~000$ m。

目前已有二维渗流计算程序,其重点关注的是堤防渗透稳定,即出逸点的渗透比降问题,由于堤防的存在,出逸点的范围比较好确定,因此计算相对准确。而对无堤防的河湖渗流,一般不存在渗透破坏问题,往往关注的重点是渗漏量问题,渗流影响半径的选取对渗流量的计算结果影响很大,这也是困扰很多计算者的问题。式(6.4-11)可以初步解决这一问题,并与实际相接近。

6.4.3 渗流场基本微分方程及有限元渗流分析原理

前面以达西定律为基础,采用流束理论的分析法,讨论了渗流的有关水力计算问题,实践证明,许多实际工程中的渗流,不能简单地视为一元流,需要涉及渗流场的求解实际工程渗流问题。结合城市河湖渗流的特征,可以把土体按等效连续各向异性介质来进行处理。土体中水流流速一般不大,因此可以认为地下水运动服从不可压缩流体的饱和稳定达西渗流规律。下面给出等效连续各向异性介质模型的渗流有限元基本格式。

6.4.3.1 渗流场基本微分方程

根据水流连续性方程,稳定渗流场的基本微分方程可表示为

$$\frac{\partial}{\partial x}\left(k_x \frac{\partial H}{\partial x}\right) + \frac{\partial}{\partial y}\left(k_y \frac{\partial H}{\partial y}\right) + \frac{\partial}{\partial z}\left(k_z \frac{\partial H}{\partial z}\right) + \omega = 0 \qquad (6.4\text{-}12)$$

对于稳定渗流,水头函数满足拉普拉斯方程,通过求解拉普拉斯方程(在一定的边界条件下)即可求解渗流场。

利用微分方程解渗流场的方法大致可分为以下四种类型。

(1)解析法。即根据微分方程,结合具体边界条件以解析法求得水头函数 H 的解析解,从而得到流速和压强场的分布函数。但由于实际渗流问题的复杂性,用解析法能求的问题是很有限的。

(2)图解法。图解法是一种近似方法,它用逐步近似办法绘出流场的流网,从而求解平面渗流问题。对于一般工程问题,图解法可以给出较为满意的结果,因此应用较为普遍。

(3)试验法。即采用一定比例的模型来模拟真实的渗流场,用试验手段测定流场中的渗流要素。试验法一般有沙槽模型法、狭缝槽法、电比拟法。其中电比拟法应用较为广泛。

(4)数值解法。即用近似解求得有关渗流要素在场内若干点上的数值。随着电子计算机的发展,数值解法的应用越来越广泛,精度也越来越高。常用的数值解法为有限差分法和有限元法。本书主要介绍有限元渗流计算分析原理。

基本微分方程的定解条件仅含边界条件,常见的边界条件有如下几类:

第一类边界条件(Dirichlet 条件):当渗流区域的某一部分边界(比如 $S1$)上的水头已知,法向流速未知时,其边界条件可以表述为

$$H(x,y,z)\big|_{S1} = \varphi(x,y,z) \qquad (x,y,z) \in S1 \qquad (6.4\text{-}13)$$

第二类边界条件(Neumann 条件):当渗流区域的某一部分边界(比如 $S2$)上的水头未知,法向流速已知时,其边界条件可以表述为

$$k \frac{\partial H}{\partial n}\bigg|_{S2} = q(x, y, z) \qquad (x, y, z) \in S2 \qquad (6.4\text{-}14)$$

式中　S——具有给定流量的边界段;

　　　n——$S2$ 的外法线方向;

　　　k——n 方向的渗透系数。

无压渗流自由面的边界条件可以表述为

$$\begin{cases} \dfrac{\partial H}{\partial n} = 0 \\ H(x, y, z)\big|_{S3} = Z(x, y) \quad (x, y, z) \in S3 \end{cases} \qquad (6.4\text{-}15)$$

溢出面的边界条件为

$$\begin{cases} \dfrac{\partial H}{\partial n} < 0 \\ H(x, y, z)\big|_{S4} = Z(x, y) \quad (x, y, z) \in S4 \end{cases} \qquad (6.4\text{-}16)$$

6.4.3.2　渗流有限元分析的基本方程

当坐标轴方向与渗透主轴方向一致时,根据变分原理,三维渗流定解问题等价于求能量泛函的极值问题,即:

$$I(H) = \iiint\limits_{\Omega} \frac{1}{2}\left[k_x\left(\frac{\partial H}{\partial x}\right)^2 + k_y\left(\frac{\partial H}{\partial y}\right)^2 + k_z\left(\frac{\partial H}{\partial z}\right)^2 \right] \mathrm{d}x\mathrm{d}y\mathrm{d}z - \iint\limits_{S2} qH\mathrm{d}s \Rightarrow \min$$

$$(6.4\text{-}17)$$

研究区域的水文地质结构,进行渗流场离散化,即:

$$\Omega = \sum_{i=1}^{m} \Omega_i \qquad (6.4\text{-}18)$$

某单元的水头插值函数可表示为

$$h(x, y, z) = \sum_{i=1}^{8} N_i(\xi, \eta, \zeta) H_i \qquad (6.4\text{-}19)$$

式中　$N_i(\xi, \eta, \zeta)$——单元的形函数;

　　　H_i——单元节点水头值;

　　　ξ, η, ζ——基本单元的局部坐标。

对式(6.4-19)取其变分等于零,并对各子区域迭加,可得到求解渗流场的有限元基本格式:

$$[K]\{H\} = \{F\}$$

式中　$[K]$——整体渗透矩阵;

　　　$\{H\}$——节点水头列阵。

当渗透主轴与坐标轴不一致时,设三维整体坐标系的 X 轴与工程区正北方向的夹角为 θ,三个主渗透系数 x_k、y_k、z_k 的方位角 α_i(与正北方向的夹角,规定以逆时针为正),倾角为 β_i(规定与水平面的夹角为倾角,倾向上为正),则三个主渗透系数方位角 α_i 在三维

整体坐标下与 X 轴的夹角为 $\alpha_i - \theta$，因此三个主渗流方向的局部坐标 (u,v,w) 与整体坐标 (x,y,z) 的关系可以表示为

$$(x,y,z)^{\mathrm{T}} = R\{u,v,w\}^{\mathrm{T}} \tag{6.4-20}$$

其中

$$R = \begin{bmatrix} \dfrac{\partial x}{\partial u} & \dfrac{\partial y}{\partial u} & \dfrac{\partial z}{\partial u} \\[2mm] \dfrac{\partial x}{\partial v} & \dfrac{\partial y}{\partial v} & \dfrac{\partial z}{\partial v} \\[2mm] \dfrac{\partial x}{\partial w} & \dfrac{\partial y}{\partial w} & \dfrac{\partial z}{\partial w} \end{bmatrix} = \begin{bmatrix} \cos(\alpha_1 - \theta)\cos\beta_1 & \cos(\alpha_2 - \theta)\cos\beta_2 & \cos(\alpha_3 - \theta)\cos\beta_3 \\ \sin(\alpha_1 - \theta)\cos\beta_1 & \sin(\alpha_2 - \theta)\cos\beta_2 & \sin(\alpha_3 - \theta)\cos\beta_3 \\ \sin\beta_1 & \sin\beta_2 & \sin\beta_3 \end{bmatrix}$$

根据复合函数求导原理，在局部坐标系下有限单元的几何矩阵为

$$[B'] = [R][B]$$

则单元的渗透矩阵元素修改为

$$k_{ij}^e = \iiint\limits_{\Omega_i} [B'_i]^{\mathrm{T}}[M][B'_j]\mathrm{d}x\mathrm{d}y\mathrm{d}z = \iiint\limits_{\Omega_i} [B_i]^{\mathrm{T}}[R]^{\mathrm{T}}[M][R][B_j]\mathrm{d}x\mathrm{d}y\mathrm{d}z$$

$$[M] = \begin{bmatrix} k_x & 0 & 0 \\ 0 & k_y & 0 \\ 0 & 0 & k_z \end{bmatrix}$$

6.4.3.3 渗流量的计算

渗流量是指通过某一指定过水断面的流量。若指定过水断面由一系列平面单元组成，则通过该过水断面的流量为

$$q = \sum \iint\limits_{\Delta} K\frac{\partial H}{\partial n}\mathrm{d}S_n \tag{6.4-21}$$

式中　Δ——给定平面；

　　　K——给定平面外法向渗透系数；

　　　$\dfrac{\partial H}{\partial n}$——水头坡降。

对四面体单元而言，指定过水断面一般取在各四面体单元的中断面，即通过四面体三棱边的中点，也即通过单元形心。对六面体等参单元计算流量时，也取为中断面。

对等参单元计算流量时，变换为对局部坐标的求导和积分。由坐标变换，得到相应的面积积分为

$$\mathrm{d}S_n = \sqrt{J_1^2 + J_2^2 + J_3^2}\,\mathrm{d}\eta\mathrm{d}\zeta$$

$$\cos(n,x) = \frac{J_1}{\sqrt{J_1^2 + J_2^2 + J_3^2}}$$

$$\cos(n,y) = \frac{J_2}{\sqrt{J_1^2 + J_2^2 + J_3^2}}$$

$$\cos(n,z) = \frac{J_3}{\sqrt{J_1^2 + J_2^2 + J_3^2}}$$

其中

$$J_1 = \begin{vmatrix} \dfrac{\partial y}{\partial \eta} & \dfrac{\partial z}{\partial \eta} \\ \dfrac{\partial y}{\partial \zeta} & \dfrac{\partial z}{\partial \zeta} \end{vmatrix}, \quad J_2 = \begin{vmatrix} \dfrac{\partial z}{\partial \eta} & \dfrac{\partial x}{\partial \eta} \\ \dfrac{\partial z}{\partial \zeta} & \dfrac{\partial x}{\partial \zeta} \end{vmatrix}, \quad J_3 = \begin{vmatrix} \dfrac{\partial x}{\partial \eta} & \dfrac{\partial y}{\partial \eta} \\ \dfrac{\partial x}{\partial \zeta} & \dfrac{\partial y}{\partial \zeta} \end{vmatrix}$$

通过过水断面的流量公式则改写为

$$q_e = -\int_{-1}^{1}\int_{-1}^{1} q(\eta, \zeta) \mathrm{d}\eta \, \mathrm{d}\zeta = -\int_{-1}^{1}\int_{-1}^{1} \begin{bmatrix} h_1 & \cdots & h_m \end{bmatrix} \begin{bmatrix} \dfrac{\partial N_1}{\partial \xi} & \dfrac{\partial N_1}{\partial \eta} & \dfrac{\partial N_1}{\partial \zeta} \\ \dfrac{\partial N_2}{\partial \xi} & \dfrac{\partial N_2}{\partial \eta} & \dfrac{\partial N_2}{\partial \zeta} \\ \vdots & \vdots & \vdots \\ \dfrac{\partial N_m}{\partial \xi} & \dfrac{\partial N_m}{\partial \eta} & \dfrac{\partial N_m}{\partial \zeta} \end{bmatrix} [J^{-1}]^{\mathrm{T}} \begin{bmatrix} K_x J_1 \\ K_y J_2 \\ K_z J_3 \end{bmatrix} \mathrm{d}\eta \, \mathrm{d}\zeta \quad (6.4\text{-}22)$$

利用高斯积分式进行数值积分,则式(6.4-22)变为

$$q_e = \sum_{i=1}^{n} \sum_{i=1}^{n} q(\eta_i, \zeta_i) H_i H_j \quad (6.4\text{-}23)$$

式中　$q(\eta_i, \zeta_i)$——被积函数;

　　　n——积分点数;

　　　H_i——加权系数。

6.4.4　地下水数值模拟及常用软件简介

6.4.4.1　渗流数值模拟

数值模拟也叫计算机模拟,它以电子计算机为手段,通过数值计算和图像显示的方法,达到对工程问题和物理问题乃至自然界各类问题研究的目的。地下水数值模拟的基本目的是预测地下水和河湖渗流未来动态,为水质和水量的评价提供理论依据。数值模拟的任务是模拟地下水的流向及地下水水头与时间的关系。模型设计流程如图6.4-3所示。

地下水数值模拟一般分为以下步骤。

1. 建立概念模型

根据详细的地形地貌、地质、水文地质、构造地质、水文地球化学、岩石矿物、水文、气象等,确定所模拟的区域大小、含水层层数、维数(一维、二维、三维)、水流状态(稳定流和非稳定流、饱和流和非饱和流)、介质状况(均质和非均质、各向同性和各向异性、孔隙、裂隙和双重介质、流体的密度差)、边界条件和初始条件等。必要时,需进行一系列的室内试验与野外试验,以获取有关参数,如渗透系数等。

2. 选择数学模型

根据概念模型进行选择。如一维、二维、三维数学模型、水流模型、溶质运移模型、反应模型、水动力 – 水质耦合模型、水动力 – 反应耦合模型及水动力 – 弥散 – 反应耦合模型等。

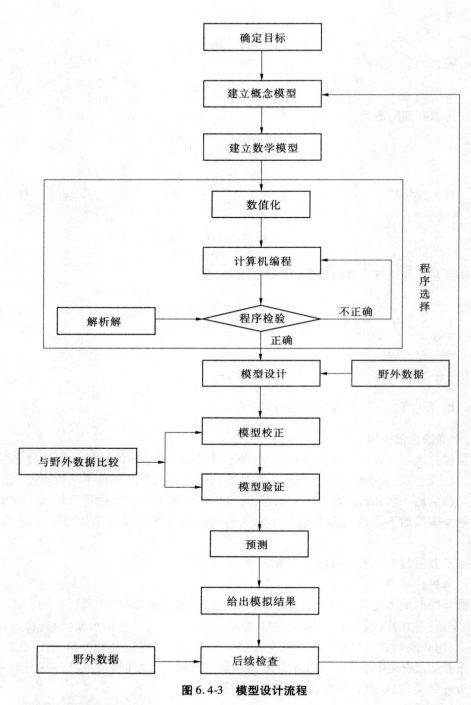

图 6.4-3　模型设计流程

3.将数学模型进行数值化

绝大部分数学模型是无法用解析法求解的。数值化就是将数学模型转化为可解的模型。常用数值化法有有限单元法和有限差分法。

4.模型校正

将模拟结果与实测结果相比较,并进行参数调整,使模拟结果在给定的误差范围内与实测结果吻合。调参过程是一个复杂而辛苦的工作,所调整的参数必须符合模拟区的具体情况。所幸的是,最近国外已花费巨力开发研究了自动调参程序(如PEST),大大提高了模拟者的工作效率。

5.校正灵敏度分析

校正后的模型受参数值的时空分布、边界条件、水流状态等不确定度的影响。校正灵敏度分析就是为了确定不确定度对校正模型的影响程度。

6.模型验证

模型验证是在模型校正的基础上,进一步调整参数,使模拟结果与第二次实测结果吻合,以进一步提高模型的置信度。

7.预测

用校正的参数值进行预测,预测时需估算未来的水流状态。

8.预测灵敏度分析

预测结果受参数和未来水流状态的不确定度的影响。预测灵敏度分析就是定量给出这些不确定度对预测的影响。

9.给出模拟设计与结果

根据模拟设计得出结果,并对结果进行初步分析。

10.后续检查

后续检查在模拟研究结束数年后进行。收集新的野外数据以确定预测结果是否正确。如果模拟结果精确,则该模型对该模拟区来说是有效的。由于场址的唯一性,故模型只对该模拟区有效。后续检查应在预测结束足够长的时间后进行,以便使模拟区有足够的时间发生明显的变化。

11.模型的再设计

一般来说,后续检查会发现系统性能的变化,从而导致概念模型和模型参数的改变。一般来说,所有模拟研究都应该进行到第五步,即校正灵敏度分析。

6.4.4.2 常用软件简介

1.GMS

地下水模拟系统(Groundwater Modeling System,简称 GMS)是美国 Brigham Young University的环境模型研究实验室和美国军队排水工程试验工作站在综合 MODFLOW、MODPATH、MT3D、FEMWATER、RT3D、SEEP2D、SEAM3D、UTCHEM、PEST、UCODE、NUFT 等已有地下水模型的基础上开发的可视化三维地下水模拟软件包。GMS 可进行水流模拟、溶质运移模拟、反应运移模拟;建立三维地层实体,进行钻孔数据管理、二维(三维)地质统计;可可视化和打印二维(三维)模拟结果。其图形界面用起来非常便捷。由于 GMS 软件具有良好的使用界面,强大的前、后处理功能及优良的三维可视化效果,目前已成为国际上最受欢迎的地下水模拟软件。

GMS 由 MODFLOW、MODPATH、MT3D、FEMWATER、SEEP2D、SEAM3D、RT3D、UTCHEM、PEST、UCODE、NUFT、MAP、SUB SURFACE CHARACTERIZATION(地质特征)、

Borehole Data（钻孔数据）、TINs（Triangulated Irregular Nets-works，三角形不规则网络）、Solid（实体）、GEO-STATISTICS（地质统计）等模块组成。各模块的功能如下：

MODFLOW 是世界上使用最广泛的三维地下水水流模型，专门用于孔隙介质中地下水流动的三维有限差分数值模拟。由于其程序结构的模块化、离散方法的简单化及求解方法的多样化等优点，已被广泛用来模拟井流、溪流、河流、排泄、蒸发和补给对非均质和复杂边界条件的水流系统的影响。

MODPATH 是确定给定时间内稳定或非稳定流中质点运移路径的三维质点示踪模型。在指定各质点的位置后，MODPATH 可进行正向示踪和反向示踪，根据 MODFLOW 计算出来的流场，MODPATH 可以追踪一系列虚拟的粒子来模拟从用户指定地点溢出污染物的运动。

MT3D 是模拟地下水中单项溶解组分对流、弥散和化学反应的三维溶质运移模型。MT3D 所模拟的化学反应包括平衡控制的线性和非线性吸附、一级不可逆衰变及生物降解。模拟计算时，MT3D 需和 MODFLOW 一起使用。

FEMWATER 是用来模拟饱和流与非饱和流环境下的水流及溶质运移的三维有限元耦合模型，还可用于模拟咸水入侵等密度变化的水流和运移问题。

RT3D 是模拟地下水中多组分反应的三维运移模型，适合于模拟自然衰减和生物恢复。例如自然降解、重金属、炸药、石油碳氢化合物、氯化组分等污染物治理的模拟。

SEEP2D 是用来计算坝堤剖面渗漏的二维有限元稳定流模型。它可以用于模拟承压和无压流问题，也可以模拟饱和与非饱和带的水流，对无压流问题，模型可以只局限于饱和带。根据 SEEP2D 的结果可以作出完整的流网。

SEAM3D 是在 MT3D 模型基础上开发的碳氢化合物降解模型，可模拟多达 27 种物质的运移和相互作用。它包含 NAPL（Non-Aqueous Phase Liquid，非水相）溶解包和多种生物降解包，NAPL 溶解包用于准确地模拟作为污染源的飘浮状 NAPL，生物降解包用于模拟包含碳氢化合物酶的复杂降解反应。

UTCHEM 是模拟多相流和运移的模型，它对抽水和恢复的模拟很理想，特别适合于表面活化剂增加的含水层治理（SEAR）的模拟，是一个已经被广泛运用的成熟模型。

PEST 和 UCODE 是用于自动调参的两个模块，可在给定的观察数据及参数区内，自动调整参数，如渗透系数、垂直渗漏系数、给水系数、储水系数、抽水率、传导力、补给系数、蒸发率等，进行模型校正。自动进行参数估计时，交替运用 PEST 或 UCODE 来调整选定的参数，并且重复用于 MODFLOW、FEMWATER 等的计算，直到计算结果和野外观测值相吻合。

NUFT 是三维多相不等温水流和运移模型，它非常适合用来解决包气带中的一些问题。

MAP 可使用户快速地建立概念模型。在 MAP 模块下，以 TIFF、JEPG、DXF 等图形文件为底图，在图上确定表示源汇项、边界、含水层不同参数区域的点、曲线、多边形的空间位置，点位置可以确定井的抽水数据或污染物点源，折线可以确定河流、排泄等模型边界，多边形可以确定面数据，如湖、不同补给区或水力传导系数区，快速建立起概念模型。一旦确定了概念模型，GMS 就自动建立网格，将参数分配到相应的网格并可对概念模型进行编辑。

SUB SURFACE CHARACTERIZATION（地质特征）被用来建立三角形不规则网络（TINs）和实体（Solid）模型，显示钻孔数据。

Borehole Data 用来管理样品和地层这两种格式的钻孔数据。样品数据用来作等值面和等值线，推出地层。地层数据用来建立 TIN、实体和三维有限元网格。TINs 通常用来表示相邻地层的界面，多个 TINs 就可以被用来建立实体（Solid）模型或三维网格。

TINs 是表示相邻地层单元界面的面，是由钻孔内精选的地层界面组成的。一旦建立了一组 TINs，就可以用来建立实体模型。

Solid 被用来建立三维地层模型，可以任意切割剖面，产生逼真的图像。Solid 是在不规则的三角形不规则网络（TINs）建立完成后，通过一系列操作产生的实际地层的三维立体模型。可以任意切割剖面，产生逼真的图像。

GEO-STATISTICS（地质统计）模块提供了多种插值法（包括线性法、Clough-Techer 法、反距离加权法、自然邻近法、克立格法和对数法等），可将已有的野外数据转化成可使用的数据类型，然后被作为输入值分配给模型。其可插入二维、三维点数据，产生等浓度面，从而图示化给出污染晕。

2. Visual MODFLOW

Visual MODFLOW 是综合已有的 MODFLOW、MODPATH、MT3D、RT3D 和 WinPEST 等地下水模型而开发的可视化地下水模拟软件，可进行三维水流模拟、溶质运移模拟和反应运移模拟。Visual MODFLOW 最大的特点是易学易用。其合理的菜单结构、友好的界面、功能强大的可视化特征和极好的软件支撑使之成为许多地下水模拟专业人员选择的对象。

Visual MODFLOW 分为输入模块、运行模块和输出模块。这些模块之间紧密连接，以建立或调整模型输入参数、运行模型、显示结果（以平面和剖面形式）。

输入模块作为建模之用。地下水水流和（或）运移模型的输入数据文件的建立过程通常是最耗时、最烦琐的工作。Visual MODFLOW 的特别设计可将模拟的复杂性降到最小，使用户的工作效率达到最高。输入模块包括网格设计、抽水井、参数、边界条件、质点、观察井、区段预算等。

运行模块可使用户选择、调整 MODFLOW、MODPATH、MT3D 和 RT3D 的运行时间，开始模型计算并进行模型校正。模型校正既可手工进行，也可用 WinPEST 自动进行。WinPEST 是 PEST 的 Windows 版本。输出模块可自动地阅读每次模拟结果，可输出等值线图、流速矢量图、水流路径图，进行区段预算和打印，并可借助 Visual Groundwater 软件进行三维显示和输出，如三维等值面和三维路径。

3. Visual Groundwater

Visual Groundwater 是由加拿大 Waterloo 水文地质公司开发的地下数据和地下水模拟结果三维可视化与动画软件。它可显示和打印地层、土壤污染、水头、地下水物质浓度和地下水模拟的三维结果，计算污染土壤和地下水的体积。

4. SEEP3D

SEEP3D 是 GeoStudio 专门针对与所有工程结构相关的真实三维渗流问题而开发的

一个专业软件,SEEP3D 将强大的交互式三维设计界面引入饱和、非饱和地下水的建模分析中,使用户可以迅速分析各种各样的地下水流工程问题。

使用 SEEP3D 的交互式建模方法,用户可以迅速建立几何分析模型,定义好几何模型的材料特性和边界条件,然后进行求解运算,最后在三维界面内就可以直接查看诸如等值面和流线等结果。对计算模型进行局部剖分,利用三维数据输出工具即可对任意的计算结果进行快速而精确的分析。

使用 SEEP3D 软件,用户可以把所分析的地下水流动问题扩展到包括水库、水坝、流动堵塞等特殊结构模型,排水沟或井下渗流,坡面和坡底相关的流动,以及耗散障碍系统中的渗流和流动。并且,以上所提到的这些问题,都可以在同一个三维模型中进行统一分析。

5. MIDAS/GTS

MIDAS/GTS(Geotechnical and Tunnel Analysis System)是由 MIDAS IT 结构软件公司开发的岩土与隧道结构有限元分析软件。该软件包括非线性弹塑性分析、非稳定渗流分析、施工阶段分析、渗流－应力耦合分析、固结分析、地震、动力分析等。MIDAS/GTS 软件以其全中文的操作界面、直观亲和的前处理、多样的分析功能、丰富的材料本构模型、简洁全面的后处理,已在世界众多工程上得到应用。

6. ABAQUS

ABAQUS 是由达索 SIMULIA 公司(原 ABAQUS 公司)进行开发的有限元分析软件,是世界上最著名的非线性有限元分析软件之一,能够真实反映土体性状的本构模型,进行有效应力和孔压的计算,具有强大的接触面处理功能以模拟土与结构之间的脱开、滑移等现象,具备处理填土或开挖等岩土工程中的特定问题的能力,可以灵活、准确地建立初始应力状态,对岩土工程有很强的适用性。

ABAQUS 提供了丰富的分析过程,可用于多个领域中的不同问题,主要分析过程包括静态应力/位移分析、动态分析、稳态滚动分析、流体渗透/应力耦合分析、声场分析、海洋工程结构分析、热传导分析和温度应力分析等。

尽管世界上地下水及其相关模拟软件多达数百个,但由于地下水系统的复杂性,到目前为止,还没有哪一种地下水软件能解决一切地下水问题。模拟者应根据自己所从事的研究领域及模拟任务选择合适的软件。

模拟的关键是概念模型的建立和模型的校正与验证。概念模型的建立是一个非常复杂的过程,即需要充分了解模拟区的地质、构造、水文地质、水文地球化学、岩石矿物、气象、水文、地形地貌、工农业利用等一切与地下水的关系,并明确模拟的任务后,才能建立一个比较合理、可靠的概念模型。任何用于预测的模型都必须经过校正和验证,未经校正和验证的模型是不能被认可的。

任何模型都是建立在一定基础理论之上的,模型的发展与完善也依据于基础理论的完善与发展。在进行地下水模拟过程中不应忽视基础理论的研究和野外现象的观察。

根据国外经验,新的模拟软件的开发研究不仅时间长,而且费用高。目前,国际上许多地下水模拟软件能解决较复杂的模拟问题,并随研究的深入能作进一步完善。

6.4.5 湖泊三维渗流计算算例

6.4.5.1 工程概况

乌兰淖尔生态景观工程位于内蒙古乌海市,地处黄河西岸,由景观湖工程、环湖分布的生态休闲体育公园以及补水工程三部分组成,面积约 6 km²。本工程位于拟建黄河海勃湾水利枢纽上游,距坝址直线距离约 10 km,枢纽建成后,工程区位于水库的左岸淹没区。为了满足湖区蓄水要求,需要将乌兰淖尔景观湖(简称景观湖)和海勃湾水库(简称水库)分隔开来,同时结合区域交通和景观需要,需在湖区和库区之间修建一条长约 4 km 的南北向景观大道,以加强乌达老城区和滨河西区以及海勃湾区的联系。景观大道路顶高程初步确定为 1 078.5 ~ 1 079.0 m。景观大道宽度为 100 m,道路边坡1:3。乌兰淖尔景观湖工程平面布置图见图 6.4-4。

乌兰淖尔湖

黄河

图 6.4-4 乌兰淖尔景观湖工程平面布置图

立足于湖区的工程地质条件、水文地质条件的详细分析,深入研究湖区地层结构及渗透特性,研究防渗结构的合理有效模拟方法,建立合理反映湖区地质结构和防渗体系的三维有限元计算模型,运用非稳定流有限单元法进行各工况条件的渗流计算;评价外界水力条件变化时渗流场特征。本次渗流计算的目的:通过有限元三维数值渗流模型,对湖区及其周边一定方位内的渗漏问题进行计算分析,确定外界水力条件变化对湖区水位的影响,并对由此引起的渗流场进行分析,为工程设计与防渗方案选择提供依据。

6.4.5.2 渗流计算模型

1. 计算工况

本次渗流计算主要考虑湖体运行各时期外界水力条件变化对湖体的运行产生的影响,计算工况见表 6.4-1。

湖体运行各时期边界条件:

(1)水库运行初期:不考虑水库及景观湖淤积,河床高程取现状高程,湖底取设计高程。

（2）水库运行 10 年：滩区（黄河侧）淤积高程 1 076.08 m（上游）、1 075.64 m（下游），湖底取设计高程。

（3）水库运行 50 年：滩区（黄河侧）淤积高程 1 076.27 m（上游）、1 076.09 m（下游），湖底取设计高程。

表 6.4-1　景观湖运行各时期渗流计算工况

运行期	水位	工况 1	工况 2	工况 3	工况 4
初始	库水位	1 076.04 m 降到 1 074.04 m	1 074.04 m 降到 1 069.26 m	1 076.04 m 降到 1 069.26 m	1 069.26 m 升到 1 076.04 m
	湖水位	1 076.04 m 降到 1 074.04 m	1 074.04 m 降到 1 071.00 m	1 076.04 m 降到 1 071.00 m	1 071.00 m 升到 1 076.04 m
	时间间隔	水库降 33 h，湖需？h	水库降 56 h，湖需？h	水库降 35 天，湖需？天	水库升 18 天，湖需？天
10 年	库水位	1 076.04 m 降到 1 074.04 m	1 074.04 m 降到 1 069.26 m	1 076.04 m 降到 1 069.26 m	1 069.26 m 升到 1 076.04 m
	湖水位	1 076.04 m 降到 1 074.04 m	1 074.04 m 降到 1 071.00 m	1 076.04 m 降到 1 071.00 m	1 071.00 m 升到 1 076.04 m
	时间间隔	水库降 22 h，湖需？h	水库降 17 h，湖需？h	水库降 16 天，湖需？天	水库升 8 天，湖需？天
50 年	库水位	1 076.04 m 降到 1 074.04 m	1 074.04 m 降到 1 069.26 m	1 076.04 m 降到 1 069.26 m	1 069.26 m 升到 1 076.04 m
	湖水位	1 076.04 m 降到 1 074.04 m	1 074.04 m 降到 1 071.00 m	1 076.04 m 降到 1 071.00 m	1 071.00 m 升到 1 076.04 m
	时间间隔	水库降 6 h，湖需？h	水库降 8 h，湖需？h	水库降 6 天，湖需？天	水库升 2 天，湖需？天

本书仅选取工况 1 进行介绍，即水库运行初期，库水位需要 33 h 由 1 076.04 m 降到 1 074.04 m，计算分析湖水位由 1 076.04 m 降到 1 074.04 m 所需要的时间。

2. 模型范围及计算参数

计算模型的范围按照下述尺寸进行选取：沿黄河上下游取 3 倍湖体宽度；湖体距黄河 3 km；湖体距西部山区 9 km。

计算模型考虑的主要地层为：①风积砂；②砂层；③砂软石层；④粉质黏土、粉砂层；⑤景观大道细砂层；⑥景观大道砂软石层；⑦土工布；⑧淤积层。

综合考虑室内外渗透试验和现场抽水试验，计算参数按照表 6.4-2 取值。

表 6.4-2　工程区各层土渗透系数建议值表

土层编号	地层岩性	层厚(m)	渗透系数 k（cm/s）	综合值(cm/s)
①	风积砂	0.5 ~ 1.5	$2.0E^{-2} ~ 3.0E^{-2}$	$2.0E^{-2} ~ 3.0E^{-2}$
②	沙壤土	0.8 ~ 7.0	$2.0E^{-4} ~ 3.0E^{-4}$	$3.0E^{-3} ~ 4.0E^{-3}$
	粉砂		$3.0E^{-3} ~ 5.0E^{-3}$	
	细砂		$7.0E^{-3} ~ 8.0E^{-3}$	
③	砂卵石	5.0 ~ 10.0	$5.0E^{-2} ~ 6.5E^{-2}$	$5.0E^{-2} ~ 6.5E^{-2}$
④	粉质黏土	未揭穿	$1.5E^{-5} ~ 2.0E^{-5}$	$1.0E^{-3} ~ 2.0E^{-3}$
	粉砂		$7.0E^{-4} ~ 8.0E^{-4}$	
	细砂		$3.0E^{-3} ~ 4.0E^{-3}$	

3. 计算模型分区及单元剖分

计算模型材料分区及主要特征如图 6.4-5 所示。

计算模型有限元剖分如图 6.4-6 所示。

计算模型主要考虑了主要地层、湖体、景观大道、滩区、湖岸,并取 AB 线上 1(位于河滩区)、2(位于湖区)、3(位于湖区后岸的近点)和 4(位于湖区后岸的远点)点作为主要分

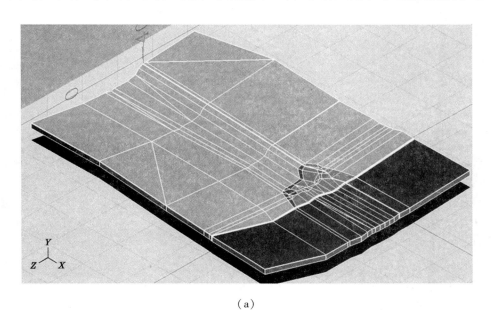

（a）

图 6.4-5　计算模型材料分区及主要特征

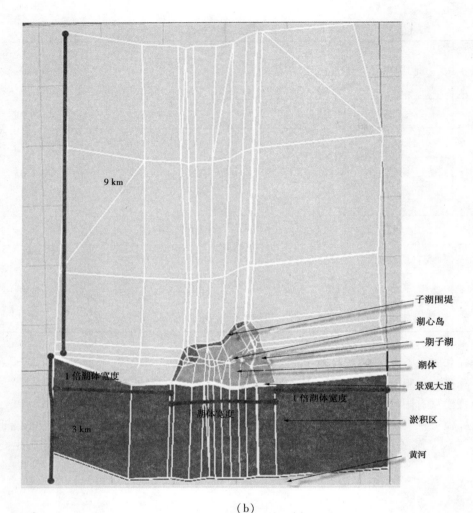

9 km

1 倍湖体宽度

3 km

湖体宽度

1 倍湖体宽度

子湖围堤

湖心岛

一期子湖

湖体

景观大道

淤积区

黄河

（b）

续图 6.4-5

析点,配合整体渗流场,对各种工况下渗流特征进行分析。

计算模型共剖分 89 386 单元和 100 623 节点。

6.4.5.3　渗流计算分析

计算工况是库水位需要 33 h 由 1 076.04 m 降到 1 074.04 m,计算分析湖水位降低到同一水位所需要的时间和其间渗流场的变化情况。

该工况下计算的初始渗流场假定湖水位在 1 076.04 m,湖区周边计算范围内渗流稳定;从水库水位降落开始,计算历时 200 天,其间水库水位完成降落后保持 1 074.04 m 不变。4 个监测点的 200 天时段内总水头、渗流流速和水力梯度的变化情况见图 6.4-7 ~ 图 6.4-10。

图 6.4-7 中 2 号监测点表示乌兰淖尔湖水位随时间的变化情况,从图 6.4-7 中可以看出,计算的最大时段 200 天时,湖水位 1 074.69 m,高于计算要求水位 1 074.04 m;在 30 天时,2 号监测点水位为 1 074.42 m;在 50 天时,2 号监测点水位为 1 074.29 m;在 100 天

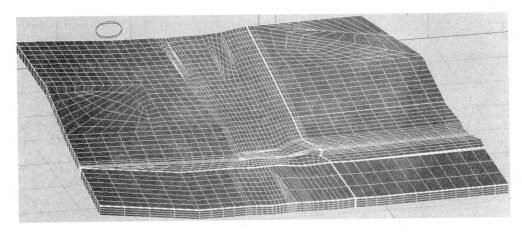

图 6.4-6   计算模型有限元剖分

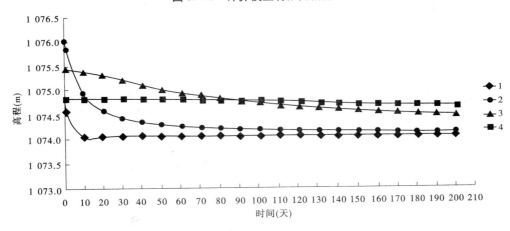

图 6.4-7   湖运行 200 天期间各监测点的总水头(33 h 后库水位降至 1 074.04 m)

时,2 号监测点水位为 1 074.18 m。由此可以看出,2 号监测点的水位在超过 30 天后,水位下降速率平缓。3 号和 4 号监测点监测的是湖区西部地层内水位变化情况,从计算曲线可以看出,3 号和 4 号监测点水位—时间曲线变化趋势与 2 号监测点有很大的不同,3 号监测点水位呈非线性下降,前期下降稍快,后期下降较前期偏慢,分析可能为受库水位下降迟后效应的影响。4 号监测点水位基本呈线性下降,但下降幅度较 3 号监测点小,说明随监测点距库区距离越大,相同时间段内距离远的监测点水位降落幅度越小、降落速度越慢;也就是说,距离库区越远,其水位的变动受库区水位变动影响越小。随着计算时间的增加,水位—时间变化曲线逐渐变缓,湖水位随着时间的延长,降落速率逐渐变小、降幅减小。1 号监测点监测库水位的变化,在库水位降落完成后即保持 1 074.04 m 水位,不再变化。

由上述各监测点时间—水位曲线分析可以看出,湖水位在前 30 天内降落速率和降幅比 30 天后的都要大,即库水位降落完成后一段时间内对湖区水位影响较大,随着时间的增加,这种影响逐渐变小。从图 6.4-7 中可以看出,30 天后 4 个监测点的曲线均变得越来越平缓,即可认为库水位降落完成后30天(库水位降落需要33 h)内影响明显,此时湖水位约1 074.42 m。

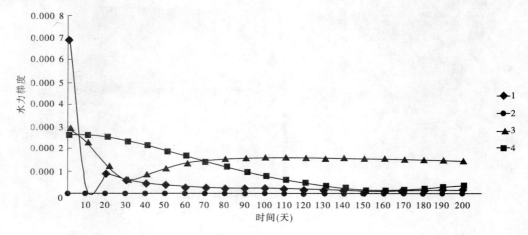

图 6.4-8　湖运行 200 天期间各监测点的水力梯度(库水位降至 1 074.04 m)

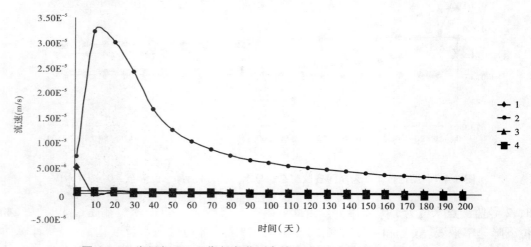

图 6.4-9　湖运行 200 天期间各监测点的流速(库水位降至 1 074.04 m)

从图 6.4-8 和图 6.4-9 监测点的水力梯度和流速曲线图上可以看出,在库水位由 1 076.04 m下降到 1 074.04 m 的过程以及后面保持该水位时间区段内,各典型时段内水力梯度和流速数值很小,不会发生渗透破坏。

图 6.4-10 是湖体运行期间各个时段的渗流场总水头云图。从图 6.4-10 中可以看出,在库水位降落开始阶段,湖区及周边地层内的水位变化较小,只是库区附近区域(见图 6.4-10(a)、(b)、(c))影响明显。随着计算时间的延续,受库区水位降落的影响范围逐渐增大,且同一点的水位降幅也在变大(见图 6.4-10(d) ~ (j))。

从图 6.4-10 可以看出,受库水位降落的影响,湖水位比湖区周边地层水位的降落速率大,由此引起了湖水位和湖区周边地层水位落差,而这种落差进一步加大了湖区周边地

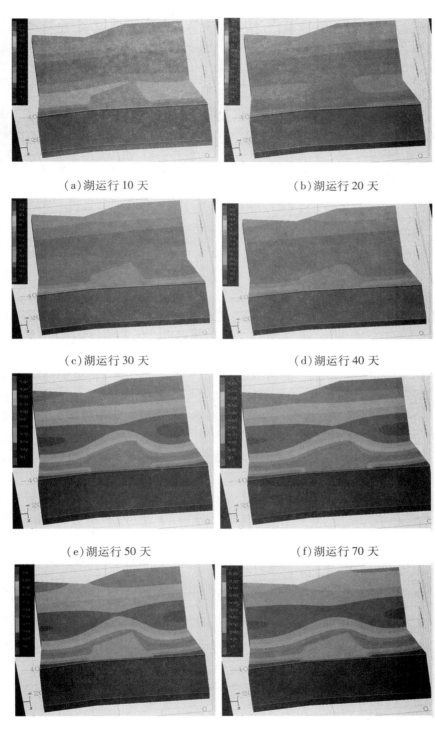

（a）湖运行 10 天　　　　　　　　　　（b）湖运行 20 天

（c）湖运行 30 天　　　　　　　　　　（d）湖运行 40 天

（e）湖运行 50 天　　　　　　　　　　（f）湖运行 70 天

（g）湖运行 90 天　　　　　　　　　　（h）湖运行 130 天

图 6.4-10　湖运行期间渗流场总水头云图（库水位降至 1 074.04 m）

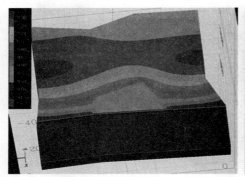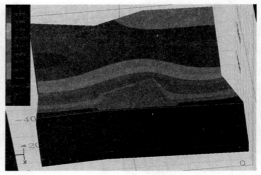

(i)湖运行 150 天   (j)湖运行 200 天

续图 6.4-10

层水位的降落速率,且随着时间的延长,影响范围有变大的趋势。

6.4.5.4　结论

通过景观湖不同外部水力条件的变化对景观湖水位的影响分析可以得出以下结论:

从湖区监测点变化趋势可以看出,计算的最大时段 200 天时,湖水位 1 074.69 m,高于计算要求水位 1 074.04 m;在 30 天时,2 号监测点水位为 1 074.42 m;在 50 天时,2 号监测点水位为 1 074.29 m;在 100 天时,2 号监测点水位为 1 074.18 m。可以看出 2 号监测点水位在超过 30 天后,水位下降速率平缓。3 号和 4 号监测点监测的是湖区西部地层内水位变化情况,从计算曲线可以看出,3 号和 4 号监测点水位—时间曲线变化趋势与 2 号监测点有很大的不同,3 号监测点水位呈非线性下降,前期下降缓慢,后期下降较前期偏快,分析可能为受库水位下降迟后效应的影响。1 号监测点监测库水位的变化,在库水位降落完成后即保持 1 074.04 m 水位,不再变化。

计算结果表明,湖水位在前 30 天内降落速率和降幅比 30 天后的都要大,即库水位降落完成后一段时间内对湖区水位影响较大,30 天后监测点的曲线均变得越来越平缓,即可认为库水位降落完成后 30 天(库水位降落需要 10 天)内影响明显,此时湖水位约 1 074.42 m。

由库水位的上升和下降引起的渗流场的变化可以看出,该工况各典型时段内水力梯度和流速数值很小,不会发生渗透破坏。

第7章 城市河道蓄水建筑物设计

7.1 蓄水建筑物形式

在城市河道治理过程中蓄水建筑物的设计尤为重要,能够起到增加河道蓄水面积、改善上游及周边水环境、提高河道综合治理效果的作用。目前,城市河道蓄水建筑物的形式常见有堰、景观石坝、橡胶坝、水闸等,蓄水建筑物形式的选择主要与治理目标、河道性质、水位变化、蓄水高度、投资等因素有关。在进行河道蓄水建筑物建设时,不仅要考虑到建筑物的整体功能,还要考虑到建筑物与周围环境的融合性,从而选择合适的建筑物形式,在实现社会效益的同时,实现生态效益。

7.1.1 堰

堰是指修建在河道上既能蓄水又能排水的蓄水建筑物,常由土石砌筑而成。堰一般修筑不会太高,不会截断河道,但会改变河势或占用行洪断面,从而壅高上游水位。堰在我国古代水利建设史上发挥了巨大作用,四川成都都江堰、浙江宁波它山堰,迄今已千余年,历经洪水冲击,仍基本完好,仍然发挥着灌溉、泄洪等作用,堪称水利建筑史上的奇迹,与郑国渠、灵渠合称为中国古代四大水利工程。

在城市水利工程中,在考虑堰功能的同时,应更多地结合周边环境、交通和亲水要求,设计得更为美观。各种城市河道景观溢流堰见图 7.1-1。

(a)

图 7.1-1 各种城市河道景观溢流堰

（b）

（c）

（d）

续图 7.1-1

(e)

(f)

(g)

续图 7.1-1

　　由于堰是固定式,不能根据来水情况启闭泄水,因此堰前容易造成泥沙淤积,在多泥沙河道要谨慎选用或考虑冲沙措施。同时,固定的堰将形成堰前的死水区,对水质保护不利,换水时,堰顶高程水位以下的水置换效率差。因此,在设计中可以结合水闸一起设置(见图 7.1-2)或设计专门的放空管道,以利于有效地换水、冲沙及保护水质。

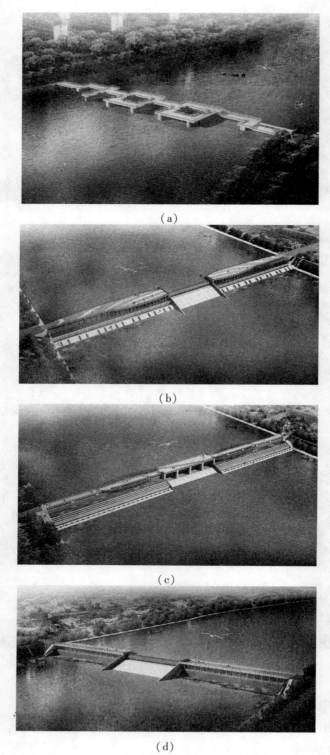

(a)

(b)

(c)

(d)

图 7.1-2　固定堰与水闸、橡胶坝结合

（e）

（f）

（g）

（h）

续图 7.1-2

7.1.2 景观石坝

景观石坝(见图7.1-3)是由较大自然石砌筑(或堆砌)而成的蓄水建筑物,它依靠块石自身重量来抵挡上游来水,起到蓄水作用。因其没有任何设备进行控制调水,所以常修建于无行洪要求或行洪要求不高的河道上。若修建在行洪要求较高的河道上,一般只能起到临时蓄水的作用,在河道行洪前需及时拆除,以保证行洪安全。景观石坝筑坝材料采用生态、环保的天然水冲石,筑坝高度较低,通常维持在1~2 m,设计横断面常为梯形断面,以保证一定的稳定性。

(a)

(b)

图7.1-3 景观石坝

7.1.3 橡胶坝

橡胶坝(见图7.1-4)是由混凝土底板、坝袋、锚固件及充水(气)设备构成的蓄水建筑物。根据填充坝袋的介质,可以将橡胶坝分为充水坝和充气坝。两种坝型相比,充水坝的应用时间更长,造价相对也较低。橡胶坝在非汛期或者不需要挡水期可以进行水或气体的排放,恢复河道的正常运行,因此可以建在蓄水河道上,也可以建在行洪河道上。

橡胶坝的优点是:可设计为较大跨度,外形较美观,河道上没有启闭建筑物,因此对视线无阻挡,自重轻、抗震性能好,造价较低。

橡胶坝的缺点是:很容易出现破损现象,安全性、可靠性较差,使用寿命短。此外,橡胶坝充排水时间长,充水时间一般为 1~2 h,排水时间为 2~3 h,洪水期坍坝调度与蓄水难以协调,运行管理难度较大,特别是梯级橡胶坝运行管理不便。多泥沙河道上容易对坝袋造成磨蚀。充水式橡胶坝冬季冰冻期容易损坏坝袋,不能调节坝高,不易控制下泄流量,容易水流集中,引起河床局部冲刷,同时需配专人管理,冬天需破冰。

(a)

(b)

图 7.1-4　橡胶坝

7.1.4　水闸

水闸是河道蓄水建筑物中常见的形式,具备拦洪、拦潮、蓄水、泄洪、冲沙等综合功能。水闸按照其功能可以分为分洪闸、排水闸、进水闸、节制闸,而按照闸室的结构形式可以分为开敞式、涵洞式、胸墙式。目前,建设水闸的目的多是蓄水和泄洪。非汛期关闭闸口,抬高水位,改善区域内水环境;汛期打开闸门,进行泄洪。由于水闸的主要作用是进行泄洪,所以多修建于防洪河道上。传统的水闸常为平板闸,近年来随着施工技术的改进和新材料、新技术的应用,气盾闸、翻板闸、液压升降闸等适应城市水利工程的新型闸门逐渐出现并得到推广。

7.1.4.1 平板闸

1. 直升式平板闸

直升式平板闸是水利工程最常用的闸型。闸门开启将闸门竖直升出地面或最高水位以上,可以实现动水启闭,闸门、启闭机结构简单,安全可靠,经济实用,检修方便。缺点是需要较高的启闭机平台,水闸启闭机平台上还需修建启闭机房,对视线及景观有较大的影响,但可以通过闸房造型设计将平板闸做得更美观。

常规平板闸见图 7.1-5。

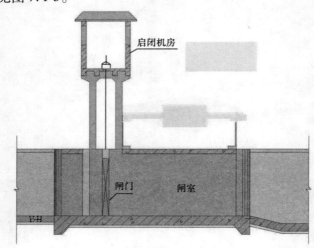

图 7.1-5 常规平板闸

结合闸房造型的平板闸见图 7.1-6。

(a)

图 7.1-6 结合闸房造型的平板闸

（b）

续图 7.1-6

2. 升卧式平板闸

升卧式平板闸开启时,闸门沿主轨运动逐渐由直立位置转 90°而达到平卧位置。这种闸门在布置上可降低启闭机平台的高度。缺点是闸室段需要加长(较直升式),以满足闸门平卧要求。钢丝绳长期处于水下,容易锈蚀。闸门提起后污物挂在门上,影响景观。启闭机平台上还需修建启闭机房,对景观仍有较大的影响。

升卧式平板闸见图 7.1-7。

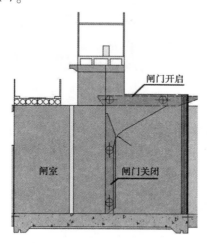

图 7.1-7 升卧式平板闸

7.1.4.2 翻板闸

翻板闸一般是通过两侧的液压驱动装置来实现闸门的启闭,启闭速度快。根据翻转方向不同,可分为上翻板闸和下翻板闸,近年来出现的钢坝闸是液压下翻板闸的一种特殊形式。

液压上翻板闸结构图见图 7.1-8。郑东新区东西运河液压上翻板闸见图 7.1-9。

液压上翻板闸优点:闸门开启时,可平卧至上部;采用液压启闭设备,闸顶不需做启闭

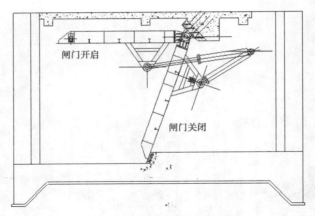

图 7.1-8　液压上翻板闸结构图

图 7.1-9　郑东新区东西运河液压上翻板闸

机房,节省空间;从底孔泄流,总体对排沙有利。缺点:闸门开度与来水情况有关,当要求保持一定的常水位时,水位控制不如下翻板闸灵活;底坎处易形成少量淤积,大颗粒泥沙可能影响闸门启闭。

　　液压下翻板闸见图 7.1-10。

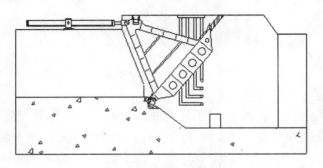

图 7.1-10　液压下翻板闸

液压下翻板闸优点:闸门开启时,可平卧至下部;采用液压启闭设备,闸顶不需做启闭机房,节省空间;可以部分开启运行,调节和控制河流水位十分方便;允许门顶过水,形成瀑布,可以排漂排污,适合和周边环境匹配。缺点:难以做成很大的跨度,底部容易淤积。

7.1.4.3 钢坝闸

钢坝闸(大跨度底轴驱动翻板闸)是一种新型可调控溢流闸门。它由土建结构、带固定轴的钢闸门门体、启闭设备等组成,适合于闸孔较宽(10~100 m)而水位差比较小(1~7 m)的工况。由于它可以设计得比较宽,可以省掉数孔闸墩,因此节省土建投资。钢坝闸可以立门蓄水,卧门行洪排涝,适当开启调节水位,还可以利用闸门门顶过水,形成人工瀑布的景观效果。缺点是全跨闸门由底轴支撑并旋转,对闸门基础要求较高,适应地基不均匀沉降能力较差。

钢坝闸原理图见图7.1-11。

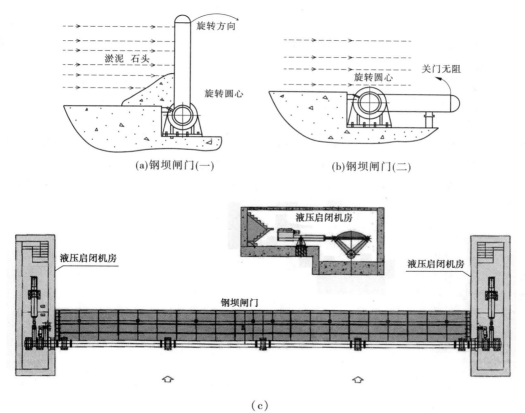

图 7.1-11　钢坝闸原理图

钢坝闸效果图如图 7.1-12 所示。

7.1.4.4　水力自控翻板闸

水力自控翻板闸的工作原理是杠杆平衡与转动,具体来说,就是利用水力和闸门重量相互制衡,通过增设阻尼反馈系统来达到调控水位的目的。当上游水位升高时,则闸门绕"横轴"逐渐开启泄流;反之,上游水位下降则闸门逐渐回关蓄水,使上游水位始终保持在设计要求的范围内。水力自控翻板闸由预制钢筋混凝土面板、支腿、支墩与滚轮、连杆等

图 7.1-12　钢坝闸效果图

金属构件组装而成,不需要任何外加动力,可完全根据上游来水情况、水位升降、作用在闸门上水压大小的变化,自动实现闸门的开启和关闭。

　　该闸门的优点是能根据上游水位自动调节,造价低、结构简单,施工期短,管理运行方便。缺点是:阻水,经不住特大洪水的冲击;易被漂浮物卡塞或上游泥沙淤积,造成不能自动翻板;洪水过后,翻板门再关上时若被异物卡住,会造成大量漏水。运行中,容易出现拍打、振动等问题。目前,水力自动翻板闸经历了多代自我更新,有效地实现了水力自控并防止了拍打与失稳。新一代的液控双驱动水力自动翻板闸,增加了液压启闭系统,保留了原水力自控能力,并具备辅助的液压启闭动力,实现了"双保险",广泛应用于水利工程中。

　　水力自动翻板闸工作原理如图 7.1-13 所示。

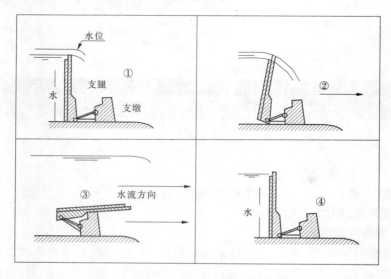

图 7.1-13　水力自动翻板闸工作原理

乌海市甘德尔河治理工程液控双驱动水力自动翻板闸如图7.1-14所示。

图7.1-14 乌海市甘德尔河治理工程液控双驱动水力自动翻板闸

7.1.4.5 液压升降坝

液压升降坝是最近两年发展、推广起来的新型闸型。它由弧形(或直线)坝面、液压杆、支撑杆、液压缸和液压泵站组成。液压升降坝采用液压杆升降以底部为轴的活动拦水坝面,达到升坝拦水、降坝行洪的目的;其三角形的支撑结构力学结构科学、不阻水、不怕泥沙淤积;不受漂浮物影响;放坝快速,不影响防洪安全;结构坚固可靠,抗洪水冲击能力强。它在充分考虑传统的活动坝型缺陷基础上,保留了平板闸、橡胶坝、翻板闸三种坝型的基本优点:

(1)液压升降坝可设计为较大的跨度,并可实现坝顶溢流形成瀑布景观,坝型美观、控制灵活、投资较低。

(2)投资:坝面采用钢筋混凝土结构,基础上部的宽度只要求与活动坝高度相等,同时液压系统简便,因此工程成本较低。

(3)结构性能:坝面升起后,形成稳定的支撑墩坝结构,力学结构科学,抗洪水冲击的能力极强。

(4)泄洪能力:活动坝面放倒后,坝面只高出基础约50 cm,达到与橡胶坝同样的泄洪效果,行洪、冲沙、排漂效果良好,而且遭遇特大洪水也不会对结构造成损坏。

(5)自动化:采用浮标开关控制、操作液压系统,可以做到无人值守,管理方便。

(6)维护管理:部件经久耐用,更换容易,维护、管理费用较低。

(7)美观:坝面可喷色彩、文字、图案;活动坝面高度可随意调节;上游有漂浮物时,只要操控一下液压系统,即可轻松地冲掉,使河水清澈。上游水量较大时,形成瀑布景观和水帘长廊奇观,可供游人观赏。

液压升降坝如图7.1-15所示。

7.1.4.6 气动盾形闸门

气动盾形闸门系统是综合传统钢闸门及橡胶坝优点的一种新型闸门。闸门由门体结构、埋件、气袋和气动系统组成。门体挡水面是一排强化钢板,气袋支撑在钢板下游面,利用气袋的充气或排气控制门体起伏和支承闸门的挡水,并可精确控制闸门开度。闸门全

(a)   (b)

图 7.1-15   液压升降坝

开时,门体全部倒卧在河底,不影响景观、通航。

该闸门的优点是可以设计为较大的跨度,不需要中闸墩,气袋支撑的钢板可以完全保护气袋本身,避免被浮木、砾石、冰块等杂物破坏,与橡胶坝相比,使用寿命较长,既能手动控制水位,又能自动控制水位;缺点是造价较高。北京新凤河水环境处理工程设计中采用了这种新型闸门型式,新凤河工程气动盾形闸门于 2006 年 8 月投入运行,这也是气动闸门在国内工程中的第一次运用。

气动盾形闸门见图 7.1-16。

(a)   (b)

图 7.1-16   气动盾形闸门

7.1.4.7 人字闸门

人字闸门是左右两扇门叶分别绕水道边壁内的垂直门轴旋转,关闭水道时,俯视形成"人"字形状的闸门。

人字闸门一般只能在静水中操作,普遍应用于单向水级船闸中的工作闸门,近年也有用在双向水级的船闸上。人字闸门的优点如下:

(1)可封闭相当大面积的孔口。

(2)闸门受力情况类似于三铰拱,对结构有利,比较经济。

(3)所需启闭力较小。

（4）通航净空不受限制。

人字闸门的缺点如下：

（1）不能在动水中操作运行。

（2）门叶的抗扭刚度较小，长期操作运行容易发生扭曲变形，以致漏水较严重。

（3）闸门长期处于水中，其水下部分检修维护比较困难。

（4）与直升式平面闸门或横拉式闸门比较，闸首较长。

小型船闸有时不用人字形双扇闸门，而仅用单扇闸门，也就是一字门，其操作和布置与人字门类似。

人字门原理图如图 7.1-17 所示。

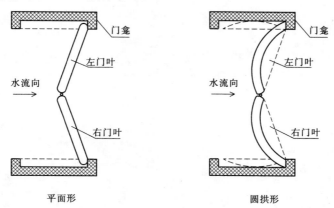

图 7.1-17　人字门原理图

人字门在城市河道中的应用如图 7.1-18 所示。

7.1.4.8　横拉门水闸

横拉门水闸是沿着垂直于河道纵轴线方向移动的平面闸门，是常用于承受单、双向水头的船闸。横拉门水闸需在船闸一侧边墩中设置门库。闸门可在上、下水位齐平或 5 ~ 10 cm 的水头差时启闭，为了防止闸门在启闭过程中倾覆，门叶应有足够的宽度，也可设置导架。

横拉门用滚轮支撑、承受闸门重量，并能使闸门沿着轨道行走。闸门滚轮支承分别布置在门顶和门底。闸门沿着门墩和闸地板上的轨道移动。这种布置形式，结构简单，受力明确。横拉门门库支承墙处的宽度与门槽相同，门库长度按闸门启闭时的行程确定，当考虑闸门在门库内检修时，门库尺寸尚需满足检修要求，在门库入口处还需设置检修门槽。

对城市某些小挡水高度的横拉门，也可以只在门底设置滚轮，使河道上无阻挡，达到更好的景观效果。无顶梁横拉门如图 7.1-19 所示，有顶梁横拉门如图 7.1-20 所示。

图 7.1-18　人字门在城市河道中的应用

(a)　　　　　　　　　　　　　(b)

图 7.1-19　无顶梁横拉门

图 7.1-20　有顶梁横拉门

7.2 水闸设计

7.2.1 概述

水闸一般由闸室段，上、下游连接段和两岸连接段组成。闸室段位于上、下游连接段之间，是水闸工程的主体，其作用是控制水位、调节流量。上游连接段的主要作用是防渗、护岸和引导水流均匀过闸。下游连接段的主要作用是消能、防冲和安全排出闸基及两岸的渗流。两岸连接段的主要作用是实现闸室与河道两岸的过渡连接。

按照闸室类型，水闸可分为开敞式和涵洞式。开敞式水闸可分为有胸墙水闸和无胸墙水闸，涵洞式水闸可分为有压式水闸和无压式水闸。

7.2.2 总体布置

7.2.2.1 闸室布置

水闸闸室布置应根据水闸挡水、泄水条件和运用要求，结合地形、地质和施工等因素，做到结构安全可靠、布置紧凑合理、施工方便、运用灵活、经济美观。

（1）水闸中心线的布置应考虑闸室及两岸建筑物均匀、对称的要求。作为城市河道蓄水建筑物，水闸一般为拦河闸，其中心线一般与河道中泓线相吻合。

（2）水闸应尽量选择外形平顺且流量系数较大的闸墩、岸墙、翼墙和溢流堰型式，防止水流在闸室内产生剧烈扰动。

（3）水闸闸孔数少于 8 孔时，宜取为奇数，泄水时应均匀对称开启，防止因发生偏流而造成局部冲刷破坏。拦河闸应选择适当的闸孔总宽度，避免过多地缩窄河道。

（4）闸室各部位的高程和尺寸根据使用功能、地质条件、闸门型式、启闭设备和交通要求来确定，既要布置紧凑，又要防止干扰，还应使传到底板上的荷载尽量均匀，并注意使交通桥与两岸道路顺直相连。

（5）穿越堤防的水闸布置，特别是在退堤或新建堤防处建闸，应充分考虑堤防边荷载变化引起的水闸不同部位的不均匀沉降。

（6）有抗震设防要求地区的水闸布置，应根据闸址地震烈度，采取有效的抗震措施：

①采用增密、围封等加固措施对地基进行抗液化处理；

②尽量采用桩基或整体筏式基础，不宜采用高边墩直接挡土的两岸连接型式；

③优先选用弧形闸门、升卧式闸门或液压启闭机型式，以降低水闸高度；

④尽量减少结构分缝，加强止水的可靠性，在结构断面突变处增设贴脚和抗剪钢筋，加强桥梁等装配式结构各部件之间的整体连接；

⑤适当增大两岸的边坡系数，防止地震时护坡滑落。

（7）建在天然土质地基上的闸室应注意：

①使闸室上部结构的重心接近底板中心，并严格控制各种运用条件下的基底应力不均匀系数，尽量减小不均匀沉降；

②闸室外形应顺直圆滑,保证过闸水流平稳,避免产生振动。

7.2.2.2 消能与防冲布置

水闸消能与防冲布置应根据闸基地质情况、水力条件及闸门控制运用方式等因素,进行综合分析确定。水闸闸下宜采用底流式消能。当水闸闸下尾水深度较深且变化较小,河床及岸坡抗冲刷能力较强时,可采用面流式消能。当水闸承受水头较高且闸下河床及岸坡为坚硬岩体时,可采用挑流式消能。当水闸下游水位较浅且水位升高较慢时,除采用底流式消能外,还应增设辅助消能措施。水闸上游防护和下游护坡、海漫等防冲布置应根据水流流态、河床土质抗冲能力等因素确定。土基上大型水闸的上、下游均宜设置防冲槽。双向泄洪的水闸应在上、下游均设置消能防冲设施,挡水水头较高的一侧的消力池不设排水孔,兼作防渗铺盖。

7.2.2.3 防渗与排水布置

水闸防渗与排水布置应根据闸基地质条件和水闸上、下游水位差等因素,结合闸室、消能防冲和两岸连接布置进行综合分析确定。

软基上水闸防渗设施有水平防渗和垂直防渗两种型式。水平防渗通常采用黏土铺盖或混凝土铺盖,一般布置在闸室上游,与闸室底板联合组成不透水的地下轮廓线,并在铺盖上游端和闸室下游布置一定深度的齿墙。垂直防渗通常采用混凝土墙、板桩等措施,防渗效果较好,但施工相对复杂。砂性土地基以垂直防渗为主。岩基上水闸防渗设施通常采用垂直帷幕灌浆。

排水设施有水平排水和垂直排水两种型式。水平排水位于闸基表层,比较浅且要有一定范围。垂直排水由一排或数排滤水井(减压井)组成,主要是排除深层承压水。

双向挡水的水闸应在上、下游设置防渗与排水设施,以挡水水头较大的方向为主,综合考虑闸基底部扬压力分布、消力池的抗浮稳定性等因素,合理确定双向防渗与排水布置型式。

7.2.2.4 连接建筑物布置

水闸两岸连接应能保证岸坡稳定,水闸进、出水流平顺,提高泄流能力和消能防冲效果,满足侧向防渗需要,减轻边荷载对闸室底板的影响,且有利于环境绿化。穿越堤防的水闸应重视上部荷载的变化引起的闸室与连接建筑物之间的不均匀沉降,分段填筑,加强分缝、止水等措施。两岸连接布置应与闸室布置相适应。水闸两岸连接宜采用直墙式结构;当水闸上、下游水位差不大时,小型水闸也可采用斜坡式结构,但应考虑防渗、防冲和防冻等问题。

7.2.2.5 排沙及排沙设施

闸室一般宜采用平底板,对于多泥沙河道上的水闸可视需要在闸前设置拦沙坎或沉沙池;闸室一般采用单扇门布置,当有特殊需要时(如纳潮、排冰等)也可采用双扇门布置。

7.2.3 水闸的水力设计

7.2.3.1 水闸的闸孔设计

水闸的闸孔设计与闸址处的水文、地质、地形、施工以及管理运用等条件有关。具体设计内容主要是确定闸孔型式和尺寸。闸孔型式是指底板型式(堰型)、门型以及门顶胸墙的型式(胸墙式水闸)。闸孔的尺寸是指底板顶面高程(堰顶高程)、墩墙顶部和胸墙底面高程、闸孔总净宽及闸孔的孔数等。

设计闸孔时,首先应选定底板型式(堰型),进而确定堰顶高程,再根据上、下游水位及过闸流量确定闸孔总净宽和孔数。

在水闸设计中,过闸水位差的确定,对水闸的工程造价和上游的淹没影响等极大。如采用较大的过闸水位差,虽然可缩减闸孔总净宽,降低水闸工程造价,但却抬高了水闸上游水位,不仅要加高上游河道堤防高度,而且有可能增加上游淹没损失。因此,确定水闸水位差时,应认真处理好节省水闸工程造价和减少上游河道堤防工程量以及淹没影响等方面的关系。一般情况下,平原地区水闸的过闸水位差可采用 0.1～0.3。在具体设计中,对过闸水位差的确定,还应结合水闸的功能、特点、运用要求及其他情况综合考虑。

1. 堰型及堰顶高程

水闸常用的堰型有宽顶堰和实用堰两种。宽顶堰流量系数较小(0.32～0.385),但构造简单,施工方便,平原地区水闸多采用该堰型。

当上游水位与闸后河底间高差大,而又必须限制单宽流量时,可考虑采用实用堰。当地基表层土质较差时,为避免地基加固处理,也可采用实用堰,以便将闸底板底面置于较深的密室土层上。

水闸底板采用实用堰时,一般为低堰。所谓低堰,是指上游堰高 $P_1 \leqslant (1.0 \sim 1.33) H_d$ 的实用堰(H_d 为堰上设计水头)。常用的实用堰有 WES 堰、克-奥堰、带胸墙的实用堰、折线形低堰、驼峰堰和侧堰等。

宽顶堰和实用堰堰型的比较见表 7.2-1。

表 7.2-1　宽顶堰与实用堰堰型的比较

堰型	优点	缺点
宽顶堰	1.结构简单,施工方便。 2.自由泄流范围较大,泄流能力比较稳定。 3.堰顶高程相同时,地基开挖量较小	1.自由泄流时,流量系数较小。 2.下游产生波状水跃的可能性较大
实用堰	1.自由泄流时,流量系数大。 2.选择合适的堰面曲线,可以消除波状水跃。 3.堰高较大时,可采用较小断面,水流条件较好	1.结构较复杂,施工较困难。 2.淹没度增加时,泄流能力降低较快

堰顶高程应根据水闸的任务确定。拦河闸一般与河底相平;分洪闸可布置得比河底高一些,但应满足最低分洪水位时的泄量要求;进水闸堰顶除满足最低取水位时引水流量的要求外,还应考虑拦沙防淤的要求;排水闸的堰顶应布置得尽量低一些,以满足排涝要求。

2. 过闸单宽流量

选择过闸单宽流量要兼顾泄流能力与消能防冲这两个因素,并进行必要的比较。为了使过闸水流与下游河道水流平顺相接,过闸单宽流量与河道平均单宽流量之比不宜过大,以免过闸水流因不易扩散而引起河道的冲刷。闸的消力池出口处的单宽流量不宜大于河道平均单宽流量的 1.5 倍。

过闸单宽流量 q 可参考表 7.2-2 选取。对于过闸落差小、下游水深大、闸宽相对河道束窄比例小的水闸,可取表 7.2-2 中的较大值。由于水闸下游土质的抗冲流速随下游水深增大而提高,当下游水深较大时,单宽流量可取表 7.2-2 中的较大值。对于过闸落差大、下游水深小、闸宽相对河道束窄比例大的水闸,以及水闸下游土质的抗冲流速较小时,应取表 7.2-2 中的较小值。

表 7.2-2　过闸单宽流量 q

河床土质	细砂、粉砂、粉土和淤泥	沙壤土	壤土	黏土	砂砾石	岩石
q $(\mathrm{m^3/(s \cdot m)})$	5 ~ 10	10 ~ 15	15 ~ 20	15 ~ 25	25 ~ 40	50 ~ 70

3. 闸孔宽度的确定

水闸的过闸水流流态一般可分为两种:一种是泄流时水流不受任何阻挡,呈堰流状态;另一种是泄流时水流受到闸门(局部开启)或胸墙的阻挡,呈孔流状态。在水闸的整个运用过程中,这两种流态均有可能出现,且在一定的边界条件下又是可以互相转化的。比如,当闸前水位降低或闸孔出流的闸门开启度增大到一定值后,过闸水流不和闸门底缘接触,则水流性质由闸孔出流过渡为堰流;反之,则由堰流过渡为闸孔出流。

堰流和闸孔出流的判断标准见表 7.2-3。

表 7.2-3　堰流和闸孔出流的判断标准

堰型	堰流	闸孔出流
宽顶堰	$e/H > 0.65$	$e/H \leqslant 0.65$
实用堰	$e/H > 0.75$	$e/H \leqslant 0.75$

注:e 为闸门开启高度;H 为堰上水头。

堰流流量的公式为

$$Q = \sigma_s \varepsilon mnb \sqrt{2g} H_0^{3/2} \tag{7.2-1}$$

其中
$$H_0 = H + \frac{V_0^2}{2g}$$

式中　b——每孔净宽,m;

　　　n——闸孔孔数;

　　　H_0——计入行近流速水头的堰上水深,m;

　　　V_0——行近流速,m/s;

　　　m——堰流的流量系数,与堰型、堰高等边界条件有关;

　　　ε——侧收缩系数,它反映了由于闸墩(包括翼墙、边墩和中墩)对堰流的横向收缩,使过流宽度减小,局部损失增加,泄流能力减小;

　　　σ_s——淹没系数,当下游水位影响堰的泄流能力时为淹没出流,其影响用淹没系数表示。

淹没系数可按下列经验公式计算:

$$\sigma_s = 2.31 \frac{h_s}{H_0}\left(1 - \frac{h_s}{H_0}\right)^{0.4} \qquad (7.2\text{-}2)$$

式中　h_s——从堰顶起算的下游水深,m,见图7.2-1。

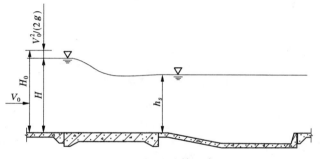

图 7.2-1　堰流计算示意图

自由堰流和淹没堰流的判断标准如下:

$h_s/H_0 < 0.8$,为自由堰流;$h_s/H_0 \geq 0.8$,为淹没堰流。

对于平底闸,当堰流处于高淹没度($h_s/H_0 \geq 0.9$)时(见图7.2-2),其过流能力也可按下式计算:

$$Q = nb\mu_0 h_s\sqrt{2g(H_0 - h_s)} \qquad (7.2\text{-}3)$$

$$\mu_0 = 0.877 + \left(\frac{h_s}{H_0} - 0.65\right)^2 \qquad (7.2\text{-}4)$$

式中　μ_0——淹没堰流的综合流量系数。

对于平底闸,当为孔流时,其计算示意图见图7.2-3,其过流能力可按下式计算:

$$Q = nb\sigma'\mu h_s\sqrt{2gH_0} \qquad (7.2\text{-}5)$$

$$\mu = \varphi\varepsilon'\sqrt{1 - \frac{\varepsilon' h_e}{H}} \qquad (7.2\text{-}6)$$

$$\varepsilon' = \frac{1}{1 + \sqrt{\lambda\left[1 - \left(\frac{h_e}{H}\right)^2\right]}} \qquad (7.2\text{-}7)$$

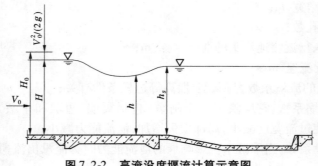

图 7.2-2　高淹没度堰流计算示意图

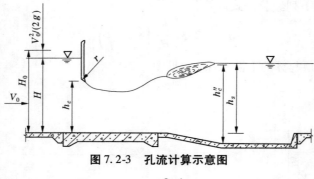

图 7.2-3　孔流计算示意图

$$\lambda = \frac{0.4}{2.718^{16\frac{r}{h_e}}} \tag{7.2-8}$$

式中　h_e——孔口高度,m;

　　　μ——孔流流量系数,可由式(7.2-6)求得;

　　　φ——孔流流速系数,取 0.95 ~ 1.0;

　　　ε'——孔流垂直收缩系数,可由式(7.2-7)求得;

　　　λ——计算系数,可由式(7.2-8)求得,该公式适用条件为 $0 < \dfrac{r}{h_e} < 0.25$;

　　　σ'——孔流淹没系数,可由表 7.2-4 查得。

表 7.2-4　σ' 值

$\dfrac{h_s - h_c''}{H - h_c''}$	$\leqslant 0$	0.1	0.2	0.3	0.4	0.5	0.6	0.7	0.8	0.9	0.92	0.94	0.96	0.98	0.99	0.995
σ'	1.00	0.86	0.78	0.71	0.66	0.59	0.52	0.45	0.36	0.23	0.19	0.16	0.12	0.07	0.04	0.02

注:h_c'' 为跃后水深,m。

7.2.3.2　水闸的消能防冲设计

　　水闸闸下消能防冲设施必须在各种可能出现的水力条件下,都能满足消散动能与均匀扩散水流的要求,且应与下游河道有良好的衔接。

　　消能工设计条件应根据闸基地质情况、水力条件以及闸门控制运用方式等因素,并考虑水闸建成后上、下游河床可能发生淤积或冲刷下切,以及闸下水位的变动等情况对消能防冲设施产生的不利影响,进行综合分析确定。

不同类型的水闸,其泄流特点各不相同,因此控制消能设计的水力条件也不尽相同。水闸的消能工型式主要有底流式消能、面流式消能、挑流式消能。

作为城市河道蓄水建筑物,水闸工程一般建在土质地基上,承受水头不高,且下游河床抗冲能力较低,多采用底流式消能。本节重点讲述底流式消能计算,计算示意图如图7.2-4所示,对于面流式消能、挑流式消能不再进行详细说明。

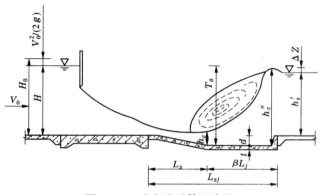

图 7.2-4　消力池计算示意图

1. 消力池深度和长度计算

消力池深度按下列公式计算:

$$d = \sigma_0 h_c'' - h_s' - \Delta Z \tag{7.2-9}$$

$$h_c'' = \frac{h_c}{2}\left(\sqrt{1 + \frac{8\alpha q^2}{g h_c^3}} - 1 \right)\left(\frac{b_1}{b_2} \right)^{0.25} \tag{7.2-10}$$

$$h_c^3 - T_0 h_c^2 + \frac{\alpha q^2}{2g\varphi^2} = 0 \tag{7.2-11}$$

$$\Delta Z = \frac{\alpha q^2}{2g\varphi^2 h_s'^2} - \frac{\alpha q^2}{2g h_c''^2} \tag{7.2-12}$$

式中　d——消力池深度,m;

　　　σ_0——水跃淹没系数,取 1.05~1.10;

　　　h_c''——跃后水深,m;

　　　h_c——收缩水深,m;

　　　α——水流动能校正系数,取 1.0~1.05;

　　　q——过闸单宽流量,m²/s;

　　　b_1——消力池首端宽度,m;

　　　b_2——消力池末端宽度,m;

　　　T_0——由消力池底板顶面算起的总势能,m;

　　　ΔZ——出池落差,m;

　　　h_s'——出池河床水深,m。

消力池长度按下列公式计算:

$$L_{sj} = L_s + \beta L_j \tag{7.2-13}$$

$$L_j = 6.9(h''_c - h_c) \tag{7.2-14}$$

式中　L_{sj}——消力池长度，m；

　　　L_s——消力池斜坡段水平投影长度，m；

　　　β——水跃长度校正系数，取 0.7 ~ 0.8；

　　　L_j——水跃长度，m。

2. 消能工(包括海漫与防冲槽)的构造及布置

消力池底板一般采用混凝土或钢筋混凝土结构，底板厚度根据抗冲和抗浮要求分别计算确定，并取计算结果的较大值。厚度一般为等厚或沿水流方向逐渐减小，末端采用始端厚度的一半，但不应小于 0.5 m。

抗冲要求应满足式(7.2-15)，即

$$t = k_1 \sqrt{q \sqrt{\Delta H'}} \tag{7.2-15}$$

抗浮要求应满足式(7.2-16)，即

$$t = k_2 \frac{U - W \pm P_m}{\gamma_b} \tag{7.2-16}$$

式中　t——消力池底板始端厚度，m；

　　$\Delta H'$——闸孔泄水时的上、下游水位差，m；

　　　k_1——消力池底板计算系数，取 0.15 ~ 0.20，设计水位差取上限，最大水位差取下限；

　　　k_2——消力池底板安全系数，可采用 1.1 ~ 1.3；

　　　U——作用在消力池底板底面的扬压力，kPa；

　　　W——作用在消力池底板顶面的水重，kPa；

　　　P_m——作用在消力池底板上的脉动压力，kPa，其值可取跃前收缩断面流速水头值的 5%，通常计算消力池底板前半部的脉动压力时取" + "号，计算消力池底板后半部的脉动压力时取" - "号；

　　　γ_b——消力池底板的饱和重度，kN/m³。

消力池底板抗浮稳定应按下列情况分别计算：

(1)宣泄消能防冲的设计洪水流量或小于该流量的控制流量；

(2)宣泄消能防冲的校核洪水流量；

(3)消力池排水检修；

(4)地下水位高于上游。

同时，应根据具体条件分析闸门启闭的不利情况并进行复核。必要时，应将排水设施局部或全部失效情况作为校核情况，复核护坦的稳定性。

为减小渗透压力，可在消力池中设置垂直排水孔和铺设反滤层。排水孔间距可取 1.0 ~ 2.5 m，直径为 50 ~ 100 mm。对于存在多层透水层的复杂地基或粉细砂地基，可设置减压井或加大排水孔的直径。

为增强消力池的整体稳定性，土基上的消力池垂直水流方向一般不分缝，长度大于 20 m 时，可在消力池斜坡段末端分缝；岩基上或有抗冻胀要求的消力池顺水流方向和垂直水流方向均应分缝，缝距 8 ~ 15 m，顺水流方向缝宜与闸室分缝错缝布置。

消力池底板的内力较小,一般可按构造配筋。平面尺寸较大时,可按弹性地基梁计算。消力池较深,边荷载较大时,侧墙外侧底板和消力池尾槛的配筋按悬臂梁计算确定。

为消除消力池出水水流的剩余能量,池后均应设海漫和防冲槽。

海漫的长度取决于消能后剩余能量的大小和河床土质的抗冲能力。当 $\sqrt{q_s\sqrt{\Delta H'}} = 1 \sim 9$,且消能扩散良好时,海漫长度可按下列公式计算:

$$L_p = K_s\sqrt{q_s\sqrt{\Delta H'}} \tag{7.2-17}$$

式中　L_p——海漫长度,m;

　　　q_s——消力池末端单宽流量,$m^3/(s \cdot m)$;

　　　K_s——海漫长度计算系数,可由表 7.2-5 查得,消能设施及下游扩散条件较好时取下限,反之取上限。

表 7.2-5　海漫长度计算系数

河床土质	粉砂、细砂	中砂、粗砂、粉质壤土	粉质黏土	坚硬黏土
K_s	14 ~ 13	12 ~ 11	10 ~ 9	8 ~ 7

海漫宜做成等于或缓于 1:10 的斜坡,砌石海漫的厚度一般为 0.3 ~ 0.5 m,末端设防冲槽。

干砌石海漫一般由直径大于 30 cm 的块石砌成,厚度为 0.3 ~ 0.6 m,下设碎石或中粗砂垫层 10 ~ 15 cm,抗冲流速为 3 ~ 4 m/s,常设在海漫后段。

浆砌石海漫采用 M10 或 M7.5 的水泥砂浆砌成,厚度为 0.4 ~ 0.6 m,内设排水孔和反滤层,抗冲流速较高,为 3 ~ 6 m/s,但柔性和透水性较差,一般用于海漫的首端,约为海漫全长的 1/3。

缺少块石的地区可采用现浇钢筋混凝土海漫或预制混凝土海漫,混凝土强度等级不小于 C20,厚度不小于 0.2 m,内设排水孔和反滤层。

海漫末端设置下游防冲槽,深度取决于海漫末端的冲刷深度,应根据河床土质、海漫末端单宽流量和下游水深等因素计算确定。防冲槽深度一般为 1.0 ~ 2.0 m,上、下游边坡坡度可采用 1:(2 ~ 5),两侧边坡坡度可与两岸河坡相同,海漫末端的河床冲刷深度可按下式计算:

$$d_m = 1.1\frac{q_m}{[v_0]} - h_m \tag{7.2-18}$$

式中　d_m——海漫末端河床冲刷深度,m;

　　　q_m——海漫末端单宽流量,$m^3/(s \cdot m)$;

　　　$[v_0]$——河床土质不冲流速,m/s,可由表 7.2-6 查得;

　　　h_m——海漫末端河床水深,m。

表 7.2-6　粉性土质的不冲流速 $[v_0]$

河床土质	轻壤土	中壤土	重壤土	黏土
$[v_0]$(m/s)	0.60 ~ 0.80	0.65 ~ 0.85	0.70 ~ 0.95	0.75 ~ 1.00

7.2.4 水闸的防渗排水设计

水闸的防渗排水设计主要是根据闸基地质情况及上、下游水位条件等进行设计计算，内容包括：

（1）进行水闸的地下轮廓布置，设计防渗排水设施的型式、布置、构造和尺寸。

（2）渗透压力计算，供闸室稳定验算时使用。

（3）渗流坡降计算，验算地基抗渗稳定性。

（4）滤层设计。

（5）防渗帷幕及排水孔设计。

（6）永久缝止水设计。

水闸作为城市河道蓄水建筑物时，一般为拦河闸，常出现闸基渗流。侧向绕渗常出现在与土堤衔接的水闸，一般是引水闸。因此，本节重点讲述闸基渗流问题。

7.2.4.1 地下轮廓设计

1. 地下轮廓的设计步骤

（1）根据水闸的上、下游水位差的大小和地基土质条件选择地下轮廓的形状及尺寸，初步拟定其不透水部分的长度（防渗长度）时，一般可采用渗径系数法。

（2）选用适当的方法对初步拟订的布置方案进行渗流计算，求出闸底所受的渗透压力以及渗透坡降，特别是渗流出口处的坡降（出逸坡降）。

（3）检验闸基及地基的抗渗稳定性。

（4）根据稳定和经济合理的要求，对初拟的地下轮廓进行修改，在修改地下轮廓线的形状和尺寸时，应结合总体布置和闸室的结构布置与设计进行综合考虑。

2. 闸基防渗长度计算

在工程规划和可行性研究阶段，初拟闸基防渗长度可采用渗径系数法，按下列公式计算：

$$L = C\Delta H \tag{7.2-19}$$

式中　L——闸基防渗长度，即闸基轮廓防渗部分水平段和垂直段长度的总和，m；

　　　ΔH——上、下游水位差，m；

　　　C——允许渗径系数值，采用表 7.2-7 中数值，当闸基设板桩时可采用表 7.2-7 中规定值的小值。

表 7.2-7　允许渗径系数 C 值

排水条件	粉砂	细砂	中砂	粗砂	中砾、细砾	粗砾类卵石	轻粉质沙壤土	轻沙壤土	壤土	黏土
有滤层	13~9	9~7	7~5	5~4	4~3	3~2.5	11~7	9~5	5~3	3~2
无滤层									7~4	4~3

表 7.2-7 中除壤土和黏土外，其余各类地基只列出有滤层的允许渗径系数值，因为在这些地基上，地基渗流出口处比较容易产生渗透变形，因此在渗流进入排水处时均需设置滤层。

3. 地下轮廓布置

水闸地基土质常为黏性土地基、砂类土地基、多层土地基。

黏土或壤土地基一般都采用平展式地下轮廓,不宜设置板桩。上、下游水位差较大时,多采用防渗铺盖来增加防渗长度;水位差不太大时,结合闸室上部结构布置的需要,甚至可以不设铺盖。当然,这种布置方案还需要进行闸室稳定性分析。如果单纯为了防渗要求,增加闸室底板长度不够经济,或使上部结构布置稀松而不美观,则可采用适当增加底板齿墙深度的方法来处理。

砂类土地基最容易发生渗透变形,影响水闸的安全。布置地下轮廓时,应首先考虑采用防渗铺盖或防渗墙。当铺盖防渗效果不理想或不经济时,应采用铺盖与板桩防渗墙相结合的布置形式。如果地基由相对均匀的砂类土组成,不透水层埋藏很深,主板桩应布置成悬挂式;当砂土层较薄时,不透水层位于板桩可以达到的深度,板桩应嵌入到不透水层内 1.0 m 以上。在细砂地基中,有时还需要在铺盖的上游端增设铺盖板桩,以减小渗透压力。极细砂和粉砂土地基水闸底板下的板桩,宜布置成封闭的形式,以固定基土和防止粉细砂地震时产生液化。相邻两道板桩墙的间距应大于两道板桩之和的 0.7 倍,避免渗流跃过板桩,使水平段的有效长度减小。采用铺盖与板桩相结合的地下轮廓布置形式时,除设置主板桩增加正向的防渗长度外,还应注意铺盖和闸底板两侧的侧向防渗问题。工程实践中,常在上游翼墙底板下设板桩墙,其前部直达铺盖的首端,后部同主板桩衔接起来,以构成一个较完整的防渗体系。

当闸基黏土覆盖层较薄,下卧层含有承压水的砂土层,或者在黏性土地基中,距离闸底不深处存在含有承压水的夹砂薄层时,应验算黏性土覆盖层的抗渗、抗浮稳定性。稳定性不足时,可在闸室下游设置深入透水砂层的排水降压井。排水井必须布置在闸底和防渗段范围之外,避免与闸基防渗和两岸侧向防渗的要求相抵触。

7.2.4.2　渗流计算

闸基渗流计算可求解出渗流区域内的渗透压力、渗透坡降、渗透流速及渗流量。岩基上水闸基底渗流计算可采用全截面直线分布法,但应考虑设置防渗帷幕和排水孔时对降低渗透压力的作用和效果。土基上水闸基底渗流计算可采用改进阻力系数法或流网法;复杂土质地基上的重要水闸,应采用数值计算法进行计算。作为城市河道蓄水建筑物的水闸,一般采用改进阻力系数法进行闸基渗流计算,改进阻力系数法计算方法见《水闸设计规范》(SL 265)附录 C。

7.2.4.3　地基土的抗渗稳定性计算

1. 渗透变形的类型

水闸地基土渗透变形一般可分为管涌、流土、接触冲刷和接触流土等。产生渗透变形的因素,主要是土的性质以及水的条件。前者是内因,后者是外因。

管涌主要是指土体内的细颗粒,由于渗流作用在粗颗粒之间的空隙通道内移动或被带走。土体内部细颗粒发生的移动,称为内部管涌。在地下轮廓与地基土接触面上,或地基内部两种具有不同粒径的相邻土层之间,沿着接触面的渗流也会将细颗粒带走,这种现象叫接触冲刷。管涌只在砂类土即非黏性土中发生。

土体在渗流力的作用下膨胀、松动、隆起、断裂而致破坏的现象称为流土。黏性土比较容易发生流土,较为均匀的砂土也会产生流土。

渗流垂直于两种不同粒径的土层接触面流动时,将一层的细颗粒带入到另一层中去,即为接触流土。水闸下游渗流出口处滤层常发生的淤堵现象,便是接触流土。

上述渗透变形,在地基渗流中可能单独出现,也可能以多种形式出现。

2. 流土和管涌的判别

黏性土地基只可能出现流土,非黏性土地基既可能出现管涌,也可能出现流土。在验算砂砾石闸基出口段抗渗稳定性时,渗流可能发生的破坏形式,按下列方式判别:

当 $4P_f(1-n) > 1.0$ 时,为流土破坏;

当 $4P_f(1-n) < 1.0$ 时,为管涌破坏。

判别式中,P_f 为小于砂砾土粗细颗粒分界粒径的土粒百分数含量,n 为砂砾土孔隙率。

3. 闸基抗渗稳定的验算

砂砾石闸基出口段防止流土破坏的允许渗流坡降值为表 7.2-8 中所列的出口段允许渗流坡降值。

表 7.2-8　水平段和出口段允许渗流坡降值

地基类别	允许渗流坡降值	
	水平段 $[J_x]$	出口段 $[J_0]$
粉砂	0.05 ~ 0.07	0.25 ~ 0.30
细砂	0.07 ~ 0.10	0.30 ~ 0.35
中砂	0.10 ~ 0.13	0.35 ~ 0.40
粗砂	0.13 ~ 0.17	0.40 ~ 0.45
中砾、细砾	0.17 ~ 0.22	0.45 ~ 0.50
粗砾类卵石	0.22 ~ 0.28	0.50 ~ 0.55
沙壤土	0.15 ~ 0.25	0.40 ~ 0.50
壤土	0.25 ~ 0.35	0.50 ~ 0.60
软黏土	0.35 ~ 0.40	0.60 ~ 0.70
坚硬黏土	0.40 ~ 0.50	0.70 ~ 0.80
极坚硬黏土	0.50 ~ 0.60	0.80 ~ 0.90

砂砾石闸基出口段防止管涌破坏的允许渗流坡降值可按下列公式计算:

$$[J] = \frac{7d_5}{Kd_f} \left[\sqrt{4P_f(1-n)} \right]^2 \tag{7.2-20}$$

$$d_f = 1.3\sqrt{d_{15}d_{85}} \tag{7.2-21}$$

式中　$[J]$——防止发生管涌破坏的允许渗流坡降值;

d_f——闸基土的粗细颗粒分界粒径,mm;

P_f——小于 d_f 的土粒径百分数含量(%);

n——闸基土的孔隙率;

d_5、d_{15}、d_{85}——闸基土颗粒级配曲线上含量小于 5%、15%、85% 的粒径,mm;

K——防止管涌破坏的安全系数,取 1.5 ~ 2.0。

防止渗透变形的途径,一是设防降低渗流坡降,特别是出逸坡降,具体措施是正确地布置地下轮廓线,在渗流出口处打短板桩,或设置较深的齿墙;二是在护坦或海漫的下面、渗流出口处布置滤层,增加地基的抗渗稳定性。

7.2.4.4 防渗设施

常见的防渗设施主要有铺盖、防渗墙和齿墙等。

1. 铺盖

铺盖的常用型式有黏土铺盖、钢筋混凝土铺盖,铺盖与闸底板和上游翼墙的连接处用缝分开,缝中设止水设备。

黏土铺盖长度为闸上水头的 2 ~ 4 倍;厚度由 $\sigma = \Delta H / J$ 确定,其中 ΔH 为该断面铺盖顶底面的水头差,J 为材料的容许坡降(黏土取 4 ~ 8,壤土取 3 ~ 5)。黏土铺盖前段最小厚度为 0.5 m,逐渐向闸室方向加厚至 1.0 ~ 1.5 m。在任一铅直断面上的厚度不应小于 (1/6 ~ 1/10)ΔH。铺盖表面应筑浆砌块石、混凝土预制板等保护层和砂砾石垫层。严寒地区应使黏土铺盖位于冰冻层之下,或将保护层加厚。

钢筋混凝土铺盖厚度一般不小于 0.4 ~ 0.5 m,与底板连接的一端加厚至 0.8 ~ 1.0 m,做成齿墙。混凝土强度等级一般不低于 C20,并配置构造钢筋。顺水流方向每隔 15 ~ 20 m 设一道伸缩缝,两端靠近翼墙的铺盖缝距应适当小些。

2. 防渗墙

浅透水层宜采用截断式防渗墙,并深入相对不透水层至少 1.0 m;深透水层防渗墙深度一般为 0.6 ~ 1.0 倍上、下游水位差。

防渗墙材料有水泥土、素混凝土、钢筋混凝土、高压喷射水泥浆及木结构、钢板桩等。水泥土搅拌桩防渗墙最小厚度为 16 ~ 30 cm,素混凝土防渗墙厚度为 30 ~ 50 cm,钢筋混凝土防渗墙厚度为 40 ~ 60 cm,高压喷射水泥浆防渗墙厚度不小于 20 cm。钢筋混凝土防渗墙适用于各种无黏性土地基,包括砂砾石土地基。近年来,振动沉模混凝土防渗墙应用较广泛,主要适用于相对密度不大的砂性土和卵砾石地基,厚度一般大于 20 cm。

防渗墙与底板的连接方式:防渗墙紧靠底板前缘,顶部嵌入黏土铺盖一定深度(适用于闸室沉降量较大时);防渗墙顶部嵌入底板底面特设的凹槽内(适用于闸室沉降量较小时)。

3. 齿墙

闸底板的上、下游端均应设有浅齿墙,以增强闸室稳定,延长渗径,其深度不小于 0.5 ~ 1.0 m。当地基为粒径较大的砂砾石或卵石,且不宜打板桩时,可采用深齿墙或防渗墙与埋藏不是很深的不透水层连接。深齿墙宜布置在底板或铺盖的上游侧。

7.2.4.5 排水设施

水闸设计中设置排水设施是为了进一步降低底板底面上较大的渗透压力,并将渗流安全地导向下游。

排水设施是布置在地基中透水性很强的垫层,常用砂砾石或碎石铺筑,渗流由此和下游相连,排水中的水头与下游几乎相同。因此,利用排水可以降低排水起点以前闸底板所受的渗透压力,并消除排水起点以后建筑物底板上的渗透压力。为了防止地基土的渗透变形,应在渗流进入排水的各个方面都设置滤层,并使滤层与渗流方向大致成正交。排水一般不专门设置,而将滤层中颗粒粒径最大的一层厚度加大,成为排水层。

平铺式排水是水闸工程中常用的一种形式,一般都布置在设有排水孔的护坦下面和海漫首端。布置平铺式排水时,避免排水滤层的底面与底板齿墙齐平,而造成严重冲刷。

7.2.4.6 分缝与止水

水闸需设缝,以防止建筑物因地基不均匀沉降和温度变形而产生裂缝。缝的间距为10~30 m,缝宽为2.0~2.5 cm,使相邻建筑物的沉降互不影响。土基上的水闸,凡相邻结构沉降量不同处都应分缝。混凝土铺盖和护坦面积较大时,也应设缝。分缝内应设填缝材料,常用的填缝材料有沥青木板、沥青油毛毡、挤塑板和闭孔泡沫板等。

凡有防渗要求的伸缩缝和沉降缝,均应设止水,止水分铅直止水和水平止水。铅直止水的位置应靠近临水面,距临水面0.2~0.5 m。缝墩内的铅直止水位置应靠近闸门,并略接近上游。重要的水闸在设置铅直止水后,应加做检查井,用以检查止水和缝的工作情况。水平止水的位置应靠近底板(铺盖、消力池底板或护坦底板),距顶部0.15~0.20 m。

7.2.5 水闸的稳定分析

7.2.5.1 荷载计算及其组合

1. 荷载及其计算

1)作用荷载

在水闸设计中,作用荷载分为基本荷载和特殊荷载两类。

(1)基本荷载。作用于水闸闸室及岸墙、翼墙上的基本荷载主要有自重(包括结构自重、填料自重、永久设备自重)、相应于正常蓄水位或设计洪水位情况下底板上的水重、静水压力、扬压力(浮托力和渗透压力之和)、浪压力、土压力、淤沙压力、风压力、冰压力、土的冻胀力,其他荷载(如车辆、人群荷载)等。

岸墙、翼墙上的作用荷载,除考虑上述相应于正常挡水位、设计洪水位情况下的荷载外,还应考虑相应于墙后正常地下水位情况下的水重、静水压力、扬压力和土压力等。

(2)特殊荷载。作用于水闸闸室及岸墙、翼墙上的特殊荷载主要有相应于校核洪水位情况下底板上的水重、静水压力、扬压力、浪压力以及地震荷载等。

岸墙、翼墙上的作用荷载,除考虑上述相应于校核洪水位情况下的荷载外,还应考虑相应于墙后正常地下水位情况下的水重、静水压力、扬压力和土压力等。

2)各荷载计算

(1)自重。水重结构自重和填料自重按其几何尺寸及材料重度计算确定。水闸结构使用的建筑材料主要有混凝土和钢筋混凝土,有的部位也有采用浆砌条石或浆砌块石的闸门、启闭机及其他永久设备应尽量采用其实际重量。

(2)水重。作用在水闸底板上的水重按其实际体积及水的重度计算确定。多泥沙河流上的水闸,还应考虑含沙量对水的重度的影响。

(3)静水压力。作用于水闸闸室和岸墙、翼墙上的静水压力应根据水闸不同运用情况时闸室上、下游水位和岸墙、翼墙的墙前、墙后水位的组合条件计算确定。多泥沙河流上的水闸,还应考虑含沙量对水的重度的影响。

水闸闸室的上、下游水位和岸墙、翼墙的墙前、墙后水位的组合条件,应根据水闸工程运行中实际可能出现的水位确定。

(4)扬压力。作用在水闸闸室和岸墙、翼墙基础底面上的扬压力应根据地基类别、防渗排水布置及水闸上、下游水位和岸墙、翼墙墙前、墙后水位的组合条件计算确定,应与计算静水压力的水位组合条件相对应,且选择最不利的水位组合条件。

(5)土压力。作用在水闸上的土压力应根据岸墙、翼墙型式,填土性质,挡土高度,填土内的地下水位,填土顶面坡角及荷载等计算确定。挡土结构的土压力可按下列规定计算:

①对于向外侧移动或转动的挡土结构,按主动土压力计算;对于保持静止不动的挡土结构,可按静止土压力计算;对于岸墙、翼墙沉井基础、板桩、锚钉墙结构的土抗力,可按被动土压力计算。

②土压力计算公式的适用条件见《挡土墙设计规范》(SL 379—2007)。

③当墙后填土表面有均布荷载或车辆荷载作用时,可将均布荷载(车辆荷载近似地按均布荷载)换算成等效的填土高度,计算作用在墙背面上的主动土压力。此种情况下,作用在墙背面上的主动土压力应按梯形分布计算。

(6)淤沙压力。作用在水闸闸室和岸墙、翼墙上的淤沙压力应根据闸室上、下游和岸墙、翼墙墙前可能淤积的厚度及泥沙重度等计算确定。

①淤沙压力按朗肯理论主动土压力公式进行计算。

②泥沙可能的淤积厚度,应根据河流水文泥沙特性和水闸工程布置情况经计算确定。

③岸墙、翼墙墙前泥沙可能淤积的厚度对墙的结构稳定有利时,可不计淤沙压力。

(7)风压力。作用在水闸上的风压力应根据当地气象站提供的风向、风速和水闸受风面积等计算确定。计算风压力时,应考虑水闸周围地形、地貌及附近建筑物的影响。风压力可按下列规定进行计算:

①风速的取值规定:当风压力参与荷载的基本组合时,采用当地气象站提供的重现期为50年的最大风速,或采用多年平均年最大风速的1.5~2.0倍;当风压力参与荷载的特殊组合时,采用当地气象站提供的多年平均年最大风速。

②计算作用在水闸上的风压力时,若当地没有风速资料,可按《建筑结构荷载规范》(GB 50009)选用闸址所在地50年一遇的风压,但不得小于0.30 kN/m²。

③对于作用在岸墙、翼墙上的风压力,由于其作用风向对岸墙、翼墙的稳定一般是有利的,可不进行计算。

(8)浪压力。水闸上的浪压力应根据水闸闸前和岸墙、翼墙墙前风向、风速、风区长度、风区内平均水深以及闸前(墙前)实际波态等计算确定。作用在水闸上的浪压力按下列规定进行计算:

①计算风速的取值同风压力的计算风速取值。

②计算浪压力,首先要计算波浪要素,即平均波高、平均波长和平均波周期等,波浪要素可按莆田公式计算。

③波列累积频率是根据水闸不同的级别而确定的,可由表7.2-9查得,表中 P 为波列累积频率。

表 7.2-9　波列累积频率 P 值

水闸级别	1	2	3	4	5
$P(\%)$	1	2	5	10	20

④对于作用在水闸铅直或近似铅直迎水面上的浪压力,应根据闸前水深和实际波形,分别按深水波、浅水波、破碎波等作用进行计算。

⑤对于作用在岸墙、翼墙上的浪压力,由于其作用方向对岸墙、翼墙的稳定一般是有利的,可不进行计算。

(9)冰压力。冰压力可分为静冰压力和动冰压力。冰压力计算按照《水工建筑物荷载设计规范》(DL 5007)的规定计算,要注意下列要求:

①作用在水闸上的冰压力为基本荷载。

②静冰压力垂直作用于结构前沿,其作用点取冰面以下 1/3 冰厚处。

③静冰压力宜按冰冻期可能的最高水位情况计算,并扣除冰层厚度范围内的水压力。

④若在闸门附近采取了防冰冻措施,则不考虑静冰压力。

⑤静冰压力和动冰压力应分别在冰冻期和流冰期单独考虑,并单独与其他非冰冻荷载进行组合。

(10)土的冻胀力。土的冻胀力分为切向冻胀力、水平冻胀力和竖向冻胀力。作用于水闸上的冻胀力按《水工建筑物抗冰冻设计规范》(SL 211)的规定计算,要注意下列要求:

①标准冻深大于 0.3 m 地区的水闸建筑物应进行抗冰冻设计。

②水闸上的冻胀力为基本荷载。

③桩、墩基础设计宜取切向冻胀力与其他非冰冻荷载的组合,但斜坡上的桩、墩基础应同时考虑水平冻胀力对桩、墩的水平推力和切向冻胀力的作用,以及与其他非冰冻荷载的组合。

④挡土墙设计应取水平冻胀力与其他非冰冻荷载的组合,但土压力与水平冻胀力不叠加,设计时取两者的较大值。

⑤两侧填土的矩形结构设计应取侧墙的水平冻胀力和作用于底板底面的竖向冻胀力与其他非冰冻荷载的组合。

(11)地震荷载。作用于水闸建筑物上的地震荷载一般包括水闸结构自重及填料自重产生的地震惯性力、地震动土压力和水平向地震动水压力。水闸建筑物地震荷载计算可采用动力法或拟静力法。除设计烈度为 8、9 度的 1、2 级水闸或地基为可液化土的 1、2 级水闸,应采用动力法计算地震荷载外,其他水闸建筑物均采用拟静力法计算地震荷载。地震荷载计算见《水工设计手册》(第 2 版)。

(12)其他荷载。作用在水闸建筑物上的其他荷载有人群、车辆荷载及施工临时荷载等。

①人群、车辆荷载。水闸闸室的人行桥、交通桥上的人群、车辆荷载,按在桥面上可能的最不利组合计算。岸墙、翼墙墙后破裂面内的人群荷载、车辆荷载,可换算成作用在填

土面上的均布荷载计算。

②水闸施工过程中各阶段的临时荷载应根据工程实际情况确定。

2. 荷载组合

计算水闸闸室及岸墙、翼墙稳定和应力时，应根据水闸的施工、运行、检修情况，并考虑各种荷载出现的概率，将实际上可能同时出现的各种荷载进行最不利的组合，并将水位作为组合条件。对于双向挡水的水闸，应考虑闸室承受双向水头作用，选择最不利荷载组合情况计算。荷载组合可分为基本组合和特殊组合，见表7.2-10。

表 7.2-10　荷载组合表

荷载组合	计算情况	自重	水重	静水压力	扬压力	土压力	淤沙压力	风压力	浪压力	冰压力	土的冻胀力	地震荷载	其他	说明
基本组合	完建情况	√	—	—	—	√	—	—	—	—	—	—	√	必要时，可考虑地下水产生的扬压力
	正常蓄(挡)水位情况	√	√	√	√	√	√	√	√	—	—	—	√	按正常蓄(挡)水位组合计算水重、静水压力、扬压力及浪压力
	设计洪水位情况	√	√	√	√	√	√	√	√	—	—	—	—	按设计洪水位组合计算水重、静水压力、扬压力及冰压力
	冰冻情况	√	√	√	√	√	√	√	—	√	—	—	√	按正常蓄水位组合计算水重、静水压力、扬压力及冰压力
特殊组合 I	施工情况	√	—	—	—	√	—	—	—	—	—	—	√	应考虑施工过程中各个阶段的临时荷载
	检修情况	√	—	√	√	√	√	√	√	—	—	—	√	按正常蓄水位组合(必要时可按设计洪水位组合或冬季低水位条件)计算静水压力、扬压力及浪压力
	校核洪水位情况	√	√	√	√	√	√	√	√	—	—	—	—	按校核洪水位组合计算水重、静水压力、扬压力及浪压力
特殊组合 II	地震情况	√	√	√	√	√	√	√	√	—	—	√	—	按正常蓄水位组合计算水重、静水压力、扬压力及冰压力

注：表中正常蓄水位情况是对水闸而言的，正常挡水位情况是对岸墙、翼墙而言的。

7.2.5.2 闸室稳定分析

闸室稳定计算包括闸室基底应力计算、闸室抗滑和抗浮稳定计算等,对于分离式底板,应特别注意中底板的抗浮稳定问题。当水闸地基土层含有软弱层时,应复核沿软弱层的抗滑稳定及应力。

1. 闸室计算单元选取

闸室稳定计算单元的选取应根据水闸结构的布置特点确定。对于未设顺水流向永久缝的闸室,取闸室整体作为一个计算单元;对于顺水流向设永久缝的多孔闸,宜取相邻顺水流向永久缝之间的闸段作为计算单元,如计算单元不一致,应分别计算。另外,由于边孔闸墩与中孔闸墩的结构边界条件及受力情况有所不同,应将边孔闸段和中孔闸段分别作为计算单元。

2. 闸室基底应力计算

1) 结构布置及受力情况对称

对于垂直水流方向的结构布置及受力情况均对称的闸孔,如多孔闸的中间孔或左右对称的单闸孔,闸室基底应力目前普遍采用材料力学偏心受压公式即式(7.2-22)计算,考虑到闸墩和底板在顺水流向的刚度很大,闸室基底应力可近似地认为呈直线分布。

$$P_{\frac{max}{min}} = \frac{\sum G}{A} \pm \frac{\sum M}{W} \qquad (7.2\text{-}22)$$

式中　$P_{\frac{max}{min}}$——闸室基底应力的最大值和最小值,kPa;

　　　$\sum G$——作用在闸室上的全部竖向荷载(包括闸室基底面上的扬压力)之和,kN;

　　　$\sum M$——作用在闸室上的全部竖向和水平荷载对于基础底面垂直水流向的形心轴的力矩之和,kN·m;

　　　A——闸室基底面的面积,m²;

　　　W——闸室基底面对该底面垂直水流方向的形心轴的截面矩,m³。

2) 结构布置及受力情况不对称

对于垂直水流方向的结构布置及受力情况不对称的闸孔,如多孔闸的边闸孔或左右不对称的单闸孔,闸室基底应力按双向偏心受压公式(7.2-23)计算。

$$P_{\frac{max}{min}} = \frac{\sum G}{A} \pm \frac{\sum M_x}{W_x} \pm \frac{\sum M_y}{W_y} \qquad (7.2\text{-}23)$$

式中　$\sum M_x$、$\sum M_y$——作用在闸室上的全部竖向和水平荷载对于基础底面形心轴 x、y 的力矩,kN·m;

　　　W_x、W_y——闸室基底面对该底面形心轴 x、y 的截面矩,m³。

3) 闸室基底应力应满足的要求

(1)土基上的水闸。在各种计算情况下,闸室平均基底应力不大于地基容许承载力,最大基底应力不大于地基容许承载力的1.2倍;闸室的基底应力的最大值与最小值之比(不均匀系数)不大于表7.2-11中的容许值。

表 7.2-11　土基上闸室基底应力最大值与最小值之比的容许值

地基土质	荷载组合	
	基本组合	特殊组合
松软	1.50	2.00
中等坚硬	2.00	2.50
坚硬	2.50	3.00

注:1.对于特别重要的大型水闸,其闸室基底应力最大值与最小值之比的容许值可按表列数值适当减小。

2.对于地震区的水闸,闸室基底应力最大值与最小值之比的容许值可按表列数值适当增大。

3.对于地基特别坚硬或不可压缩土层甚薄的水闸,可不受本表限制,但要求闸室基底不出现拉应力。

(2)岩基上的水闸。在各种计算情况下,闸室最大基底应力不大于地基容许承载力;在非地震情况下,闸室基底拉应力不大于 100 kPa。

3. 闸室抗滑稳定计算

一般情况下,水闸闸室的稳定受表层滑动控制。当闸室底板下部深处地基存在软弱夹层时,由于软弱夹层的抗剪强度较低,还应验算闸室沿软弱夹层面滑动的抗滑稳定安全系数。

1)土基上水闸的抗滑稳定计算

对于土基上的水闸,当闸室基底面为平面或闸底板设有较浅的齿墙时,闸室可能沿基底面滑动,或沿闸室基底面带动的薄层土体一道滑动,抗滑稳定安全系数应按式(7.2-24)、式(7.2-25)进行计算。

$$K_c = \frac{f \sum G}{\sum H} \qquad (7.2\text{-}24)$$

$$K_c = \frac{\tan\varphi_0 \sum G + c_0 A}{\sum H} \qquad (7.2\text{-}25)$$

式中　K_c——沿闸室基底面的抗滑稳定安全系数;

f——闸室基底面与地基之间的摩擦系数,可按本章 7.2.5.4 部分中规定采用;

$\sum H$——作用于闸室上的全部水平荷载,kN;

φ_0——闸室基底面与土质地基之间的摩擦角,可按本章 7.2.5.4 部分中规定采用(°);

c_0——闸室基底面与土质地基之间的黏聚力,可按本章 7.2.5.4 部分中规定采用,kPa。

采用桩基础的水闸:对于采用钻孔灌注桩、预制桩和预应力管桩基础的水闸,若考虑桩基承担上部所有垂直和水平荷载,可不验算闸室基底面的抗滑稳定安全系数。如桩顶嵌入闸室底板,应计入桩体的抗剪断能力。抗滑稳定验算时,应先减去桩基所能承担的水平和垂直荷载,再采用式(7.2-25)计算闸室基底面的抗滑稳定安全系数。

采用复合地基的水闸:对于采用水泥土搅拌桩复合地基的水闸,且桩顶与闸室底板间设垫层时,要考虑复合地基抗剪强度指标的提高,即在采用式(7.2-25)验算闸室基底面的抗滑稳定安全系数时,摩擦角 φ_0 及黏聚力 c_0 值应采用搅拌桩复合地基的等效强度 φ_0' 及 c_0' 值,相关计算详见本章7.2.5.4部分中的规定。

2)闸底板有较深齿墙时的抗滑稳定计算

闸室抗滑稳定计算时,如按式(7.2-24)或式(7.2-25)计算的抗滑稳定安全系数难以满足要求时,可考虑在闸室底板下设置深齿墙,并计入深齿墙的抗滑作用。当闸室底板下的齿墙深度可充分发挥齿墙之间土体的阻滑作用时,可按以下方法复核闸室抗滑稳定安全系数。

闸室底板前后齿墙深度相同,考虑闸室结构沿齿墙底部连同齿墙间土体滑动时,闸室抗滑稳定安全系数的计算公式为

$$K_c = \frac{\tan\varphi \sum G + cA'}{\sum H} \tag{7.2-26}$$

式中　φ——齿墙底部地基土的内摩擦角,可按本章7.2.5.4部分中规定采用,(°);

　　　c——齿墙底部地基土的黏聚力,可按本章7.2.5.4部分中规定采用,kPa;

　　　A'——齿墙间土体滑动面面积,m²。

特别要注意的是,式中 $\sum G$ 值应包括齿墙间土体重量(按浮重度计算)。

当闸室底板上游齿墙深、下游齿墙浅,考虑闸室沿两齿墙连线的斜面滑动时,闸室抗滑稳定安全系数的计算公式为

$$K_c = \frac{\tan\varphi(\sum G\cos\beta + \sum H\sin\beta) + cA'}{\sum H\cos\beta - \sum G\sin\beta} \tag{7.2-27}$$

式中　β——斜面与水平面的夹角,(°);

　　　其他符号意义同前。

齿墙后的土压力一般不予考虑,将之作为安全储备;若要考虑,可按1/3的被动土压力或静止土压力作用在闸室尾部计入。

3)岩基上水闸的抗滑稳定计算

沿闸室基底面的抗滑稳定安全系数,可按式(7.2-24)或式(7.2-28)计算。

$$K_c = \frac{f'\sum G + c'A}{\sum H} \tag{7.2-28}$$

式中　f'——闸室基底面与岩石地基之间的抗剪断摩擦系数;

　　　c'——闸室基底面与岩石地基之间的抗剪断黏聚力,kPa;

　　　其他符号意义同前。

4)抗滑稳定安全系数允许值

土基上及岩基上沿闸室基底面抗滑稳定安全系数的允许值见表7.2-12及表7.2-13。

表 7.2-12　土基上沿闸室基底面抗滑稳定安全系数的允许值

荷载组合		水闸级别			
		1	2	3	4、5
基本组合		1.35	1.30	1.25	1.20
特殊组合	Ⅰ	1.20	1.15	1.10	1.05
	Ⅱ	1.10	1.05	1.05	1.00

注:1.特殊组合Ⅰ适用于施工情况、检修情况及校核洪水位情况。

　　2.特殊组合Ⅱ适用于地震情况。

表 7.2-13　岩基上沿闸室基底面抗滑稳定安全系数的允许值

荷载组合		按式(7.2-24)计算时			按式(7.2-28)计算时
		水闸级别			
		1	2、3	4、5	
基本组合		1.10	1.08	1.05	3.00
特殊组合	Ⅰ	1.05	1.3	1.00	2.50
	Ⅱ		1.00		2.30

注:1.特殊组合Ⅰ适用于施工情况、检修情况及校核洪水位情况。

　　2.特殊组合Ⅱ适用于地震情况。

4.闸室抗浮稳定计算

闸室的抗浮稳定性通常由闸室检修情况控制,因此当闸室设有两道检修闸门或只设一道检修闸门,利用工作闸门与检修闸门进行检修时,抗浮稳定性计算公式为

$$K_f = \frac{\sum V}{\sum U} \tag{7.2-29}$$

式中　K_f——闸室抗浮稳定安全系数;

　　　$\sum V$——作用在闸室上全部向下的竖向力之和,kN;

　　　$\sum U$——作用在闸室基底面上的扬压力,kN。

不论水闸级别和地基条件,在基本荷载组合条件下,闸室抗浮稳定安全系数不应小于1.10;在特殊荷载组合条件下,闸室抗浮稳定安全系数不应小于1.05。

7.2.5.3　岸墙、翼墙稳定分析

1.岸墙、翼墙计算单元选取

岸墙、翼墙稳定计算单元应根据其结构及布置型式确定。重力式、半重力式、衡重式、悬臂式和无锚碇墙的板桩式岸墙、翼墙可取每延米作为稳定计算单元。扶壁式、空箱式、组合式岸墙、翼墙可取相邻永久缝之间的区段作为稳定计算单元。有锚碇墙的板桩式岸墙、翼墙和锚杆式岸墙、翼墙可取一个锚碇区段作为稳定计算单元。圆弧段翼墙结构可取相邻永久缝之间的区段进行计算。

2. 岸墙、翼墙基底应力计算

岸墙、翼墙基底应力计算公式及基底应力应满足的要求可参见本章 7.2.5.2 节中规定,本节不再赘述。

3. 岸墙、翼墙的抗滑稳定计算

岸墙、翼墙沿基底面抗滑稳定计算方法与闸室沿基底面计算一样,本节不再赘述。当岸墙、翼墙基底面向填土方向倾斜时,沿该基底面的抗滑稳定安全系数可采用下式计算:

$$K_c = \frac{f(\sum G\cos\alpha + \sum H\sin\alpha)}{\sum H\cos\alpha - \sum G\sin\alpha} \tag{7.2-30}$$

式中 α——基底面与水平面的夹角,(°);

其他符号意义同前。

基底面与水平面的夹角,对于土基一般不宜大于 7°,岩基一般不宜大于 12°。

对于设有锚碇墙的板桩式岸墙,其锚碇墙抗滑稳定安全系数不应小于表 7.2-14 规定的允许值。

表 7.2-14 锚碇墙抗滑稳定安全系数的允许值

荷载组合	挡土墙级别		
	1	2、3	4、5
基本组合	1.50	1.40	1.30
特殊组合	1.40	1.30	1.20

4. 岸墙、翼墙的抗倾覆稳定计算

岸墙、翼墙的抗倾覆稳定安全系数计算公式为

$$K_0 = \frac{\sum M_V}{\sum M_H} \tag{7.2-31}$$

式中 K_0——岸墙、翼墙抗倾覆稳定安全系数;

$\sum M_V$——对于岸墙、翼墙基底前趾的抗倾覆力矩,kN·m;

$\sum M_H$——对于岸墙、翼墙基底前趾的倾覆力矩,kN·m。

对于衡重式岸墙、翼墙,除需要计算绕前趾倾倒的抗倾覆稳定性外,还应验算衡重平台向后倾覆的稳定性。

由于土基上岸墙、翼墙的基底应力最大值和最小值之比按不大于表 7.2-11 规定的要求控制,可不进行抗倾覆稳定计算。

对于岩基上的岸墙、翼墙,不论水闸级别,在基本荷载组合条件下,抗倾覆稳定安全系数不应小于 1.50,在特殊荷载组合条件下,抗倾覆稳定安全系数不应小于 1.30。

5. 岸墙、翼墙的抗浮稳定计算

当沉井式岸墙、翼墙采用混凝土封底时,应进行施工期沉井抗浮稳定计算;对于采用封底沉井基础且沉井内没有回填足够的压重材料的岸墙、翼墙,也应进行抗浮稳定计算。对于空箱式岸墙、翼墙,当需要对空箱检修时,也应进行抗浮稳定计算。岸墙、翼墙抗浮稳

定及抗浮稳定安全系数计算同水闸闸室的。

7.2.5.4 抗剪强度指标选用

1. 摩擦系数 f 值的选用

土基或岩基上的水闸,多数采用无桩基础,主要依靠闸室或岸墙、翼墙的重量作用在地基上所产生的抗滑力来维持闸室或岸墙、翼墙的稳定。

土基或岩基上的水闸,在无试验资料时,闸室和岸墙、翼墙基底面的摩擦系数 f 值,可按表7.2-15所列数值选用。

表7.2-15 摩擦系数 f 值

地基类别		f
黏土	软弱	0.20 ~ 0.25
	中等坚硬	0.25 ~ 0.35
	坚硬	0.35 ~ 0.45
壤土、粉质壤土		0.25 ~ 0.40
沙壤土、粉砂土		0.35 ~ 0.40
细砂、极细砂		0.40 ~ 0.45
中砂、粗砂		0.45 ~ 0.50
砂砾石		0.40 ~ 0.50
砾石、卵石		0.50 ~ 0.55
碎石土		0.40 ~ 0.50
岩石	V	0.30 ~ 0.40
	IV	0.40 ~ 0.55
	III	0.55 ~ 0.65
	II	0.65 ~ 0.75
	I	0.75 ~ 0.85

注:表中岩石摩擦系数限于硬质岩,软质岩应根据软化系数进行折减。

2. 闸室和岸墙、翼墙基底面与地基土的摩擦角 φ_0 值与黏聚力 c_0 值的选用

当采用式(7.2-25)计算土基上的水闸闸室或岸墙、翼墙抗滑稳定安全系数时,φ_0 值、c_0 值可按表7.2-16进行折减。

表7.2-16 φ_0 值、c_0 值(土质地基)

土质地基类别	φ_0	c_0
黏性土	0.9φ	$(0.2 \sim 0.3)c$
砂性土	$(0.85 \sim 0.9)\varphi$	0

注:φ 为室内饱和固结快剪(黏性土)或饱和快剪(砂性土)试验测得的内摩擦角,(°);c 为室内饱和固结快剪试验测得的黏聚力,kPa。

按表7.2-16规定采用的 φ_0 值和 c_0 值时,还应按式(7.2-32)折算闸室或岸墙、翼墙基

底面与地基土之间的综合摩擦系数：

$$f_0 = \frac{\tan\varphi_0 \sum G + c_0 A}{\sum G} \qquad (7.2\text{-}32)$$

式中　f_0——闸室或岸墙、翼墙基底面与地基土之间的综合摩擦系数；

其他符号意义同前。

对于黏性土地基,要求折算的综合摩擦系数 f_0 值不大于 0.45；对于砂性土地基,要求折算的值不大于 0.50。若折算的综合摩擦系数大于上述数值,采用的 φ_0 值和 c_0 值均应充分论证。

对于特别重要的大型水闸,设计采用的 φ_0 值和 c_0 值还应经现场地基土对混凝土板的抗滑强度试验验证。

3.地基土的内摩擦角 φ 值与黏聚力 c 值的选用

地基土的内摩擦角 φ 值与黏聚力 c 值,统称为地基土的抗剪强度指标。对于砂性土,其抗剪因素以内摩擦角为主；对于黏性土,则以黏聚力为主。地基土的抗剪强度指标由室内地基土的剪切试验求得。

土基上的水闸,当采用式(7.2-26)、式(7.2-27)计算闸室或岸墙、翼墙的抗滑稳定安全系数时,地基土的抗剪强度指标值应取室内饱和直接剪切和三轴剪切试验值的小值平均值,或取野外十字板剪切试验值的算术平均值。

4.复合地基等效强度指标 φ_0' 值和 c_0' 值的计算

水闸地基常采用水泥搅拌桩与高压喷射注浆法两种复合地基,搅拌桩复合地基的等效强度指标可按式(7.2-33)、式(7.2-34)计算确定,高压喷射注浆法复合地基的等效强度指标可参照搅拌桩等效强度指标进行计算。

$$c_0' = c_1 m + c_2(1 - m) \qquad (7.2\text{-}33)$$

$$\varphi_0' = \arctan\left(\frac{\tan\varphi_1}{1 + \dfrac{K_2}{\beta K_1}} + \frac{\tan\varphi_2}{1 + \dfrac{\beta K_1}{K_2}}\right) \qquad (7.2\text{-}34)$$

其中

$$c_1 = \frac{\eta f_{cu}}{2\tan\left(45° + \dfrac{\varphi_1}{2}\right)} \qquad (7.2\text{-}35)$$

$$K_1 = \frac{k_1 k_2 k_3}{k_1 k_2 + k_2 k_3 + k_3 k_1} \qquad (7.2\text{-}36)$$

$$K_2 = \frac{A_2 E_s}{l} \qquad (7.2\text{-}37)$$

$$k_1 = \frac{A_1 E'}{d(1 - \mu^2)\omega} \qquad (7.2\text{-}38)$$

$$k_2 = \frac{A_1 E_p}{l} \qquad (7.2\text{-}39)$$

$$k_3 = \frac{A_1 E''}{d(1 - \mu^2)\omega} \qquad (7.2\text{-}40)$$

式中　m——搅拌桩的面积置换率；

　　c_1——搅拌桩桩身黏聚力，kPa；

　　φ_1——搅拌桩桩身内摩擦角，取 $\varphi_1 = 20° \sim 24°$，桩身强度高时，取高值；

　　c_2——软土层黏聚力，kPa；

　　φ_2——软土层内摩擦角，(°)；

　　K_1——搅拌桩的刚度，kN/m；

　　K_2——桩周软土部分的刚度，kN/m；

　　β——桩的沉降量 s_1 和桩周软土部分沉降量 s_2 之比，对填土，一般 $s_1 < s_2$，可取 $\beta = 0.5$，对刚性基础，则 $s_1 = s_2$，$\beta = 1$；

　　f_{cu}——搅拌桩桩身抗压强度，kPa；

　　η——桩身强度折减系数，干法可取 $0.20 \sim 0.30$，湿法可取 $0.25 \sim 0.33$；

　　k_1——搅拌桩桩顶土层的刚度，kN/m；

　　k_2——搅拌桩桩身的刚度，kN/m；

　　k_3——搅拌桩桩底土层的刚度，kN/m；

　　A_1——搅拌桩截面面积，m²；

　　A_2——桩周土截面面积，m²；

　　d——搅拌桩直径，m；

　　μ——泊松比，可取 0.30；

　　ω——形状系数，可取 0.79；

　　E'——桩顶土层的变形模量，kPa；

　　E''——桩底土层的变形模量，kPa；

　　E_p——搅拌桩的压缩模量，可取 $100 \sim 120$ kPa，对较短或桩身强度较低者可取小值；

　　E_s——桩间土的压缩模量，kPa；

　　l——搅拌桩桩长，m。

5. 抗剪断摩擦系数 f' 值与剪断黏聚力 c' 值的选用

闸室和岸墙、翼墙基底面与岩石地基之间的抗剪断摩擦系数 f' 值与剪断黏聚力 c' 值可根据室内岩石抗剪断试验成果，并参照类似工程经验及表 7.2-17 所列数值选用。但选用的数值不应超过闸室或岸墙、翼墙基础混凝土本身的抗剪断参数值。

表 7.2-17　f' 值、c' 值（岩石地基）

岩石地基类别	f'	c'（MPa）
I	$1.5 \sim 1.3$	$1.5 \sim 1.3$
II	$1.3 \sim 1.1$	$1.3 \sim 1.1$
III	$1.1 \sim 0.9$	$1.1 \sim 0.7$
IV	$0.9 \sim 0.7$	$0.7 \sim 0.3$
V	$0.7 \sim 0.4$	$0.3 \sim 0.05$

注：1. 表中岩石摩擦系数限于硬质岩，软质岩应根据软化系数进行折减。

　　2. 对岩石地基内存在结构面、软弱层或断层的情况，f'、c' 值应按现行《水利水电工程地质勘察规范》（GB 50487）的规定选用。

7.2.5.5　抗滑稳定构造措施

1. 闸室抗滑稳定的构造措施

当闸室沿基底面的抗滑稳定安全系数计算值小于规定的允许值,不能满足设计要求时,可在原有结构布置的基础上,结合工程的具体情况,采用下列一种或几种抗滑措施:

（1）变更闸门位置。将闸门位置移向低水位一侧,或将水闸底板向高水位一侧加长。

（2）适当增大闸室结构尺寸。通过增加闸室结构自重和水闸底板上的水重,增加抗滑力,提高闸室的抗滑稳定性。

（3）增加齿墙深度。增加齿墙深度是有一定限度的,其阻滑能力的提高并非与齿墙深度的增加成正比,齿墙过深会给施工带来一定的困难。

（4）减少渗透压力。增加铺盖长度或防渗墙、帷幕灌浆深度,或在不影响防渗安全的条件下将排水设施向水闸底板靠近。

（5）利用钢筋混凝土铺盖作为阻滑板,但闸室自身的抗滑稳定安全系数不应小于1.0,阻滑板应满足抗裂要求。

（6）增设钢筋混凝土抗滑桩或预应力锚固结构。

2. 岸墙、翼墙抗滑稳定的构造措施

当岸墙、翼墙沿基底面的抗滑稳定安全系数计算值小于规定的允许值,不能满足设计要求时,结合工程的具体情况,采用下列一种或几种抗滑措施:

（1）适当增加底板宽度。

（2）结构基础底面增设齿墙。

（3）墙后增设阻滑板及锚杆。

（4）墙后改填摩擦角大的填料并增设排水。

（5）限制墙后填土高度。

（6）增设抗滑桩。

（7）增设减压平台。

7.2.6　水闸的结构设计

水闸结构设计应根据结构受力条件、工程地质条件及水流条件进行。闸室结构应力分析应根据各分部结构布置型式、尺寸及受力条件等进行。闸室结构的应力计算,严格来讲,应按空间问题分析其应力分布,由于空间问题计算相对复杂,工程实践中可近似地按平面问题分别计算各分部结构。

7.2.6.1　闸底板设计

闸底板是整个闸室结构的基础,是全面支撑在地基上的一块受力条件复杂的弹性基础板。这样的"结构－地基"体系,严格地讲,应按空间问题分析其应力分布状况,计算极为繁冗,因此工程实践中,往往近似地简化成平面问题,采用"截板成梁"的方法进行计算。

对于土基上的水闸闸室底板常用的应力分析,关键是如何拟定地基反力图形。目前,土基上的水闸闸室底板常用的应力分析方法主要有两大类:一类是反力直线分布法,假定闸室地基反力按直线变化规律分布,在顺水流方向按梯形分布,在垂直水流方向按矩形分布,不论荷载及其分布状况如何,也不论地板的刚度和地基土质如何,都可由偏心受压公式计算其地基反力;另一类是弹性地基梁法,认为梁和地基都是弹性体,可依据变形协调和静力平衡条件,确定地基反力和梁的内力,地基反力在顺水流方向按梯形分布,在垂直水流方向按曲线形即弹性分布。此外,还有所谓的"倒置梁法",即假定地基反力为(均布)荷载,将底板当作梁,将闸墩当作支点,按倒置的连续梁计算内力。这种计算方法忽视了各闸墩处变位不等的重要因素,误差较大,因此不宜在大、中型水闸设计中采用。

反力直线分布法又称荷载组合法,这种方法虽然假定地基反力在垂直水流方向分布均匀,但不把闸墩当作底板的支座,而认为闸墩是作用在底板上的荷载,按截面法计算其内力。

弹性地基梁法通常有两种假定:一种是文克尔(E. Winkler)假定,即假定地基单位面积上所受的压力与该面积上的地基沉降成正比,其比例系数称基床系数或称垫层系数,按照文克尔假定,基底应力值的计算显然未考虑基础范围以外的地基变形的影响;另一种是假定地基为半无限大理想弹性体,认为土体应力和变形为线性关系,可利用弹性理论中的半无限大弹性体的沉降公式计算地基的沉降,再根据基础挠度和地基变形协调一致的原则,求解地基反力,并可计及基础范围以外的边荷载作用的影响。上述两种假定,是两种极限情况,前者适用于可压缩土层厚度很薄的情况,后者适用于可压缩土层厚度无限深的情况。在实际工程中,常常可压缩土层厚度既非很薄,又非无限深,在这种情况下,宜按有限深弹性地基的假定进行计算。

水闸闸室底板应力分析方法应根据地基土质情况确定。对相对密度小于或等于0.5的砂性地基,可采用反力直线分布法,因为相对密度小于或等于0.5的非黏性土地基,在荷载作用下的地基变形容易得到调整,即地基反力可以假定为直线分布。对黏性土地基或相对密度大于0.5的砂性土地基,前者固结时间较长,地基变形缓慢,后者在荷载作用下的地基变形较难调整或调整较少,可按弹性地基的假定确定地基的反力和梁的内力,采用弹性地基梁法计算。

当按弹性地基梁计算时,以可压缩土层厚度与弹性地基梁半长之比值为0.25和4.0(或5.0)分别作为采用基床系数法(文克尔假定)、有限深的弹性地基梁法和半无限深的弹性地基梁法的界限值。当可压缩土层厚度与弹性地基梁半长之比值小于0.25时,可按基床系数法(文克尔假定)计算;当可压缩土层厚度与弹性地基梁半长之比值大于2.0时,可按半无限深的弹性地基梁法计算;当可压缩土层厚度与弹性地基梁半长之比值为0.25~2.0时,可按有限深的弹性地基梁法计算。

1. 反力直线分布法

反力直线分布法假设底板下的地基反力沿顺水流方向呈梯形分布,在垂直水流方向呈均匀分布。计算时,首先算出底板底面在顺水流方向上的地基反力,然后在闸门槽的上、下游垂直水流方向各取单位宽板条进行计算。在分析板上作用荷载时,适当考虑上部结构与底板的整体作用。反力直线分布法的缺点是未考虑底板与地基变形相一致的条件,并且没有计入边荷载对底板内力的影响。其优点是计算简单,适用于小型水闸设计,对于相对密度 $D_r \leqslant 0.5$ 的砂土地基,受荷后变形容易调整,故可以近似地认为地基反力是均匀分布的,对于大、中型水闸可作为校核用。

用反力直线分布法计算底板的具体方法和步骤如下。

1）选定计算情况

（1）施工期。小型水闸一般只有单孔或二、三孔，且多数利用边墩直接挡土。计算时，如不考虑两侧边墙砌筑到顶，或已到达相当的高度，而墙后尚未回填土或回填少量的情况，此时对闸室坞式结构或山字形结构底板面层强度最为不利，往往在水闸施工中底板会在跨中产生顺向的裂缝，严重的甚至断裂。工程上把这种情况叫作"挑扁担"。设计计算时，必须充分考虑这种情况，一方面对施工工序做出严格规定；另一方面，要计算出现的最不利情况，计算跨中处的负弯矩，并按照特殊组合和短期组合分别进行承载能力极限状态和正常使用极限状态的结构配筋设计。

（2）完建期。完建期地基反力较大，应验算底板的强度。对于单孔闸或少数孔闸，其边墙墙后的填土已回填到顶，此时闸底板的正弯矩较大，特别是闸墙与底板交接处应予以注意，按基本组合及短期组合分别进行承载能力极限状态和正常使用极限状态核算。

（3）运行期。按上、下游可能出现的最不利水位组合情况进行计算，包括设计洪水位情况和校核洪水位情况。

2）计算闸基的地基反力

闸基的地基反力按本章7.2.5部分的规定计算，计算时应以底板底面为计算基面，但仍可计入上、下游齿墙的重力。

3）计算不平衡剪力

按本章7.2.5部分规定求得的地基反力（地基反力与基底压力数值相等，方向相反）是以整个闸长（顺水流方向）为计算单元，所以作用于整个闸段的所有荷载是平衡的。但在计算底板时，取单位宽度为脱离体，向上的荷载不等于向下的荷载，从而产生不平衡剪力。这个不平衡剪力由脱离体两侧闸墩和底板截面上的剪力差来平衡，剪应力之和的差值即为不平衡剪力。如图7.2-5所示。

为了在闸墩和底板截面上分配各自的不平衡剪力，可近似地按材料力学中矩形截面的剪应力计算公式进行分析，如图7.2-6所示。

图 7.2-5　不平衡剪力

$$\tau_y = \frac{\Delta Q}{Jb}S \quad 或 \quad b\tau_y = \frac{\Delta Q}{J}S \qquad (7.2\text{-}41)$$

式中　ΔQ——截面上的不平衡剪力；

　　　　b——截面上需要确定其剪应力处纤维层的宽度，在底板部位为一闸段的底板长度（垂直水流向），在闸墩部位则为一闸段中墩厚度之和。

对于一定的截面，ΔQ 与 τ 都是常数，故只要给出截面的 S—y 曲线图，就能根据公式(7.2-41)求得不平衡剪力分配给底板和闸墩的百分比。

根据剪力分布图面积计算闸墩和底板分配不平衡剪力的百分比，工作比较烦琐，当单宽板条的截面比较简单时，剪力的分配值可直接用积分法求得，更为简洁。如图7.2-7所

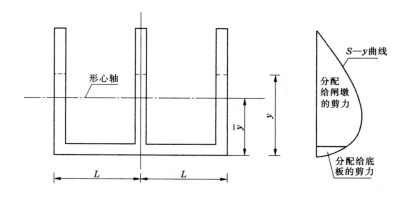

图 7.2-6　剪力分布示意图

示,底板截面分配的不平衡剪力 $\Delta Q_{底}$ 为

$$\Delta Q_{底} = \frac{\Delta Q}{J}\int_{n}^{f}2(f-y)L\left(y+\frac{f-y}{2}\right)\mathrm{d}y$$

$$= \frac{\Delta Ql}{J}\left(\frac{2}{3}f^{3}-f^{2}n+\frac{1}{3}n^{3}\right)$$

$$\Delta Q_{墩} = \Delta Q - \Delta Q_{底} \qquad (7.2\text{-}42)$$

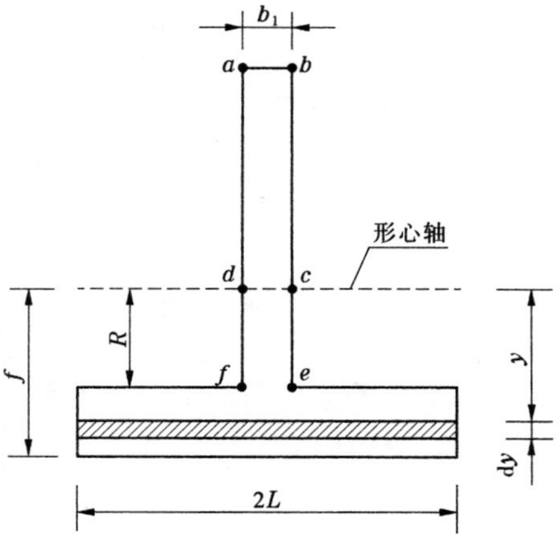

图 7.2-7　不平衡剪力分配积分法计算图

如果不采用积分法,也可利用下式直接求得分配给闸墩的不平衡剪力 $\Delta Q_{墩}$,再求分配给底板的剪力。

$$\Delta Q_{墩} = \frac{\Delta Q}{J}\left(S_{abcd}\times\overline{af}-\frac{1}{2}J_{abef}\right)$$

$$\Delta Q_{底} = \Delta Q - \Delta Q_{墩} \qquad (7.2\text{-}43)$$

式中　S_{abcd}——截面积 $abcd$ 对形心轴的面积矩;

　　　$\overline{af}$——闸墩高度;

　　　J_{abef}——截面 $abef$ 对形心轴 cd 的惯性矩。

在一般情况下，水闸闸室底板分配的不平衡剪力为 10% ~15%，闸墩分配的不平衡剪力为 85% ~90%。计算时，一般以闸门门槛作为上、下游分界，这是因为闸门门槛前、后的上、下游段底板上水重相差悬殊的缘故。

4）确定作用于板条上的荷载

如图 7.2-8 所示，沿门槛上、下截取的单宽板条上的作用荷载有地基反力、扬压力、底板重力、水重等，分为均布荷载 q 和集中荷载 P 及弯矩 M 等。单宽板条上的均布荷载 q 为

$$q = q_{地} + q_{扬} - q_{底} - q_{水} + \frac{\Delta Q_{底}}{2L} \tag{7.2-44}$$

$$P = P_{墩、墙} + \Delta Q_{墩} \tag{7.2-45}$$

式中　$q_{地}、q_{扬}、q_{底}、q_{水}$——单宽板条上的地基反力、扬压力、底板自身重力及水重；

$P_{墩、墙}$——墩、墙重力和上部结构传给墩、墙的重力，边墩直接挡土时，应包括土的重力。

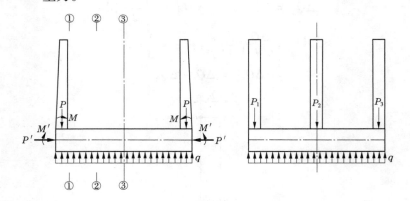

图 7.2-8　单宽板条上的荷载

在计算运用期荷载时，墩、墙部位的集中荷载应扣除在计算均布荷载时多算的水重，或计算墩墙部位的重力时，水下部分按浮容重计算。

5）计算内力

在板条上各作用荷载确定后，对每一计算截面可按静力平衡方程 $\sum M = 0$ 求解截面的内力。一般情况下，板条上选取几个控制断面，如墩或墙脚处、1/4 和 1/2 跨度处等。在计算内力时，应根据各作用荷载的性质，分别选用不同性质荷载（永久荷载、可变荷载）的分项系数值。各分项系数按《水工混凝土结构设计规范》（SL 191）中的规定取用，并根据计算的荷载效应按承载能力极限状态和正常使用极限状态进行结构设计计算。

2. 弹性地基梁法

采用弹性地基梁法计算底板内力时，应考虑地基土至压缩厚度与地基梁半长之比值的影响。当可压缩土层厚度与地基梁半长之比值小于 0.25 时，可按基床系数法（文克尔假定）计算；当比值大于 2.0 时，可按半无限深的弹性地基梁法计算；当比值介于 0.25 ~ 2.0 时，可按有限深的弹性地基梁计算。

具体计算方法和前三步与反力直线分布法相同,即:

(1)选定计算情况。

(2)计算闸底的地基反力。

(3)计算板条上的不平衡剪力分配值。

(4)确定板条上的计算荷载。如图 7.2-9 所示,作用在板条上的荷载有两种:一种为均布荷载,包括底板自重、水重、扬压力及分配给底板的不平衡剪力;另一种为闸墩传给底板的集中荷载 $G_{墩}$。

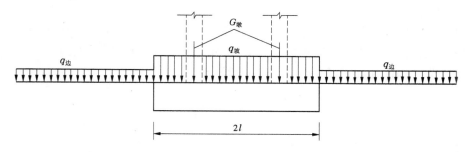

图 7.2-9　作用在板条上的计算荷载

①板条上荷载的确定。在计算底板重力时,以往一直认为应根据不同的地基情况,分别考虑底板自重对其应力的影响,即在黏土地基上,可采用底板自重的 50% ~ 100%;这是基土固结较慢,全部底板重力对黏性土地基的变形有影响之故;在砂性土地基上,一般认为砂类土压缩变形在闸室完建前几乎已全部完成,因此并非底板的重力与地基变形有关,可不计入底板的自重。经分析认为,这种考虑方法是不够全面的,因为水闸闸室底板绝大多数是挖埋式,底板自重小于基坑开挖前的原压荷载,由底板自重引起的地基沉降是基坑开挖回弹后的再压缩,属于弹性压缩的性质,不像排水固结那样需要较长的时间,弹性变形可在很短的时间内完成,因此不论是黏性土地基,还是砂性土地基,都可以不考虑底板自重对其应力的影响。但当不计底板自重致使作用在基底面上的均布荷载为负值时,则仍计及底板自重的影响。计及的百分数以使作用在基底面上的均匀荷载值等于零为限度确定。

②边荷载的确定。边荷载是指计算闸段的底面两侧的闸室或边坡(岸墙)以及墩(墙)后回填土作用于地基上的荷载。由于边荷载对计算底板的地基变形有影响,因而对弹性地基梁的内力亦有影响。当边荷载使底板内力增加时,则全部计及其影响,当边荷载使底板内力减小时,黏性土地基不考虑其影响,砂性土地基考虑 50%,这样的规定基本上是经济合理的。

边荷载对底板应力的影响,除与地基土质有关外,还与边荷载强度及其作用位置以及地基可压缩土层厚度有关。显然,边荷载强度越大,对地板应力的影响越大;而边荷载的作用位置离底板越远,对底板应力的影响则越小;如果地基按半无限弹性体考虑,则取计算闸段的 1.0 倍或可压缩土层厚度的 1.2 倍。

由于闸底板弯矩有正有负,计算边荷载作用后弯矩究竟是增加还是减少,一时难以确定,但不管是黏性土还是砂性土,取用的弯矩都是在板上荷载产生的弯矩和其与边荷载产生的弯矩之和两项内选用,如两项数值的符号相同,取绝对值较大者,如果符号相反,则并取两值。

(5)计算地基梁的内力。

①链杆法(日莫契金法):

链杆法首先是由日莫契金教授提出来的,所以又叫日莫契金法,是用一个超静定结构系统代替弹性地基上的结构物,用相隔等距离 c 的链杆来实现结构物与地基的接触。每一链杆对地基的压力当作均匀分布在 c 上,地基反力图形为阶梯形,然后用结构力学方法求解这个超静定系统。

如图 7.2-10 所示为一地基梁,设想梁的一端 o 被固定,梁与地基的接触用 n 个等距离的链杆代替,链杆内力作为待求的未知值,除此之外,被假想为固定端的 o 的沉降 y_o 和转角 φ_o 亦为未知值,因此总的未知值有 $(n+2)$ 个。

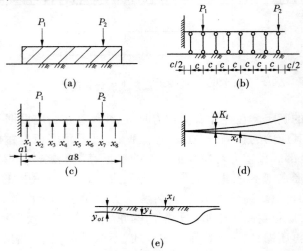

图 7.2-10　链杆法计算简图

根据梁与地基的相对变位必须一致的原则,在每一根链杆处可以建立一个变位协调方程式如下:

$$\sum_{i=1}^{n} x_i (y_{ki} + \Delta_{ki}) + \Delta_{kp} - \alpha_k \varphi_o + y_{kq} - y_o = 0 \qquad (7.2\text{-}46)$$

式中　x_i——第 i 根链杆的内力;

y_{ki}——在 i 点单位力作用下沿作用力 x 方向的地基沉降;

Δ_{ki}——在 i 点单位力作用下沿作用力 x 方向的梁的变位;

Δ_{kp}——在外荷载 p 作用下沿作用力 x 方向的梁的变位;

α_k——k 点至端点 o 的距离;

y_{kq}——在边荷载 q 作用下沿作用力 x_k 方向的地基沉降。

根据梁的静力平衡条件,可得下列方程式:

$$\left.\begin{array}{l} \displaystyle\sum_{k=1}^{n} x_k - \sum P = 0 \\[3mm] \displaystyle\sum_{k=1}^{n} \alpha_k x_k \cdot \sum M = 0 \end{array}\right\} \tag{7.2-47}$$

式中　$\sum P$——外荷载在垂直轴上的投影总和；

　　　$\sum M$——外荷载对假想固定端的力矩总和。

联立方程组(7.2-46)、(7.2-47)，即得$(n+2)$个方程式，与待求的未知数相等，故可解出各链杆的内力，从而求得梁底的反力分布。

上列方程中，悬臂梁的变位系数Δ_{ki}不难用结构力学方法求得，在等截面梁的情况下：

$$\Delta_{ki} = \frac{\alpha_i^2}{2}\left(\alpha_k - \frac{\alpha_i}{3}\right)\frac{1}{EI} = \frac{c^3}{6EI}\left(\frac{\alpha_i}{c}\right)^2\left(\frac{3\alpha_k}{c} - \frac{2\alpha_i}{c}\right) = \frac{c^3}{6EI}\cdot\omega_{ki}$$

$$\omega_{ki} = \left(\frac{\alpha_i}{c}\right)^2\left(\frac{3\alpha_k}{c} - \frac{2\alpha_i}{c}\right) \tag{7.2-48}$$

式中　E——地基梁材料的弹性模量；

　　　I——地基梁的断面惯性矩；

　　　c——链杆间距；

　　　α_i、α_k——i点和k点至梁端o的距离。

函数ω_{ki}是无因次的，而且只与无因次比值$\dfrac{\alpha_i}{c}$及$\dfrac{\alpha_k}{c}$有关，可以编制成表，见表7.2-18，以备查用。

表7.2-18　梁受单位集中力时的单位挠度ω

α_k/c	α_i/c									
	0.5	1.0	1.5	2.0	2.5	3.0	3.5	4.0	4.5	5.0
0.5	0.25	0.625	1.0	1.375	1.75	2.125	2.5	2.875	3.25	3.625
1.0		2.0	3.5	5.0	6.5	8.0	9.5	11.0	12.5	14.0
1.5			6.75	10.125	13.5	16.875	20.25	23.625	27.0	30.375
2.0				16.0	22.0	28.0	34.0	40.0	46.0	52.0
2.5					31.25	40.625	50.0	59.375	68.95	78.125
3.0						54.0	67.5	81.0	94.5	108.0
3.5							85.75	104.125	122.5	140.875
4.0								128.0	152.0	176.0
4.5									182.25	212.625
5.0										250.0
5.5										
6.0										

α_k/c	α_i/c									
	0.5	1.0	1.5	2.0	2.5	3.0	3.5	4.0	4.5	5.0
6.5										
7.0										
7.5										
8.0										
8.5										
9.0										
9.5										
10										

α_k/c	α_i/c									
	5.5	6.0	6.5	7.0	7.5	8.0	8.5	9.0	9.5	10.0
0.5	4.0	4.375	4.75	5.125	5.5	5.875	6.25	6.625	7.0	7.275
1.0	15.5	17.0	18.5	20.0	21.5	23.0	24.5	26.0	27.5	29.0
1.5	33.75	37.125	40.5	43.875	47.25	50.625	54.0	57.275	60.75	64.125
2.0	58.0	64.0	70.0	76.0	82.0	88.0	94.0	100.0	106.0	112.0
2.5	87.5	96.875	106.25	115.625	125.0	134.375	143.75	153.125	162.5	171.875
3.0	121.5	135.0	148.5	162.0	175.5	189.0	202.5	216.0	229.5	243.0
3.5	159.25	177.625	196.0	214.375	232.75	251.125	269.5	287.875	306.25	324.625
4.0	200.0	224.0	248.0	272.0	196.0	320.0	311.0	368.0	392.0	416.0
4.5	243.0	273.375	303.75	334.125	364.5	394.875	425.25	455.625	485.0	516.375
5.0	287.5	325.0	362.5	400.0	437.5	475.0	512.5	550.0	587.5	625.0
5.5	332.75	378.125	423.5	468.875	514.25	559.625	605.0	650.375	695.75	741.125
6.0		432.0	486.0	510.0	594.0	648.0	702.0	756.0	810.0	864.0
6.5			549.25	612.625	676.0	739.375	802.75	866.125	929.5	992.875
7.0				686.0	759.5	833.0	906.5	980.0	1 053.5	1 127.0
7.5					843.75	928.125	1 012.5	1 096.875	1 181.25	1 265.625
8.0						1 024.0	1 120.0	1 216.0	1 312.0	1 408.0
8.5							1 228.25	1 336.625	1 445.0	1 553.375
9.0								1 458.0	1 579.5	1 701.0
9.5									1 714.75	1 850.125
10.0										2 000.0

注:α_i 为从梁的固定截面到荷载作用点的距离;α_k 为从梁的固定截面到计算挠度处的截面距离;c 为计算时梁被划分的区段长度。

Δ_{kp} 可以用同样的方法计算,在等截面梁的情况下,为了利用表 7.2-18 查用,可以把梁上的每一个外荷载(包括力偶荷载)都分解为邻近两根链杆处的分荷载,令 p_i 为第 i 根链杆上所有的分荷载之和,则:

$$\Delta_{kp} = -\sum_{i=1}^{n} \Delta_{kip_i} = -\frac{c^3}{6EI}\sum_{i=1}^{n} p_i \omega_{ki} \tag{7.2-49}$$

式中,符号意义同式(7.2-48)。

y_{ki} 是地基的沉降系数,可根据地基可压缩层的角度,选用下列相应的公式进行计算。

对文克尔假定:

$$y = \frac{P}{k} \tag{7.2-50}$$

设单位力均匀分布在地表长度 c 上,则荷载强度为 $\frac{1}{c}$,代入式(7.2-50)得:

$$y_{kk} = \frac{1}{k_0 c}$$
$$y_{ki} = 0 \quad (i \neq k \text{ 时}) \tag{7.2-51}$$

式中 k_0——地基系数。

对半无限弹性地基,同样设单位力均匀分布在地表长度 c 上,利用弹性理论中符拉芒公式计算地表的相对沉降:

$$y = \frac{2P}{\pi E_0}\ln\frac{5}{r} \tag{7.2-52}$$

利用积分得:

$$y_{ki} = \frac{1}{\pi E_0}\left[-\frac{2x}{c}\ln\left(\frac{\frac{2x}{c}+1}{\frac{2x}{c}-1}\right) - \ln\left(\frac{4x^2}{c^2}-1\right) + 2\left(\ln\frac{s}{c}+1+\ln 2\right)\right]$$

$$= \frac{1}{\pi E_0}(f_{ki} + G) \tag{7.2-53}$$

$$F_{ki} = -\frac{2x}{c}\ln\left(\frac{\frac{2x}{c}+1}{\frac{2x}{c}-1}\right) - \ln\left(\frac{4x^2}{c^2}-1\right)$$

$$G = 2\left(\ln\frac{s}{c}+1+\ln 2\right)$$

式中　y——地表 M 点相对于 B 点的沉降,如图 7.2-11 所示;

　　　P——作用于地表的集中力;

　　　E_0——地基的变形模量;

　　　s——B 点离集中力作用点 O 的距离;

　　　r——M 点离集中力作用点 O 的距离;

　　　x——i 与 k 点之间的距离;

c——地表长度。

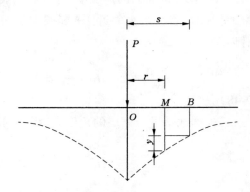

图 7.2-11　地基相对沉降

函数 F_{ki} 是无因次的，只与无因次的比值 $\dfrac{x}{c}$ 有关。半无限平面体沉降公式中的 F_{ki} 值见表 7.2-19。

表 7.2-19　半无限平面体沉降公式中的 F_{ki} 值

$\dfrac{x}{c}$	F_{ki}	$\dfrac{x}{c}$	F_{ki}	$\dfrac{x}{c}$	F_{ki}
0	0	7	-7.726	14	-8.664
1	-3.296	8	-7.544	15	-8.802
2	-4.751	9	-7.780	16	-8.931
3	-5.574	10	-7.991	17	-9.052
4	-6.154	11	-8.181	18	-9.167
5	-6.602	12	-8.356	19	-9.275
6	-6.967	13	-8.516	20	-9.378

对有限深的弹性地基，同样设单位力均匀分布在地表长度 c 上：

$$y_{ki} = \frac{H}{E_0 c} \cdot F_{ki} \tag{7.2-54}$$

式中　H——地基的压缩层厚度；

$\quad\ \ F_{ki}$——无因次函数，与无因次量 $\dfrac{x}{c}$ 及 $\dfrac{2H}{c}$ 有关。

有限深度弹性体沉降公式中的 F_{ki} 值见表 7.2-20。

表 7.2-20　有限深度弹性体沉降公式中的 F_{ki} 值

x/c	2h/c						
	80	60	40	30	20	10	4
0	0.080 061	0.100 643	0.138 060	0.171 875	0.232 015	0.375 941	0.651 058
1	0.053 839	0.065 686	0.085 647	0.102 033	0.127 435	0.168 735	0.164 327
2	0.042 271	0.050 279	0.062 606	0.071 439	0.082 086	0.083 604	0.023 540
3	0.035 749	0.041 610	0.049 716	0.054 462	0.057 497	0.042 825	
4	0.031 174	0.035 555	0.040 779	0.042 834	0.041 228	0.020 454	
5	0.027 654	0.030 901	0.034 009	0.034 167	0.029 652	0.008 142	
6	0.024 801	0.027 154	0.028 628	0.027 416	0.021 144	0.001 710	
7	0.022 409	0.024 032	0.024 222	0.022 021	0.014 807		
8	0.020 357	0.021 372	0.020 544	0.017 645	0.010 076		
9	0.018 566	0.019 071	0.017 433	0.014 063	0.006 562		
10	0.016 983	0.017 054	0.014 779	0.011 118	0.003 982		
11	0.015 570	0.015 273	0.012 501	0.008 693	0.002 118		
12	0.014 299	0.013 687	0.010 538	0.006 699	0.000 803		
13	0.013 148	0.012 269	0.008 843	0.005 063			
14	0.012 100	0.010 995	0.007 378	0.003 727			
15	0.011 142	0.009 847	0.006 112	0.002 643			
16	0.010 263	0.008 810	0.005 019	0.001 771			
17	0.009 455	0.007 872	0.004 077	0.001 076			
18	0.008 710	0.007 021	0.003 267	0.000 529			
19	0.008 021	0.006 250	0.002 572	0.000 105			
20	0.007 384	0.005 551	0.001 980				
21	0.006 793	0.004 916	0.001 476				
22	0.006 246	0.004 340	0.001 050				
23	0.005 737	0.003 817	0.000 693				
24	0.005 265	0.003 344	0.000 395				

x/c	2h/c						
	80	60	40	30	20	10	4
25	0.004 826	0.002 915	0.000 149				
26	0.004 418	0.002 527					
27	0.004 039	0.002 176					
28	0.003 086	0.001 860					
29	0.003 358	0.001 575					
30	0.003 054	0.001 318					
31	0.002 770	0.001 089					
32	0.002 507	0.000 883					
33	0.002 263	0.000 699					
34	0.002 036	0.000 536					
35	0.001 826	0.000 391					
36	0.001 632	0.000 263					
37	0.001 451	0.000 150					
38	0.001 285	0.000 051					
39	0.001 311						
40	0.000 988						
41	0.000 857						
42	0.000 737						
43	0.000 626						
44	0.000 524						

链杆法的计算结果是近似的,但其精度随着链杆数的增加而增加。当今计算机应用非常普及,可设置较多的链杆,计算精度可完全符合工程设计要求,故闸底板内力常用这种方法计算。

②郭尔布诺夫—波萨多夫法(简称郭氏法,下同):

把地基当作半无限的理想弹性体,并假定梁底的地基反力呈幂级数规律分布。即:

$$p(\xi) = a_0 + a_1\xi + a_2\xi^2 + \cdots + a_{10}\xi^{10} \tag{7.2-55}$$

式中　ξ——无因次坐标，$\xi = \dfrac{x}{l}$，见图 7.2-12；

$a_0, a_1, a_2, \cdots, a_{10}$——待定的常数。

图 7.2-12 中，x 表示所求沉陷点的位置，r 为该点距荷载的距离。

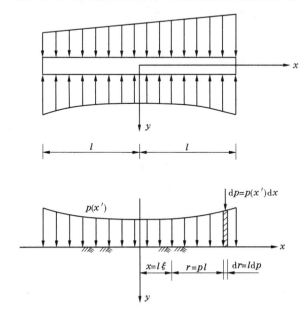

图 7.2-12　郭氏法假定的地基反力分布图

根据梁的静力平衡条件以及梁和地基的变形连续条件求出上述幂级数中的待定常数，从而求得地基的反力分布和地基梁的内力。

根据上述原理，郭尔布诺夫—波萨多夫法已经做出了地基梁上分别作用均布荷载、集中荷载和集中力偶的计算用表，原华东水利学院（现河海大学）补充了集中边荷载的计算用表。工程设计中只需要查表计算，比较方便。在进行闸底板应力分析，该方法用得最为广泛，应注意的是该法只适用于弹性半无限地基。

采用郭氏法的具体步骤如下。

a. 计算梁的柔性系数。

柔性指数是反映梁与地基之间相对刚度的一种指标，可近似按下式计算：

$$t = 10 \frac{E_0}{E_h} \left(\frac{l}{h} \right)^3 \qquad (7.2\text{-}56)$$

式中　E_0——基土的变形模量，由试验确定，如无试验资料，可参照表 7.2-21 选用；

E_h——混凝土的弹性模量，按表 7.2-22 查用；

l——地基梁的半梁长度；

h——梁的高度，即底板厚度。

表 7.2-21 土的变形模量 E_0 （单位：kPa）

土的种类	E_0	
砾石与卵石	65 000 ~ 54 000	
碎石	65 000 ~ 29 000	
砂砾	42 000 ~ 14 000	
	密实的	中密的
粗砂及砾砂	48 000	36 000
中砂	42 000	31 000
干的细砂	36 000	25 000
湿的饱和细砂	31 000	19 000
干的粉砂	21 000	17 500
湿的粉砂	17 500	14 000
饱和粉砂	14 000	9 000
干的沙壤土	16 000	12 500
湿的沙壤土	12 500	9 000
饱和沙壤土		
	坚硬状态	塑性状态
黏土	59 000 ~ 16 000	16 000 ~ 4 000
砂质黏土	39 000 ~ 16 000	16 000 ~ 4 000

注：液限指数 $I_L \leqslant 0$ 时，黏性土属坚硬状态；$0 < I_L \leqslant 1$ 时，属塑性状态；$I_L > 1$ 时，属流动状态。

表 7.2-22 混凝土的弹性模量 E_h

混凝土标号	100	150	200	250	300
弹性模量（kN/m^2）	1.85×10^7	2.30×10^7	2.60×10^7	2.85×10^7	3.00×10^7

由式（7.2-56）可知，E_0/E_h 比值愈小，表示梁愈刚硬；而梁愈长（L 愈大）愈薄（h 愈小），表示梁愈柔软。根据不同的 t 值，可查相应的表格，当算出的 t 值有小数值时，可查用相近数值的表。因在确定梁的地基性质时，所用的原始资料有的不够精确，所以允许有一定的误差。

当 $t < 1$ 时，可将梁视作绝对刚性的梁；当 $1 \leqslant t < 50$（均布荷载）或 $1 \leqslant t < 10$（集中荷载）时，梁为短梁；当 $t \geqslant 50$（均布荷载）或 $t \geqslant 10$（集中荷载）时，梁为长梁。软土地基上水闸底板一般为短梁。

b. 查郭氏表求内力。

根据柔性指数和各种梁上荷载（集中荷载、均布荷载、力矩等）可分别查《灌区取水建筑物丛书（水闸）》（第二版）附录Ⅳ各表，求出梁上各有关截面的内力。

边荷载计算表只有集中力的边荷载值,但实际工程中常遇到分布荷载,因此在计算时须先将分布荷载划为几个集中荷载,然后查用边荷载计算表。关于分布边荷载计算可参阅沈英武编著的《弹性地基梁和框架分析文集》。

3.闸墩分缝的底板计算

通常把闸墩分缝的闸底板当作两端自由的弹性地基梁,把闸墩传递的竖向力和横向矩作为梁上的荷载,不考虑闸墩刚度对底板的影响,相邻闸室给予地基的压力作为均匀分布的边荷载考虑,如图7.2-13所示,采用郭氏法计算。

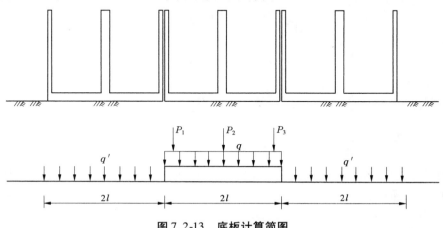

图7.2-13 底板计算简图

这种计算方法假定闸墩侧向不受任何约束,可以随着底板的角变位而自由倾斜,但实际情况远非如此,当闸室的边墩向外倾斜时,将受到相邻闸室边墩的挤压,同时也将受到顶部桥梁的约束,即使该处桥梁简支于闸墩,由于桥重在支点产生摩擦阻力,也将阻止闸墩侧向变位。由于计算中没有考虑到这些因素的影响,计算结果会有相当大的误差,夸大了底板的负弯矩,减小了正弯矩,因此对这种计算方法的假定作合理的修改是必要的。

一般可以假定底板两端由于边墩不能自由倾斜而受到约束,只有竖向线变位,没有角变位。这时在底板的计算中,除地基反力为待求值外,还有一个边墩给予底板端点的抵抗角变位的待求力矩 M_d,可以用链杆法求解,也可以用郭氏法求解。

1)链杆法计算

采用链杆法计算,方程式中增加一个未知量 M_d,同时也根据底板端点不产生变位,即 $\theta_d = 0$ 的条件增建一个方程式,计算简图如图7.2-14所示。

闸室底板与地基的接触,用等距离分布的 $2n$ 根支杆代替,由于结构左右对称,对称支杆的内力在对称荷载的作用下相同,在反对称荷载作用下,绝对值也相同,因此只有几个未知的链杆力 x_2、x_2、$\cdots$、x_n,底板端点的待求力矩用 x_{n+1} 表示,底板的对称中点作为假想的固定点,对称荷载作用下,假想固定点的转角 $\varphi_0 = 0$ 只有垂直变位 y_0。在反对称荷载作用下,假想固定点的垂直变位 $y_0 = 0$,只有转角 φ_0,这是一个 $(n+2)$ 次超静定系数。

相邻闸室的地基反力分布与所分析的闸室地基反力分布相同,作为边荷载考虑,采用分段集中的形式,其数值与所分析的闸段相应点的地基相同,也以 x_1、x_2、$\cdots$、x_n 表示,在对称荷载作用下,方程式为

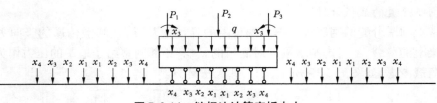

图 7.2-14　链杆法计算底板内力

$$\sum_{i=1}^{n} x_i \cdot \delta_{ki} + \Delta_{kp} - y_0 = 0 \quad (k = 1,2,\cdots,n)$$

$$\left.\sum_{i=1}^{n} x_i \cdot \delta_{(n+1)i} + \Delta_{(n+1)p} = 0 \right\} \qquad (7.2\text{-}57)$$

$$\sum_{i=1}^{n} x_i - \frac{\sum P}{2} = 0$$

式中,变位系数 $\delta_{ki}(k=1,2,\cdots,n)$ 包括三个部分:一是梁的变位;二是闸室地基反力引起的地基沉降;三是边荷载引起的地基沉降。由于边荷载的分布和数值与被分析的闸段地基反力相同,也为 x_1、x_2、$\cdots$、x_n,它所引起的各链杆的地基沉降可以与前两项合并,因此上列方程中不再有边荷载引起的沉降量 y_{kq}。

变位系数 δ_{n+1} 则与地基沉降无关,只有梁的变位。

Δ_{kp} 是外荷载引起 k 点的结构变位,$\Delta_{(n+1)p}$ 是外荷载 P 引起第 n 点的角变位。在不对称荷载作用下,只要把方程式(7.2-57)中的 y_0 项代之以 $a_k\varphi_0$ 即可,即

$$\sum_{i=1}^{n} x_i \cdot \delta_{ki} + \Delta_{kp} - a_k\varphi_0 = 0 \quad (k = 1,2,\cdots,n)$$

$$\left.\sum_{i=1}^{n} x_i \cdot \delta_{(n+1)i} + \Delta_{(n+1)p} = 0 \right\} \qquad (7.2\text{-}58)$$

$$\sum_{i=1}^{n} x_i - \frac{\sum P}{2} = 0$$

任何底板荷载总可能被分解为对称或反对称的两种荷载,分别应用上列方法求解,它可以应用任何一种地基沉降假定,只是 δ_{ki} 中的地基沉降部分以及 y_{kq} 计算有所不同。

2)郭氏法查表计算

在底板荷载已知的情况下,可以查郭氏表求得底板上各截面的弯矩,再用同样的方法查郭氏表计算由于梁端抵抗力矩 M_d 引起的底板上各截面的力矩,显然这些力矩是 M_d 的函数,然后用下式计算梁端角变位 θ_d:

$$\theta_d = \int_{-l}^{l} \frac{M}{EI}\mathrm{d}x = \sum_{i=1}^{n} \frac{E_i}{EI}\Delta x \qquad (7.2\text{-}59)$$

如果荷载对称,只要计算梁长的一半,显然 θ_d 是未知力矩 M_d 的函数。令 $\theta_d = 0$ 可求得底板端点的未知力矩 M_d,然后查表计算底板各截面的地基反力、剪力和弯矩的具体

数值。

4. 底板分缝的底板内力计算

分缝的底板有两种不同的接缝构造:一种是垂直贯通分缝,缝两侧的底板互不连接;另一种是搭接式构造,缝两侧的底板能互相传递剪力,但不能传递弯矩。不同的接缝方式,可采用不同的计算方法。

1)有贯通缝的底板内力计算

具有跨中垂直通缝的底板,无论是双缝布置(见图 7.2-15(a)),还是单缝布置(见图 7.2-15(b)),也无论是大底板或小底板,都可以当作两端自由的弹性地基梁,用郭氏法查表计算。大底板在垂直水流方向截取单位宽度的板条进行计算,相邻闸室的基底压力作为均匀分布的边荷载考虑。小底板则在顺水流方向截取单位宽度的板条进行计算,上、下游护坦的基底压力作为边荷载考虑(见图 7.2-16)。

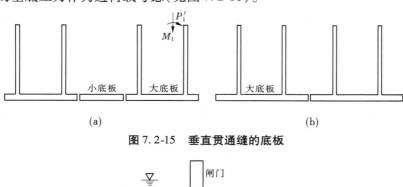

图 7.2-15　垂直贯通缝的底板

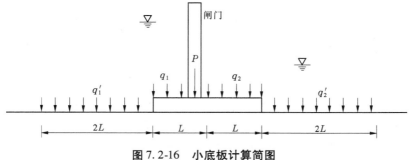

图 7.2-16　小底板计算简图

2)有搭接缝的底板内力计算

有搭接缝的底板一般是在跨中设置搭接缝(每孔分缝或隔孔分缝),如图 7.2-17 所示,在这种底板垂直水流方向上截取单位宽度的板条进行分析,由于搭缝传递剪力,无法直接用郭氏法查表计算,一般采用链杆法计算比较方便。

对于多孔闸,大小底板是规则的间隔分布,无论大、小底板,就其中点来说,都是结构的对称点,把它们作为假想的固定点计算比较简便;大、小底板的搭接点可以当作铰接。取大、小底板各一块作为计算单元(见图 7.2-18(a))。

取大底板计算时,以底板中心 A 为固定点,底板与地基的接触点代之以 n 个链杆表示。

取小底板计算时,以底板中心 B 为假想固定点,底板与地基的接触点代之以 m 个链杆表示。在决定 m 和 n 的具体数值时,为使计算简单方便,大、小底板的链杆间距应该相等。

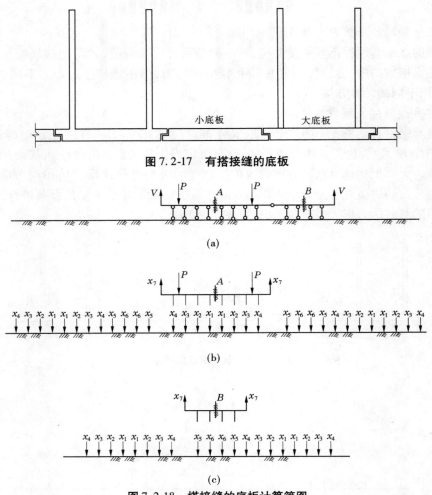

图 7.2-17　有搭接缝的底板

(a)

(b)

(c)

图 7.2-18　搭接缝的底板计算简图

为便于说明起见，n 取 8，m 取 4，铰接点位于链杆之间，切开各链杆代之以未知力，由于大、小底板均左右对称，实际的未知力只有 $(n+m)/2 = 6$ 个，即 x_1、x_2、$\cdots$、x_6，再切开大、小底板和搭接点，代之以未知力 x_7，相邻底板的地基反力与分析的那部分底板的地基反力相同，作为边荷载处理。

根据各链杆没有变形（既不伸长，也不压缩）的条件，可以分别列出大、小底板各链杆的变位协调方程。

大底板部分：

$$\left. \begin{array}{l} x_1\delta_{11} + x_2\delta_{12} + x_3\delta_{13} + x_4\delta_{14} + x_7\delta_{17} + \Delta_{1p} + y_{1q} - y_A = 0 \\ \qquad\qquad\qquad\qquad \vdots \\ x_1\delta_{41} + x_2\delta_{42} + x_3\delta_{43} + x_4\delta_{44} + x_7\delta_{47} + \Delta_{4p} + y_{4q} - y_A = 0 \end{array} \right\} \qquad (7.2\text{-}60)$$

小底板部分：

$$x_5\delta'_{55} + x_6\delta'_{56} - x_7\delta'_{57} + y_{5q'} - y_B = 0 \atop \vdots \atop x_5\delta'_{65} + x_6\delta'_{66} - x_7\delta'_{67} + y_{6q'} - y_B = 0 \Bigg\} \tag{7.2-61}$$

根据搭接点连续的条件可得：

$$x_1\Delta_{71} + x_2\Delta_{72} + x_3\Delta_{73} + x_4\Delta_{74} + x_7\Delta_{77} + \Delta_{7p} - y_A$$
$$= x_5\Delta'_{75} + x_6\Delta'_{76} - x_7\Delta'_{77} - y_B \tag{7.2-62}$$

根据静力平衡条件可得：

$$x_7 = x_5 + x_6 \tag{7.2-63}$$

$$x_1 + x_2 + x_3 + x_4 + x_5 + x_6 = \sum P \tag{7.2-64}$$

式中　　δ_{ki}——大底板的变位系数,包括结构变位和大底板下的地基接触压力所引起的沉降两部分；

δ'_{ki}——小底板的变位系数,包括结构变位和小底板下的地基接触压力所引起的沉降两部分；

Δ_{ki}——大底板的结构变位系数；

Δ'_{ki}——小底板的结构变位系数；

q——大底板的边荷载,此时小底板下的地基接触压力 x_5、x_6 等也作为大底板的边荷载；

q'——小底板的边荷载,此时大底板下的地基接触压力 x_1、x_2、x_3、x_4 等也作为小底板的边荷载；

y_{kq}——大底板的边荷载引起各计算点的沉降；

$y_{kq'}$——小底板的边荷载引起各计算点的沉降。

上述方程式中共有 9 个未知数(x_1、x_2、$\cdots$、x_7,y_A、y_B),同时有 9 个独立的方程式,可以求解。对于反对称荷载作用,只要把上述方程式中的 y_A 和 y_B 分别代之以 $a_k\varphi_A$ 和 $a'_k\varphi_B$(a_k 为计算点 k 距大底板假想固定点 A 的距离,a'_k 为计算点 k 距小底板假想固定点 B 的距离),是同样可以求解的。

当底板分缝方式和荷载分布确定以后,底板下的地基反力和底板的内力分布仅与地基和底板的相对刚度有关,也即与柔性指标 α 有关。水闸底板荷载主要有三种：一是均布荷载；二是由闸墩传给底板的集中荷载；三是由闸墩传给底板的力偶荷载,因此可以对几种典型的分缝方式按不同的荷载情况算出单位荷载作用下的地基反力和底板内力的计算系数。谈松曦的《水闸设计》中列出了三种分缝方式(每跨分缝、隔跨分缝、隔二跨分缝)等厚底板地基反力和底板内力的计算系数表,在实际工作中,只需要查表计算,比较方便。

7.2.6.2　闸墩的应力计算

1.闸墩的型式及计算条件

1)闸墩型式

闸墩的作用是分隔闸孔,并用以支承闸门、工作桥和胸墙。其型式除要保证自身稳定和强度外,还要满足上部结构的布置、运用以及水流条件的要求。工程上常见的闸墩型式有平面闸门闸墩和弧形闸门闸墩两种。

边墩有两种型式:一种是设沉降缝与岸墙分开,与闸室成为一体,外形似半个中闸墩;另一种是不设岸墙的边闸墩,它同时起到挡土墙的作用,通常有重力式、悬臂式、扶壁式、空箱式等。

2)计算条件

在使用条件下,当闸门关闭时,闸墩承受上、下游水压力和上部结构的重量,对于平面闸门闸墩,应验算闸墩底部应力和门槽应力;对于弧形闸门闸墩,应验算闸墩牛腿和整个闸墩的应力,特别是闸墩支座附近处的拉应力。

在检修条件下,当闸孔一孔进行检修,而相邻闸门关闭或过水时,闸墩承受侧向水压力,对于平面闸门闸墩应验算闸墩的侧向强度;对于弧形闸门的中墩,应验算不对称受力状态时的应力。

2. 平面闸门的闸墩应力计算

1)计算方法

(1)把闸墩看作固结于底板的悬臂梁,按材料力学偏心受压构件进行计算。

(2)闸墩沿水流(纵向)的截面模量很大,墩底水平截面上的垂直正应力一般可不予校核。但为了计算闸墩的门槽应力,必须先计算出纵向截面的垂直应力和切应力。

(3)平面闸门闸墩门槽处截面较小,除验算门槽垂直截面的应力外,还应计算门槽截面处的偏心受力应力分布状态。

计算时,可以从闸墩与底板的交界面处切开,把墩底截面上的垂直应力作为外荷载作用在闸墩上,再在闸墩的门槽处切开,在所有外荷载(自重、上部荷载、水压力、浪压力、墩底正应力、切应力等)的作用下,按偏心受拉构件,用材料力学方法进行计算。

(4)闸墩水平截面的侧向惯性矩远小于纵向惯性矩,当闸墩两侧水压力不平衡时,应核算水平截面的应力。

2)应力计算

(1)闸墩墩底水平截面上的垂直应力。闸墩结构受力图见图7.2-19,闸墩墩底水平截面上的垂直应力的计算公式为

$$\sigma_z = \frac{\sum W}{A} \pm \frac{\sum M_x}{I_x} x \pm \frac{\sum M_y}{I_y} y \qquad (7.2-65)$$

式中　σ_z——墩底水平截面上的垂直应力(拉应力为正,压应力为负),kN/m^2;

$\sum W$——墩底水平截面上的竖向力之和,kN;

$\sum M_x$、$\sum M_y$——墩底水平截面上各力对截面形心轴 y、x 的力矩总和,$kN \cdot m$;

I_x、I_y——墩底水平截面对其形心轴 x、y 的惯性矩,m^4;

x、y——计算点到截面形心轴 y、x 的距离,m;

A——墩底水平截面面积,m^2。

$$\sum G = G_1 + G_2 + G_3$$

(2)闸墩墩底水平截面上的切应力。其计算公式为

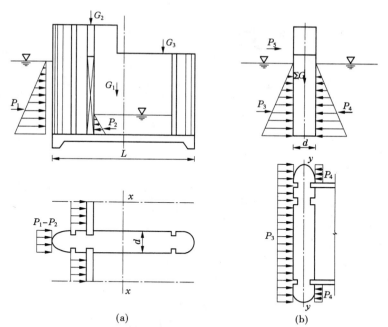

P_1、P_2——上、下游水平水压力;P_3、P_4——闸墩两侧横向水压力;

P_5——交通桥上车辆刹车制动力;G_1——闸墩自重;

G_2——工作桥及闸门重;G_3——交通桥重

图 7.2-19 闸墩结构受力图

顺水流向
$$\tau = \frac{Q_y S_x}{I_x d} \tag{7.2-66}$$

垂直水流向
$$\tau = \frac{Q_x S_y}{I_y L} \tag{7.2-67}$$

式中 Q_x、Q_y——墩底水平截面上 x、y 方向的剪力,kN;

S_x、S_y——计算点以外的面积对形心轴 x、y 的面积矩,m^3;

d——闸墩厚度,m;

L——闸墩长度,m;

其他符号意义同前。

闸墩承受的水平力对水平截面不仅产生力矩和剪力,还产生扭矩,特别是在闸墩上分缝的缝墩,由闸门传递的顺水流方向的水平推力作用于闸墩的一侧,扭矩最大。设各水平力对水平截面形心的扭矩为 M_T,闸墩边缘最大的扭剪应力 τ_{max} 可近似地采用下列公式计算:

$$\tau_{max} = \frac{M_T}{0.4dL^2} \tag{7.2-68}$$

(3)闸墩墩底水平截面侧向最大应力。闸门检修时,闸墩一侧有水,另一侧无水,闸墩受侧向水压力,如图 7.2-20 所示。

闸墩墩底水平截面侧向最大应力的计算公式为

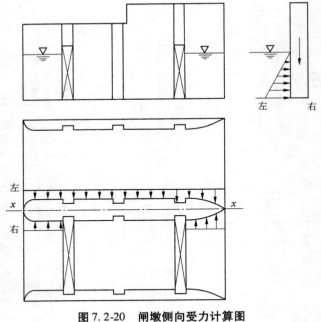

图 7.2-20　闸墩侧向受力计算图

$$\sigma = \frac{G}{A} \pm \frac{\sum My_{max}}{I_x} \qquad (7.2\text{-}69)$$

式中　G——闸墩上部结构重,kN;

A——门槽截面面积,m^2;

M——侧向水压力对墩底截面的弯矩,kN·m;

y_{max}——墩底截面边缘部分到截面形心轴 x 的最大距离,m;

I_x——门槽截面惯性矩,m^4。

(4)闸墩垂直截面上的应力。闸墩垂直截面上的应力可以采用自重法进行计算,在任何高程取一单位高度的水平截条,因该条顶底面的正应力和切应力分布(只考虑自重和上、下游方向的水压力引起的应力)以及边界荷载分布均属已知,故可根据静力平衡方程求解任何垂直截面上的法向力和切向力,然后除以截面面积,即得该高程垂直截面上的平均正应力和平均切应力。

(5)闸墩门槽应力。门槽受力图见图 7.2-21。计算门槽应力是在门槽处截取脱离体,将前面计算的垂直应力和切应力作用于脱离体上,所有荷载对门槽截面中心求矩,按偏心受压(或偏心受拉)公式计算应力,其计算公式为

$$\sigma = \frac{\sum P}{A} \pm \frac{\sum My_{max}}{I_x} \qquad (7.2\text{-}70)$$

式中　$\sum P$——水平力的总和,kN;

A——门槽截面面积,m^2;

M——所有力对门槽截面中心的弯矩,kN·m;

y_{max}——离截面中心最大的距离,m;

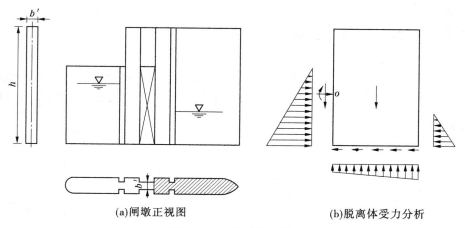

(a)闸墩正视图   (b)脱离体受力分析

图 7.2-21 门槽受力图

I_x——门槽截面惯性矩,m^4。

计算门槽应力的另一种方法是将门槽顶部看作轴心受拉构件,但顶部所受拉力假定由门槽配筋和下游段闸墩水平截面上的剪力共同承担。假定切应力在上、下水平截面上均匀分布,门槽应力计算简图见图 7.2-22,计算公式为

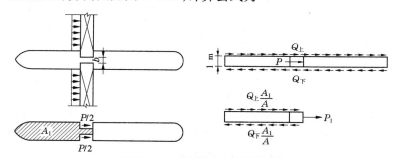

图 7.2-22 门槽应力计算简图

$$P_1 = \left(Q_{\text{下}} - Q_{\text{上}} \right) \frac{A_1}{A} = P \frac{A_1}{A} \tag{7.2-71}$$

式中 P_1——门槽顶部所受拉力,kN;

     A_1——门槽顶部以前闸墩的水平截面面积,m^2;

     A——闸墩的水平截面面积,m^2;

     P——门槽承担的总推力,kN。

门槽顶部所受拉力 P_1 与门槽的位置有关,门槽越靠下游,P_1 越大,1 m 高闸墩门槽顶部所产生的拉应力 σ 的计算公式为

$$\sigma = \frac{P_1}{b} \tag{7.2-72}$$

式中 b——门槽顶部厚度,m。

当 σ 大于混凝土允许拉应力时,按受力情况配筋;当 σ 小于混凝土允许拉应力时,则

按构造配筋。

3. 弧形闸门的闸墩应力计算

1) 闸墩应力分析

弧形闸门闸墩的受力条件比较复杂,不只是偏心受拉,而且还受扭,是一块一边固定、三边自由的弹性矩形板,其受力情况宜采用弹性力学的方法进行分析。弧形闸门闸墩受力图见图 7.2-23。

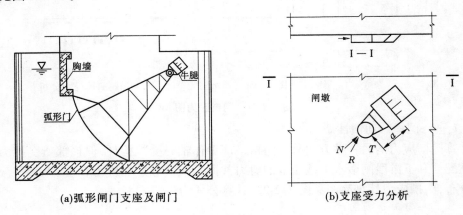

(a)弧形闸门支座及闸门　　　　(b)支座受力分析

图 7.2-23　弧形闸门闸墩受力图

2) 支座应力分析

弧形闸门的支座可按一短悬臂梁来考虑,见图 7.2-23(b)。支座受力钢筋的计算,考虑支座受半扇闸门水压力 R 的两个分力 N 和 T 的作用。此外,尚需验算支座与闸墩连接处的面积,以保证支座的安全。分力 N 和 T 对支座分别产生弯矩、剪力和扭矩。

(1)支座在弯矩 $M = NC$ 作用下,所需钢筋面积的计算公式为

$$A_s = \frac{KNC}{0.80 h_0 f_y}$$ (7.2-73)

式中　C——支座垂直分力 N 作用点距闸墩边的距离,mm;

　　　f_y——受拉钢筋强度设计值,N/mm²;

　　　h_0——支座的有效高度,mm;

　　　K——结构安全系数,按《水工混凝土结构设计规范》(SL 191)规定选用。

(2)支座与闸墩相接处的主拉应力 σ_{1max} 可按受弯受扭构件计算,其计算公式为

$$\sigma_{1max} = \frac{M_n}{0.2 b_1^2 h_0} + \frac{1.5Q}{b_1 h_0}$$ (7.2-74)

$$M_n = Ta$$

$$Q = R$$

式中　M_n——扭矩,kN·m;

　　　T——支座的切向分力,kN;

a——铰高加支座高的一半，m；

Q——接触面上的总剪力，kN；

b_1、h_0——支座的宽度、高度，m；

R——支座反力，kN。

当 $\sigma_{1max} \leqslant f_c/K$（$f_c$ 为混凝土抗压强度设计值，K 为结构安全系数）时，主拉应力由支座混凝土自身承担，仅需按构造配置少量抗剪钢筋；当 $\sigma_{1max} > f_c/K$ 时，全部主拉应力由钢筋承担。在任何情况下，主拉应力不宜超过 f_c 值；否则，需扩大支座尺寸。

（3）支座与闸墩连接处的截面尺寸 b_1、h_0 需满足下式：

$$K_f Q = \frac{0.75 b_1 h_0^2 f_c}{C + 0.5 h_0} \tag{7.2-75}$$

式中 f_c——混凝土抗压强度设计值，N/mm²；

K_f——抗裂安全系数，取 1.25；

其他符号意义同前。

4. 闸墩配筋及结构设计

1）平面闸门的闸墩与门槽

（1）平面闸门的闸墩配筋。平面闸门闸墩需适当配置构造钢筋。垂直向构造钢筋宜采用直径为 16～25 mm 的钢筋，每米 4～5 根，由底板伸至闸墩顶。检修时底部受侧向压力的作用，应按计算要求配置，在底板以上闸墩高度 1/4 范围内每侧的配筋率宜为 0.2%。水平向分布钢筋，每一侧配筋率宜为 0.2%。为防止施工期裂缝过大，宜配置较小直径且较小间距的钢筋。详细构造要求见《水工混凝土结构设计规范》（SL 191）。

（2）平面闸门的门槽配筋。若门槽拉应力不超过混凝土允许拉应力，可按构造配筋；若门槽拉应力超过混凝土允许拉应力，则假定拉应力全部由钢筋来承担。当门槽拉应力不超过混凝土允许拉应力时，门槽内钢筋水平向的排列可采用与闸墩水平向分布钢筋相同的间距，每侧每米 4～5 根，单钢筋直径需适当加大；当门槽拉应力超过混凝土允许拉应力时，可考虑每侧每米 6～8 根钢筋，直径大小满足计算要求。

2）弧形闸门的闸墩与支座

（1）弧形闸门的闸墩配筋。闸墩内主拉应力大于混凝土抗拉强度允许值的范围都需配置主拉钢筋。主拉钢筋可两面对称地按照主拉应力射线方向扇形布置，并伸入混凝土拉应力小于允许值的区域或受压区内，扇形钢筋与弧门推力方向的夹角不宜大于 30°。闸墩面上的钢筋，可结合温度钢筋或构造钢筋，参照平面闸门闸墩钢筋配置要求。

（2）弧形闸门的支座配筋。支座受弯钢筋的配筋率不宜小于 0.2%，一般直径为 20～28 mm，每米范围内布置不少于 5 根。双向布置受剪箍筋，一般直径为 10～16 mm，间距为 200～300 mm。牛腿中弯起钢筋，按构造要求确定，面积不小于受弯钢筋的 2/3，且不少于 3 根，布置在靠闸门一边的牛腿上半部。支座内应设置箍筋，箍筋直径不宜小于 12 mm，间距为 150～250 mm，且在支座顶部 2/3 高度范围内的水平箍筋总面积不应小于受弯钢筋截面面积的 50%。

7.2.7 水闸的地基设计

在水闸工程设计中应优先考虑使用天然地基,当天然地基在稳定、沉降或不均匀沉降等方面不能满足建筑物要求时,首先从结构等方面采取适当措施。若仍不能保证建筑物的安全或结构不经济,则应对地基进行处理。

7.2.7.1 地基整体稳定计算

1. 地基容许承载力确定

土质地基、碎石土地基及岩石地基的容许承载力一般由地质钻探取样、室内压缩试验确定,本节不再赘述。

当水闸基础埋置深度大于 0.50 m 时,应对水闸基底面地基容许承载力进行修正,地基容许承载力的修正方法见《建筑地基基础设计规范》(GB 50007)。

2. 整体抗滑稳定计算

地基持力层内有软弱夹层时,应采用折线滑动法(复合圆弧滑动法)对软弱夹层进行整体抗滑稳定验算。当岩石地基持力层范围内存在软弱结构面时,必须对软弱结构面进行整体抗滑稳定验算。对于地质条件复杂的大型水闸,其地基整体抗滑稳定应作专门研究。

作为城市河道蓄水建筑物的水闸,常坐落在土质地基上,由于闸室基底应力较小,一般很少发生深层滑动。但在深厚的软土地基上,在施工期或检修期,应考虑深层滑动的可能性,深层抗滑稳定的计算方法建议采用圆弧滑动法。

7.2.7.2 地基沉降计算

在软土地基上修建的水闸,应进行沉降计算,分析地基变形情况,选择合理的结构型式和尺寸,确定施工进度和先后次序,必要时,需对地基进行处理。

凡属下列情况之一者,可不进行地基沉降计算:

(1)岩石地基。

(2)砾石、卵石地基。

(3)中砂、粗砂地基。

(4)大型水闸标准贯入击数大于 15 击的粉砂、细砂、沙壤土、壤土及黏土地基。

(5)中、小型水闸标准贯入击数大于 10 击的壤土及黏土地基。

地基沉降计算,一般只计算最终沉降量,采用分层总和法计算,其计算公式为

$$S_\infty = m \sum_{i=1}^{n} \frac{e_{1i} - e_{2i}}{1 + e_{1i}} h_i \tag{7.2-76}$$

式中　S_∞——土质地基最终沉降量,m;

　　　n——土质地基压缩层计算深度范围内的土层数;

　　　e_{1i}——基础底面以下第 i 层土在平均自重应力作用下,由压缩曲线查得的相应的空隙比;

　　　e_{2i}——基础底面以下第 i 层土在平均自重应力和平均附加应力作用下,由压缩曲线查得的相应的空隙比;

h_i——基础底面以下第 i 层土的厚度,m;

m——地基沉降量修正系数,可采用 1.0～1.6(坚实地基取较小值,软土地基取较大值)。

对于一般土质地基,当基底应力小于或接近于水闸闸基未开挖前作用于该基底面上土的自重压力时,土的压缩曲线宜采用 $e—p$ 回弹再压缩曲线;但对于软土地基,土的压缩曲线宜采用 $e—p$ 压缩曲线。

土质地基压缩层计算深度可按计算层面处土的附加应力与自重应力之比为 0.10～0.20(软土地基取较小值,坚实地基取较大值)的条件确定。地基附加应力的计算方法见《水闸设计规范》(SL 265)。

天然土质地基上水闸地基最大沉降量不宜超过 150 mm,相邻部位的最大沉降差不宜超过 50 mm,同时不应超过止水材料的容许拉伸值。

在工程实践中,当地基土计算的最大沉降量或相邻部位的最大沉降差不能满足建筑物要求时,可考虑采用以下措施:

(1)变更结构型式(采用轻型结构或静定结构等)或加强结构刚度。

(2)采用沉降缝隔开。

(3)调整基础尺寸与埋置深度。

(4)必要时对地基进行人工加固。

(5)安排合适的施工工序,严格控制施工速率。

7.2.7.3 地基处理

水闸软土地基的常用处理方法见表 7.2-23。

表 7.2-23 水闸软土地基的常用处理方法

处理方法	基本作用	适用范围	说明
换土垫层法	改善地基应力分布,减少沉降量,适当提高地基稳定性和抗渗稳定性	主要用于厚度不大的软黏性土(包括淤泥和淤泥质土),厚度一般宜为 1～2 m	对深厚的软弱土地基,仍有较大的沉降量
砂井预压法	加速地基固结排水过程,提高强度,减少部分沉降量	用于软弱黏性土(包括淤泥和淤泥质土),对略有砂性的或夹薄砂层的黏性土效果较好	需较长的预压时间,建闸后仍有一定的沉降量
深层搅拌桩法	提高地基容许承载力,减少地基沉降量,提高抗振动液化能力,改善地基土稳定性和抗渗稳定性	基坑围护或加固饱和软土,如淤泥、淤泥质土、黏土、粉质黏土等。一般适用于地基承载力不大于 120 kPa 的深厚软土层,特别是淤泥质土。加固深度可达 15～20 m	对施工质量的要求较高,选用该法加固地基时,应根据不同的地基土质情况,精心组织试验和施工

处理方法	基本作用	适用范围	说明
高压喷射注浆法	改善地基承载力,防止沙土液化,也可作为防渗墙	适用于处理淤泥、淤泥质土、黏性土、黄土、沙土、人工填土和碎石土地基	鉴于土的组成复杂、差异较大,该法处理的效果差别也较大。采用该法加固地基时,应进行充分的论证,并根据现场试验结果确定适用程度
桩基础	增加地基承载力,减少沉降量,提高抗滑稳定性	较深厚的松软地基,尤其适用于上部为松软土层、下部为硬土层的地基	1. 用于桩尖未嵌入硬土层的摩擦桩时,仍有一定的沉降量。 2. 用于松砂、沙壤土地基时,应注意渗流变形问题
沉井基础	除与桩基础作用相同外,对防止地基渗透变形更为有利	1. 适用于上部为软土层或粉细砂层、下部为硬土层或岩层的地基。 2. 沉井应下沉到硬土层或岩层,要求松软土厚度一般不超过 8 ~ 10 m,且硬层层面需较平整	不宜用于上部夹有块石、树根等杂物的松软地基或下部为顶面倾斜度较大的岩基
强力夯实法	增加地基承载力,减小沉降量,提高抗振动液化能力	透水性较好的松软地基,尤其适用于稍密的碎石土或松砂地基	用于淤泥或淤泥质土地基时,需采取有效的排水措施
振动水冲法（含挤密砂石桩）	增加地基承载力,减小沉降量,提高抗振动液化能力	松砂、软弱的沙壤土或砂卵石地基	1. 处理后地基的均匀性和防止渗透变形的条件较差。 2. 用于不排水抗剪强度小于 20 kPa 的软土地基时,处理效果不显著

1. 换土垫层法

换土垫层法是把建筑物基底下松软基土部分挖除或全部挖除,然后换填强度大、压缩性小的填料作为地基持力层,从而使建筑物基底应力扩散,使下卧松软土层的应力满足稳定要求,并使建筑物沉降满足设计要求。

垫层材料原则上就地取材。一般来说,均质的不含有机物腐殖质的沙土、沙壤土、黏土均可作为垫层材料,粉砂、细砂、沙壤土抗液化性能较差,一般不予采用。

近年来,土工合成材料加筋垫层(需辅以防渗措施)和水泥土垫层(水泥土水泥掺量为8%~12%)也得以应用,效果较好。

垫层自身的容许承载力一般通过试验确定,无试验资料时,可参考以下经验值(压实度不小于0.96)选取:碎(卵)石为200~300 kPa,碎石土为150~200 kPa,中、粗砂为150~200 kPa,粉质黏土为130~180 kPa,灰土为200~250 kPa,水泥土为250~350 kPa。壤土垫层宜分层压实,土块应破碎至最大粒径不超过5 cm,厚度一般取20~30 cm。土料的含水量应控制在最优含水量附近(±3%),大型水闸垫层压实系数不应小于0.96;中、小型水闸垫层压实系数不应小于0.93。

砂垫层应有良好的级配,宜分层振动压实,分层厚度一般取20~30 cm,相对密度不应小于0.75,强地震区水闸垫层相对密度不应小于0.80。

2.桩基础

水闸工程中常用的是钢筋混凝土预制桩和钻孔灌注桩。按桩的受力情况,可分为摩擦型桩和端承型桩。土质地基上的水闸桩基一般宜采用摩擦型桩。

1)闸室桩基的布置

水闸底板多为筏型基础,基底面积较大,桩的根数和尺寸可按照承担底板以上的全部荷载确定。桩基的平面布置,应尽量使群桩的重心与闸室底板底面以上基本荷载组合的合力作用点相接近,使各桩实际承担的荷载尽量相等。

单排桩时,一般等距布置;多排桩时,常采用三角形、矩形或正方形布置。桩距一般为(3~6)d(桩径或边长)。群桩的边桩至底板边缘的净距,一般不小于0.5d,且不小于250 mm。预制桩的中心距不应小于3d,钻孔灌注桩的中心距不应小于2.5d。同一块底板下,不应采用直径、长度不同的摩擦型桩,也不应同时采用摩擦型桩和端承型桩。

当防渗段底板下采用端承型桩时,为防止底板与地基土之间产生接触冲刷,应采取有效的基底防渗措施,如在底板上游侧设防渗板桩或截水槽,加强底板永久缝的止水结构等。若采用不承受水平荷载的端承桩,桩顶可不嵌入闸底板而留有一定的沉降余地,以防止闸底板与地基脱空。

2)桩基的设计计算

单桩的竖向荷载和水平荷载以及容许的竖向承载力和水平承载力,可按现行的《建筑地基基础设计规范》(GB 50007)和《建筑桩基技术规范》(JGJ 94)等规定计算。采用钻孔灌注桩,桩顶不可恢复的水平位移值不宜超过0.5 cm;采用预制桩,不宜超过1.0 cm。

深厚的松软土基上的水闸桩基础,在垂直荷载作用下,端承群桩、桩数不大于9根的摩擦群桩和条形基础下不超过2排的摩擦群桩,如采用的桩距不小于3d,则群桩的容许承载力为各单桩的容许承载力之和。对桩距不大于6d、桩数超过9根的摩擦桩基,可以把群桩范围内的桩和土看作一个假想的实体深基础,以桩尖平面的深度作为假想基础的埋置深度进行地基强度和变形计算。

在水平荷载作用下,桩基础的水平容许承载力为各单桩的水平容许承载力之和。

3.振动水冲法

振动水冲法对地基起到振冲密实或振冲置换作用,以提高地基承载力,减少沉降量。

对饱和沙土还可提高其抗振动液化能力,适用于沙土或沙壤土地基。对含水量大、抗剪强度较低的软黏土地基不宜采用。

振动水冲法成桩直径最小约为0.5 m,最大可达1.0 m以上,一般为0.6~0.8 m。振冲孔按梅花形或方格形布置,孔距取2~3倍的桩径,一般为1.5~2.5 m。对于松散的砂地基,振冲影响范围大,桩的间距可取大值;对于松软黏土地基,振冲影响范围较小,桩的间距可取小值。振冲孔孔深一般在4~18 m。

振冲孔的填料应选择比重大、有足够的强度、较好的水稳定性和抗腐蚀性的硬质颗粒材料,且黏粒杂质含量不大于5%,如中、粗砂,碎石等,同时宜有良好的级配,填料的最大粒径一般不宜大于50 mm。加固的地基一般按复合地基设计,计算方法参见《水利水电工程振冲法地基处理技术规范》(DL/T 5214)。

4. 强力夯实法

强力夯实法适用于砂性土,尤其适用于含卵石、漂石、块石的砂性土。对黏性土,强夯形成的孔隙水压力消散缓慢,甚至会产生橡皮土现象,效果不明显,需要辅助以其他的排水措施,才能取得很好的效果。

夯点的平面布置可按正方形或三角形排列,相邻夯点的间距,视重锤面积而定,一般为2.5~4 m。夯击时,采取分批跳点夯击,夯击的遍数按强夯后地基沉降值达到计算最终沉降量80%左右作为控制标准,一般不超过5遍。

5. 沉井基础

当采用桩基所需的单桩根数量较多,不能合理布置,或地基为开挖困难的淤泥、流沙时,采用沉井基础较为有利。

沉井应下沉到坚硬土层或岩层上,软土层厚度一般不宜大于10 m。当地基有较高的承压水头,且人工降低有困难时,不宜采用沉井基础。

6. 深层搅拌桩法

深层搅拌桩的设计包括计算单桩竖向承载力和复合地基承载力,必要时需验算下卧层的地基强度以及沉降量。

单桩承载力标准值可按下列两个公式计算,取其中较小值:

$$R_k^d = \eta f_{cn,k} A_p \qquad (7.2\text{-}77)$$

$$R_k^d = \bar{q}_s U_p L + \alpha A_p q_p \qquad (7.2\text{-}78)$$

式中　$f_{cn,k}$——与搅拌桩桩身加固土配比相同的室内加固土试块(边长为70.7 mm或50 mm的立方体)的90 d龄期无侧限抗压强度平均值,kPa;

η——强度折减系数,取0.3~0.5;

U_p——桩的周长,mm;

A_p——桩的横截面面积,mm^2;

L——桩长,mm;

q_p——桩端天然地基土的承载力标准值,kPa,可按《建筑地基基础设计规范》(GB 50007)的有关规定确定;

$\bar{q}_s$——桩周土平均允许摩阻力,kPa,按表7.2-24取值;

α——桩端天然地基承载力折减系数,取0.4~0.6。

表 7.2-24　深层搅拌桩桩周土平均容许摩阻力 $\overline{q}_s$

土的名称	土的状态	$\overline{q}_s$（kPa）
淤泥、泥炭土	流塑	5～8
淤泥质土	流塑－软塑	8～12
黏性土	软塑	12～15
	可塑	15～18

为了使单桩承载力设计合理,设计时应使桩体强度与承载力相协调,即

$$\eta f_{cn,k} A_p \geqslant \overline{q}_s U_p L + \alpha A_p q_p \tag{7.2-79}$$

当桩体强度小于 500 kPa 时,单桩承载力应通过现场荷载试验确定。

深层搅拌桩基础复合地基承载力,按桩土分担荷载的原理计算。复合地基承载力标准值的计算公式为

$$f_{sp} = m \frac{R_k^d}{A_p} + \beta(1 - m)f_k \tag{7.2-80}$$

式中　f_{sp}——复合地基承载力标准值,kPa;

　　　f_k——天然地基承载力标准值,kPa;

　　　m——深层搅拌桩面积置换率(%);

　　　β——桩间土承载力折减系数,当桩端土为软土时取 0.5～1.0,当桩端土为硬土时取 0.1～0.4;

　　　其他符号意义同前。

群桩体的压缩变形 S_1 可按下式计算:

$$S_1 = \frac{(p_0 + p_{02})L}{2E_{ps}} \tag{7.2-81}$$

$$E_{ps} = mE_p + (1 - m)E_s \tag{7.2-82}$$

式中　p_0——桩群体顶面处的平均压力,kPa;

　　　p_{02}——桩群体底面处的附加压力,kPa;

　　　L——实际桩长,m;

　　　E_{ps}——复合土层的压缩模量,kPa;

　　　E_p——搅拌桩的压缩模量,kPa,可取(100～200)$f_{cn,k}$;

　　　E_s——桩间土的压缩模量,kPa;

　　　m——深层搅拌桩面积置换率(%)。

复合土层以下各土层的沉降计算,仍采用分层总和法计算。

7. 湿陷性黄土地基处理

湿陷性黄土常用的地基处理方法有预浸水法、换土垫层法、挤密桩法、强夯法、硅化法及桩基础等。

(1)预浸水法是使湿陷性黄土地基预先浸水,把它的湿陷性消除在水闸建设之前。此法操作方便,费用低;处理范围广,深度大。但浸水后地基的承载力有所下降。浸水基

坑的最小边长或直径为湿陷性土层厚度的 1 ~ 1.5 倍时，才能完全产生湿陷。

（2）湿陷性黄土层较薄（10 m 以内）时，常采用的方法有强夯法、换土垫层法、挤密桩法等。

（3）湿陷性黄土的硅化加固可以使黄土具有足够的坚固性，能消除湿陷性，提高强度和减少渗透等。

（4）湿陷性黄土的桩基础以灌注桩为主，使基础传力于湿陷性土层以下的持力土层上，相对来说比较安全可靠，广泛应用于比较重要的独立建筑物的基础处理。

8. 地震液化地基处理

（1）采用非液化土替换全部液化土层。其适用于液化土层厚度小于 3 m 的情况，替换土可以采用黏性土或水泥土。

（2）加密法（如振冲加密、振动加密、挤密碎石桩、强夯等法）提高液化土层的密实度，使液化土层转换为非液化土层，适用于液化土层厚度大于 3 m 的情况。

（3）桩基础。桩基础深入非液化土层，承担全部荷载，采用时应注意液化土层液化后闸底板下脱空（底板下形成渗流通道）所带来的渗流稳定问题。

（4）围封法。采用混凝土地下连续墙、水泥土搅拌桩连续墙、高喷连续墙等措施将液化土层围封，使其在地震时不会发生喷水冒砂，以维持地基的整体稳定性。

7.3　橡胶坝设计

橡胶坝是一种低水头的城市蓄水建筑物，适宜建在水流平稳、漂浮物少、悬移质及推移质较少的河道上。橡胶坝体由橡胶和高强锦纶纤维硫化复合成的胶布围封成坝袋，复合胶布由高强合成纤维织物做受力骨架，内外涂敷合成橡胶做保护层硫化而成。橡胶坝袋锚固在基础底座上，然后向坝袋内充水（或充气），形成相对稳定的类似于坝体的挡水膨胀体。橡胶坝的显著优点是基本不影响河道泄洪、造价低、结构简单，施工简易和运用方便等。橡胶坝运用方式相对简单，蓄水时向坝袋内充水（或充气）升高坝体挡水，泄洪时排除坝袋内的水（或气）坍坝行洪。但橡胶坝也存在坝袋材料易老化、耐久性和坚固性差、检修管理困难等缺点。

橡胶坝的设计内容与常规水闸基本相同，主要包括总体布置、过流能力计算、整体稳定计算、渗透稳定计算、结构设计、地基处理设计等，其中整体稳定计算、渗透稳定计算、地基处理设计与常规水闸相同，不再赘述，下面只对与常规水闸不同的部分进行详细介绍。

7.3.1　橡胶坝类型及组成

按橡胶坝的充、排介质，锚固线布置形式或坝袋叠放层次，可以分为多种类型。按充胀介质分为充水式橡胶坝、充气式橡胶坝或充气充水组合式橡胶坝。相对而言，充水式橡胶坝较常用。按锚固线布置形式分为单锚固线橡胶坝和双锚固线橡胶坝。按坝袋叠放层次分为单袋式橡胶坝和多袋式橡胶坝。另外，还有采用橡胶材料制成的帆式橡胶坝（橡胶片闸），采用钢结构与橡胶布相结合的混合式橡胶坝等。

7.3.2 橡胶坝工程布置

7.3.2.1 布置原则

橡胶坝布置应做到布局合理、结构简单、安全可靠、运行方便、造型美观。坝轴线宜与坝址处河段水流方向正交。橡胶坝工程宜布置在河道顺直、河势稳定、工程地质及水文地质条件较好的河段,尽可能避开弯道。在城镇规划区,橡胶坝宜布置在城镇规划区的中、下游,避免因非正常运用或溃坝对城镇重要设施造成破坏。

全断面拦蓄河道的橡胶坝要兼顾主槽与滩地的地势差异,合理确定坝底板高程,确保河道岸坡及河床稳定,避免水流折冲危害下游消能防冲设施,同时充排泵房宜布置在堤防内侧或背水侧。布置在河道主槽的橡胶坝宜选择河槽顺直的河段,上、下游顺直段长度不宜小于 5 倍水面宽度,并应适当加大上、下游主槽及滩地的防冲护砌范围,充、排水泵房可就近布置在滩地或坝端,并尽可能减小其垂直水流向的宽度。当河道水深较大,且橡胶坝挡水水头较小或具有双向挡水功能时,应预留足够的工作宽度以方便橡胶坝的检修和更换。对于具有调蓄要求,上游河道有较大容积并有水景观功能的橡胶坝,宜结合橡胶坝两端设置冲沙闸、节制闸或小型泄洪涵闸,以调节坝上蓄水位或泄空库容,避免橡胶坝频繁充、坍坝。建在推移质及悬移质较多河道上的橡胶坝,其底板顶面宜适当高出原河床,以改善上、下游水面的衔接,减小坝袋振动及推移质对坝袋的冲刷磨损。

7.3.2.2 工程总体布置

橡胶坝由坝袋、底板、上游铺盖、下游消能防冲和充、排控制系统等组成。其中,底板、隔墩、岸墙、泵房、铺盖、消力池及护坡等土建部分的抗滑稳定及结构设计与一般水闸基本相同。橡胶坝袋形状、结构强度、锚固方式及充、排系统设计需按《橡胶坝技术规范》(SL 227)的规定专门设计。

1. 坝长的确定

橡胶坝总长应与河道宽度相适应,满足河道设计泄洪及坝下消能防冲要求,单跨坝长应满足坝袋制作、运输、安装、检修以及管理要求。对于一般河道,单跨最大长度不宜超过100 m,对冰凌或漂浮物较多的河道,单跨长度宜采用 20～30 m。橡胶坝布置应避免缩减原河道宽度,建坝后的设计及校核洪水位不应超过防洪限制水位。当河道断面较宽时,可布置多跨橡胶坝,单跨长度要适宜,跨间设置隔墩,墩高不小于坝顶溢流水头,墩长应大于坝袋工作状态的长度,且宜小于底板长度 0.5～1.0 m,以避免隔墩下游产生回旋水流冲击磨损坝袋。墩厚一般不小于 0.5 m,以便布置超压溢流管,隔墩应满足双向抗滑稳定要求。

2. 坝袋坝顶高程

坝顶高程宜高于上游正常蓄水位 0.10～0.20 m,坝袋充胀状态下的坝顶溢流水深可取 0.2～0.5 m,但应控制坝袋充胀溢流时坝袋内压满足内外压比要求,即溢流水深不应把橡胶坝压扁,下游消能设施应满足溢流消能的要求。坝顶过流时,坝袋振动不应影响坝的正常使用。

3. 坝底板布置

底板型式主要有平底板、低堰底板及反拱底板等,应根据地基及受力条件合理选择底板型式。

坝底板尺寸主要包括坝底板高程、厚度及顺水流方向上的宽度等。坝底板高程应根据地形、地质、水位、流量、泥沙、施工及检修条件等确定,宜比上游河床高程适当抬高0.3~0.6 m。底板厚度常采用0.5~0.8 m,并应满足抗滑稳定安全要求。底板宽度应满足坝袋坍落线的宽度要求,上、下游留足安装检修的通道宽度。底板顺水流方向应设置永久缝(包括沉降缝及伸缩缝),缝距不宜大于20 m(岩基)或35 m(土基),缝内设置止水。底板上、下游两端宜设齿墙,齿墙深度一般为0.5~2.0 m。

坝底板端部与岸墙(隔墩)底部连接部位,宜沿垂直水流方向按1:10左右的纵坡适当抬升一定高度,以避免充水橡胶坝端部出现坍肩。该坡高应根据不同坝高对应的坍肩值确定,一般不小于0.3~0.5 m。

充、排水管路及观测管路若布设在底板内,宜与底板整体浇筑,应尽量减少对坝底板的影响。

4. 防渗排水布置

根据坝基地质条件和坝上、下游水位差等因素,确定计算防渗长度,结合上游铺盖、底板及消能防冲地下轮廓线分布,设置完整的防渗排水系统。

5. 消能防冲设施的布置

根据河床地质条件、泄流运行工况等因素确定消能防冲设施的布置。

6. 坝袋与两岸连接布置

坝袋与两岸连接布置,应使过坝水流平顺。上、下游翼墙与岸墙两端应平顺连接,其顺水流方向护砌长度应根据水流与地质条件确定。

7. 坝袋充、排控制设施

坝袋充、排控制设施包括泵室、水泵或空压机、阀组及管路系统,泵室应满足防洪要求,并方便运行管理,一般布置在堤防背水侧。对于布置在河道主槽内的橡胶坝,泵室可以就近布置在坝端的滩地附近,但泵室应满足防洪要求,并尽量减少对河道行洪的影响。超长橡胶坝可在左、右岸分设控制系统。泵室应具备防寒、防潮及防渗措施。

7.3.3 橡胶坝结构设计

橡胶坝主要包括土建结构、坝袋结构及坝袋锚固三部分。

7.3.3.1 土建结构设计

土建结构包括坝底板、隔墩或岸墙、上游铺盖、下游消力池、海漫、防冲槽、翼墙、护坡及泵室等部分,土建结构的设计与常规水闸的设计基本相同。

橡胶坝的设计工况主要有五种,包括完建试坝或检修工况、设计蓄水工况(上游设计蓄水位,下游无水)、正常运用工况(上游设计蓄水位,下游正常水位)、校核溢流工况及坍坝泄流工况。最不利工况因计算部位和计算目的的不同而存在差异。计算荷载包括基本荷载与特殊荷载两部分。下面仅对有特殊要求的底板、岸墙和隔墩进行详细介绍。

1. 底板

底板型式主要有平底板、低堰底板等,应根据挡水要求、地基情况及受力条件等合理选择底板型式。橡胶坝底板常用平底板,主要承受坝袋水压、板前趾后踵部位的水重及扬压力,结构较简单,多为整体性筏式底板,属双向弹性地基板。底板的结构尺寸应根据整体布置、挡水高度、地基条件、整体稳定及结构强度等计算确定。底板厚度一般取0.5～1.2 m。底板垂直水流向宽度按照不影响河道泄洪断面及满足过流能力要求合理确定。顺水流向长度应满足坝袋坍坝贴地及上、下游检修空间的要求,底板顺水流方向长度按下式计算:

$$L_d = l + l_1 + l_2 + l_3 \tag{7.3-1}$$

其中

$$l_3 = \frac{l_0 - l}{2}$$

式中　L_d——底板顺水流方向长度,m;

　　　l——坝袋底垫片有效长度,m;

　　　l_1、l_2——上、下游安装检修通道长度,一般取0.5～1.0 m;

　　　l_3——坝袋坍落贴地长度,m;

　　　l_0——坝袋的有效周长,m。

底板设计较不利工况有三种,包括完建试坝或检修工况、设计蓄水工况、校核溢流工况。

2. 岸墙与隔墩

多跨橡胶坝应采用隔墩分隔,单跨长度应满足坝的制造、运输、安装、检修以及管理要求。岸墙或隔墩一般与坝底板连成整体,形成橡胶坝端部及底部锚固的隔离体,主要有斜坡式和直墙式两种,其设计高度应满足坝袋锚固布置的要求,并应高于坝顶溢流时最高溢流水位。岸墙或隔墩的稳定及结构计算与水闸设计基本相同,设计最不利工况为单孔检修工况,此时,隔墙一侧为设计蓄水位,另一侧无水。

岸墙或隔墩与坝袋接触部分,应做成光滑度高的接触面,以减少坝袋坍落过程中的摩阻力。一般采用环氧砂浆二次找平磨光,或贴大理石面板、光面塑料板、不锈钢板、水磨石等。

7.3.3.2　坝袋结构设计

橡胶坝坝袋结构设计内容包括确定坝袋径向拉力、坝袋环向各部尺寸、坝袋单宽容积及坝袋堵头轮廓坐标等。

橡胶坝坝袋结构设计工况包括完建试坝或检修工况、设计蓄水工况、正常运用工况、校核溢流工况及坍坝泄流工况。通常情况下,设计蓄水工况(上游水深等于坝高,下游无水)较为不利。

坝袋强度设计安全系数充水坝应不小于6.0,充气坝应不小于8.0。

(1)坝袋胶料要求:①耐大气老化、耐腐蚀、耐磨损、耐水性好;②有足够的强度;③在寒冷地区能满足抗冻要求;④坝袋使用的胶料达到物理机械性能要求。

(2)胶布的层胶厚度:①胶布的外覆盖胶大于2.5 mm;②胶布的夹层胶为0.3～0.5 mm;③胶布的内覆盖层胶大于2.0 mm。

(3)坝袋胶布性能要求:①有足够的抗拉强度和抗撕裂性能;②柔曲性、耐疲劳性、耐水浸泡及耐久性好;③与橡胶具有良好的黏合性能;④重量轻、加工工艺成熟。

橡胶坝袋胶料物理机械性能指标见表7.3-1。

表 7.3-1　橡胶坝袋胶料物理机械性能指标

序号	项目		单位	外层胶	内(夹)层胶	底垫片胶	检验依据
1	拉伸强度	≥	MPa	14	12	6	GB/T 528
2	扯断伸长率	≥	%	400	400	250	GB/T 528
3	扯断永久变形	≤	%	30	30	35	GB/T 528
4	硬度(邵氏 A)		Shore A	55～65	50～60	55～65	GB/T 531
5	脆性温度	≤	℃	-30	-30	-30	GB/T 1682
6	热空气老化 (100 ℃,96 h)	拉伸强度 ≥	MPa	12	10	5	GB/T 3512
		扯断伸长率 ≥	%	300	300	200	
7	热淡水老化 (70 ℃,96 h)	拉伸强度 ≥	MPa	12	10	5	GB/T 1690
		扯断伸长率 ≥	%	300	300	200	
		体积膨胀率 ≤	%	15	15	15	
8	臭氧老化:10 000 pphm,温度 40 ℃,拉伸 20%,不龟裂		min	120	120	100	GB/T 7762
9	磨耗量(阿克隆)	≤	cm³/1.61 km	0.8	1	1.2	GB/T 1689
10	屈挠性,不裂		万次	20	20	10	GB/T 13934

工程设计中,充水(充气)式橡胶坝坝袋设计参数按《橡胶坝技术规范》(SL 227)的规定计算,或由橡胶坝袋生产厂家按照设计工况确定。橡胶坝袋型号参照《橡胶坝技术规范》(SL 227)或橡胶坝袋生产厂家有关技术标准确定。

7.3.3.3　坝袋锚固设计

坝袋锚固型式可分为螺栓压板锚固、楔块挤压锚固以及胶囊充水锚固三种。锚固型式应根据工程规模、加工条件、耐久性、施工、维修等条件,经过综合经济比较后选用。

锚固线布置分单锚固线布置和双锚固线布置两种形式。锚固构件必须满足强度与耐久性的要求。单位长度螺栓计算荷载应考虑锚固构件的强度、耐久性、锚固力、锈蚀等因素,根据所采用的锚固型式计算确定。螺栓间距根据采用的压板强度和螺栓直径进行计算确定。螺栓间距宜取为 0.2～0.3 m。

螺栓承受的荷载计算、螺栓的直接计算及压板计算见《橡胶坝技术规范》(SL 227)。

7.3.4　橡胶坝水力计算

7.3.4.1　橡胶坝过流能力计算

橡胶坝过流能力计算包括建坝后泄洪能力计算、校核溢流工况的溢流能力计算及坍坝过程中分级下泄流量计算等。

建坝后进行泄洪能力计算时,橡胶坝处于完全坍坝状态,可以采用宽顶堰泄流模型计算。结合上、下游河道比降,选择合适的过坝落差,过坝水位落差一般不超过 0.2 m,分别按设计及校核水位计算过坝流量,分析橡胶坝束窄河道造成的水位壅高程度,据此合理确定橡胶坝的长度。

校核溢流工况的溢流能力是为了确定橡胶坝充胀状态下的最大过坝流量,分析过坝、溢流量是否满足坝下游补给用水的要求,并为上游水面线的推求提供依据。校核溢流工况的溢流能力按采用曲线形实用堰模型计算。

坍坝过程中分级下泄流量计算是为下游消能防冲设计提供过坝流量。由于坍坝过程是从实用堰向宽顶堰逐渐过渡的过程,流量系数变幅大,按坝袋坍落高度分级,并推算各级坍坝过流量,据此进行消能防冲计算。在边界条件相同的情况下,实用堰的流量系数大于宽顶堰,通常初始坍坝阶段的过流状况是下游消能防冲设计的最不利工况。坍坝过程中分级下泄流量计算模型介于实用堰和宽顶堰之间。

1. 过流能力计算

橡胶坝过流能力可按通用的堰流基本公式计算:

$$Q = \varepsilon \sigma_s m B \sqrt{2g} H_0^{\frac{3}{2}} \tag{7.3-2}$$

式中 Q——过坝流量,$\mathrm{m^3/s}$;

      B——溢流断面的平均宽度,m;

      H_0——计入行近流速水头的堰顶水头,m;

      m——流量系数;

      σ_s——淹没系数;

      ε——堰流侧收缩系数。

对单孔坝,ε 可直接查《水闸设计规范》(SL 265)取定。

对多孔坝,ε 计算公式为

$$\varepsilon = \frac{\varepsilon_z(N-1) + \varepsilon_b}{N} \tag{7.3-3}$$

式中 N——坝孔数;

      ε_z——中孔侧收缩系数;

      ε_b——边孔侧收缩系数。

2. 流量系数计算

橡胶坝的流量系数介于宽顶堰与曲线形实用堰之间,坝袋完全坍平时,可视作宽顶堰,流量系数一般取 $m = 0.33 \sim 0.36$;坝袋充胀时,可视为曲线形实用堰,流量系数一般取 $m = 0.36 \sim 0.45$。

对于双锚固线充水式橡胶坝,计算坍坝分级流量时,不同拥落高度的坝顶流量系数可按下式计算:

$$\left.\begin{array}{l} m = 0.163\,0 + 0.097\,3\,\dfrac{h_1}{H} + 0.095\,1\,\dfrac{H_0}{H} + 0.003\,7\,\dfrac{h_2}{H} \\[2mm] \dfrac{H}{H_1} = 0.212\,7 - 0.253\,3\,\dfrac{h_1}{H} + 0.705\,3\,\dfrac{H_0}{H_1} + 0.108\,8\,\dfrac{h_2}{H} \end{array}\right\} \tag{7.3-4}$$

式中 H_0——坝袋内压水头,m;

      H——运行时坝袋充胀的实际坝高,m;

      H_1——设计坝高,m;

h_1——坝上游水深,m;

h_2——坝下游水深,m。

式(7.3-4)为《橡胶坝技术规范》(SL 227)推荐采用的公式,但在实际使用中有一定偏差,应慎重采用。橡胶坝在塌坝过程中的流量系数应介于0.33~0.45,建议采用折线形实用堰流量系数计算公式计算,综合分析后确定。

7.3.4.2 橡胶坝消能防冲设计

橡胶坝消能防冲设计包括消力池、海漫、防冲槽设计,与常规水闸计算相同。橡胶坝的消能防冲最不利工况由坝袋坍落的不同高度及上、下游水位试算确定。另外,橡胶坝兼具坝工挡水的特点,对于规模较大的橡胶坝,应根据需要评估橡胶坝短时间坍坝(或溃坝)对下游河道的影响。

橡胶坝的消能防冲设计应注意以下几个方面:

(1)控制运用方式与水闸不同。在橡胶坝坍坝过程中,坝顶泄流流态由充胀状态的曲线形实用堰流向坍平后的宽顶堰流过渡,不同于水闸的孔流和堰流状态。由于橡胶坝袋是柔性结构,容易出现局部塌陷,特别是充气式橡胶坝更容易,会导致坝顶泄流不均匀,造成局部单宽流量加大,给下游的消能防冲带来不利影响。另外,橡胶坝应尽可能隔跨轮序充、坍坝,避免形成集中折冲水流,损害下游消能防冲设施。

(2)运行中的橡胶坝贴地段容易产生摆振磨损。由于橡胶坝坍坝泄流与闸孔过流不同,在泄量相同的条件下,橡胶坝消能设施可适当简化,但在推移质及悬移质发育的河道上,应将坝底板与消力池底板之间的衔接段做成斜坡,以防止砂石积聚坝袋贴地段,减少坝袋振动和磨损,同时也便于坝袋检修或更换。

(3)结合橡胶坝的调蓄要求设置调节涵闸(或冲沙闸)。建在平原河道的橡胶坝有一定的蓄水库容,为了增强橡胶坝的调蓄功能,避免频繁充、坍坝,宜设置调节涵闸(或冲沙闸),增强橡胶坝工程的调度灵活性。调节涵闸(或冲沙闸)泄流有利于提前抬升下游水位,改善橡胶坝消能防冲设施。但在调节涵闸(或冲沙闸)与橡胶坝之间应设置完全分隔开的导流墙,以方便调节闸或橡胶坝的独立运用。

(4)适当提高防洪河道上频繁启用坝段的设计标准。在大流量的防洪河道上修建多跨橡胶坝时,应避免因泄洪需要而频繁启用各跨橡胶坝。可以根据需要设置专门适于频繁启用的坝段,并提高其坝袋设计标准及坝袋锚固要求。

(5)加强河床及岸坡的防冲护砌。对修建在砂基或土基河床上的橡胶坝,应重视河床演变及人为采砂对河床及岸坡的不利影响,调整治理河道,加大防冲护砌措施,防止横向折冲水流对坝下消能防冲设施的损坏。河道采砂坑会导致橡胶坝消能防冲设施的冲刷损毁,设计时应引起重视。

7.3.5 充、排水(气)系统设计

橡胶坝的充、排水(气)系统设计主要包括确定充排水水泵选型、空压机选型及充、排水(气)管管径和管路布置等。充、坍坝时间及坝袋容积是充排设备选型的主要影响指标。橡胶坝充、坍坝时间应根据工程的具体运用条件确定,尤其是坍坝时间必须满足河道防汛对行洪的要求。根据国内已建橡胶坝工程的统计,其充坝时间一般为2~3 h,坍坝时

间一般为 1~2 h。另外,对建在行洪河道或溢洪道上的橡胶坝,由于有可能出现突发洪水的情况,应对其充、坍坝时间或运用方式作专门研究。应根据河道行洪过程及洪峰的可预测性,合理确定橡胶坝的坍坝时间,避免因坍坝历时过短造成类溃坝洪水,危及下游河道及堤防的安全。

坝袋的充、排水(气)形式包括动力式和混合式。动力式是指坝袋的充、坍完全利用水泵或空压机进行;混合式是指坝袋的充、坍坝部分利用水泵或空压机来完成,部分利用现有工程条件自充或自排。

橡胶坝充、排水(气)控制系统的设计主要包括水泵选型、空压机选型及管道计算。

7.3.5.1　水泵选型

一般根据橡胶坝的规模,充、坍坝要求时间及拟定的系统计算的水泵流量与扬程,据此选定水泵的型号。水泵的流量按下式确定:

$$Q = \frac{V}{nt} \tag{7.3-5}$$

式中　Q——水泵设计流量,m^3/h;

V——坝袋充水容积,m^3;

n——水泵台数;

t——充、坍坝所要求的最短时间,h。

水泵的设计扬程包括净扬程和管路水头损失两部分,净扬程为水泵出水管管口最高水位与水泵吸水管最低水位的差值,管路水头损失为吸水管进口至出水管末端沿程损失和局部损失之和。

$$H_B = (H_1 - H_2) + \Delta H \tag{7.3-6}$$

式中　H_B——水泵所需扬程,m;

H_1——水泵出水管管口最高水位,m;

H_2——水泵吸水管最低水位,m;

ΔH——水泵吸水管和压力管水头损失总和,m。

当水泵出水管直接向坝袋内充水时,水泵出水管管口最高水位为

$$H_1 = \alpha H + H_3 \tag{7.3-7}$$

式中　α——坝袋内外压比;

H——坝高,m;

H_3——坝底板高程,m。

7.3.5.2　空压机选型

空压机的额定功率根据坝袋的容积、设计内外压比及充坝时间计算确定;空压机的工作压力根据橡胶坝的额定充气压力确定,工作压力应大于额定充气压力。根据空压机的额定功率、额定充气压力选用合适的空压机。

7.3.5.3　管道计算

充、排水管道主要采用钢管,有时也采用 PE 塑料管;充、排气管道多采用钢管。管路布置应方便充、坍坝,并兼顾各管路总体充、排扬程相互匹配,管径粗细合理,尽可能减少管路长度,节约投资。管道直径应尽可能采用经济管径,其设计管径计算公式为

$$D = \sqrt{\frac{4Q}{\pi v}} \qquad\qquad (7.3\text{-}8)$$

式中　Q——管段内最大计算流量，$\mathrm{m^3/s}$；

　　　v——管道采用的计算流速，$\mathrm{m/s}$。

水泵吸水管中的流速一般取 $1.2 \sim 2~\mathrm{m/s}$，压力水管中流速一般取 $2.0 \sim 5.0~\mathrm{m/s}$。

7.4　堰、景观石坝设计

7.4.1　概述

堰、景观石坝作为城市河道蓄水建筑物，一般修建在对防洪要求不高的河道上，通常采用生态、环保的天然块石砌筑而成。景观石坝的构成原理、水力设计、稳定分析、结构设计等基本同堰。

堰一般由堰体，上、下游连接段和两岸连接段组成。堰体位于上、下游连接段之间，是工程的主体，其作用是控制水位、调节流量。上游连接段的主要作用是防渗、护岸和引导水流均匀过闸。下游连接段的主要作用是消能、防冲和安全排出堰基及两岸的渗流。两岸连接段的主要作用是实现堰体与河道两岸的过渡连接。

按照堰顶曲线设计，一般可分为宽顶堰和实用堰两种类型。

7.4.2　总体布置

7.4.2.1　堰体布置

堰体布置应根据挡水、泄水条件和运用要求，结合考虑地形、地质和施工等因素，做到结构安全可靠，布置紧凑合理、施工方便、运用灵活、经济美观。

（1）堰、景观石坝中心线的布置应考虑堰体及两岸建筑物均匀、对称的要求。作为城市河道蓄水建筑物，其中心线一般与河道中泓线相吻合。

（2）堰、景观石坝应尽量选择外形平顺且流量系数较大的堰体型式。

（3）有抗震设防要求地区的堰、景观石坝布置，应根据堰址地震烈度，采取有效的抗震措施：①采用增密、围封等加固措施对地基进行抗液化处理；②尽量采用桩基或整体筏式基础，不宜采用高边墩直接挡土的两岸连接型式；③尽量减少结构分缝，加强止水的可靠性；④适当增大两岸的边坡系数，防止地震时护坡滑落。

7.4.2.2　消能与防冲布置

堰、景观石坝消能与防冲布置应根据坝基地质情况、水力条件等因素，进行综合分析确定。宜采用底流式消能。有时，根据景观效果要求，也可采用跌流消能。

7.4.2.3　防渗与排水布置

堰、景观石坝防渗与排水布置应根据坝址地质条件和上、下游水位差等因素，结合堰体、消能防冲和两岸连接布置进行综合分析确定。

7.4.2.4　连接建筑物布置

堰体两岸连接应能保证岸坡稳定，进、出水流平顺，提高泄流能力和消能防冲效果，满足侧向防渗需要,减轻边荷载对堰体结构的影响,且有利于环境绿化。

7.4.2.5 放空设施

为保证堰前水质,堰上宜设置放空管等放空设施,并应由闸、阀等控制。

7.4.3 工程设计

堰、景观石坝的水力设计、防渗排水设计、稳定分析及地基设计与常规水闸相同,不再赘述。作为城市水利工程的堰、景观石坝,在考虑功能要求的基础上,还应更多地考虑外形的美观及与周边环境的协调。

7.5 工程实例

7.5.1 工程概况

广州市番禺区一村三岛堤路结合工程是 2008～2010 年广州市番禺区重点水利工程项目,工程区位于广州市番禺区的草河村、大刀沙岛、观龙岛和海鸥岛(简称"一村三岛")。海鸥岛位于番禺区石楼镇的东南侧,四面临水,北接前航道,东临狮子洋水道,西靠莲花山水道,属莲花山、狮子洋水系。岛内河涌纵横交错,水流相互贯通,十分复杂,岛内现有 15 座水闸联系内河涌与外江。

海鸥岛水闸大多建于 20 世纪 90 年代,是岛内渔民出海捕鱼的主要通道,具备挡潮、排涝、通航等多种功能。水闸为开敞式闸型,闸门采用传统的平板钢闸门,闸顶设高排架进行闸门启闭,水闸外观简陋。根据原水闸设计资料,海鸥岛水闸闸底板采用空箱结构,闸基为天然软弱地基。水闸运行中存在以下主要问题:

(1)闸基未处理,地基沉降严重,部分闸室已稍微倾斜;

(2)部分水闸启闭设备失控,排架受损,振动较大;

(3)由于沉降严重,部分水闸挡潮高度不足,水闸结构出现裂缝;

(4)部分水闸闸门锈蚀严重;

(5)水闸外观简陋,感观上较为生硬,满足不了生态水利建设需求。

为完善海鸥岛防洪(潮)、排涝工程体系,设计将现有 15 座水闸全部拆除重建。

7.5.2 设计资料

7.5.2.1 建筑物级别

海鸥岛水闸位于海鸥围上,为穿堤建筑物。海鸥围为挡潮堤,设计防洪标准为抵御 50 年一遇潮水位,建筑物级别为 2 级。根据《水闸设计规范》(SL 265),位于挡潮堤上的水闸级别不得低于挡潮堤的级别,确定水闸建筑物级别为 2 级。

7.5.2.2 洪水标准

海鸥岛水闸是以挡潮为主,兼顾排涝、通航的挡潮闸,其挡潮标准同海鸥围,设计潮水位重现期为 50 年,校核潮水标准为历史最高潮水位。

7.5.2.3 流量及特征水位

多年平均最高潮位:1.86 m;

多年平均最低潮位:−1.61 m;

多年平均高潮位:0.69 m;

多年平均低潮位:−0.80 m;

历史最高潮位:2.43 m;

历史最低潮位:−1.84 m;

内河常水位:0.20 m;

内河最低水位:−0.50 m。

海鸥岛水闸设计洪潮水位、内河最高水位及最大排涝流量见表 7.5-1。

表 7.5-1　海鸥岛水闸设计洪潮水位、内河最高水位及最大排涝流量

水闸名称	设计洪潮水位(m)	内河最高水位(m)	最大排涝流量(m^3/s)
芒围水闸	1.09	1.09	39.10
沙头水闸	1.11	1.11	32.30
合兴西水闸	1.00	1.00	22.40
深沙水闸	1.00	1.00	26.20
勾镰水闸	1.10	1.10	28.40
集兴水闸	1.10	1.10	18.90
同乐水闸	1.10	1.10	22.70
地玄水闸	1.10	1.10	18.90
沙滘水闸	1.10	1.10	17.70
沙尾水闸	1.10	1.10	17.70
下涌水闸	1.10	1.10	12.90
上涌水闸	1.10	1.10	17.20
江兴水闸	1.10	1.10	8.90
合兴东水闸	1.10	1.10	22.40
东开方水闸	1.10	1.10	12.50

7.5.2.4 水文气象

闸址区多年平均气温 21.9 ℃,最大风速为 24 m/s。

7.5.2.5 工程地质条件

闸址处地基地层岩性自上而下主要为淤泥质粉质黏土、淤泥质沙壤土、淤泥质壤土、中粗砂、残积土、粉砂岩,水闸基础主要坐落在淤泥质土上,其强度很低,存在沉降变形、抗滑稳定、软土震陷和渗透稳定等工程地质问题。

抗震设防烈度为 7 度,设计基本地震加速度值为 0.10g。

7.5.3 工程总体布置

水闸总体布置力求水流平顺,满足与堤顶道路衔接及船只通航的需求,做到紧凑合理、协调美观。水闸两侧设平台,作为管理区,同时为闸门检修及景观设计预留空间。

水闸由铺盖段、交通桥段、闸室段、消力池段、海漫段组成。交通桥段底板设消能槛,兼作外江消力池。总体布置见图 7.5-1。

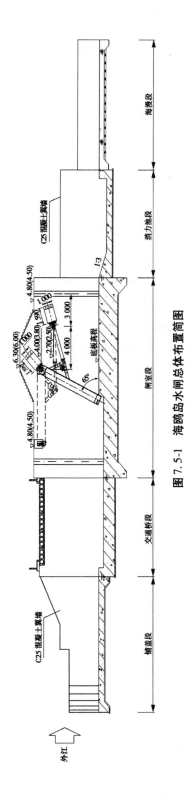

图 7.5-1 海鸥岛水闸总体布置简图

7.5.3.1 闸室布置

海鸥岛水闸以挡潮为主,兼顾排涝、通航,闸室结构采用开敞式。

水闸闸顶高程不低于最高挡潮水位加波浪计算高度与相应安全超高值之和,按照《水闸设计规范》(SL 265)进行波浪爬高计算;水闸位于海鸥围(挡潮堤)上,闸顶高程不低于两侧海鸥围堤顶高程;同时,闸顶高程确定需满足通航高度及闸门布置要求。水闸两侧海鸥围堤顶高程为 4.0~4.3 m,闸门采用上翻板门,通航净高不低于 2.5 m,根据闸门布置,闸顶高程为 6.0~6.3 m。经综合比较,本次设计海鸥岛水闸闸顶高程为 6.0~6.3 m。闸室长度根据闸室稳定计算及闸门布置、检修要求确定,经计算,水闸闸室长度为 18.5~19.2 m。

水闸底槛高程根据闸址地形、地质、河底高程、水流、泥沙等,经技术经济比较确定。本次设计水闸底槛高程为 −2.20~−2.80 m。

闸孔总净宽根据水闸排涝流量、运行要求确定。闸孔孔径根据闸的地基条件、运用要求、闸门结构型式等因素,进行综合分析确定。同时,为便于今后水闸运行管理,对闸孔孔径进行必要的合并归类。设计水闸采用 6 m、8 m 两种闸孔净宽,孔数均为 1 孔。

海鸥岛水闸闸室布置汇总见表 7.5-2。

表 7.5-2 海鸥岛水闸闸室布置汇总

水闸名称	底槛高程(m)	闸顶高程(m)	孔数	净宽(m)	闸室长度(m)
芒围水闸	−2.40	6.3	1	8	19.0
沙头水闸	−2.20	6.3	1	8	18.5
合兴西水闸	−2.80	6.0	1	6	19.0
深沙水闸	−2.60	6.3	1	8	19.0
勾镰水闸	−2.60	6.3	1	8	19.0
集兴水闸	−2.60	6.0	1	6	19.0
同乐水闸	−2.40	6.3	1	8	19.0
地玄水闸	−2.80	6.3	1	8	19.2
沙滘水闸	−2.20	6.3	1	8	18.5
沙尾水闸	−2.20	6.3	1	8	18.5
下涌水闸	−2.20	6.0	1	6	18.5
上涌水闸	−2.20	6.0	1	6	18.5
江兴水闸	−2.20	6.0	1	6	18.5
合兴东水闸	−2.60	6.0	1	6	19.0
东开方水闸	−2.20	6.3	1	8	18.5

水闸底板、闸墩厚度根据受力条件、闸孔净宽等因素，经计算并结合闸门埋件构造要求确定，设计水闸底板门槛上游段厚 1.3 m、下游段厚 1.8 m，边墩厚 1.2 m、闸门锁定装置处加厚至 1.5 m，墩顶顺水流方向设两道钢制栏杆。

7.5.3.2 交通桥布置

由于水闸闸顶高程高于两侧堤围顶高程约 2.0 m，为满足本次工程交通设计要求，使水闸交通与两侧堤围交通竖向平顺衔接，本次设计交通桥布置在闸室外江侧。交通桥轴线与水闸两侧堤顶道路轴线平顺连接，桥顶高程满足水闸通航高度要求。

7.5.3.3 防渗排水布置

水闸防渗排水布置应根据闸基地质条件和水闸上、下游水位差等因素，结合闸室、消能防冲和两岸连接布置进行综合分析确定。

水闸闸基为淤泥质软土，采用水泥土搅拌桩进行基础处理，桩顶设粗砂垫层。根据《水闸设计规范》(SL 265)中的渗径系数法，闸基防渗轮廓线长度(防渗部分水平段和垂直段长度总和)等于上下游水位差与渗径系数的乘积。粗砂类地基的允许渗径系数 C 值取 5～4。水闸最高挡潮水位为 2.43 m，内河最低水位为 −0.5 m，上、下游最大水位差为 2.93 m。根据水闸总体布置，闸基防渗轮廓线长度满足规范要求。

为了增加底板的抗浮稳定性，浆砌石海漫段设置无砂混凝土排水体竖向排水。排水体以梅花形布置，间距 2.5 m，底部平铺两层无纺土工布进行反滤。

7.5.3.4 消能防冲布置

水闸具有双向挡水、泄水功能，水闸内河、外江侧均设置消能防冲设施，消能防冲设施由消力池、海漫及防冲槽组成。

水闸采用底流式消能，内河侧设消力池，池深 0.8 m；外江侧交通桥段底板兼作消力池，池深 0.5 m。内河、外江侧均设抛石防冲槽，槽深 1.2 m。

7.5.3.5 两岸连接布置

水闸两岸连接需保证岸坡稳定，改善水闸进、出水流条件，提高泄流能力和防冲效果，且有利于环境绿化。两岸连接采用直墙式结构，上、下游翼墙与闸室平顺连接，翼墙扩散角采用 10°～12°，平面布置采用圆弧与直线组合式。

7.5.4 水力设计

7.5.4.1 闸孔总净宽计算

水闸闸孔总净宽设计需满足片区排涝及船只通航要求。同时，为了便于今后的运行管理，进行合并归类。海鸥岛各水闸设计最大排涝流量见表 7.5-1。根据水闸运行方式，排涝时过闸水位差取 0.12 m，水闸过流为高淹没堰流，闸孔总净宽采用下列公式计算：

$$B_0 = \frac{Q}{\mu_0 h_s \sqrt{2g(H_0 - h_s)}} \tag{7.5-1}$$

$$\mu_0 = 0.877 + \left(\frac{h_s}{H_0} - 0.65\right)^2 \tag{7.5-2}$$

式中　B_0——闸孔总净宽,m;

　　　Q——过闸流量,$\mathrm{m^3/s}$;

　　　H_0——计入行近流速水头的堰上水深,m;

　　　g——重力加速度,取 9.81 $\mathrm{m/s^2}$;

　　　h_s——由堰顶算起的下游水深,m;

　　　μ_0——淹没堰流的综合流量系数,按《水闸设计规范》(SL 265)附录 A 中公式
　　　　　(A.0.2-2)计算或由表 A.0.2 查得。

海鸥岛水闸闸孔总净宽计算成果汇总见表 7.5-3。

表 7.5-3　海鸥岛水闸闸孔总净宽计算成果汇总

水闸名称	闸底高程(m)	内河最高水位(m)	上游水深(m)	下游水深(m)	孔数	净宽(m)	过闸流量($\mathrm{m^3/s}$)	设计最大排涝流量($\mathrm{m^3/s}$)
芒围水闸	-2.40	1.09	3.49	3.37	1	8.00	40.38	39.10
沙头水闸	-2.20	1.11	3.31	3.19	1	8.00	38.18	32.30
合兴西水闸	-2.80	1.00	3.80	3.68	1	6.00	33.13	22.40
深沙水闸	-2.60	1.00	3.60	3.48	1	8.00	41.73	26.20
勾镰水闸	-2.60	1.10	3.70	3.58	1	8.00	42.95	28.40
集兴水闸	-2.60	1.10	3.70	3.58	1	6.00	32.21	18.90
同乐水闸	-2.40	1.10	3.50	3.38	1	8.00	40.50	22.70
地玄水闸	-2.80	1.10	3.90	3.78	1	8.00	45.40	18.90
沙滘水闸	-2.20	1.10	3.30	3.18	1	8.00	38.05	17.70
沙尾水闸	-2.20	1.10	3.30	3.18	1	8.00	38.05	17.70
下涌水闸	-2.20	1.10	3.30	3.18	1	6.00	28.54	12.90
上涌水闸	-2.20	1.10	3.30	3.18	1	6.00	28.54	17.20
江兴水闸	-2.20	1.10	3.30	3.18	1	6.00	28.54	8.90
合兴东水闸	-2.60	1.10	3.70	3.58	1	6.00	32.21	22.40
东开方水闸	-2.20	1.10	3.30	3.18	1	8.00	38.05	12.50

7.5.4.2 消能防冲计算

海鸥岛水闸为海堤上的穿堤建筑物,水闸连接外江及岛内河涌。外江涨潮时,潮水流进内河涌;退潮时,内河涌水倒灌至外江。同时,水闸是排除岛内涝水的主要通道。因此,本次水闸消能防冲设计需满足双向泄水要求。

水闸采用底流式消能,取潮起、潮落不利水位组合进行计算并根据工程实践经验确定消能防冲设施各部位尺寸。

消能防冲采用本章 7.2 节的方法进行计算,消力池深度按下列公式计算:

$$d = \sigma_0 h_c'' - h_s' - \Delta Z \tag{7.5-3}$$

$$h_c'' = \frac{h_c}{2}\left(\sqrt{1 + \frac{8\alpha q^2}{gh_c^3}} - 1\right)\left(\frac{b_1}{b_2}\right)^{0.25} \tag{7.5-4}$$

$$h_c^3 - T_0 h_c^2 + \frac{\alpha q^2}{2g\varphi^2} = 0 \tag{7.5-5}$$

$$\Delta Z = \frac{\alpha q^2}{2g\varphi^2 h_s'^2} - \frac{\alpha q^2}{2g h_c''^2} \tag{7.5-6}$$

式中　d——消力池深度,m;

　　　σ_0——水跃淹没系数,取 1.05 ~ 1.10;

　　　h_c''——跃后水深,m;

　　　h_c——收缩水深,m;

　　　α——水流动能校正系数,取 1.0 ~ 1.05;

　　　q——过闸单宽流量,m^2/s;

　　　b_1——消力池首端宽度,m;

　　　b_2——消力池末端宽度,m;

　　　T_0——由消力池底板顶面算起的总势能,m;

　　　ΔZ——出池落差,m;

　　　h_s'——出池河床水深,m;

　　　g——重力加速度,m/s^2;

　　　φ——孔流流速系数,取 0.95 ~ 1.0。

消力池长度按下列公式计算:

$$L_{sj} = L_s + \beta L_j \tag{7.5-7}$$

$$L_j = 6.9(h_c'' - h_c) \tag{7.5-8}$$

式中　L_{sj}——消力池长度,m;

　　　L_s——消力池斜坡段水平投影长度,m;

　　　β——水跃长度校正系数,取 0.7 ~ 0.8;

　　　L_j——水跃长度,m。

消力池底板厚度根据抗冲及抗浮要求确定,海漫的长度根据消力池末端单宽流量及河床土质确定,抛石防冲槽的尺寸根据河床冲刷深度计算确定。

海鸥岛水闸消能防冲计算成果汇总见表7.5-4。

表7.5-4　海鸥岛水闸消能防冲计算成果汇总表

水闸名称	涨潮时,内河侧				退潮时,外江侧			
	消力池深（m）	消力池长（m）	海漫长（m）	冲刷深（m）	消力池深（m）	消力池长（m）	海漫长（m）	冲刷深（m）
芒围水闸	0.12	9.53	17.75	6.71	0.25	6.07	13.92	5.33
沙头水闸	0.15	9.22	17.00	6.14	0.26	5.65	12.95	4.60
合兴西水闸	0.19	9.90	18.32	5.20	0.17	6.36	14.94	6.28
深沙水闸	0.23	9.94	18.48	7.29	0.24	6.46	14.83	6.06
勾镰水闸	0.23	9.94	18.48	7.29	0.24	6.46	14.83	6.06
集兴水闸	0.21	9.55	17.65	4.81	0.19	6.03	14.12	4.05
同乐水闸	0.12	9.53	17.75	6.71	0.25	6.07	13.92	5.33
地玄水闸	0.27	10.53	19.19	7.88	0.22	6.83	15.69	6.81
沙滘水闸	0.15	9.22	17.00	6.14	0.26	5.65	12.95	4.60
沙尾水闸	0.15	9.22	17.00	6.14	0.26	5.65	12.95	4.60
下涌水闸	0.09	8.66	16.23	4.03	0.22	5.29	12.33	3.96
上涌水闸	0.09	8.66	16.23	4.03	0.22	5.29	12.33	3.96
江兴水闸	0.09	8.66	16.23	4.03	0.22	5.29	12.33	3.96
合兴东水闸	0.21	9.55	17.65	4.81	0.19	6.03	14.12	4.05
东开方水闸	0.15	9.22	17.00	6.14	0.26	5.65	12.95	4.60

　　根据水闸消能防冲计算成果及工程布置拟定各水闸消能防冲设施尺寸。水闸内河侧设消力池、海漫,海漫末端设抛石防冲槽,槽深1.2 m;外江侧交通桥段底板、铺盖兼作退潮时水闸外江消能防冲设施,交通桥段底板设0.5 m高的消能槛,铺盖前设抛石防冲槽,槽深1.2 m。海鸥岛水闸消能防冲设施尺寸统计见表7.5-5。

表 7.5-5　海鸥岛水闸消能防冲设施尺寸统计

水闸名称	内河侧				外江侧		
	消力池深（m）	消力池长（m）	海漫长（m）	防冲槽长（m）	交通桥段底板长（m）	铺盖长（m）	防冲槽长（m）
芒围水闸	0.80	10.00	20.00	8.70	19.37	10.00	8.70
沙头水闸	0.80	10.00	20.00	8.70	19.37	10.00	8.70
合兴西水闸	0.80	10.00	17.20	老闸底板兼作	12.00	10.00	8.70
深沙水闸	0.80	10.00	20.00	8.70	9.00	10.00	8.70
勾镰水闸	0.80	10.00	20.00	8.70	9.00	10.00	8.70
集兴水闸	0.80	10.00	20.00	8.70	12.00	10.00	8.70
同乐水闸	0.80	10.00	20.00	8.70	13.80	8.00	8.00
地玄水闸	0.80	10.00	20.00	8.70	9.00	10.00	8.70
沙滘水闸	0.80	10.00	20.00	8.70	9.30	4.85	8.00
沙尾水闸	0.80	10.00	20.00	10.00	9.00	12.50	8.00
下涌水闸	0.80	10.00	20.00	8.70	9.00	10.00	8.70
上涌水闸	0.80	10.00	19.50	老闸底板兼作	9.00	10.00	8.70
江兴水闸	0.80	10.00	20.00	8.70	9.00	10.00	8.70
合兴东水闸	0.80	10.00	20.00	20.00	9.00	11.00	8.00
东开方水闸	0.80	10.00	20.00	8.70	10.00	10.00	8.70

7.5.4.3　闸门控制运用

海鸥岛水闸是以挡潮为主,兼顾通航、排涝的挡潮闸,内河最高水位 1.00 ~ 1.11 m、常水位 0.2 m,闸门控制运用遵循以下原则:

（1）内河水位回落到常水位 0.2 m 时,关闸挡水;

（2）外江水位高于河涌最高水位时,关闸挡潮;

（3）外江水位低于河涌水位 0.12 m 及以上需要排涝时,开闸排涝。

7.5.5　防渗排水设计

7.5.5.1　防渗稳定计算

水闸闸基为淤泥质粉质黏土,易发生流土破坏,允许渗流坡降建议值为 0.20。海鸥岛各水闸最大挡水高度均为 2.43 m，上、下游最大水位差均为 2.93 m。选取芒围水闸为典型进行抗渗稳定计算，计算方法采用《水闸设计规范》(SL 265)附录 C 中改进阻力系数法。

经计算，水闸渗流坡降计算值水平段为 0.07、出口段为 0.17，闸基抗渗稳定满足要求。

7.5.5.2 排水设计

水闸上、下游翼墙设置排水系统，以降低墙后地下水位，增加翼墙稳定性。排水系统采用具有良好的反滤作用和一定的抗压扁能力的 ϕ50 mm 软式透水管，间距 3.0～5.0 m。

为增加底板的抗浮稳定性，浆砌石海漫段设置无砂混凝土排水体竖向排水。排水体以梅花形布置，间距 2.5 m，底部平铺两层无纺土工布。

7.5.6 稳定计算

根据闸址处工程地质条件及闸室、翼墙基底面高程，基底面土层为淤泥质粉质黏土，海鸥岛水闸稳定计算参数见表 7.5-6。

表 7.5-6 海鸥岛水闸稳定计算参数

基底面土层岩性	饱和固结快剪	
	内摩擦角 φ(°)	黏聚力 C(kPa)
淤泥质粉质黏土	10～13	6～9

7.5.6.1 闸室稳定计算

1. 计算工况及荷载组合

海鸥岛水闸具备双向挡水功能，分别验算水闸正向挡水（挡外江潮水）、反向挡水（挡内河涌水）闸室抗滑稳定性。选取水位不利组合进行闸室抗滑稳定计算，工况选取及水位组合如下：

工况 1：正向挡水，外江设计洪潮水位($p = 2\%$)2.33～2.37 m、内河常水位 0.20 m；

工况 2：反向挡水，外江历史最低潮位 -1.84 m、内河设计高水位 1.00～1.09 m；

工况 3：施工完建，外江无水、内河无水；

工况 4：水闸检修，外江多年平均高潮位 0.69 m、内河常水位 0.20 m；

工况 5：水闸检修，外江多年平均低潮位 -0.80 m、内河常水位 0.20 m；

工况 6：地震情况，外江多年平均高潮位 0.69 m、内河常水位 0.20 m；

工况 7：地震情况，外江多年平均低潮位 -0.80 m、内河常水位 0.20 m。

海鸥岛水闸闸室稳定计算荷载组合见表 7.5-7。

表 7.5-7　海鸥岛水闸闸室稳定计算荷载组合

计算工况		荷载组合							
		自重	水重	静水压力	扬压力	土压力	风压力	浪压力	地震荷载
基本组合	正向挡水	√	√	√	√	√	√	√	—
	反向挡水	√	√	√	√	√	√	√	—
	完建情况	√	—	—	—	√	√	—	—
特殊组合 I	检修情况	√	√	√	√	√	√	√	—
特殊组合 II	地震情况	√	√	√	√	√	√	√	√

注："√"指需考虑的荷载，"—"指不需考虑的荷载，下同。

2. 荷载计算

（1）闸室自重：闸室自重包括闸体结构自重、永久设备自重以及闸体范围内的水重。

（2）静水压力：按相应计算工况下的浑水容重及上下游水位计算。

（3）扬压力：扬压力为浮托力及渗透压力之和，根据《水闸设计规范》（SL 265）附录 C 中改进阻力系数法计算各工况渗透压力。

（4）浪压力：浪压力根据《水闸设计规范》（SL 265）附录 E 公式进行计算，计算风速取 24 m/s。

（5）地震荷载：地震动峰值加速度 0.10g，地震基本烈度为Ⅶ度，采用拟静力法计算地震作用效应。

水平向地震惯性力：沿建筑物高度作用于质点 i 的水平向地震惯性力代表值按《水工建筑物抗震设计规范》（SL 203）中式（4.5.9）计算。其中水平向设计地震加速度代表值取 0.10g，地震作用的效应折减系数取 0.25。

地震动水压力：单位宽度的总地震动水压力作用在水面以下 $0.54H_0$ 处，计算时分别考虑闸室上下游地震动水压力，其代表值 F_0 按《水工建筑物抗震设计规范》（SL 203）中式（6.1.9-2）计算。

地震动土压力：

地震主动动土压力代表值 F_E 按下式计算：

$$F_E = \left[q_0 \frac{\cos\varphi_1}{\cos(\varphi_1 - \varphi_2)} H + \frac{1}{2}\gamma H^2 \right] \cdot \left(1 \pm \frac{\zeta\alpha_v}{g} \right) C_e \tag{7.5-9}$$

式中　F_E——地震主动动土压力代表值；

q_0——土表面单位长度的荷载；

φ_1——挡土墙面与垂直面夹角；

φ_2——土表面与水平面夹角；

H——土的高度；

γ——土重度的标准值；

ζ——计算系数；

α_v——竖向设计地震加速度代表值；

C_e——系数，计算公式参见《水工建筑物抗震设计规范》(SL 203)。

3. 闸室稳定计算

海鸥岛水闸闸室稳定计算成果汇总见表 7.5-8。

表 7.5-8　海鸥岛水闸闸室稳定计算成果汇总

水闸名称	计算工况	P_{max} (kPa)	P_{min} (kPa)	基底应力允许值 (kPa)	不均匀系数 P_{max}/P_{min}	不均匀系数 P_{max}/P_{min} 允许值		抗滑稳定安全系数	抗滑稳定安全系数允许值	
						基本组合	特殊组合		基本组合	特殊组合
芒围同乐	工况 1	87.00	62.60	60	1.39	1.50		1.77	1.30	
	工况 2	85.42	78.84		1.08	1.50		2.42	1.30	
	工况 3	110.49	91.93		1.20	1.50		—	1.30	
	工况 4	69.75	47.30		1.47		2.00	5.05		1.15
	工况 5	66.71	63.43		1.05		2.00	5.15		1.15
	工况 6	88.87	66.92		1.33		2.00	2.65		1.05
	工况 7	81.61	79.66		1.02		2.00	2.65		1.05
合兴西	工况 1	82.95	49.96	60	1.66	1.50		1.58	1.30	
	工况 2	77.33	75.44		1.03	1.50		2.08	1.30	
	工况 3	111.15	92.49		1.20	1.50		—	1.30	
	工况 4	66.25	42.86		1.55		2.00	4.95		1.15
	工况 5	62.49	60.16		1.04		2.00	4.59		1.15
	工况 6	83.48	58.46		1.43		2.00	2.48		1.05
	工况 7	74.89	75.04		1.00		2.00	2.41		1.05
沙头沙滘沙尾东开方	工况 1	86.07	62.28	60	1.38	1.50		1.78	1.30	
	工况 2	85.01	78.82		1.08	1.50		2.47	1.30	
	工况 3	109.35	91.32		1.20	1.50		—	1.30	
	工况 4	70.36	48.63		1.45		2.00	5.16		1.15
	工况 5	67.48	64.54		1.05		2.00	5.31		1.15
	工况 6	88.05	66.73		1.32		2.00	2.66		1.05
	工况 7	81.06	79.46		1.02		2.00	2.68		1.05

水闸 名称	计算 工况	P_{max} （kPa）	P_{min} （kPa）	基底应力 允许值 （kPa）	不均匀 系数 P_{max}/P_{min}	不均匀系数 P_{max}/P_{min} 允许值		抗滑稳 定安全 系数	抗滑稳定安全 系数允许值	
						基本 组合	特殊 组合		基本 组合	特殊 组合
深沙 勾镰	工况 1	88.06	63.29	60	1.39	1.50		1.69	1.30	
	工况 2	85.62	80.74		1.06	1.50		2.27	1.30	
	工况 3	111.57	93.70		1.19	1.50		—	1.30	
	工况 4	69.18	47.19		1.47		2.00	4.68		1.15
	工况 5	65.82	63.64		1.03		2.00	4.75		1.15
	工况 6	89.73	67.89		1.32		2.00	2.54		1.05
	工况 7	81.87	81.35		1.01		2.00	2.54		1.05
集兴 合兴东	工况 1	81.95	50.02	60	1.64	1.50		1.57	1.30	
	工况 2	76.20	75.33		1.01	1.50		2.10	1.30	
	工况 3	109.75	91.09		1.20	1.50		—	1.30	
	工况 4	66.57	43.38		1.53		2.00	4.97		1.15
	工况 5	63.12	60.37		1.05		2.00	4.65		1.15
	工况 6	82.69	58.20		1.42		2.00	2.44		1.05
	工况 7	74.70	74.11		1.01		2.00	2.39		1.05
地玄	工况 1	89.53	63.30	60	1.41	1.50		1.68	1.30	
	工况 2	86.40	81.31		1.06	1.50		2.20	1.30	
	工况 3	113.17	94.41		1.20	1.50		—	1.30	
	工况 4	69.10	45.99		1.50		2.00	4.53		1.15
	工况 5	65.46	62.73		1.04		2.00	4.56		1.15
	工况 6	91.08	67.96		1.34		2.00	2.52		1.05
	工况 7	82.75	81.85		1.01		2.00	2.51		1.05
下涌 上涌 江兴	工况 1	79.84	49.62	60	1.61	1.50		1.41	1.30	
	工况 2	74.77	74.55		1.00	1.50		1.90	1.30	
	工况 3	106.59	88.48		1.20	1.50		—	1.30	
	工况 4	66.95	44.65		1.50		2.00	4.58		1.15
	工况 5	63.95	61.15		1.05		2.00	4.43		1.15
	工况 6	80.86	57.58		1.40		2.00	2.07		1.05
	工况 7	73.73	72.73		1.01		2.00	2.06		1.05

由表 7.5-8 可知,闸室平均基底应力大于地基允许承载力,地基需进行加固处理。

7.5.6.2　上、下游翼墙稳定计算

根据海鸥岛各水闸布置,上游翼墙(外江侧)挡土高度为 3.2 ~ 6.9 m,下游翼墙(内河侧)挡土高度为 4.9 ~ 7.0 m。挡墙结构采用半重力式,稳定计算采用重力式挡墙的稳定计算方法,墙后土压力按库仑土压力理论计算。

1. 上游翼墙稳定计算

本次设计选取上游最大挡土高度翼墙为典型进行稳定计算,计算工况选取潮起、潮落不利水位组合。主要荷载包括土重、侧向土压力、水平水压力、水重、扬压力、结构自重等,侧向土压力按库仑主动土压力计算。

稳定计算工况及水位组合选取如下:

工况 1:施工完建,墙前无水、墙后无水;

工况 2:正常运行,墙前多年平均低潮位 - 0.80 m、墙后地下水位 0.20 m;

工况 3:退潮,墙前多年平均低潮位 - 0.80 m、墙后多年平均高潮位 0.69 m;

工况 4:地震情况,正常运行 + 地震。

海鸥岛水闸上游翼墙(最大挡土高度)稳定计算成果见表 7.5-9。

表 7.5-9　海鸥岛水闸上游翼墙(最大挡土高度)稳定计算成果

计算工况	P_{max} (kPa)	P_{min} (kPa)	基底应力允许值 (kPa)	不均匀系数 P_{max}/P_{min}	不均匀系数 P_{max}/P_{min} 允许值		抗滑稳定安全系数	抗滑稳定安全系数允许值	
					基本组合	特殊组合		基本组合	特殊组合
工况 1	127.14	125.07	60	1.02	1.50		1.56	1.30	
工况 2	117.32	103.02	60	1.14	1.50		1.43	1.30	
工况 3	119.34	97.02	60	1.23	1.50		1.32	1.30	
工况 4	123.48	101.88	60	1.21		2.00	1.27		1.05

2. 下游翼墙稳定计算

本次设计选取下游最大挡土高度翼墙为典型进行稳定计算,计算工况根据水闸控制运用选取不利水位组合。主要荷载包括土重、侧向土压力、水平水压力、水重、扬压力、结构自重等,侧向土压力按库仑主动土压力计算。

稳定计算工况及水位组合选取如下:

工况 1:施工完建,墙前无水、墙后无水;

工况 2:正常运行,墙前设计常水位 0.20 m、墙后地下水位 0.20 m;

工况 3:水闸排涝,墙前设计低水位 - 0.50 m、墙后地下水位 0.20 m;

工况 4:地震情况,正常运行 + 地震。

海鸥岛水闸下游翼墙(最大挡土高度)稳定计算成果见表 7.5-10。

表 7.5-10　海鸥岛水闸下游翼墙（最大挡土高度）稳定计算成果

计算工况	P_{max}（kPa）	P_{min}（kPa）	基底应力允许值（kPa）	不均匀系数 P_{max}/P_{min}	不均匀系数 P_{max}/P_{min} 允许值 基本组合	不均匀系数 P_{max}/P_{min} 允许值 特殊组合	抗滑稳定安全系数	抗滑稳定安全系数允许值 基本组合	抗滑稳定安全系数允许值 特殊组合
工况 1	129.09	127.48	60	1.01	1.50		1.58	1.30	
工况 2	114.44	100.16	60	1.14	1.50		1.60	1.30	
工况 3	119.11	98.06	60	1.21	1.50		1.41	1.30	
工况 4	120.91	98.48	60	1.23		2.00	1.38		1.05

由表 7.5-9、表 7.5-10 可知，上、下游翼墙平均基底应力大于地基允许承载力，地基需进行加固处理。

7.5.7　结构设计

闸室结构尺寸确定需满足结构受力条件及闸门埋件布置要求，据此确定海鸥岛水闸边墩厚为 1.2 m、闸门锁定装置处加厚至 1.5 m，底板门槛外江侧厚 1.3 m、门槛内河侧厚 1.8 m。根据各水闸总体布置，选取芒围水闸（闸孔净宽 8.0 m）、合兴东水闸（闸孔净宽 6.0 m）为典型进行结构计算。

闸室底板及闸墩结构应力计算采用本章 7.2 节讲述的弹性地基梁法。根据水闸控制运用方式，海鸥岛水闸闸室结构计算工况选取及荷载组合见表 7.5-11，计算成果见表 7.5-12、表 7.5-13。

表 7.5-11　海鸥岛水闸闸室结构计算工况选取及荷载组合

计算工况	计算工况	自重	水重	静水压力	扬压力	土压力	地震荷载
工况 1	正向挡水，外江设计洪潮水位、内河常水位	√	√	√	√	√	—
工况 2	反向挡水，外江历史最高潮位、内河高水位	√	√	√	√	√	—
工况 3	完建情况，外江无水、内河无水	√	—	—	—	√	—
工况 4	检修情况，外江多年平均高潮位、内河常水位	√	√	√	√	√	—
工况 5	检修情况，外江多年平均低潮位、内河常水位	√	√	√	√	√	—
工况 6	地震情况，外江多年平均高潮位、内河常水位	√	√	√	√	√	√
工况 7	地震情况，外江多年平均低潮位、内河常水位	√	√	√	√	√	√

表 7.5-12　芒围水闸、合兴东水闸闸室底板结构计算成果

水闸名称	计算工况	门槛上游段		门槛下游段	
		M_{min}(kN·m)	M_{max}(kN·m)	M_{min}(kN·m)	M_{max}(kN·m)
芒围水闸	工况 1	−112.81	526.98	59.41	728.74
	工况 2	14.16	743.14	236.38	727.53
	工况 3	174.00	774.76	280.77	797.37
	工况 4	−78.58	673.71	50.50	732.29
	工况 5	−2.71	734.14	81.52	737.36
	工况 6	27.06	687.49	97.35	735.13
	工况 7	20.65	733.52	161.83	747.80
合兴东水闸	工况 1	380.52	770.09	650.32	1 042.98
	工况 2	664.12	1 081.77	681.10	985.11
	工况 3	777.15	1 110.64	847.17	1 132.94
	工况 4	504.97	945.65	621.48	1 019.84
	工况 5	610.36	1 038.08	639.64	1 021.76
	工况 6	572.97	965.31	670.75	1 045.14
	工况 7	646.87	1 060.72	692.72	1 037.98

注：弯矩以底板底部受拉为正、受压为负。

表 7.5-13　芒围水闸、合兴东水闸边墩结构计算成果

水闸名称	门槛上游段		门槛下游段	
	M_{min}(kN·m)	M_{max}(kN·m)	M_{min}(kN·m)	M_{max}(kN·m)
芒围水闸	370.17	591.07	458.42	476.28
合兴东水闸	398.22	641.71	499.07	520.22

注：弯矩以闸墩外侧受拉为正、受压为负。

根据表 7.5-12、表 7.5-13，按抗弯构件对水闸底板、闸墩进行配筋计算，最小配筋率为 0.15%。经计算，6.0 m 闸孔净宽水闸门槛上游段底板受力钢筋选配Φ28@167、门槛下游段底板受力钢筋选配Φ25@167，闸墩受力钢筋选配Φ22@167；8.0 m 闸孔净宽水闸底板受力钢筋选配Φ25@167，闸墩受力钢筋选配Φ22@167。

7.5.7.1　交通桥结构计算

交通桥上部结构采用装配式钢筋混凝土空心板桥，桥面荷载为公路－Ⅱ级，桥面板选用《公路桥涵设计图》(JT/GQS 023)，下部采用整体式 U 形结构。

海鸥岛水闸交通桥布置简图见图 7.5-2。

交通桥底板结构应力计算采用本章 7.2.6 部分的弹性地基梁法，桥墩结构应力计算采用悬臂梁法。海鸥岛水闸交通桥结构计算成果汇总见表 7.5-14。

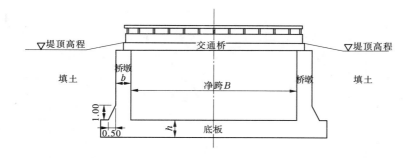

图 7.5-2　海鸥岛水闸交通桥布置简图

表 7.5-14　海鸥岛水闸交通桥结构计算成果汇总

水闸名称	桥顶高程（m）	桥墩高（m）	桥墩厚 d(m)	底板厚 h(m)	桥墩弯矩（kN·m）	底板弯矩（kN·m）	最大基底应力（kPa）	平均基底应力（kPa）
芒围水闸	4.30	7.20	1.00	1.20	476.29	770.83	88.00	82.80
沙头水闸	4.30	7.00	1.00	1.20	434.89	724.96	88.50	82.80
合兴西水闸	4.00	7.30	1.00	1.20	497.93	763.46	108.60	97.70
深沙水闸	4.20	7.30	1.00	1.20	497.93	825.52	101.20	91.10
勾镰水闸	4.20	7.30	1.00	1.20	497.93	825.52	101.20	91.10
集兴水闸	4.00	7.10	1.00	1.20	455.28	755.03	101.80	93.10
同乐水闸	4.20	7.10	1.00	1.20	455.28	757.58	92.80	85.70
地玄水闸	4.20	7.50	1.10	1.20	543.17	902.46	105.50	95.60
沙溜水闸	4.20	6.90	1.00	1.20	415.13	728.31	99.60	89.50
沙尾水闸	4.20	6.90	1.00	1.20	415.13	728.31	99.60	89.50
下涌水闸	4.20	6.90	1.00	1.20	415.13	664.41	105.80	94.90
上涌水闸	4.30	7.00	1.00	1.20	434.89	688.17	106.50	95.60
江兴水闸	4.30	7.00	1.00	1.20	434.89	689.87	107.20	96.30
合兴东水闸	4.30	7.40	1.10	1.20	520.22	807.84	112.30	101.90
东开方水闸	4.30	7.00	1.00	1.20	434.89	751.05	99.90	89.80

注：弯矩以底板底部受拉为正、受压为负，桥墩外侧受拉为正、受压为负。

根据表 7.5-14，按抗弯构件对交通桥底板、桥墩进行配筋计算，最小配筋率为 0.15%。经计算交通桥底板受力钢筋选配Φ25@167，桥墩受力钢筋选配Φ22@167。

7.5.7.2　闸门支座（牛腿）结构计算

根据水闸下翻板闸门布置，闸墩一侧需设闸门支座，海鸥岛水闸闸门支座布置简图见图 7.5-3。

（1）闸门支座附近闸墩的局部受拉区的裂缝控制应满足下列要求：

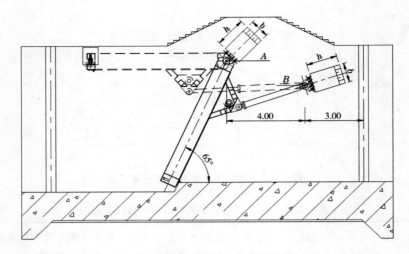

图 7.5-3　海鸥岛水闸闸门支座布置简图

$$F_s \leqslant \frac{0.55 f_{tk} bB}{\dfrac{e_0}{B} + 0.20} \qquad (7.5\text{-}10)$$

式中　F_s——由荷载标准值按荷载效应短期组合计算的闸墩一侧闸门支座推力值；

b——闸门支座宽度；

B——闸墩厚度；

e_0——闸门支座推力对闸墩厚度中心线的偏心距；

f_{tk}——混凝土轴心抗压强度标准值。

（2）闸墩局部受拉区的扇形局部受拉钢筋截面面积应满足下列公式要求：

$$F \leqslant \frac{1}{\gamma_d} \cdot \frac{B_0 - a_s}{e_0 + 0.5B - a_s} f_y A_{si} \sum_{i=1}^{n} \cos\theta_i \qquad (7.5\text{-}11)$$

式中　F——闸墩一侧闸门支座推力的设计值；

γ_d——钢筋混凝土结构的结构系数；

A_{si}——闸墩一侧局部受拉有效范围内的第 i 根局部受拉钢筋的截面面积；

f_y——局部受拉钢筋的强度设计值；

B_0——受拉边局部受拉钢筋中心至闸墩另一边的距离；

a_s——局部受拉钢筋合力点至截面近边缘的距离；

θ_i——第 i 根局部受拉钢筋与闸门推力方向的夹角。

（3）闸门支座的裂缝控制要求：

$$F_s \leqslant 0.7 f_{tk} \cdot bh \qquad (7.5\text{-}12)$$

式中　h——支座高度；

其他字母含义同前。

（4）闸门支座的纵向受力钢筋截面面积按下列公式计算：

$$A_s = \frac{\gamma_d \cdot F \cdot a}{0.8 \cdot f_y \cdot h_0} \qquad (7.5\text{-}13)$$

式中 A_s——纵向受力钢筋的总截面面积;

f_y——纵向受力钢筋的强度设计值。

根据水闸闸门荷载计算,闸门支座 A 最大推力值为 429.6 kN、支座 B 最大推力值为 540.0 kN。海鸥岛水闸闸门支座计算成果见表 7.5-15。

表 7.5-15 海鸥岛水闸闸门支座计算成果

部位	支座宽度 b （m）	支座高度 h （m）	闸墩局部受拉区配筋		支座配筋	
			受力钢筋	钢筋夹角	受力钢筋	水平箍筋
支座 A	1.00	1.59	9 Φ 22	7°	7 Φ 22	Φ 16@ 150
支座 B	1.00	1.59	11 Φ 20	6°	7 Φ 22	Φ 16@ 150

7.5.8 地基设计

7.5.8.1 地基处理设计

根据地质勘察及工程布置,海鸥岛水闸闸基坐落在淤泥质粉质黏土层上,天然地基容许承载力为 50～60 kPa,地基承载力不满足设计要求,需进行基础处理。

根据地层岩性及当地软土地基处理经验,本次设计基础处理考虑采用水泥土搅拌桩复合地基及混凝土预制桩基础两种方案,海鸥岛水闸基础处理方案比选见表 7.5-16。

表 7.5-16 海鸥岛水闸基础处理方案比选

处理方案	优点	缺点
水泥土搅拌桩复合地基	1. 最大限度利用原土; 2. 搅拌时无振动、无噪声和无污染,对周围原有建筑物影响很小; 3. 与钢筋混凝土桩基相比,可节约钢材并降低造价	1. 塑性指数 I_p 大于 25 时,容易在搅拌头叶片上形成泥团,无法完成水泥土拌和; 2. 对含有氯化物的黏土,有机质含量高、pH 较低的黏土,以及含大量硫酸盐的黏土处理效果较差; 3. 施工工期较长
混凝土预制桩基础	1. 质量可靠、制作方便、沉桩快捷; 2. 桩长现场制作可达 25～30 m,可打穿软土层直至持力层; 3. 施工工期短	1. 对淤泥层,打桩易产生位移偏位和倾斜; 2. 造价较高

经综合比选,确定本次设计海鸥岛水闸采用水泥土搅拌桩复合地基,复合地基承载力特征值按下式进行估算:

$$f_{spk} = mR_a/A_p + (1 - m)f_{sk} \qquad (7.5-14)$$

式中 f_{spk}——复合地基承载力特征值,kPa;

R_a——单桩承载力,kPa,宜按现场荷载试验确定,按《建筑地基处理技术规范》（JGJ 79）式（11.2.4-1）估算;

f_{sk}——处理后桩间土承载力特征值,kPa,宜按当地经验取值,如无经验,可取天然地基承载力特征值;

A_p——桩身截面面积,m^2;

m——桩土面积置换率。

m 的计算公式为

$$m = d^2/d_e^2$$

式中 d——桩身平均直径,m;

d_e——单根桩分担的处理地基面积的等效圆直径。

水泥土搅拌桩复合地基桩基采用正三角形布置,桩径 0.6 m、桩长 10.3 ~ 12.3 m,桩顶设 0.3 m 厚粗砂垫层。闸室段、交通桥段桩中心距 1.2 m,上、下游翼墙挡土高度 ≤5.0 m桩中心距 1.4 m,挡土高度 5.0 ~ 6.0 m 桩中心距 1.2 m、挡土高度 ≥6.0 m 桩中心距 1.1 m。桩基处理范围闸室段、交通桥段超出基础轮廓线外 2.5 m,上、下游翼墙段超出基础轮廓线外 0.5 m。处理后的复合地基承载力为 86.75 ~ 134.58 kPa,复合地基承载力满足设计要求。

7.5.8.2　地基沉降计算

水泥土搅拌桩复合地基的变形包括搅拌桩复合土层的平均压缩变形 s_1 与桩端下未加固土层的压缩变形 s_2。

搅拌桩复合土层的压缩变形 s_1 按下式计算:

$$s_1 = \frac{(p_z + p_{z1})l}{2E_{sp}} \tag{7.5-15}$$

$$E_{sp} = mE_p + (1 - m)E_s \tag{7.5-16}$$

式中 p_z——搅拌桩复合土层顶面的附加压力值,kPa;

p_{z1}——搅拌桩复合土层底面的附加压力值,kPa;

l——桩身长度,m;

E_{sp}——搅拌桩复合土层的压缩模量,kPa;

m——桩土面积置换率(%);

E_p——搅拌桩的压缩模量,kPa;

E_s——桩间土的压缩模量,kPa。

桩端以下未加固土层的压缩变形 s_2 按下式计算:

$$s_2 = \psi_s \sum_{i=1}^{n} \frac{p_0}{E_{si}}(z_i \overline{\alpha}_i - z_{i-1} \overline{\alpha}_{i-1}) \tag{7.5-17}$$

式中 s_2——未加固土层的压缩变形量,mm;

ψ_s——沉降计算经验系数,按《建筑地基基础设计规范》(GB 50007)表 5.3.5 取用;

n——地基变形计算深度范围内所划分的土层数;

p_0——对应荷载效应准永久组合时的基础地面处的附加压力,kPa;

E_{si}——基础底面下第 i 层土的压缩模量,MPa,取土的自重压力至土的自重压力与附加压力之和的压力段计算;

z_i、z_{i-1}——基础底面至第 i 层土、第 $i-1$ 层土底面的距离,mm;

$\overline{\alpha}_i$、$\overline{\alpha}_{i-1}$——基础底面计算点至第 i 层土、第 $i-1$ 层土底面范围内平均附加应力系数,按《建筑地基基础设计规范》(GB 50007)附录 K 采用。

根据水闸结构设计成果及闸基地层分布,本次选取合兴东水闸为典型进行复合地基变形计算。合兴东水闸基底应力见表7.5-17,地层分布见表7.5-18,地基变形计算成果见表7.5-19。

表 7.5-17　合兴东水闸基底应力

上游翼墙		交通桥底板		闸室底板		下游翼墙	
P_{max}(kPa)	P_{min}(kPa)	P_{max}(kPa)	P_{min}(kPa)	P_{max}(kPa)	P_{min}(kPa)	P_{max}(kPa)	P_{min}(kPa)
127.14	126.11	112.30	101.90	109.75	91.09	129.09	128.28

表 7.5-18　合兴东水闸闸基地层分布

地层编号	岩性	厚度(m)	层底标高(m)	土层状态	压缩模量(MPa)
②-1	淤泥质粉质黏土	3.0~13.3	-5.87~-14.74	流塑	2.0
②-3	淤泥质壤土	2.7~7.0	-12.87~-18.81	软-流塑	3.5
⑤	中细沙	3.2~6.5	-16.54~-19.37	中密	10.0
⑦	砂质黏土岩	未揭穿			

表 7.5-19　合兴东水闸地基变形计算成果

部位	上游翼墙	交通桥	闸室	下游翼墙
最终沉降量(mm)	65.54	63.29	62.34	66.83

由表 7.5-19 可知,水闸地基最终沉降量均小于 150 mm,相邻部位的最大沉降差也均小于 50 mm,水闸地基沉降量满足规范要求。

第8章 城市生态水利工程水环境保障措施

8.1 水环境质量标准

目前我国水污染严重,全国因污染而不能引用的地表水占全部监测水体的40%,流经城市的河段中,78%不适合作为饮用水源,50%的地下水受到污染,64%的人正在使用不合格的水源并且水环境状况持续恶化。城市河流的生态功能主要依赖于河流水质的清洁,在进行城市生态水利工程规划或设计时,应明确达到的水环境质量标准。国家和行业对不同性质、功能的水体制定了不同的水质标准,其中对于城市河流,应用最多的是《地表水环境质量标准》(GB 3838—2002),本标准依据地表水水域环境功能和保护目标,按功能高低依次划分为五类,并规定了各类水质标准的污染物控制参数,详见本书表2.2-5、表2.2-6。

在城市生态水利工程规划、设计中,要重视水环境问题,制定具体可行的措施来保障水环境质量,这是水利工作者的责任。在城市河流设计中,可根据河流污染程度的不同采取不同措施进行处理。

8.2 水环境保障工程措施

在设计中,应注意河流形态顺畅,避免形成死水湾。可根据地形条件布置宽窄、深浅不一的河流形态,营造多样化的水体流速和流态,合理保持水流流态的连续稳定,以利于维持水质健康。除此之外,还可采用一些强化的人工措施来保障水环境质量。

8.2.1 截污

对入河的污水口采取强制截污措施,将污水收集后统一输送到污水处理厂处理,达标后排放。这对老城区有污水进入的河道是行之有效的手段,也是必需的手段。

8.2.2 引清补水

及时补充质量好的清水对河道进行换水,对污染物进行稀释和冲刷,也是受污染水体修复的一种物理方法。稀释作用是引水工程改善水环境最主要的作用,引水工程通过引入污染物和营养盐浓度较低的清洁水来稀释水体,降低水体中污染物和营养盐的浓度,抑制藻类的生长,有效控制水体富营养化的程度;冲刷作用能洗去水体中的藻类,降低藻类生物量,增加水体的透明度;冲刷作用增强了水体的动力,使水体由静变动,激活水体,增加了水体的复氧能力,从而加强水体的自净能力。

8.2.3 底泥清淤、覆盖

挖除受到污染的底泥并对底泥进行合理处置来去除湖泊水体中污染物，或者用一定厚度的土料覆盖住污染的底泥，防止底泥中的污染物溶出，这是简单有效也是必需的手段；否则，即使通过截污及其他生态措施，底泥中的污染物溶出也会造成二次污染。

8.2.4 人工湿地

人工湿地是为处理污水而人为设计建造的、工程化的湿地系统，主要由生物塘和多级植物碎石床组成。该系统由基质填料（如砾石等）组成填料床，污水在床体的填料缝隙或表面流动，在床的表面种植具有处理性能好、成活率高、抗水性强、生长周期长、美观及具有经济价值的水生植物（如芦苇、香蒲等），形成一个具有污水处理能力的生态系统。其原理是利用基质—微生物—水生植物的物理、化学和生物的三重协调作用，通过基质过滤、吸附、沉淀、离子交换等作用及植物吸收和微生物分解综合作用处理污水。

根据布水方式和水流形态的差异，人工湿地系统主要分为表面流人工湿地、水平潜流人工湿地、垂直流人工湿地三大类。三类人工湿地的区别与联系见表8.2-1。

表8.2-1 三类人工湿地的区别与联系

特征指标	表面流人工湿地	水平潜流人工湿地	垂直流人工湿地
水体流动	表面漫流	基质下水平流动	表面向基质底部纵向流动
水力负荷	较低	较高	较高
去污效果	一般	对 BOD_5、COD 等有机物和重金属去除效果好	对 N、P 去除效果好
系统控制	简单、受季节影响大	相对复杂	相对复杂
环境状况	夏季有恶臭、蚊蝇滋生现象	良好	夏季有恶臭、蚊蝇滋生现象

人工湿地主要由基质、植物和微生物三部分构成。目前，用于人工湿地的基质主要有石块、砾石、砂粒、细砂、沙土和土壤，还有矿渣、煤渣和活性炭等，这些基质可以为微生物的生长提供稳定的依附表面。除此之外，基质还可以为水生植物提供支持载体和生长所需的营养物质，当这些营养物质通过污水流经人工湿地时，基质通过一些物理、化学作用净化污水中的氮、磷等营养物质及其他污染物，基质对有机污染物的去除主要体现在对磷的吸附上。湿地植物种类较多，其生长易受到介质、气候条件等的影响，植物所吸收污染物的能力也随生长与生理活动的状态而变化，因此其污水净化效果也不同。人工湿地选择的植物必须适应当地的土壤和气候条件，因各种湿地植物对不同污染物的去除效果有差异，所以多种植物组合使用，有利于植物之间取长补短，从而提高湿地系统的污水净化效果。自然界中的碳、氮、磷等元素的循环离不开微生物的活动，人工湿地处理污水时，有机物的降解和转化也主要是由植物根区微生物的活动来完成的，微生物的活动是废水中

有机物降解的主要机制,研究表明,微生物在 BOD$_5$、COD 以及氮等降解的过程中起着重要作用。人工湿地中的微生物主要包括细菌、防线菌和真菌,其中,细菌在湿地微生物中数量最多,占基质微生物总数量的 70% ~90%。

人工湿地污水处理系统由预处理单元和人工湿地单元组成,通过合理设计可将 BOD$_5$、SS、营养盐、原生动物、金属离子和其他物质处理达到二级和高级处理水平。预处理主要去除粗颗粒和降低有机负荷。预处理构筑物主要包括双层沉淀池、化粪池、稳定塘和初沉池。人工湿地中的流态采用推流式、回流式、阶梯进水式和综合式,见图 8.2-1。

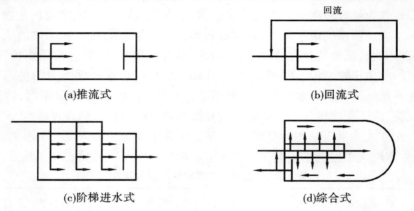

图 8.2-1　人工湿地中的基本流态

人工湿地系统具有如下特点:

(1)建造和运行费用不高;

(2)易于维护,技术含量低;

(3)可进行有效、可靠的污水处理;

(4)可缓冲对水力和污染负荷的冲击;

(5)可直接或间接提供效益,如水产、畜产、造纸原料、建材、绿化、野生动物栖息、娱乐和教育。

但人工湿地系统也有以下不足:

(1)占地面积大;

(2)设计、运行参数不精确;

(3)生物和水力复杂性及对重要工艺动力学理解的缺乏;

(4)易受病虫害影响。

人工湿地系统在达到其最优效率时,需 2 ~3 个生长周期。

8.2.5　曝气技术

直接曝气技术是充分利用天然河道已有建筑就地处理河流污水的一种方法。它是根据河流受到污染后缺氧的特点,人工向河道中充入空气(或氧气),加速水体复氧的过程,以提高水体的溶氧水平,恢复水体中好氧微生物的活力,使水体的自净能力增强,从而改善河流的水质状况。该法综合了曝气氧化塘和氧化沟的原理,结合推流和完全混合工艺的特点,有利于克服断流和提高缓冲能力,同时也有利于氧的传递和污泥絮凝,能有效改善河水的黑臭现象。

8.2.6　高磁分离技术

高磁分离技术是利用高的磁场梯度来分离水中一些污染物质的方法。其原理是利用高梯度磁分离装置,其磁场梯度达 10^4 T/μm,产生的磁力比普通磁分离装置高几个数量级,因此它不仅能轻易地分离铁磁性和顺磁性的物质,而且在投加磁种和混凝剂使磁种及污染物形成磁性的混凝体后,还能有效地分离弱磁性乃至反磁性的物质。此方法适用于小流量的高浊度水净化作为景观用水的情况。

8.3　水环境保障非工程措施

8.3.1　河坡生态加固过滤措施

在岸缘采用插柳桩和覆盖种植网的办法防止水土流失,这种生态措施保证了水、植物、水生物和动物的物质与能量交换,能充分发挥河流的生态服务功能。在陡于 1:2 的坡段,使用嵌草砖或做硬质挡墙来稳定河坡,在缓于 1:5 的河坡,可采用草皮等植物护坡。这些生态措施在加固河坡、美化景观的同时,也可作为雨水入河的过滤措施,对水环境保障起到一定的辅助作用。

岸坡绿化时,应注意树木和花草的多样性选择,除实现美化功能外,还应尽可能选择不同种类的树木花草,并尽量选用当地土生的物种,以提高生态系统的抗干扰能力和物种多样化水平。

8.3.2　阿科蔓

阿科蔓是一种人造聚合物惰性生态净化基,它采用尖端的聚合物设计和修饰技术,具有均匀而合理的孔结构,能够为水体微生物群落的生长和繁殖提供巨大而适宜的附着表面积。阿科蔓采用独特的水草型设计和两段编织技术,使系统的微生物量和生物多样性明显增强,从而大大增强系统对污染物的降解能力。

利用阿科蔓生态净化基上丰富的微生物菌群可有效调整水体中的 C、N、P 的比例,使水体内的营养得到平衡,增强水体的自净能力。为了水体维护和水体景观功能的协调与统一,阿科蔓应隐蔽放置,尽量布置在不影响总体景观的区域。

8.3.3　炭素纤维生态草

炭素纤维生态草具有吸附、截留水中溶解态和悬浮态污染物的功能,为各类微生物、藻类的生长、繁殖提供良好的着生、附着或穴居条件,最终在炭素纤维生态草上形成薄层的具有很强净化功能的活性"生物膜",并且炭素纤维生态草的声波能够激发微生物活性,促进污染物的降解及转化。

8.3.4　太阳能除藻曝气机

太阳能除藻曝气机是以太阳能作为设备运转的直接动力,将河流底部缺氧水转移到水体表面与表层富氧水混合,促进水体水平扩散、纵向进入底层缺氧区,由此实现水体解层、增氧和纵横向循环交换三重功效,最大限度地将表层超饱和溶解氧水转移到水体底层,增加底层水体溶解氧,消除自然分层,提高水体自净能力。

8.3.5　食藻虫技术

食藻虫是一种低等甲壳浮游动物,经过驯化可以专门摄食蓝绿藻,成为蓝绿藻天敌。食藻虫摄食消化蓝绿藻后,可以产生弱酸性的排泄物,降低水体 pH,促进水体植被生长,起到提高水体透明度、促进区域生态自净的作用。食藻虫技术无生物副作用,不产生二次污染,能促进生态系统良性循环,美化景观环境。

8.3.6　人为构建稳定的水生态系统

水生态系统是以水生植物为坚实基础构成相互依存的有机整体,包括水体中的微生物、水生植物、水生动物及其赖以生存的水环境。水生植物可以吸收水体或底泥中的氮、磷等营养物质,吸附、截留(藻类等)悬浮物,同时植物的茎秆、根系附着种类繁多的微生物,具有活性生物膜功能和很强的净化水质能力。另外,沉水植物是整个水体主要的氧气来源,给其他生物提供了生存所需的氧气。水生动物包括鱼、虾、蚌、螺蛳等,它们直接或间接地以水生植物为食,或以水生微生物为食,延长了生物链,增强了生态系统的稳定性。水生微生物包括细菌、真菌和微型动物,它们摄食动植物的尸体及动物的排泄物,将有机物分解成为植物能吸收的无机物,提供植物生长的养料,净化水质。稳定的水生态系统对水中污染物进行转移、转化及降解,使地表水体具有一定的自净能力。

设计中可以人为构建水生生物生长的环境,种植有利于净化水质的水生植物,放养鱼、螺蛳等水生生物,以增强水体自净能力。

8.3.7　生物孔隙砌块

生物孔隙砌块利用其空心结构和较大的表面积,为各种各样的微生物提供一个栖息场所,生成一种自然生物环境,通过食物链的作用达到净化水质的目的。生物孔隙砌块由于是通过生物取得有机物及发生物理的过滤作用,而不是化学性的处理,因此其净化能力的安全性、稳定性较好,净化时效期长,无二次污染,无需长期投资,并且维护管理费用较低,适合应用在面积较大的水域。常见的生物孔隙砌块有鱼巢砖、透水砖、连锁水工砖、舒布洛克砖等。

第9章 河湖健康评价

9.1 河湖健康

　　河湖水系是地表水资源的主要载体,由河湖水系所支撑的河湖生态系统是地表最富生产力和生物多样性最为丰富的生态系统类型之一,具有巨大的生态服务功能,不仅承载着人类社会,也养育着众多的生物。随着我国经济的快速发展,全国各地河流不同程度地承受着过度排污、过度引水、河道结构破坏、过度捕捞等多重胁迫,河湖水质恶化、河湖形态结构破坏、河湖生境退化等河湖健康问题随之而来并愈发凸显。目前,一些重要河湖的生态完整性已经遭到严重破坏,影响了河湖生态系统的生态服务功能的永续利用。河流和湖泊是水资源的载体,也是水利工作的根基和立足点,河湖健康的保持及恢复不仅关系到水资源的可持续利用,也关系到流域乃至全国生态安全和经济社会的可持续发展。

9.1.1 河湖健康的内涵

　　较之于河湖健康,最先提出的河流健康是在生态系统健康评估概念基础上,结合20世纪80年代以来河流生态学的快速发展,为支持流域综合管理应运而生的。目前,对于河流健康,存在狭义概念和广义概念。狭义的河流健康源于 Costanza 的定义,即稳定的、完整的、有活力和恢复力的河流生态系统;广义的河流健康则扩展到与人类的有机联系上,指出河流生态系统健康除了能维持自身复杂特征,还应能满足人类的合理需求,广义的河流健康包含了河流生态系统以及其所支撑的经济社会系统。据此,河湖健康的广义概念应包含河流生态系统、湖泊生态系统以及所支撑的经济社会系统。

　　国内自20世纪90年代以来在河湖管理中开始重视生态保护和恢复,河湖健康理论逐渐成为河湖生态修复与管理的重要参考依据。2002年唐涛等将国外的河流生态系统健康及健康评价的概念引入国内,认为"健康的河流生态系统必将成为河流管理的主要目标",但当时国内并未予以足够重视。2003年10月,李国英在首届黄河国际论坛上提出"河流生命"的概念并呼吁"给河流留下维持其自身生态平衡的基本水量",引发了国内水利行业和相关研究学者的广泛讨论。近几年来,国内河流健康理论、方法和实践等方面均取得了一定成果,不同专家学者以及各大流域管理机构都对"河流健康"的概念、内涵、评价指标体系、评价方法等提出了不同的定义或认知。2014年,水利部印发《关于加强河湖管理工作的指导意见》,明确指出,到2020年,基本建成河湖健康保障体系,建立完善河湖管理体制机制,努力实现河湖水域不萎缩、功能不衰减、生态不退化。结合我国水资源当前现状,河湖健康已经成为我国水利可持续发展和流域综合管理的主要目标之一。

　　对于承担水资源开发与保护的河湖管理者,河湖健康概念是河湖管理的评价工具,而不是一个严格定义的科学概念,其目的是要建立一套评价体系,评价在自然力与人类活动双重作用下河湖健康状态的变化,进而通过管理工作,促进河湖生态系统向良性方向发展。就我国河湖水系特征与经济社会发展特征而言,决定我国河湖健康的内涵既要有自然意义上的河湖健康,即河湖自身的健康,也要有社会经济意义上的河湖健康,即人—水关系的健康;既要保护河湖生态,也要支持经济社会可持续发展。

9.1.2 河湖健康与河湖健康评价

由以上所述,可以给出"河湖健康"的完整定义,即河湖健康是指河湖自然生态状况良好,同时具有可持续的社会服务功能。自然生态状况包括河湖的物理、化学和生态三个方面,我们用完整性来表述其良好状况;可持续的社会服务功能是指河湖不仅具有良好的自然生态状况,而且具有可以持续为人类社会提供服务的能力。进而,可以给出"河湖健康评价"的定义,"河湖健康评价"是指对河湖系统物理完整性(水文完整性和物理结构完整性)、化学完整性、生物完整性和服务功能完整性以及它们的相互协调性的评价。

9.2 河湖健康评价研究进展

河湖健康评价,同样地来自于河流健康评价。河流健康评价是 20 世纪 90 年代以来在西方发达国家兴起的流域综合管理的技术手段,不仅可以对河流生态系统的现状及存在的问题进行诊断评价,还可以对河流生态修复的进程进行监测,从而不断为河流健康的适应性管理提供反馈信息,是河流生态系统管理的重要内容,对实现水资源的综合管理和流域生态系统良性循环具有实际指导意义。

9.2.1 国外河湖健康评价进展

河流健康概念提出之后,河流健康评价在西方发达国家和一些发展中国家得到了广泛应用,其中,欧盟水框架指令、美国河湖健康评价、澳大利亚河流及湿地健康评价、南非河湖健康评价等影响广泛,取得了理论研究和具体实践两方面的成果。

9.2.1.1 欧盟水框架指令

欧盟水框架指令用于水体健康评价,是一套完整的水体健康评价体系。欧盟水框架指令颁布于 2000 年,目的是在统一的法律框架下,通过流域综合管理手段,协调欧盟各国共同行动,防止水生态系统及直接依赖于水生态系统的陆地生态系统和湿地状况的进一步恶化,保护并改善其状况,促进水资源的可持续利用。

欧盟水框架指令指标体系按照地表水体类型构建,包括河流、湖泊、过渡性水域或沿海水域、人造地表水体或发生重大改变的地表水体,指标体系涵盖生物质量要素、水文地貌质量要素、物理 - 化学质量要素 3 大类质量要素的健康评价,不同水体类型具体指标组成见表 9.2-1。欧盟水框架指令中水体健康划分为极好、优良、中等、差、极差 5 个等级。

表 9.2-1　欧盟水框架指令中水体健康指标体系

分项	河流	湖泊	过渡性水域	沿海水域	人造的或发生重大改变的地表水体
水文地貌质量要素	水文状况:水量及动力学特征;与地下水体的联系。 形态情况:河流深度、宽度变化;河床结构与底质;河岸带结构。 河流连续性	水文状况:水量及动力学特征;滞留时间;与地下水体的联系。 形态情况:湖深变化、湖床数量、结构与底质;湖岸结构	潮汐状况:淡水流量;波浪影响程度。 形态情况:深度变化、床体数量、结构与底质;潮间带结构	潮汐情况:主要水流流向;波浪影响程度。 形态情况:深度变化、沿海床体的结构与底质;潮间带结构	与所评价的水体最为接近的四种天然地表水类型中的那种水体所采用的质量要素
生物质量要素	浮游植物组成与数量。 底栖无脊椎动物组成与数量。 鱼类的构成、数量与年龄结构	浮游植物组成和数量与单位面积生物量。 大型植物和底栖植物的组成与数量。 底栖无脊椎动物组成与数量。 鱼类的构成、数量与年龄结构	浮游植物组成和数量与单位面积生物量。 大型藻类和被子植物的组成与数量。 底栖无脊椎动物组成与数量。 鱼类的构成、数量与年龄结构	浮游植物组成和数量与单位面积生物量。 大型植物和被子植物的组成与数量。 底栖无脊椎动物组成与数量	
物理-化学质量要素	总体状况:热状况;氧化状况;盐度;酸化状况;营养状态。 特定污染物:所有重点物质造成的污染;大量排入水体的其他物质造成的污染	总体状况:透明度;热状况;氧化状况;盐度;酸化状况;营养状况。 特定污染物:所有重点物质造成的污染;大量排入水体的其他物质造成的污染	总体状况:透明度;热状况;氧化状况;盐度;酸化状况;营养状况。 特定污染物:所有重点物质造成的污染;大量排入水体的其他物质造成的污染	总体状况:透明度;热状况;氧化状况;盐度;营养状况。 特定污染物:所有重点物质造成的污染;大量排入水体的其他物质造成的污染	

　　为促进欧盟各国对水框架指令的推行,促进评价方法的相互校验,参照状态设置的统一性、各级生态类别划分的统一性,欧盟还设置了"河流类别划分的标准化"项目(STAR)、"利用底栖大型无脊椎动物对欧洲河流进行生态质量评价的集成评价系统的开发和验证"项目(AQEM)、利用鱼类群落评价欧盟水体生态质量系统的 FAME 计划、解释化学和生态状态之间关系的 REBECCA 计划等相关研究。

9.2.1.2　美国河湖健康评价

　　美国对河湖健康的关注最早可以追溯到 1972 年颁发的《美国水污染控制法》(后称

为《清洁水法》），其立法目标是恢复和维护美国水域化学、物理和生物的完整性，其实质是生态完整性。20世纪80年代末期以来，美国环保局及各州环保局等针对河流健康评价中存在的技术问题进行了大量的研究，美国环保局在1989年提出快速生物监测协议（RBPs），并于1999年推出新版，该协议提供了河流藻类、大型无脊椎动物以及鱼类的监测及评价方法和标准。EPA于1998年提出了湖泊、水库生物评价及生物标准的技术导则，2006年提出了不可徒涉河溪的生物评价概念及方法、大型河流生态系统环境监测与评价计划，2007年发布美国湖泊调查现场操作手册。美国水体健康评价采用多度量指标评价，评价程序主要包括选定研究区域、进行调查设计、现场采样调查、确定参照状态、评价生物质量及评价胁迫因子状态等六项。

美国河流健康评价与湖泊健康评价指标体系有所不同，但评价步骤基本类似。美国最早提出了保持和恢复水体生态完整性的理念，并奠定了水体健康评价的生态分区、参照状态比较等技术框架，其提出的生物评价规程在世界各国得到了推广应用。

9.2.1.3 澳大利亚河流及湿地健康评价进展

澳大利亚河流及湿地健康的内涵为良好的生物完整性，政府于1992年开展了"国家河流健康计划"，用于监测和评价澳大利亚河流的生态状况，澳大利亚河流评价系统（AUARIVAS）是其主要的评价工具。2005年出版的《澳大利亚水资源2005》中，对澳大利亚水资源进行了基线评价，对澳大利亚境内的重要河流及湿地等环境资产进行了识别，并提出了澳大利亚全国性河流及湿地健康评价的基本框架。此外，近年来开展的通过河流健康状况评价指导河流管理的溪流状态指数（ISC）研究也取得了较大进展。

澳大利亚河流及湿地健康评价框架中评价指标包括流域干扰指数、物理形态指数、水文干扰指数、水质土壤指数、岸边带指数、水生生物指数等6大类指标，评价等级划分为基本未改变、轻微改变、中等改变、显著改变及严重改变5级，评价的最小空间尺度为河段，对河段尺度的评价结果可以在地表水管理区、州、全国的尺度上进行综合，同时，各州可以根据自身实际选择并构建评价指标体系。

9.2.1.4 南非河湖健康评价进展

南非水事务及森林部（DWAF）于1994年启动用于河流生物监测的"河流健康计划"，并随后建立了栖息地整体评价系统（IHAS）和栖息地完整性指数（IHI）。总体而言，南非河湖健康评价重视监测和解释生物指标的变化，其评价指标体系主要包括栖息地完整性、地貌形态指数、河滨带生态完整性、鱼类完整性、大型无脊椎动物、藻类等6大类，评价方法为综合赋分法，与参照点相比，划分为稍小影响、中等影响、较大影响、严重影响、彻底影响5个等级，按5分制打分。

综上所述，国外河湖健康评价研究与实践中，河湖健康内涵均基于生态完整性，强调生态完整性对于河湖健康的决定性作用，河湖健康的指标体系虽有不同，但其内涵基本一致，均涵盖了物理栖息地、化学指标、生物完整性指标等；充分考虑了不同地域河湖生态系统的时空差异性，强调基于生态分区和水体类型划分，可以最大程度地减少因时空差异而对河湖健康参照状态的影响；评价尺度一般基于河段，然后进行不同空间尺度的综合，同时兼顾了某些指标的空间非均质性。就国外河湖健康评价工作的进展来看，普遍相对缓慢，但扎实有效，有坚实的法律基础和协同部门，目前已经发展成国家层面上的系统的调查评价技术体系。一般情况下,河湖健康评价首先在小型河流、湖泊集中开展,然后逐步扩展到大型河流、湖泊等水体,进一步选取典型试点,最后开展全国性的河湖健康评价工作。

9.2.2 国内河湖健康评价进展

国内自20世纪90年代以来开始重视河湖生态保护和恢复,河湖健康评价理论逐步成为河湖生态修复和管理的重要理论依据,引起了相关研究学者和流域管理机构的高度重视。近年来,我国在河湖健康评价指标体系、河湖健康评价方法学、河湖可持续管理等方面开展了一定的工作。

9.2.2.1 国内河湖健康评价内涵研究进展

2005年长江水利委员会提出"维护健康长江,促进人水和谐",从生态环境功能和服务功能两个角度对长江健康进行评价,并在2005年首届长江论坛上正式出台了健康长江评价指标体系,包括河道生态需水量满足程度、水功能区水质达标率等18项评价指标,该指标体系针对长江管理的目标和需要,反映健康长江管理的组成内容。黄河水利委员会从理论体系、生产体系、伦理体系等角度,提出了"维持黄河健康生命"的治河理念,以"堤防不决口、河道不断流、污染不超标、河床不抬高"作为其管理目标。珠江水利委员会提出了洪水科学控制、浑水充分遏制、咸水有效压制、水资源统一配置等5项珠江健康建设目标。中国工程院院士胡春宏等提出维持黄河健康生命的内涵包括河道的健康、流域生态环境系统的健康和流域社会经济发展与人类活动的健康等3方面的内容。中国水利水电科学研究院董哲仁教授指出河流健康评估应因地制宜,遵循河流保护发展阶段的一般规律,河流健康评估准则应体现社会各个利益相关者的利益协调。

9.2.2.2 国内河湖健康评价指标体系研究进展

国内相关学者在界定河湖健康内涵及河湖健康评价范畴的同时,对河湖健康评价方法体系的研究也取得了一定进展。北京师范大学赵彦伟等在对城市河流生态系统健康概念内涵分析的基础上,提出了包含水量、水质、水生生物、物理结构与河岸带等5大要素的评价指标体系及"很健康、健康、亚健康、不健康、病态"5级评价标准,并建立了模糊层次综合评价程序与数学求解模型。吴阿娜尝试从理化参数、生物指标、形态结构、水文特征、河岸带状况5个方面全面表征河流健康状况,初步构建了由河流水文、河流形态、河岸带状况、河流水质和河流生物5个一级指标、17个二级指标组成的河流健康状况评价指标体系,并研究提出河流健康评价与河流管理的集成方法,具有一定的可操作性。耿雷华等立足河流特性,综合考虑河流服务功能、环境功能、防洪功能、开发利用功能和生态功能,构建了由5个准则层、25个具体指标组成的健康河流评价体系,采用层次分析法构建模型并以澜沧江为例进行了应用验证。杨文慧以河流健康评价研究成果为基础,建立了河流健康诊断指标体系,包括河流结构健康指数、生态环境功能健康指数及社会服务功能健康指数等3个准则层和23个具体指标在内的递阶结构体系,通过合适的数学评价方法诊断河流健康。任黎在充分考虑湖泊生态系统实际情况的基础上,从湖泊生态特征、自然功能和社会环境3个方面的评价指标中筛选出23项指标,在给出每项指标量化的基础上,构建适合湖泊生态系统健康评价的递阶层次结构指标体系,并对指标数据的获取方法进行了初步探讨。

对比分析国内外河湖健康及河湖健康评价研究进展，就我国河湖实际情况而言，河湖健康评价应重点关注以下问题：

（1）河湖生态服务功能；

（2）河湖的系统关联性；

（3）区域、流域时空差异性；

（4）河湖管理工作。

9.3 河湖健康评价的关键内容

9.3.1 河湖健康的评价标准

河湖健康作为一个相对概念，需要确定河湖健康的参照状态或基准状态，并在对比的基础上进行健康状况评价。河湖健康参照状态最先是由 Hughs 等于 1982 年为美国环保局落实实施《清洁水法》中的生物完整性评价而提出的。河湖生态系统参照状态最初是指一种原始的、没有人类干扰或改变的系统状态，但由于近代以来人类活动影响程度的加剧，现在的河湖生态系统几乎不存在接近原始状态的，因此参照状态的原始定义就显得不具有实际意义。这里，有一个普遍承认的基本观点，即自然系统优于人工系统，人类活动干扰前的自然状态优于干扰后的状态。

为界定河湖系统的参照状态，国外 Stoddard 等（2006）建议采用"生物完整性的参照状态"，并根据河湖生态系统所承受胁迫的程度和可能达到的恢复目标，将参照状态划分为最轻微干扰状态、历史状态、最少干扰状态和最佳可达状态 4 类。其中，最轻微干扰状态是指没有明显的人类干扰下的状态，是对生物完整性的最佳估计；历史状态是指历史上某一时刻河流的状态；最少干扰状态是指现存的具有最佳的物理、化学、生物栖息地状况下的河流状态；最佳可达状态则是指现状经济社会条件下，通过最佳的技术条件所能够达到的状态。为简化参照状态按照时间序列确定的烦琐性，有学者提出按照空间选取确定的建议，选择同一河流生态状况良好的河段作为参照系统，或者选择自然与经济社会条件类似的生态状况良好的另一条河流作为参照系统。此外，还可以按照水质指标、流域状况综合模型等方式确定河湖健康的参照状态。

我国幅员辽阔，河湖健康一方面受自然条件影响，另一方面受流域人类活动和经济发展的制约，位于不同地域的河湖健康标准不尽一致，甚至同一河流，在不同时期的健康标准也不一样。因此，对我国河湖健康的评价标准，应综合考虑其共性和时空差异性，通过实地调查、论证，制定符合流域、地区自然及社会经济条件和河湖自身状况的河湖健康评价标准。

9.3.2 河湖健康评价方法

目前，河湖健康评价方法有两种分类方法：一种是按照评价内容划分，另一种是按照评价原理划分。

按照评价内容分类,河湖健康评价方法可以分为指示物种法和结构功能指标法。指示物种法通过分析河湖指示物种的变化状况来评价河湖健康状况,相对简单有效,但是采用指示物种法评价河湖健康状况需要大量的生物数据及生物与环境变量间的关系研究作为基础,缺少相关数据或研究的区域受到应用限制;结构功能指标法是从不同学科、不同方面构建河湖系统的综合评价指标体系,全方位地揭示河湖系统健康状态和存在的问题。

按照评价原理,围绕河湖生物完整性评价方法,可以划分为预测模型法和多指标指数法。预测模型法,其实质是比较法,比较典型的如 RIVPACS 和 AUSRIVAS,该方法通过选择参考点,建立理想情况下参考点的环境特征及相应生物组成的经验模型,随后比较参考点生物组成的实际值(O)与模型推导的该点预期值(E),以 O/E 值对其精心评价,比值可以在 0 ~ 1 变化,比值越靠近 1,则该点的健康状况越好。如 IBI 指数法,使用评价标准对河湖生物、化学及形态特征指标进行打分,将各项得分累计后的总分作为评价河湖健康状况的依据。

9.3.3 河湖健康评价模型

目前,河湖健康评价中采用的模型主要包括综合健康评价指数法、模糊综合评价法和综合评价法。

9.3.3.1 综合健康评价指数法

综合健康评价指数法是通过实测、估算和调查获得各项评价指标的数值,按照一定的计算规则量化处理,换算成各指标的健康指数,然后按照一定的模型加权合成计算总平均值,即整个河湖系统的综合健康评价指数(E),最后根据综合健康评价指数确定河湖健康等级。即

$$E = \sum_{i=1}^{n} \lambda_i W_i \qquad (9.3-1)$$

式中　E——系统的综合健康评价指数,可以反映系统的健康状况;

n——系统评价指标个数;

λ_i——各指标和标准值比较换算后的比值;

W_i——指标权重。

为简化计算,有时也将各指标划定等级范围,并为各等级进行量化赋值,最后按照指标权重进行加权评价。如将各指标分为优、良、中、差和极差,分别赋以 5、4、3、2、1 分值,中间插值计算确定。

综合健康评价指数法,评价过程各环节之间不存在信息传递关系,各环节可以选择最切合实际的数据处理方法,评价方法简单易用,评价结论直观明了,便于河湖管理者作为工作参考。综合健康评价指数法多用于确定性现象显著的河湖系统健康评价。

9.3.3.2 模糊综合评价法

模糊综合评价法是以模糊数学为基础,应用模糊关系合成原理,将一些边界不清、不易定量的因素定量化,进行综合评价的一种方法。采用模糊综合评价法进行河湖健康评价的步骤一般包括:

(1)建立某河流或湖泊系统的健康评价指标体系(指标论域 **U**)、评价标准(评语等级

论域 **V**)和指标权重集 **W**;

（2）根据评测数据建立各项指标评价标准隶属度集,形成模糊关系矩阵 **R**;

（3）选择合成算子,将指标权重集 **W** 与模糊关系矩阵 **R** 进行合成运算,得到模糊合成值 A,A 值为一个模糊向量;

（4）根据评价对象对各标准的隶属程度和最大隶属度处理原则,得出评价结果。

模糊综合评价法实用性较强,既可以用于主观指标,也可以用于客观指标,同时,多评价指标体系和评语等级论域合成后给出的模糊隶属向量可以体现多方面的评价信息,从而可以更全面地反映评价对象的综合信息。由于河湖健康是一个动态的相对概念,本身具有模糊性,精度要求不高,因此采用模糊综合评价具有明显的优势,加之采用多指标评价体系,可以对河湖的健康状态得出比较全面的结论。

9.3.3.3 综合评价法

综合评价法是一种采用一票否决与简单加权相结合的评价方法。其中,一票否决是指河湖健康评价指标体系中的关键指标评测数据可以直接决定河湖系统的健康评价结论;否则,采用简单加权的方法计算评价结果,给出评价结论。一般步骤为:

（1）确定河湖健康评价指标体系和评价标准;

（2）将各指标的评测值与标准值对比,累加达标指标的个数 S;

（3）计算河湖健康指数 $H = S/N$,其中,N 为指标总数;一般地,$0 < H < 1$,且 H 越大表示河湖健康状况越好。

综合评价法十分简单,易于使用,但河湖评价指标体系中关键指标确定相对困难,且应用该法给出评价结果不够明确,不能准确明了地指出河湖健康状况存在的问题。

9.4 我国河湖健康评估技术导则

就我国河湖管理现状而言,河湖健康评价工作是当前一项极其重要和紧迫的工作。为解决河湖健康评价中存在的技术难点、数据监测等不确定性问题,2010 年,我国水利部水资源司牵头成立河湖健康评估全国技术工作组,启动河湖健康评价试点评估与研究相关工作,技术文件《河流健康评估指标、方法与标准》(1.0 版)即是因此而制定的。目前,该技术文件已经成为河湖健康评估试点的技术导则。

9.4.1 河湖健康评估技术要求

河湖健康评估需要满足以下技术要求:

（1）评估结果能完整、准确地描述和反映某一时段河湖的健康水平和整体状况,为河湖管理提供综合的现状背景资料;

（2）评估指标可以长期监测和评估,能够反映河湖健康状况随时间的变化趋势,尤其通过对比,评估管理行为的有效性;

（3）通过河湖评估,能够识别河湖所承受的压力和影响,对河湖内各类生态系统的生物物理状况和人类胁迫进行监测和评估,寻求自然、人为压力与河流系统健康变化之间的关系,以探求河湖健康受损的原因;

（4）能够定期为政府决策、科研及公众要求等提供河湖健康现状、变化及趋势的统计总结和解释报告，以便识别在河湖系统框架下合理的河湖综合开发和管理活动。

9.4.2　河湖健康评估指标、评估基准与方法

9.4.2.1　河湖健康评估指标

河湖健康评估指标选取时，应遵循以下原则：

（1）科学认知原则。基于现有的科学认知，可以基本判断其变化驱动成因的评估指标。

（2）数据获得原则。评估数据可以在现有监测统计成果基础上进行收集整理，或采用合理（时间和经费允许）的补充监测手段可以获取的指标。

（3）评估标准原则。基于现有成熟或易于接受的方法，可以制定相对严谨的评估标准的评估指标。

（4）相对独立原则。选择评估指标内涵不存在明显的重复。

河湖健康评估指标体系采用目标层（河湖健康状况）、准则层和指标层 3 级体系。其中准则层包括水文完整性、物理结构完整性、化学完整性、生物完整性和服务功能完整性 5 个方面，指标层包括全国基本指标和各流域根据流域特点增加的指标。

9.4.2.2　河湖健康评估指标标准的确定

河湖健康评估指标标准的确定可采用以下 5 种方法：

（1）基于评估河湖所在生态分区的背景调查，按照频率分析方法确定参考点，根据参考点状况确定评估标准。如生物准则层中的底栖和鱼类指标，按照人类活动强度排序的 5% ~10% 的样点（较少或无人类活动影响）的指标水平作为评估标准。

（2）根据现有标准或在河湖管理工作中广泛采用的标准确定评估指标的标准。如水质准则层中的水质质变采用《地表水环境质量标准》（GB 3838—2002），水文水资源准则层中的生态流量满足程度指标采用 Tennant 方法中的标准。

（3）基于全国范围典型调查数据及评估成果确定标准。如水文水资源准则层的流量变异程度指标评估标准可以根据 1956 ~2000 年全国重点水文站实测径流与天然径流估算数据进行统计分析确定，天然湿地保留率指标可以以水资源综合规划调查数据作为评估标准的重要参考基点。

（4）基于历史调查数据（20 世纪 80 年代以前）确定评估标准。我国在 20 世纪 80 年代曾经开展了全国主要流域的鱼类资源普查，其调查评估成果可以作为鱼类或底栖动物的评估标准。

（5）基于专家判断或管理预期目标确定评估标准。社会服务功能准则层指标一般采用该类方法。

9.4.2.3　河湖健康评估方法

河湖健康评估采用分级指标评分法，逐级加权，综合评分，即河湖健康指数（River and Lake-Health Index，简称 RaLHI）。河湖健康分为 5 级：理想状况、健康、亚健康、不健康、病态。河湖健康评估分级表如表 9.4-1 所示。

表 9.4-1 河湖健康评估分级表

等级	类型	颜色	赋分范围	说明
1	理想状况	蓝	80～100	接近参考状况或预期目标
2	健康	绿	60～80	与参考状况或预期目标有较小差异
3	亚健康	黄	40～60	与参考状况或预期目标有中度差异
4	不健康	橙	20～40	与参考状况或预期目标有较大差异
5	病态	红	0～20	与参考状况或预期目标有显著差异

第 10 章　城市生态水利工程规划设计实例

10.1　郑州市生态水系规划

10.1.1　项目概况

郑州市历史悠久,文化古迹荟萃,是国家历史文化名城,中部地区重要的区域性中心城市,全国重要的综合交通和通信枢纽,现代化商贸城市。郑州市也是我国北方地区水系较为丰富的城市,除市区北部的黄河及其支流枯河外,有 9 条自然河流穿越现状和规划城区,加上城区周边为数不少的中小型水库,以及南水北调中线总干渠、南运河和祭城调蓄池(龙湖)、圃田调蓄池(龙子湖)、西流湖等,共同构成了郑州市水系网络。但是,由于郑州市水系存在着诸多急需解决的问题,如河网不完善,水系功能不健全,防洪标准偏低,水资源紧缺、配置不合理和水质污染严重,水体生态功能退化,滨河生态环境单调等。为了创造良好的生态环境,满足郑州市城市发展和社会公众的水环境需求,适应现代城市发展要求和治河理念,郑州市委、市政府提出了充分发挥自身水系优势、打造水域靓城的战略目标,2006 年开展了郑州市生态水系规划编制工作。

截至 2006 年年底,郑州市水系规划涉及的 9 条河流中,规划范围内河道总长 317.29 km,其中已经治理、正在治理和即将治理的河道有 93.45 km,未治理的河道有 223.84 km。

10.1.2　水系规划目标及内容

城市生态水系集防洪排涝、供水、水质保护、亲水景观、水生态于一体,以实现人水和谐与社会经济可持续发展为目标,以水资源高效配置、水生态修复与滨水生态环境建设为核心,水量、水质、水生态并重,防洪、排涝、供水、治污、河道治理、环境改善统筹兼顾,融合水安全、水环境、水景观、水文化、水经济的城市水利综合性基础设施。

在规划中提出了十六字的规划目标:"健康安全·水通水清·生态环保·人水和谐",这也是郑州市生态水系建设的灵魂。

生态水系规划的具体内容包括生态水系总体布局,防洪排涝规划,水体、岸线、滨水空间的综合利用和保护规划,水资源利用规划(生态水系水源工程规划),水质保护规划,滨水景观规划,工程措施规划等。

10.1.2.1　水系总体布局

在规划中,将郑州市区及周边地区范围内的河、库、湖相连,疏通水系网络,规划南运河,提高城区防洪排涝标准。构建"六纵六横河渠、七中五小水库、三湖泊两湿地"的生态水系格局,实现防洪、供水、生态、景观、旅游等综合利用功能。其中在城区形成以贾鲁河为主轴线的"六纵六横河渠"的河网("六纵"指索须河、金水河、熊耳河、七里河及其支流十八里河和支流十七里河、潮河,"六横"指枯河、贾鲁河、贾鲁支河、东风渠、南水北调中线总干渠、南运河);"三湖泊"(指西流湖、祭城调蓄池(龙湖)、圃田调蓄池(龙子湖))点缀其间,形成巨大水面;"两湿地"(指郑州黄河湿地、中牟雁鸣湖湿地)分布在城市北部、东部作为城市的依托;与河流上游区"七中五小水库"("七中"指唐岗、丁店、楚楼、河王、常庄、尖岗、后胡7座中型水库,"五小"指刘沟、郭家嘴、刘湾、小魏庄、曹古寺5座小型水库)共同组成郑州的生态水系河网格局,见图10.1-1。

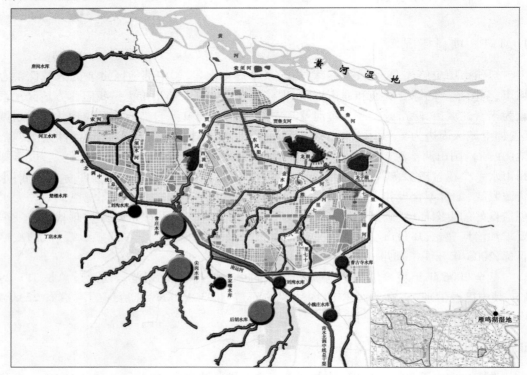

图 10.1-1　郑州市生态水系河网格局

10.1.2.2　防洪排涝规划

郑州市生态水系规划提出了郑州市防洪排涝的总体思路,即截洪分流,排蓄并重,大洪水前期以排为主,大洪水后期及中小洪水排蓄兼筹,超标准洪水分排结合。

按照上述思路,防洪排涝的总体布局是:疏通各河流水系,通过疏浚拓挖、加高加固堤防等措施增大河道行洪排水能力;实施南运河截洪分流工程,解决金水河等河道断面小、泄流能力不足问题。同时,充分考虑洪水资源化,利用水库、河道等加强后汛期洪水的拦蓄利用;安排水库除险加固,增强水库对中小洪水的调蓄能力,通过保证水库自身安全避免形成新的防洪安全隐患。利用堤防超高超泄一定超标准洪水;在超出河道行洪能力极限时,通过南运河北高南低的堤防布局,舍南保北,进一步提高金水河、熊耳河、七里河等城市核心区防御标准。

10.1.2.3　水资源利用规划

规划中,对郑州市水资源的开发利用现状进行了详细分析,对近期、中期、远期供需状况进行了分析,提出了不同时期的水资源缺口。根据郑州市委、市政府制定的"蓄住天上水、拦住过境水、北引黄河水、南调长江水、保护地下水、开发再生水"水资源开发利用策略,规划中对六种水源的可供水量、保证率进行了分析。特别是对黄河水源方案做了重点研究和比选。黄河干支流水源方案如图10.1-2所示,分片区提出了生态水系的水源方案,并对各个方案进行了详细的比较论证,使规划具有可操作性(见表10.1-1)。

图 10.1-2　黄河干支流水源方案

表 10.1-1　生态水系水源方案

水平年		近期	中远期
北部 四河渠	东风渠	①花园口引黄泵站	同近期
	索须河	①花园口引黄泵站作为应急方案;②高新区污水厂投产后取代花园口引黄泵站方案	污水处理厂再生水 ①高新区
	贾鲁河	污水处理厂再生水①五龙口;②马头岗;③高新区污水厂投产后也汇入一部分	同近期
	贾鲁支河	入祭城调蓄池(龙湖)段以北①花园口引黄泵站;改道段②马头岗污水处理厂再生水	同近期
南运河与 南部四河	金水河	①邙山泵站	同近期
	熊耳河		
	七里河		
	潮河		①邙山泵站与污水处理厂再生水与②耿庄相结合
	南运河	①邙山泵站	同近期

水平年	近期	中远期
枯河	①唐岗水库下泄	同近期
祭城调蓄池(龙湖)	①东大坝泵站与中法水厂水源地提水方案	同近期
圃田调蓄池(龙子湖)	①祭城调蓄池(龙湖)弃水	同近期
西流湖	①邙山泵站	同近期

10.1.2.4　综合利用和形态保护规划

对规划范围内的水体岸线分配利用,对滨水空间控制、三线界定、形态保护、滨水生态环境恢复提出了方法和控制要求。

10.1.2.5　水质保护规划

规划中提出了水质保护规划的基本思路是:防治结合,保护优先,深化治理,加强回用。水质保护的总体布局是:在水源地,要加强保护措施;在城区,要加大雨污分流改建力度,完善污水管网及处理系统,扩大覆盖范围,强化处理能力,并加强雨水净化;对河道内源、零散的小型面源和点源污染,结合水系生态环境治理,采用分散处理技术,强化自然净化措施;对中水,以回用为目标,提出合理的水质处理要求。

10.1.2.6　滨水景观规划

结合《郑州市城市总体规划》和《郑州森林生态城总体规划》,确定了郑州市滨水景观的总体布局。市区内布置滨水带状公园,通过水系将市区各个公园、绿地有机联系起来,形成城市三层水环境景观网络。

第一层为城市外围"绿色"生态防护体系。通过植树种草、生态防护林建设,并与水库、河流生态湿地连接,达到涵养水源、抑尘屏沙、增加生物多样性的目标。

第二层为环城"蓝色"河湖水域体系。以东风渠、七里河水域为主构成,着重在城市外围新区营造亲水空间,促使高密度旧城中心区居民外迁。

第三层为城区串珠式水网体系。以生态修复后的金水河、熊耳河、东风渠以及祭城调蓄池(龙湖)、圃田调蓄池(龙子湖)为骨干构建城区水网,形成与各公园水面贯通的城区水域。

三层水环境景观网络相互关联,彼此沟通,形成一个完整闭合的环城水系,具有供水、排水、调洪、蓄水和生态环境功能。

对于市区已建的金水河、熊耳河、东风渠等河流,挖掘历史文化古城的文化底蕴,弘扬水文化,将河流构建成城市的历史文化长廊。对于城区其他河流,应更多融入自然的元素,一改往日僵化的、生硬的、直线条的甚至是奢侈的设计风格,更多地融入生态的元素,将生态措施与亲水景观建设多加糅合,增加城市水岸目的地与开放的市民共享空间。

对于城市周边的贾鲁河、贾鲁支河、索须河、潮河、枯河等河流,则更多地结合生态恢复与生态保护以及绿地系统规划。对于城市规划区以内河流,应充分考虑城市河流的景观特点,以生态治河理念为先导,营造生态景观并考虑足够的亲水性。尽量保留原有河流的自然形态,在景观设计上,应考虑周围的用地性质,结合须水公园、天河公园、柳荫公园、潮河公园等,兼顾社区公园、小游园等,注重滨水景观滨水绿的可达性。对于城市规划区以外的河流或河段,则结合森林生态城总体规划,坚持景观生态学的原则恢复生境多样性及动植物生态走廊,并作为森林生态系统的河流规划,应充分考虑生态功能方面的要求,从宏观的角度构建优美的河岸林带天际线。

10.1.2.7 工程措施规划

为保证生态水系的一定水面,营造景观效果,生态水系中需要布置一定数量的蓄水建筑物。蓄水建筑物的布置遵循以下原则:

(1)尽量减少蓄水、控制建筑物、拦河建筑物数量,为生物留出洄游空间。

(2)形成溪流、水面结合,动、静变化的景观。

(3)蓄水建筑物尽量布置在规划城区、人群聚集的地方,在规划城区形成大的水面景观。溪流尽量布置在外围。

(4)尽量减少过大的水深,在营造一定水面的基础上尽量减小水体规模,以保证水质和亲水安全。

(5)尽量减少人为操作。

(6)尽量不设跌水,需要设跌水的地方尽量规划为陡坡急流。

根据以上原则,整个生态水系共布置57座蓄水建筑物,包括平板闸、橡胶坝、下翻板闸、水力自动翻板闸、滚水坝等。郑州水系规划控制建筑物如表10.1-2所示。

表 10.1-2 郑州水系规划控制建筑物

名称	新建控制建筑物数量	型式	主要参数	水面面积 (m²)	水体规模 (万 m³)
贾鲁河	2	橡胶坝1+滚水坝1	坝高2.5 m	199	368
索须河	3	自动翻板闸	挡水高2.0 m	71	66
贾鲁支河	9	闸、滚水坝、橡胶坝	滚水坝高0.8 m,橡胶坝顶高程86.70 m	52.6	43.8
东风渠	4	平板闸、滚水坝	滚水坝高0.8~1 m	85	156
金水河	2	平板闸、自动翻板闸	保留原橡胶坝	51	95
熊耳河	3	平板闸1、橡胶坝2	保留原橡胶坝,新增2座橡胶坝,坝高2 m	80	124
七里河	十八里河8+1	滚水坝、平板闸	滚水坝高0.8~1 m	30	15
	十七里河7	滚水坝5、平板闸1、橡胶坝1	滚水坝高0.8~1 m	27	15.8
	干流3	橡胶坝	橡胶坝高2.5~3 m	239	195
潮河	11	滚水坝	滚水坝高0.8~1 m	60	30
枯河	5	滚水坝	滚水坝高0.8~1 m	63	5
南运河	4	滚水坝3、平板闸1	滚水坝高0.8~1 m	27.9	14
小计				985.5	1 127.6

生态水系蓄水、控制建筑物规划图如图10.1-3所示。

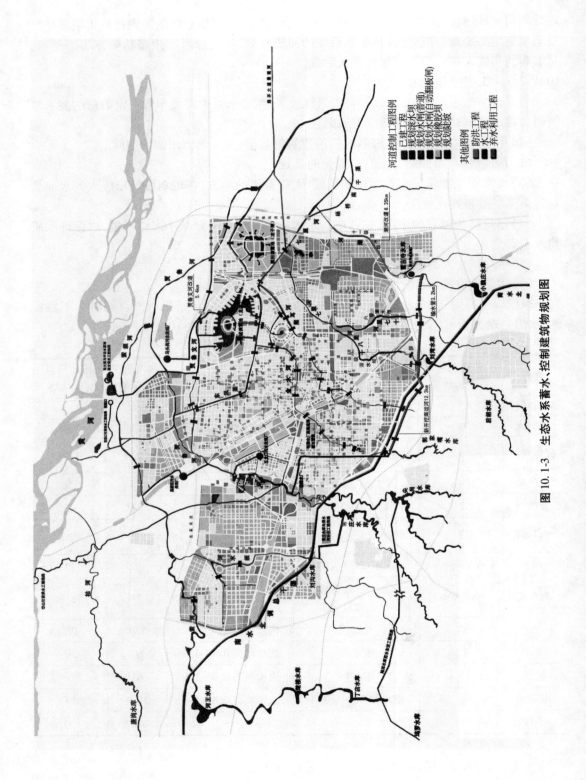

图 10.1-3 生态水系蓄水、控制建筑物规划图

在生态水系规划中,提出了建设生态护岸的要求,强调护岸工程在满足功能要求的基础上与景观、生态功能相结合。在保护原始河道、湖泊两岸植被的前提下,侧重构建鱼类、鸟类、两栖类、昆虫类动物的良好栖息场所,采用生态护岸,并直接参与生态修复过程。结合流速、景观等因素,因地制宜,河道常水位以下尽可能采用不同类型的生态护岸。考虑洪水概率,常水位以上的护岸应尽量考虑与景观、安全相结合,流速小的部位尽量采用草皮等绿色护岸;在河道转弯的凹岸及其他流速较大的地方,如果必须采用硬质护岸,应尽量采用透水的材料,并尽量把它设在绿色护岸之下,作为河道防护的"第二道屏障",使其与周边环境融为一体。

常水位以下的生态护岸类型可采用生态砖、鱼巢砖、木桩、枝条、自然堆石、卵石、干砌石、山石、轮胎、仿木桩、生态袋等护岸型式。

洪水位生态护岸类型可采用生态植草砖、植被加筋、植被混凝土、铅丝石笼、格宾网笼(垫)、连锁土工砖、混凝土框格块石、干砌石、生态袋、土工三维网垫、椰壳纤维网垫、植物扦插等,以上型式均可在其上覆土种植。

10.1.3 生态水系建设实施情况

郑州市生态水系规划于 2007 年 6 月 16 日通过了专家组评审,10 月 24 日通过了郑州市政府常务会议的审议,12 月 14 日通过了郑州市人大常委会的审议。

生态水系规划和建设自 2006 年启动以来,先后完成了郑州市贾鲁河一期治理工程(南阳坝—中州大道)、索须河一期治理工程(刘沟水库—师家河坝)、潮河治理工程(曹古寺水库—京港澳高速)、七里河治理工程(107 辅道—东风渠口)、魏河治理工程(金杯路—中州大道)、十七里河(苏庄水库—七里河汇合口)治理工程、十八里河(刘湾水库—七里河汇合口)治理工程、索须河二期治理工程(师家河坝—贾鲁河)、花园口引黄供水补源灌溉和郑州市生态水系输水两大水源工程。龙湖、龙子湖、象湖等工程先后开工。

2013 年,随着成功入选"全国水生态文明建设试点"城市,郑州市成立了郑州市生态水系暨水生态文明建设领导小组,进一步加大了生态水系建设的投入和管理,并印发了《郑州市 2014 年水生态文明建设实施方案》。方案提出了包括生态水系水源工程、河道治理工程、湖泊开挖工程、景观工程、水生态文明示范基地建设、生态水系截污治污工程和生态水系水质自动监测等 7 个类别共 30 个建设项目,仅方案中明确的项目估算总投资就超过了 150 亿元。2015 年年初,郑州市公布了 20 个水生态文明建设项目计划,包括龙子湖工程、象湖工程、陆浑水库西水东引、环城生态水系循环工程、建成区河道生态提升工程、两河一渠综合整治工程、雨污分流管网改造、生态水系"水清河美"行动等,表现了郑州市对生态水系治理和水生态文明建设的重视和脚踏实地落实的决心,为实现 2020 年生态水系的建设目标提供了有力保障。

10.2 北京转河

10.2.1 概述

北京转河(见图 10.2-1)连接长河,是北京老城西北角防洪、供水的主要河道。随着城市的发展,转河几经变迁。1905 年,詹天佑修建京张铁路,由于把西直门车站设在西直门外现在北京北站的位置,因此把原高梁桥以东的河道改道,向北折行了 1 km,绕过西直门车站,再向南与北护城河西端相接,形成"几"字形,因而被称为转河。1977 年 2 月起,对北护城河上段进行了治理,此时将转河盖上盖子,形成暗河。

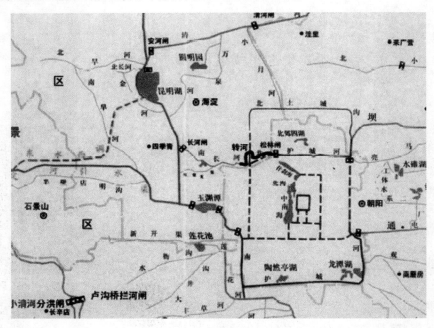

图 10.2-1 北京转河

转河全长 3.7 km,流域面积 13.59 km²,防洪排水标准按二十年一遇洪水设计,百年一遇洪水校核,二十年一遇洪水流量为 82 ~ 91 m³/s,百年一遇洪水流量为 106 ~ 118 m³/s。河底高程 43.59 ~ 42.10 m,纵坡为 0.000 4。全线通航,通航标准为满足乘座 30 人左右的机动游船通行。常水位为 46.50 m,通航最低水位为 45.20 m,最高水位为 46.50 m。场地地面标高 48.5 ~ 50.0 m,主要被第四系冲洪积(Q_4^{al-pl})地层所覆盖,河道基础大部分为低液限黏土,渗透系数为 1.47×10^{-5} cm/s 左右,基本不透水。

2002 年 3 月,北京开始进行转河整治工程,重新挖河道,建船闸、跨河桥,修暗沟、码头,使转河重见天日。治理工程共投资 6.26 亿元,其中一半用于拆迁费用。2003 年 9 月 30 日,北京城市水系转河治理工程竣工,转河恢复了通航能力,游者可以从德胜门乘船到达北京动物园和颐和园。沿河修建了长河遗梦、生态公园、堆石水景、滨河游廊、亲水家园、绿色航道 6 个水景景观。

10.2.2 设计理念

转河的设计理念为"宜宽则宽,宜弯则弯,人水相亲,和谐自然",更新了传统的治水思路,体现了水利设计从功能水利向资源水利、生态水利、景观水利的转变。在整体河道设计中,设计者将新理念落实到每一个细节之中,尽可能地实现"人水相亲,和谐自然"的设计初衷。

设计理念是抽象的,设计者确定了下面的具体设计原则:

(1)尊重历史,传统与现代共存;

(2)与城市相协调的景观设计;

(3)保护水质,扩大水面;

(4)回归自然,恢复生物多样性;

(5)以人为本,提供沟通与交流平台;

(6)人水相亲,使人们从河水中享受快乐。

北京转河沿河风光如图 10.2-2 所示。

图 10.2-2　北京转河沿河风光

10.2.3 生态之河

生态之河是转河设计的一大亮点,其主要体现在以下几个方面。

10.2.3.1 还原河道的自然属性

河道是水生态的重要载体,恢复河道原有结构,顺其自然,为生物提供多样、丰富的自然环境,是治理河道的基本原则。在河道生态整治修复工程中,设计者本着"宜宽则宽,宜弯则弯"的治河理念,恢复河道原有的结构形态与自然特性,让原有生物群回迁,重新建立水生物生态系统。

设计中,在满足宣泄洪水的基础上,尽量保持了河道的自然特性及水流的多样性,只有水流的多样性才有水生物的多样化。恢复后的生态河道,为水生、两栖动物创造了优良的栖息繁衍环境。这样既有助于保护河道水生态环境,又有利于提高河流的自净能力。

10.2.3.2 让河水循环流动起来

水是环境空间艺术创作的要素,它既能赋予环境自然活力,其自身又独具柔美和韵味,并可以造成多种格局的景观。可充分利用水的流动、多变、渗透、聚散、蒸发的特性,用水造景、动静相补、声色相衬、虚实相依、形影相依,以产生特殊的艺术魅力。通过水与石的亲密接触,产生不同的声音效果,使原本静默的景观产生不息的律动和活泼的生命力。

沿河设计了大量的瀑布、水帘洞、溪流、水墙,让河水循环流动起来,既净化水体,又有较好的立体水景观效果。

10.2.3.3 营造河流生态系统

转河河道内种植了几十种水生植物和野生植物,水生植物、地被、花草、低矮灌木丛与高大树木不同层次相结合,并考虑城市绿化的辐射与联系,建立滨水自然植被群落结构。同时,随着水际植物群落的形成,许多水中动物和昆虫也得以栖居、繁衍,构建了良好的河流生物链系统。

10.2.3.4 建造优美的生态护岸

采用生态护岸,尊重自然的水循环,软化河底及河坡,促进地表水和地下水的交换。滞洪补枯、调节水位,使河中动植物恢复生长,利用动植物自身的功能净化水体。回归自然,恢复生物多样性,使河水回归为生命系统。转河生态护岸的做法有卵石缓坡护岸、条石护岸、山石护岸、木桩护岸、仿木桩护岸、旧轮胎护岸、干垒挡土墙护岸、种植槽护岸等。正常水位以下采用缓于1:3的毛石(或乱石)堆砌斜坡,以增加水生动物的生存空间,筑鱼巢,为鱼、青蛙、螺蛳、大蚌等提供栖息、产卵、繁衍、避难的场所,这样不仅可以更好地形成河流生物链,而且可以削减船行波对河道的冲刷影响,有利于堤防保护和生态环境的改善。

10.2.3.5 顺应海绵城市的思路

转河治理时,海绵城市的理念还没有提出,但转河的治理思路却正契合了目前海绵城市建设的要求。道路周围的绿地均低于路面高程,有利于收集道路的雨水,通过绿地下渗。所有的绿地系统采用卵石排水盲沟,使雨水迅速渗入地下,补充土壤水和地下水,保持土壤湿度,改善城市地面植物和土壤微生物的生存条件。

人行步道全部使用透水砖,景区园路采用透水的嵌草青石板、汀步石等做法。透水路面具有良好的透水、透气性能,可吸收水分和热量,减轻城市排水和防洪压力,雨后不积水,有利于雨洪利用。

采用下凹式绿地及增渗设施、透水路面铺装等多种形式的雨洪利用措施,满足五年一遇日降雨不外排,全部入渗的要求。

10.2.4 生态护岸设计

生态护岸应是"既满足河道体系的防护标准,又有利于河道系统恢复生态平衡"的系统工程。回归自然,恢复生物多样性,促进地表水和地下水的交换。转河在设计中很注重采用多种生态护岸型式。转河生态护岸的做法有卵石缓坡护岸、条石护岸、山石护岸、木桩护岸、仿木桩护岸、旧轮胎护岸、干垒挡土墙护岸、种植槽护岸等。

10.2.4.1 卵石缓坡护岸

卵石缓坡护岸(见图10.2-3)为理想的生态护岸,其横断面俗称碟形断面,有利于安全,有利于两栖动物的出行,更有利于冬季防冰。结合水生植物种植,凸显自然生态感。

图10.2-3 卵石缓坡护岸

10.2.4.2 条石护岸

条石为经过粗加工的自然凿开面花岗岩。条石与条石之间不是紧密连接,不要求横平竖直,而是错落有致,中间夹土绿化,以求自然、美观。条石护岸见图10.2-4。

图10.2-4 条石护岸

10.2.4.3 山石护岸

利用就地取材的乡土天然山石,不经过人工整形,顺其自然。石块与石块之间的缝隙不要求用水泥砂浆填塞饱满,尽量形成孔穴。块石背后做砾料反滤层,用泥土填实筑紧,使山石与岸土结合成一体。山石缝隙间栽植野生植物,点缀安坡,以展示自然美景。山石护岸见图 10.2-5。

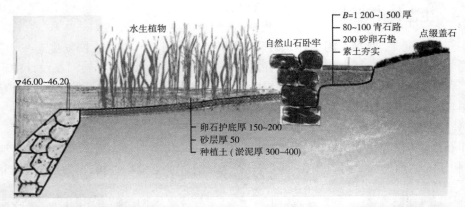

图 10.2-5　山石护岸

10.2.4.4　木桩护岸

采用松木桩,底部削成锥形,进行防腐处理。打入土后,再开挖边缘土方。高度与直径应协调,可参差不齐,错落有致。木桩护岸见图 10.2-6。

图 10.2-6　木桩护岸

10.2.4.5　仿木桩护岸

仿木桩护岸为钢筋混凝土结构,表面做仿木处理,"桩"之间有足够的孔隙形成鱼巢,桩后面填卵石、砾石料、细砂作为反滤层。仿木桩护岸见图10.2-7。

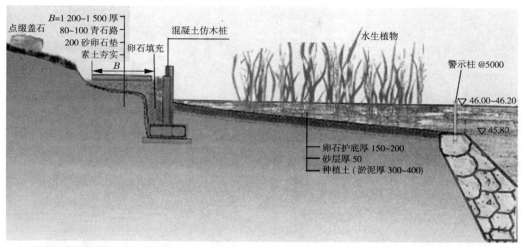

图10.2-7　仿木桩护岸

10.2.4.6　旧轮胎护岸

旧轮胎护岸体现旧物利用、环保的理念,旧轮胎内填卵石,轮胎之间留自然空隙。旧轮胎护岸见图10.2-8。

10.2.4.7　干垒挡土墙护岸

干垒挡土墙不用胶结材料,为柔性结构,以起到渗水、排水的作用。独有的后缘结构使自嵌式块体之间紧密结合,适应性强。干垒挡土墙护岸见图10.2-9。

10.2.4.8　种植槽护岸

光秃、过高的直墙会让河流显得压抑和狭长,通过设计各种类型的种植槽,栽种水生植物,与爬藤类植物相呼应,从而在色彩上产生变化,使呆板的直墙有了生命的感觉。种植槽护岸见图10.2-10。

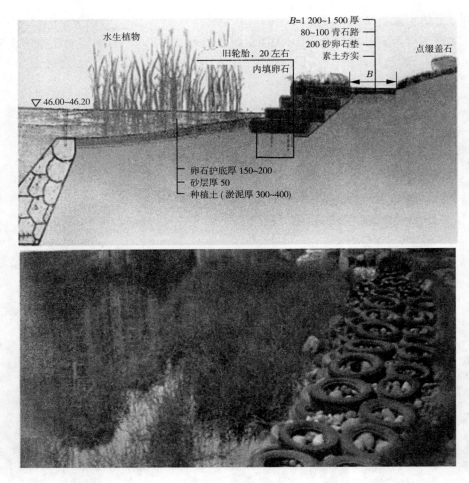

图 10.2-8 旧轮胎护岸

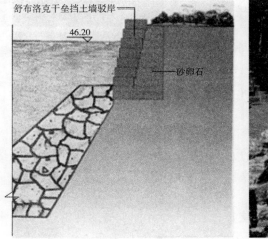

图 10.2-9 干垒挡土墙护岸

图 10.2-10　种植槽护岸

10.3　奥林匹克公园

10.3.1　项目简介

奥林匹克公园地处城市中轴线北端,位于北京北四环的北辰桥以北。总占地面积 1 135 hm²,分三个区域,北端是 680 hm² 的森林公园;中心区(B 区)291 hm²,是主要场馆和配套设施建设区;南端 114 hm²,是已建成场馆区和预留地。中华民族园也纳入奥林匹克公园范围内。这里有充满民族气息的象征——龙形水系,自然的绿化环境——树阵绿地,新型的场馆设施——鸟巢、水立方。

奥林匹克公园依托亚运会场馆和各项配套设施,交通便捷,人口集中,市政基础条件较好,商业、文化等配套服务设施齐备。本次实例主要就奥林匹克公园中的龙形水系介绍该项目水生态系统的构筑。

奥林匹克公园龙形水系总布置图如图 10.3-1 所示。

10.3.2　工程介绍

10.3.2.1　龙形水系简介

龙形水系分布在奥林匹克公园的中心区,位于公园的东侧、中国科技馆的西侧,是亚洲最大的城区人工水系。"龙头"昂首于最北段的奥林匹克森林公园奥海,"龙尾"盘着国家体育馆——鸟巢,整个水系"龙头"朝南、"龙尾"向北,南北走向,活灵活现,非常像一条龙的形象,显得壮观而雄伟,龙形水系也因此而得名。参观游览时,可以沿这条水系从鸟巢一直走进奥林匹克森林公园,感受蜿蜒水系的生动气韵和宏大气势。

龙形水系构成了全园的脉络和纽带,兼具水景、娱乐、生态、交通和消防等功能。奥林匹克公园的水系是流动的、循环的,园内有两个循环体系:"龙身"建有过滤净化处理体系,水体经过处理,强化去除水体中的磷、氮等营养物质后,再流回"龙身",循环不断;"龙头"之水来自附近的清河再生水处理厂,先流入森林公园内的人工湿地净化,再流入湖区,然后流入循环净化湿地,再进入湖区,如此循环往复。奥林匹克公园每日排放污水 25 000 m³,全部都会收集进入清河、北小河再生水厂,再生水质可达到地表水Ⅲ~Ⅳ类水质标准,全部回用于公园的冲厕、绿化和景观用水。

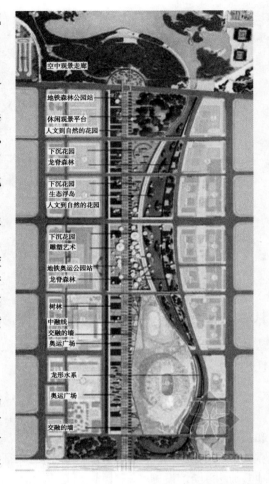

图 10.3-1　奥林匹克公园龙形水系总布置图

空中观景走廊
地铁森林公园站
休闲观景平台
人文到自然的花园
下沉花园
龙脊森林
下沉花园
生态浮岛
人文到自然的花园
下沉花园
雕塑艺术
地铁奥运公园站
龙脊森林
树林
中融线
交融的墙
奥运广场
龙形水系
奥运广场
交融的墙

10.3.2.2　奥林匹克公园节约供水、再生水利用系统

奥林匹克公园的中心区景观耗水量较大,本着节水、节能的原则,补水水源采用清水和再生水两种。由污水处理厂提供的高品质再生水,用于动植物用水、水井、道路喷洒、景观喷泉。

1. 龙形水系工程的水源

1）清水补水

从小月河和第九水厂补水,利用现有的环境补水通道,沿辛店村路北侧,经小月河向东沿输水涵至龙形水系。清水与周边河道连通,既节约水源,安全有效,又增强蓄洪抗洪的能力。

2）再生水（中水）

公园中心区再生水水源包括由北小河、清河再生水处理厂联合提供的普通中水及高品质中水,雨洪利用系统收集的经自然处理后的雨水。水源从科萃路市政中水管道补充到南一路的"龙尾"。

普通中水:用于车辆冲洗、冲厕、地面冲洗等,在雨水不足时用于补充。

高品质中水:北小河中水厂设水深度处理设备,沿湖边东路、中一路、景观路提供高品质中水。

龙形水系补充路线图见图 10.3-2。

中轴景观水系、下沉花园水景(人工造雾除外)以北小河再生水处理厂经反渗透处理的高品质中水为补水水源。以自来水作为备用水源,同时用于饮用及盥洗等生活用水、特殊水景的补水及消防用水。

奥林匹克公园每日排放污水全部收集进入北小河污水处理厂,利用反渗透等进行深度处理,小型污水处理站设置在龙形水系西侧,间隔建设。

污水处理和维护设施见图 10.3-3。

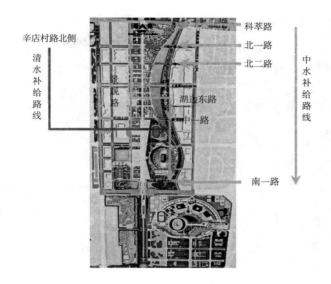

图 10.3-2　龙形水系补充路线图

图 10.3-3　污水处理和维护设施

3）雨水

中心区设有雨洪利用系统，该系统共设 10 个雨水收集池，由喷灌泵站根据系统要求加压，就近为绿化和道路浇洒提供水源。浇灌喷头采用节水设计，微灌、喷灌浇灌绿地。

灌溉设施绿化见图 10.3-4。

4）水系循环回用

各场馆的污水经处理厂处理后回用于公园的冲厕、绿化等，循环利用量每年达 100 万 m³。中水水源和就地消纳后剩余的雨水经湿地处理后再进入水系。雨水利用后排入就近的树阵、树池、绿地灌溉。

水系循环回用图见图 10.3-5。

图 10.3-4　灌溉设施绿化

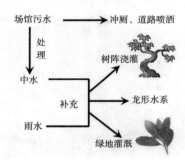

图 10.3-5　水系循环回用图

2.特色——奥林匹克公园基于水体自净的雨水利用系统

北京地下水严重缺乏,公园平日用水量极大,为解决这个问题,奥林匹克公园中心区、树阵绿地、龙形水系三个区域经过"透渗、滤集、回用"三步达到"水体自然净化的雨水利用",将雨水回用于生活、灌溉、水系,从而节水、节能、减少浪费、降低成本。

1)雨水透渗系统

透渗——雨水经过透水铺装地面、下垫面,直接下渗到基层土壤中,达到初步净化,减少净化成本,补充地下水,高效回用。

(1)公园中心区除奥运场馆和建筑用地外的道路铺装新型透水材料——透水铺装。透水铺装由透水性面层、黏结找平层、透水性垫层构成。透水面层采用透水砖,主要有混凝土透水砖、风积沙透水砖和露骨料透水混凝土。黏结找平层依据面层选择透水材料,与面层紧密结合。多孔透水性垫层分别为大孔无砂混凝土垫层、开级配碎石垫层、砂垫层。透水砖让地面"呼吸",吸水融雪,从而调节气温、湿度,也可净化水体,减少地下污水处理成本。

另外,透水砖还具有吸尘功能,是净化空气的好材料,可谓是城市的呼吸器。透水砖主要采用风积沙透水砖与混凝土透水砖,风积沙透水砖由沙漠上的风积沙黏结挤压而成。

它通过破坏水的表面张力使雨水下渗到土壤中,有高透水、强净化、通气、耐磨的优点。旧砖可再生成沙子制成新砖,减少能耗,是新型的生态环保砖。混凝土透水砖的柔性结构使雨水很好地透过地面,混凝土结构更加耐磨、耐腐蚀、持久承压,也可吸尘,是一种很好的透水砖。

新型透水砖见图10.3-6。中心区道路透水铺装透渗图见图10.3-7。

图10.3-6　新型透水砖

(2)树阵树池、绿地硬质地面为透水铺装,土壤地表采用下凹式设计使雨水自然下渗,并多加增渗系统,增强下渗能力。

绿地树池下凹增渗见图10.3-8。

树阵区、草地相比周边地面下凹50~100 mm,透水垫层中埋设透水花管。树池的增渗设施为渗透型多孔混凝土板结构,绿地通过减缓地面坡度、增加起伏形成洼地储存等方式来增强渗水能力。

树阵绿地雨水透渗图见图10.3-9。

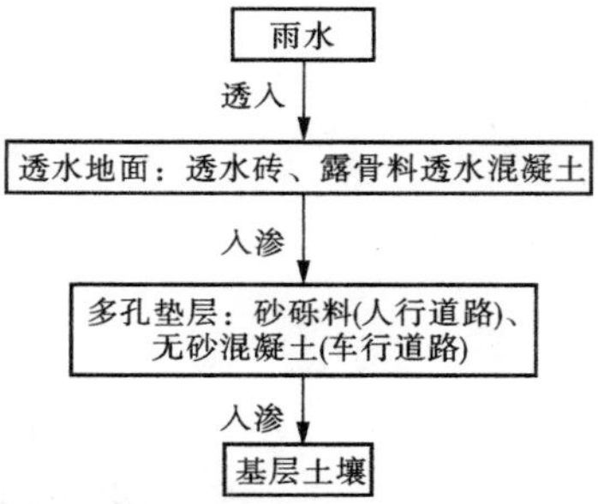

(3)龙形水系水岸将中心区道路与树阵绿地方案相结合,实现在传统不透水材料结构上透水的功能创新。跨水系市政交通道路两侧设观景平台,雨水经观景平台透水铺装地面透入地下,再经开孔的钢筋混凝土顶板结构下渗。结合绿地下凹设计,共同汇入水系。

跨水系市政交通道路两侧观景平台见图10.3-10。

跨水系平台雨水透渗图见图10.3-11。

2)雨水滤集系统

滤集——雨水透水下渗达到初步净化后,进入到渗滤系统自然净化并调蓄储存。渗透系统与收集池之间水源流通运用渗透沟槽,收集池滞蓄也可提高雨水的清洁度。超标雨水从渗透系统直接排入市政管道,或收集到储水池回用。

右侧流程图：

雨水

↓透入

透水地面：透水砖、露骨料透水混凝土

↓入渗

多孔垫层：砂砾料(人行道路)、无砂混凝土(车行道路)

↓入渗

基层土壤

图10.3-7　中心区道路透水铺装透渗图

图 10.3-8 绿地树池下凹增渗

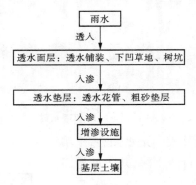

图 10.3-9 树阵绿地雨水透渗图

图 10.3-10 跨水系市政交通道路两侧观景平台

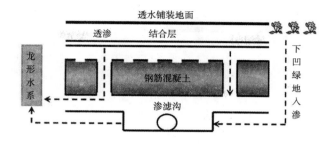

图 10.3-11 跨水系平台雨水透渗图

（1）中心区道路透渗雨水通过雨洪收集毛管从垫层下的支渗滤沟汇入主渗滤沟,达到自然深层净化,再通过冲孔排水管进入收集池,有效滞蓄或回用。支渗滤沟和主渗滤沟为透水地面局部下降形成通长的渗滤沟槽。渗滤沟槽边缘的无纺布反滤层、槽内的单级配碎石及级配碎石内埋设的全透型排水管可以达到多重净化的目的。

透水边沟见图 10.3-12。

图 10.3-12 透水边沟

中心区道路渗滤收集图见图 10.3-13。

（2）树阵将雨水汇集到蓄渗筐内,绿地也采用 PP 排水片材、型材、管材以及渗滤筐、渗槽、渗坑等共同增渗后进入收集储水池,调蓄储存及回用。中轴路范围内的树阵区,每隔 30~50 m 设计一条支渗滤沟,最终将雨水收集到储水池。绿地通过减缓地面坡度,增加起伏形成洼地等形式进行储存。

树阵绿地渗滤收集图见图 10.3-14。

（3）龙形水系采用生态护岸,结合动植物自身净化功能,自然过滤。水系只在水岸边设计下凹式渗滤沟,当雨水较大时,从绿地流下的雨水经滤沟收集。浅水湾结构水系,采用植物护岸,种植水柳等根系较为发达的树种护堤,种植芦苇、菖蒲、水葱等水生植物进行净化,为鱼类、青蛙、螺、蚌等水生动物提供栖息场所。水岸在原基础上进行改造,有效解

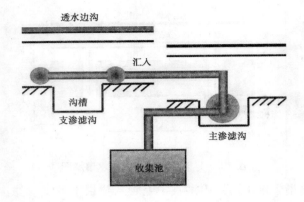

图 10.3-13　中心区道路渗滤收集图

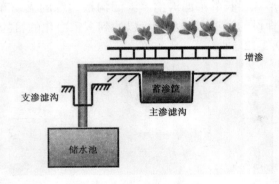

图 10.3-14　树阵绿地渗滤收集图

决地表径流,形成河流生物链。

3)雨水回用系统

回用——雨水多重净化储存后回用于道路、树阵、绿地的浇灌、龙形水系水的补充,保证了水系水质,节省用水,降低能耗和成本,便于维护和管理。

(1)中心区道路滤集的雨水用于树阵、绿地的绿化喷灌,减少了人工灌溉量,用于道路浇洒,节约用水且便于管理。中心区水源主要为过滤雨水,不足时为普通中水,由市政管道就近提供。根据就近原则在雨水收集池边设置11座下沉式灌溉泵站,以自控设施设定水泵出口压力分配雨水。灌溉系统地表依据植物情况采用节水型喷头,平日以人工智能自控系统按时、按量灌溉。

(2)树阵绿地收集雨水直接回用于绿化喷灌,避免水源浪费。超量雨水经过雨水口排入市政雨水管道,避免影响周边环境。

树阵绿地雨水回用图见图 10.3-15。

(3)水系将滤集的雨水通过回用泵汇入龙形水系,避免水源不必要的外排。也可回用于水景喷泉,加之与市政管道连接,促进了水系流动,提高了水系水质。

回用景观设施见图 10.3-16。

3. 奥林匹克公园防洪排放系统

北京 2004 年曾发生过因暴雨立交桥下积水的事件,为了杜绝此类事件的再次发生,

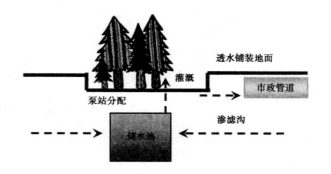

图 10.3-15 树阵绿地雨水回用图

图 10.3-16 回用景观设施

公园在下沉公园、休闲花园露天剧场观众席草地、地下商业屋顶种植绿地三个区域,采取了防洪、蓄洪、排放的一系列措施。信息化调度雨洪,充分利用奥林匹克公园水系蓄洪。建立自动化监控系统,监控水质、水生动植物,预防水体富营养化并配合通信网络保障防洪安全。

公园的景观用水可以经仰山大沟退至清河,也可以经清河导流渠退至北小河,与森林公园排水方案相同。

下沉花园(见图10.3-17)的位置很重要,与地铁、交通枢纽等设施相连,所以做好防洪、蓄洪的准备尤为重要。

下沉花园内部广场及人行道大面积采用透水铺装,分流大部分雨水,防止地表淤积,延长地下蓄洪时间,有效提高防洪排水。下凹式绿地或带增渗设施的下凹式绿地,辅助蓄积雨水汇集到蓄洪排水涵排放,提高蓄洪能力。

防洪:

下沉花园除采用透渗铺装、滤集、回用等基本雨水利用措施外,还加强在人行坡道、地下过街隧道及地下建筑出入口设置连续的线形排水沟拦截雨水,就近从管道接入南北向

图 10.3-17　下沉花园

的蓄洪排水涵,储存回用或排放。

蓄洪:

草地、树池下凹空间上部可先初步调蓄,结合下沉花园周边入口与所在区域地面的坡度差,形成满足防洪标准的容纳暴雨的自然蓄水空间。再由蓄洪涵和排水沟组成的蓄洪排水涵储存回用,或排入龙形水系蓄洪。

排放:

遭遇暴雨时,雨水通过下部的排水渠进入雨水泵站的浑水储水设施,经水井、格栅、泵提升、出水泄压井排入市政雨水管道。也可暂存蓄洪排水涵内,待雨量高峰过后再排出。

下沉花园防洪排放图见图 10.3-18。

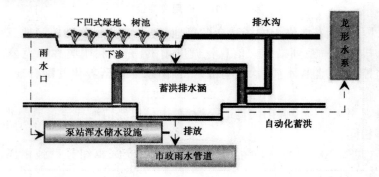

图 10.3-18　下沉花园防洪排放图

绿地使用高承载植草地坪,用钢筋混凝土块连接,具有更大的承载大量雨水的能力。休闲花园露天剧场观众席绿地内设计了一定数量的雨水口,高于绿地 50 mm。超标雨水在 LDPE 渗滤框滞蓄,通过渗滤管排入龙形水系和雨水收集池,充满时排入市政雨水管道。

地下商业屋顶种植绿地间隔设置若干疏排水支线收集入渗水,再进入连接渗透性集水井的排水主沟蓄洪排放。蓄洪型材同样应用 PP 排水片材、管材、型材和蓄排水盘等新型材料。

休闲花园露天剧场观众席、中心区水系东岸地下商业屋顶绿地蓄洪排放图见图 10.3-19。

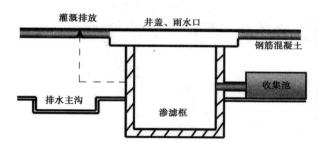

图 10.3-19　休闲花园露天剧场观众席、中心区水系东岸地下商业屋顶绿地蓄洪排放图

10.3.3　结语

奥林匹克公园的设计在刚性的城市格局中引入自然的柔性水系统,在缓解都市生态压力的同时,营造出优美的景观。龙形之湖北起森林公园,向南面的国家奥林匹克主会场延伸。在南端,水面如盘旋的龙尾环绕着国家体育馆,衬托其标志性的地位。国家游泳中心边的圆形喷水池是水系的终点,好似龙尾激起的浪花。

北京奥林匹克公园展现的是一个多元化的综合生态水利规划设计,有雨洪收集、再生水利用、循环过滤净化、湿地净化等各种工程设施。该设计充分体现了"绿色奥运、科技奥运、人文奥运"的理念和水资源的循环利用,是水务工作者给奥运会奉献的一个令人惊喜的礼物。

10.4　日本千曲川的多自然河流整治

信浓川是穿越日本长野县、新潟县的大河,流域面积 11 900 km²,河长 367 km,居日本首位。信浓川在到达长野县、新潟县之前,上游部分称为千曲川,其位置示意图见图 10.4-1。千曲川流域多山地,流域内气候为内陆性气候,即使在盆地,海拔也有 300～700 m,平均气温低,寒暑差异大。流域北部及山岳地区年降水量在 2 000～3 000 mm,属多雨地区,千曲川流域年降水量在 1 000 mm 以下,是日本少有的少雨地区。

1991～1992 年,长野县对千曲川杵渊地区河道弯度较大的长约 1.5 km(73～74.5 km 附近)的河道进行了多自然型河道的开挖。选择这一段的原因是这一带河床坡降较缓,泥沙淤积较重,河流主槽过流断面不足。另外,附近的高速公路建设需要大量的泥沙填土。

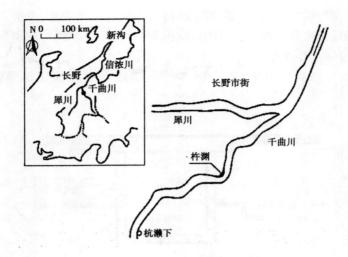

图 10.4-1　千曲川位置示意图

10.4.1　河道开挖方式和特点

　　过去的河道开挖一般采用标准整齐的断面形式,如梯形断面、复式断面等。本次开挖考虑了现有主槽边的河畔林保护,这些林木已经有 20 年的生长历史。为了保留河畔林,将这些河畔林的位置保留为河心洲。河心洲的形状考虑了景观和汛期防洪等问题,修整为顺水流向的带状形式(见图 10.4-2、图 10.4-3)。平均开挖宽度约 60 m,开挖土方 35 万 m³。

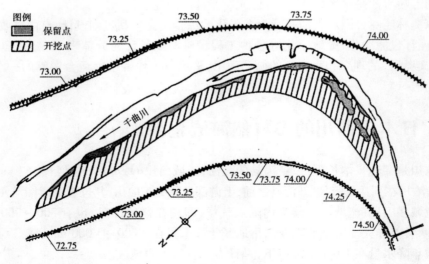

图 10.4-2　河道开挖平面示意图

　　这一段天然河道在开挖前,主槽两侧的滩地只有在水量较大、漫滩时才会形成水面,通过这次开挖,扩大了水面,使这些挖过的地方平时都可以形成水面,并有水深的变化,形

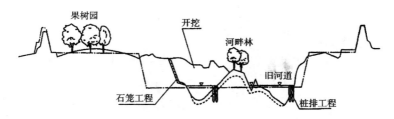

图 10.4-3　河道开挖断面示意图

成了深潭、浅滩和死水区,为鱼类和水生生物提供了多样化的生存环境。

采用了石笼和排桩等对岸边进行了防护,3 个石笼捆绑在一起,按 10 m 间隔放置。这些措施稳定了河岸,同时自身也形成了多孔隙的生物栖息地。

10.4.2　实施效果

10.4.2.1　防洪效果

通过河道开挖,本河段增加了 $300 \sim 400$ m^3/s 的过流能力。但是,附近未开挖河道的过流能力尚有不足,为了提高开挖效果,今后还有必要在附近河段继续实施开挖工程。

工程运行 3 年后发现,在开挖的上游侧发生了淤积,这是由于本河段坡降较缓,过水断面的突然增大造成的,是可以预见的变化。为避免左侧河道由于淤积变为死水,在 1995 年 3 月、1996 年 3 月两次对淤积的泥沙进行了疏浚。

过流能力图见图 10.4-4。

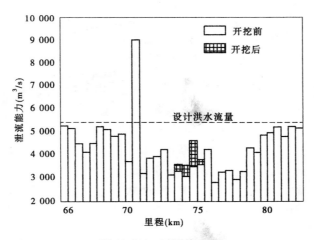

图 10.4-4　过流能力图

10.4.2.2　对动植物的影响

1. 对植被的影响

河道开挖采用了自然工法,从单侧方向开挖,保留了右岸的原生态,左岸也通过沙洲等措施尽量保留了河畔林和部分植被。1998 年的调查结果显示,该区域内的植被种类很多。

河道综合设计断面见图 10.4-5。

开挖河道周边植被平面图(1998 年)见图 10.4-6。

图 10.4-5　河道综合设计断面图

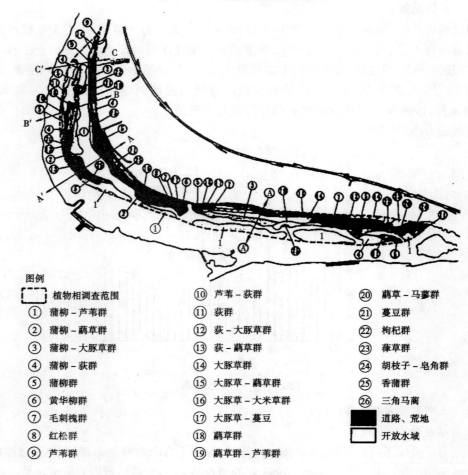

图例

- 植物相调查范围
- ① 蒲柳 – 芦苇群
- ② 蒲柳 – 藕草群
- ③ 蒲柳 – 大豚草群
- ④ 蒲柳 – 荻群
- ⑤ 蒲柳群
- ⑥ 黄华柳群
- ⑦ 毛刺槐群
- ⑧ 红松群
- ⑨ 芦苇群

- ⑩ 芦苇 – 荻群
- ⑪ 荻群
- ⑫ 荻 – 大豚草群
- ⑬ 荻 – 藕草群
- ⑭ 大豚草群
- ⑮ 大豚草 – 藕草群
- ⑯ 大豚草 – 大米草群
- ⑰ 大豚草 – 蔓豆
- ⑱ 藕草群
- ⑲ 藕草群 – 芦苇群

- ⑳ 藕草 – 马蓼群
- ㉑ 蔓豆群
- ㉒ 枸杞群
- ㉓ 莔草群
- ㉔ 胡枝子 – 皂角群
- ㉕ 香蒲群
- ㉖ 三角马蔺
- ▇ 道路、荒地
- ▢ 开放水域

图 10.4-6　开挖河道周边植被平面图（1998 年）

开挖河道植被断面图（1998 年）见图 10.4-7。

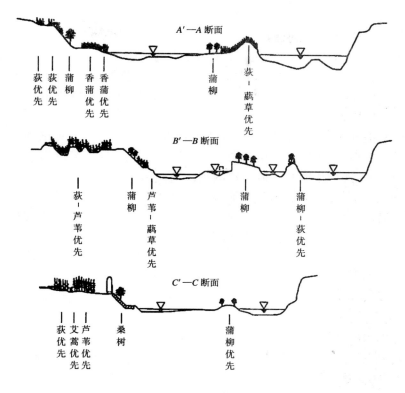

图 10.4-7　开挖河道植被断面图(1998 年)

2. 对鸟类的影响

河畔林成为野鸭和鹧鸪的营地被保存下来,同时降低左岸开挖坡度,用石笼加固,以便于植被生长,特别附近多生长有藜、艾蒿、月见草等杂草,其草种在冬季能够成为小鸟的食物,燕雀类等小鸟经常飞来觅食。同时,以这些小鸟为食的鸟类也在此盘旋。在人为开挖的崖壁上,已经发现几处翠鸟的巢。

同时,随着水面的扩大,水边也出现了许多小鸟,主要是鹭类。因为原有的桩式丁坝可以藏身,大雁、鸭子也很多。水面扩大后,芦苇和芒也开始在水边生长,从而引来了找别的鸟类代为孵卵的杜鹃,形成了各种形态的生态链。

由于狗等鸟类的敌人不能进入,因此保留的河心洲成为受鸟类欢迎的筑巢地。

3. 对鱼类的影响

由于护岸采用了木头、石块等多孔隙材料,增加了鱼类的栖息地。此外,开挖形状也富于变化,人为改变了水流的流速,原来右侧河道的水较深,与此相对,新开挖的左侧河道出现了许多浅滩,喜好浅滩的宽鳍鱲有所增加。此外,由于产卵场所的增加,雅罗鱼、罗汉鱼、鰕虎鱼等小鱼也增加了,在石笼工程处,还栖息着相当数量的鳗鱼。1997 年 1 月,对新挖水渠的捕捞情况进行了调查,确认有鲤鱼、鲃鲭、红樱桃、蓝氏鲫、龙虱、雅罗鱼、大口黑鲈、宽鳍鱲、青鳉等 3 个科目的 9 种鱼类。1 月气温在 5 ℃左右,相对于干流(右侧水渠)4.5 ℃的水温,新开挖水渠水温在 10 ℃左右,相对较高,由于先开挖出现了涌泉,给鱼类提供了较好的栖息环境。1998 年 6 月、11 月又进行了调查,在上述鱼类的基础上,又发现了罗汉鱼、长鲫鱼、铁鱼、台湾泥鳅、橙色鰕虎鱼、蓝鳃鱼等。

4. 对哺乳类的影响

进行渠道开挖时，尽量降低坡度，不采用垂直的护岸工程，使在河漫滩上生存的老鼠等向河的方向靠近，并在数量上有所增加。这一带原本就生存着水貂和貉，随着作为食物源的老鼠、青蛙等的增加，这些动物数量也增多了，其中，水貂还特别喜欢栖息在石笼中。

10.4.2.3　存在的问题

如同前面提到的那样，由于进水口下泄断面突然变大，进水口处出现了泥沙淤积，从防洪管理的角度来说，必须采用相应的清理措施，事实上，对环境也产生了一定的影响。由于淤积，水流进入新开挖的河道比较困难，没有涌泉的地方一到冬季水温就会明显下降。此外，还有一些污泥淤积，恶化了鱼类栖息环境。

整个千曲川流域曾一度出现了大米草、狗舌草等外来植物，在全流域迅猛生长，给当地植物生长构成了威胁。特别是这些原产于北美的大米草生长非常迅速，几乎覆盖了原来的植物，阻碍了其他植物的生长。只有在其生长早期进行人工割除，才能抑制其生长。但是，由于整个河滩范围太大，割除起来很难。

此外，一些人工翠鸟栖息地，由于冲刷导致坡度降低，植被开始在此生长，逐渐不再适于翠鸟筑巢。

10.4.2.4　总体实施效果总结

千曲川实施的这次河道开挖给动植物带来了良好的生态环境，特别是河心洲，是四面环水的陆地，能够有效防止外敌侵入，是生物良好的栖息地，从环境角度看，是非常宝贵的空间。

由于过流断面的增大，流速降低，进水口处容易造成泥沙淤积，需要进行必要的维护，尤其需要注意大水后的泥沙淤积情况。

10.5　美国路易斯维尔市河滨公园

10.5.1　公园概况

路易斯维尔市(Louisville City)河滨公园位于美国肯塔基州北部的俄亥俄河南岸，西起克拉克纪念大桥，东至沙洲附近，总面积约48.56 hm²，为半遗弃状态的工业用地。1991年，由哈格里夫斯设计事务所(Hargreaves Associates)制定了河滨公园总体规划，依据广大市民的愿望，将河滨地区开发成公共休闲活动空间。

在河滨公园总体规划(见图10.5-1)中，整个公园分为两期实施，共耗资约9 000万美元。1994年开始动工，1999年完成的公园一期为20.23 hm²，位于克拉克纪念大桥与肯尼迪大桥之间，其中8.09 hm²颇具城市面貌，设置了大草坪、节庆广场、码头以及瞭望台等。剩下的12.14 hm²则比较自然化，设置了开放草坪、环路、野营区以及儿童游戏场等。公园二期为12.95 hm²，位于肯尼迪大桥以东部分，并于2001年8月开始建造，2003年春完成。公园二期更加强化了1991年哈格里夫斯的总体规划设计理念，同时也增加了一些新的项目内容。此外，根据一期的经验教训，对原先规划形式做了一些修改。

图 10.5-1　河滨公园总体规划图

10.5.2　公园规划设计理念

高架高速公路的修建,造成市区与河滨之间,不仅在视觉上而且在功能使用上都被道路切断了,倘若高速公路改线则将耗费巨资。哈格里夫斯设计事务所解决了这个难题,将高架下面的快速滨河路向市区里面移一个街区,留出空间作为斜坡草坪,这样就可以释放高架下的视觉空间,当阳光照在草坪上时,高架下就会显得通透、明亮,而不会使人在心理上感到很压抑。附近通向河边的喷泉跌水水道以及通透的视线则更能吸引市民到河边休憩。

整个公园位于百年一遇的洪水线以内,公园内所有空间的设计都要考虑能经受洪水的侵袭而不会有太多的毁坏。河流的涨水和泄洪过程在公园的每一个空间都得到展示,使游人在强烈的视觉感受中,建立起对河流变化自然特征的感性认识。在靠近城市的公园西端,地面有的向下倾斜伸到河中,有的向上提升超过洪水淹没线。铺装材料和小品简洁又能防水,座椅和步行路结合设置。公园东部的线形公园则地形起伏,形成河流沿岸的树枝状排水系统,能很容易地接纳和排走季节泛滥的洪水。

设计师乔治·哈格里夫斯(George Hargreaves)采用了一种隐喻的方式来揭示基地内原有的工业活动,他在公园基地中很少保留工业遗留物,而是运用大尺度的斜坡草坪、硬驳岸,通过与自然河岸的对比,暗示这里曾是工业用地。

哈格里夫斯还在公园内安排了能被广泛使用的活动设施,形成了符合公众需求的空间场所,并受到公众广泛的欢迎和使用。他认为传统的如画式公园只是为了改善环境,让公众能呼吸到新鲜空气,然而,现代公园则是通过相当多的项目内容来塑造更加积极的空间。以河滨公园为例,由于河滨位于城市和河流之间,因此应安排多种用途,让市民能便捷地到自然环境中活动。

河滨公园鸟瞰图见图 10.5-2。

10.5.3　公园项目内容介绍

10.5.3.1　公园一期

公园一期靠近城市的公园西端,根据河流水位变化情况设置了大草坪、节庆广场、码头、线形喷泉水道和内湾。

大草坪是河滨公园的中心,作为主要的游憩空间和非正式剧场,在草坪周围设置广场

图 10.5-2　河滨公园鸟瞰图

灯,以使活动能一直持续到晚上。大草坪的最高处高出百年一遇洪水淹没线约 15 cm,可作为城市防洪工程系统的一部分。每次洪水来临,草坪的较低部分都会被淹没,为了加快排水,并能在洪水退去以后马上能使用,在大草坪下设计有良好的渗漏系统。例如,为了加强渗透效果,草坪的泥土由 90% 的沙和 10% 的泥炭组成。另外,将河流引入大草坪形成内湾式码头,为乘船来游玩的游人提供临时停靠空间。

节庆广场是一个略微倾斜的平面,起到连接城市和码头的作用,由于这里是公园最靠近城市的部分,因此设计成最具城市特色、可作为大型活动(如肯塔基州赛马节、路易斯维尔市烟花节等)的场地。这个广场用一种柔软清凉的花岗石材料铺设。另外,在铺设时嵌入一系列通向河边的混凝土带,带上设置节庆活动所需的彩旗和其他设施。节庆广场的南部为入口广场,并在其东部设置旱喷泉,作为附近线形喷泉水道的水源。

码头是商业游船停泊和大型活动的场所,也是一个逐渐滑入水中的倾斜平台。

线形喷泉水道位于大草坪和节庆广场之间,作为从城市到河流的南北向轴线,以增强与河流的联系程度。它由一系列石灰岩做的喷水池组成,并逐级降至与河流水面相平,总长约 305 m。喷泉水道以入口广场上的交互式旱喷作为水源开始,逐级流入石灰岩喷水池。每个喷水池上的别致小桥和台阶式座椅墙形成了一系列有特色的空间,每个空间都包含一个水池和一条跌水瀑布,这种活泼小空间调和了旁边的大尺度空间,并富有亲切感。每个喷水池还装有射程约 18 m 远的喷水枪,形成的特殊景观更加强了城市和河流之间的联系。

大草坪东部由起伏地形的洼地形成一个内湾,这里可以留下河流变化的痕迹,以表现河流的不断变化过程,并且能让人们观察到泥土、植物不断地被沉积和侵蚀的连续过程。

河滨公园内湾现景图见图 10.5-3。

10.5.3.2　公园二期

公园二期主要位于肯尼迪大桥以东,是具有雕塑地形的线形公园,这里的项目设置和形式相对松散。其重点是一座螺旋形的小山,为步行者和骑自行车的人提供盘旋的通道。通道接至一座工业时代遗留下来的铁路桥,它将河流的北岸与公园联系起来。

线形公园的空间分为高地草地区、低地草地区和水生植物区,在高地和低地上均布置有环路系统,低地步行系统沿河而设,并穿过一片乡土岸边植物区。

图 10.5-3　河滨公园内湾现景图

　　高地草地可使游人远望河流和高低起伏的河岸,围绕高地草地和沿着滨河路都种植了挪威冷杉和卡罗莱纳州铁杉,能很好地阻挡快速干道上的噪声。

　　低地草地区的沿岸设置了植有柳树和水生植物的沉床,起到加固河岸以免受侵蚀的作用,每次季节性的洪水都会给沉床带来新的泥土和植物,但是急速的水流也冲刷掉了一些植物。

　　河滨公园线形公园现景图见图 10.5-4。

图 10.5-4　河滨公园线形公园现景图

10.5.4　公园实施效果评价

　　河滨公园的建造,一个很大作用就是促进了周边地块的开发。以河滨公园的建设为起点,慢慢解决了城市和河滨的隔离问题,城市的结构通过促进公园周边的开发、道路的改线等措施得以重塑。例如,在公园一期建好后不久,附近就建了一座体育场、一幢居住塔楼和大草坪对面的公寓楼。公园建成的另一个作用就是吸引了大量的人来这里居住、工作。公园每天都对外开放,所以能够吸引人们到这里生活。同时,公园附近的居住建筑使这个公园更人性化,当人们在这里生活、工作时,就会对这里产生强烈的认同感和归属感,从而就会自愿维护这个新建立的邻里社区,最终实现滨河生活的回归。

河滨公园现景图见图 10.5-5。

图 10.5-5　河滨公园现景图

10.6　北京市新凤河水环境综合治理工程

10.6.1　项目概况

为改善北京的大气环境质量,北京市政府于 2000 年获得了世界银行 1.67 亿美元的贷款,用于北京市燃煤锅炉更换为燃气锅炉(环境二期项目)。新凤河水环境治理工程是北京环境二期工程项目世界银行贷款的余款利用项目,用于改善大兴区的区域水环境。

治理前的新凤河实际上已经成为一条城市的排污河道,污水横流,没有水生生物,岸上树种单一,没有景观可言。

该工程于 2005 年开始进行设计,当时,国内河道治理仍然以防洪为主,"生态水利"的理念刚刚被提出,尚处于学习引进国外先进经验的阶段。国内一些城市进行了试验性的工程,主要集中在河床断面的生态修复方面,取得了较好的社会效果,如成都的府南河望江公园自然护岸工程、成都河道管理处自行设计的沙河生态河堤、北京的转河治理工程、太原市的治汾美化工程、水位多变情况下的中山岐江公园生态护岸工程等。这些工程在河流生态治理、人水和谐等方面作了大量有益的尝试,引起了人们对水利工程建设的思考。但还没有针对城市河流,从安全、生态需水、污染治理、中水利用、和谐工程措施、多样化生境创造以及效果监测等方面全方位、多角度提出可操作的综合治理措施。北京市新凤河治理工程在这些方面进行了有益的尝试。

新凤河水环境治理的范围即京九铁路—孙村闸,长度 12.61 km。治理内容包括河道整治工程、污水截流工程、环境用水工程(中水利用)、景观建设工程、水环境影响监测工程和分流工程等六部分。

新凤河工程位置图见图10.6-1。

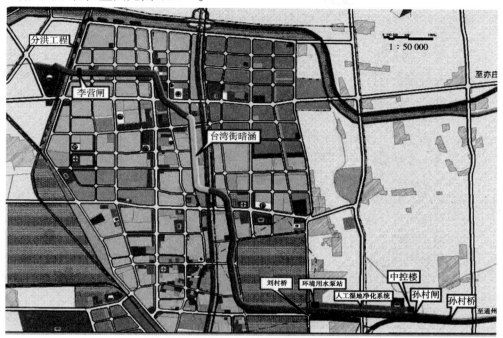

图10.6-1　新凤河工程位置图

10.6.2　工程设计情况

10.6.2.1　河道整治工程

河道整治工程主要是河底清淤,拓宽河道断面,满足防洪要求,同时避免底泥的二次污染。在此基础上为生境多样化创造条件,恢复河流的自然弯曲和摆动形态,并依据河流周边环境特征,设计了蜿蜒的溪流、浅滩、河心岛、跌水等多样化的生物栖息环境,改善了河流的生态服务功能。由于河道整体流速较低,大部分在1 m/s左右,小部分在1.5 m左右,河道整体采用了生态护岸型式,大部分采用草皮、植物护岸,在流速较大或河道转弯的凹岸、常水位位置设置了卵石、框格碎石、石笼、鱼巢砖等多样化的生态护岸。对常水位以上部分进行了覆土种植,考虑洪水概率,将护岸工程作为防洪的第二道屏障。

10.6.2.2　污水截流工程

将对新凤河自京九铁路桥至孙村闸67个排污口进行截堵;完善相应的市政排污管线,所截流流域内的污水汇流进入市政污水管道,最终全部纳入黄村污水处理厂。对于沿河的雨水管网或雨污合流的管网,在入河前进行改造,将初期雨水或污水截流进入污水处理厂,其余雨水排入河道。

10.6.2.3　环境用水工程(中水利用)

通过"生物空间最小需求法"来估算河道生态用水量,综合考虑蒸发渗漏、河岸绿化用水以及景观用水,综合确定环境用水量为2万 m³/d,项目区下游黄村污水处理厂的出水经过进一步处理作为环境用水水源,在新凤河左岸刘村桥至老凤河入口处长 1.88 km、宽 30 m 的范围内建设人工湿地水质净化系统,湿地系统采用三种工艺。生态净化系统采用阿科蔓 + 一级碎石床 + 生物塘 + 二级碎石床系统(A 型)、阿科蔓 + 一级碎石床 + 二级碎石床 + 生物塘 + 三级碎石床系统(B 型)和阿科蔓生态净化基系统(C 型),A、B 方案各 2 个单元,C 方案 3 个单元,每个单元处理水量为 2 650 m³/d。总体工艺流程为从黄村污水处理厂分水池分水,通过湿地供水管向两侧湿地供水,在每一湿地单元进口处,通过小泵将中水提升至湿地单元,经过湿地处理后,通过回水管(集水管)汇至环境用水泵站,再经泵站提升至上游李营闸后,作为河道景观用水。

湿地总体布置及流程示意图见图 10.6-2。

A 型湿地工艺示意图见图 10.6-3。

B 型湿地工艺示意图见图 10.6-4。

C 型湿地工艺示意图见图 10.6-5。

10.6.2.4 景观建设工程

新凤河的景观设计充分体现了"自然、共生、发展"的理念,在新凤河设计中保留了原河道自然的软性河床,恢复了河流的自然弯曲和摆动形态,并依据河流周边环境特征,设计了蜿蜒的溪流、浅滩、开阔的水面和壮观的跌水来改善河流的生态服务功能。在保留生态功能的基础上,考虑到城市河道的景观功能和文化功能,将整个河道分成几个大区,上游为城市河道景观区,台湾街暗涵至观音寺为文化休闲区,观音寺至刘村桥为野趣休闲区,刘村桥至孙村闸为生态观光区。

城市河道景观区:利用喷泉、亲水广场、景观路等现代元素,增加亲水空间,增强人水互动。

文化休闲区:暗涵出口,这里有一个 1 m 多的落差,为平静的水面带来一个新的变化。结合暗涵出口,设计了自然石跌水,通过自然山石将暗涵出口处规整的砌筑过渡到自然空间,将工程与自然有机地结合起来。

野趣休闲区:这一段相对居民较少,以自然生态状况为主,设计中点缀了一些木平台、小场地、临水平台,供人们在水边稍事休息、静思。

生态观光区:以湿地和活水公园为核心,以温室、木栈台、层叠的出水溪流、滩地及滨水空间为活水公园的景观要素。它充分展示了人类是通过哪些科技手段,将原本不能利用的污水经污水厂处理后,可供使用,可以改善生活环境和生活质量的水的净化过程,是一个亲水戏水、科技展示、寓教于乐的亲水空间。

10.6.2.5 水环境影响监测工程

工程考虑了现代化管理需求,设置了完善的水情、水质监测手段。

水情监测:在环境用水泵站出水口管道上以及孙村闸上游侧的河道上分别装设流量计。对源头供水、河道进行流量观测比较,可得出湿地吸收的水量、孙村闸以上河道吸收或损失的水量,结合当地水文、气象资料,合理调配水量,保持河道内不断流。在孙村闸上游侧装设水位计,监视闸前水位。根据水位调节闸门放水开度,使河道内的水位保持在一定范围内,与岸边景观协调。当水位超过限制值时,闸门全开放水,保证上游河道以及两岸安全。

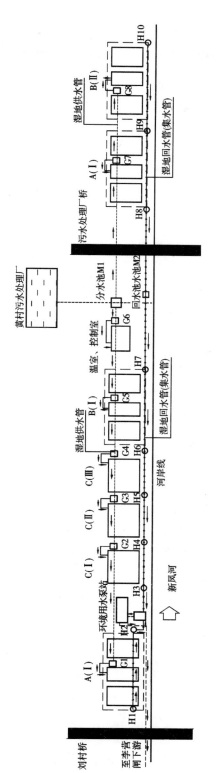

图 10.6-2 湿地总体布置及流程示意图

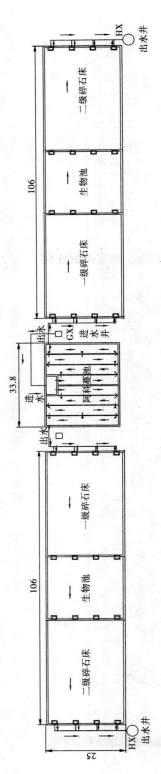

图 10.6-3　A 型湿地工艺示意图

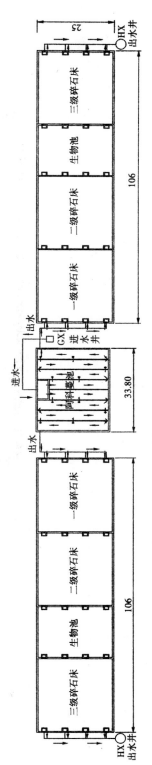

图 10.6-4 B 型湿地工艺示意图

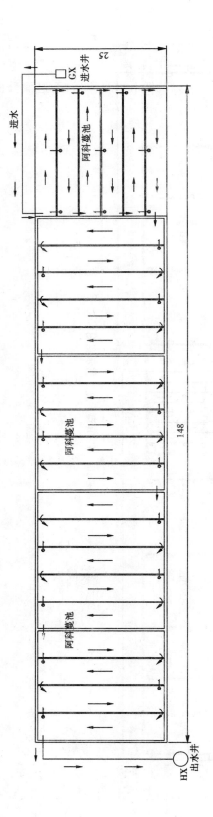

图 10.6-5　C 型湿地工艺示意图

水质监测:在环境用水泵站处设置1个在线自动监测站,在中央控制室建立水质监测实验室,在自动监测站和中央控制室附近开挖水质监测井。主要目的在于掌握和比较本河段供水流经市区后水质变化情况以及地下水水质指标,进而分析研究水环境质量变化的原因及其防治途径,作为水环境管理制定应对措施的依据。

水情、水质监测信息传输方式:水情监测中的流量、水位信息,就近接入泵、闸现地控制单元的PLC,通过监控系统网络传送至中央控制室监控中心。在线水质自动监测站监测的水质信息以及该站的运行状态信息,可通过网络设备向中央控制室监控中心传输信息。实验室分析的数据,通过人工录入计算机,再经过网络向监控中心传输信息。中央控制室监控中心计算机将对在线全自动监测站传来的数据进行整理、归类、比较、分析、存档,对超标的数据提示告警。

10.6.2.6 分流工程

台湾街暗涵不满足规划流量要求,需要上游分流 15.5 m³/s。根据防洪规划,此流量分向老凤河,位置布置在京九铁路与规划西环路之间,新建暗涵尺寸 6 m×1.8 m,长度 1.94 km,实际过流量 13.89 m³/s,比需分流量小 1.61 m³/s,此流量较小,不会对台湾街暗涵有大的影响。

10.6.3 项目特点

10.6.3.1 以全面、综合的手段解决城市河流治理中的难题

工程设计全面关注河流健康,即考虑防洪安全、生物空间需求的适宜的水量,满足景观用水标准的适宜的水质、多样化的生境、和谐的工程措施、共生的亲水景观、严格的监测手段等。全力构建"水清、岸绿、安全、共生"人水和谐的美丽河流。对每一部分都提出了可操作的具体措施。

10.6.3.2 对河道景观用水方案提出了新思路

以往的中水利用往往偏重于直接用于灌溉或不加处理直接作为河道景观用水,本工程提出了中水直接入河在水质方面存在的问题,从水质角度提出中水处理再利用的措施即人工湿地处理方法,为缺水城市的水资源可持续利用提供了新思路。

10.6.3.3 和谐的工程措施

设计中考虑洪水概率,"以绿色作为防洪第一道屏障"的思路,提出了"和谐"、"共生"的生态护岸模式,还提出了水工建筑物与环境和谐统一的理念。

10.6.3.4 国内首座新型闸门——气动盾形闸门设计

考虑到景观与功能相结合,在孙村闸大胆采用了新技术——气动盾形闸门,为国内首座,并已成功投入运行。

10.6.3.5 生态、景观与水利工程的紧密配合

景观工程更多地关注了生态、水利与景观专业的良好协作与配合,避免了各管一条线的割裂做法,在河道形态改造方面充分体现了两者的紧密配合。景观工程在基本防洪断面上进行改造,保证了防洪安全。水利工程的最终设计断面满足了生态、景观专业的要求,为其他物种创造了生存环境,达到了生态、景观、水系的和谐统一。

10.6.4 工程实施情况及效果

工程于 2005 年 12 月开工,2008 年完工,河道发挥了预期的景观、环境效益,整条河道污水横流现象彻底杜绝,生态护岸等和谐工程措施不露工程痕迹,重现河流自然风貌,鱼、虾、两栖动物、水鸟重返河流。昔日的臭水沟成为市民亲水休闲的重要场所。气动盾形闸门、交通桥已成为河道景观带上的亮点。翡翠城地区环境的改善直接带动了周边地产的升值,改善水环境的经济效益作用明显。

工程治理前照片见图 10.6-6、图 10.6-7。

图 10.6-6　工程治理前照片(一)

图 10.6-7　工程治理前照片(二)

治理后上游亲水广场见图 10.6-8。

治理后上游翡翠城亲水广场见图 10.6-9。

治理后下游河段生态河道见图 10.6-10。

图 10.6-8　治理后上游亲水广场

图 10.6-9　治理后上游翡翠城亲水广场

图 10.6-10　治理后下游河段生态河道

10.7 郑东新区CBD中心湖工程

郑东新区位于郑州市东部,范围西起107国道,东至京港澳高速公路,北起连霍高速公路,南至机场快速路,总控制面积150.0 km²。

为更好地指导郑东新区的城市建设,郑东新区总体规划采用了国际招标方式征集规划方案。经建设部组织的方案评审,日本黑川纪章建筑都市设计事务所提交的"郑东新区总体发展概念规划"中标。规划的基本思想为共生城市和新陈代谢城市。

龙湖水系是郑东新区总体发展概念规划的点睛之笔,集中反映了城市建设"以人为本"的思想理念,符合"人与自然和谐共处、生态环境与经济生活协调持续发展"的总体要求。CBD中心湖和南北运河工程位于龙湖水系的南端,作为郑东新区起步区的重要部分,于2005年起率先实施。2006年土建工程和水环境保障工程完工蓄水,成为展现郑东新区形象的窗口。

郑东新区龙湖水系位置示意图如图10.7-1所示。

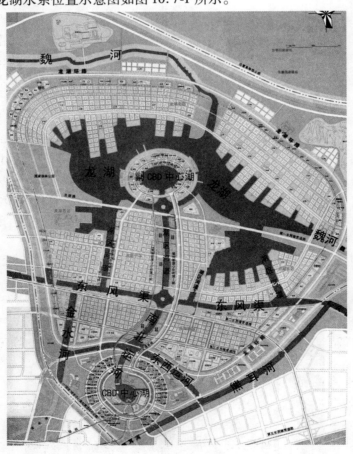

图10.7-1 郑东新区龙湖水系位置示意图

10.7.1　湖区土建工程设计

　　CBD 中心湖呈椭圆形,与南北运河相连,面积 0.105 km²,护岸工程结合景观大部分采用浆砌石重力式结构,在浆砌石挡墙迎水面采用 20 cm × 30 cm × 50 cm 料石砌筑。局部根据岸边建筑要求采用扶臂式挡墙结构。在岸边 15 m 范围内湖底采用 0.25 m 厚卵石铺设。

　　根据地勘资料,湖底基本坐落在③层沙壤土上,渗透系数 5.0×10^{-4} cm/s,为中等透水土层。考虑到郑州市为缺水城市,水资源很宝贵,为有效利用水资源,减少渗漏损失,中心湖湖底采取了防渗措施。防渗均采用生态环保材料 GCL 膨润土防水毯,上覆 0.5 m 厚的压实填土。

　　CBD 中心湖护岸典型图见图 10.7-2。

10.7.2　水环境保障工程设计

　　本工程是一项集城市生态环境、防洪排涝、积蓄雨水、科普教育、景观娱乐等多种功能于一体的综合性工程。按照国家《地表水环境质量标准》,考虑实际供水水质条件以及水环境保护措施情况,确定 CBD 湖区水体水质达到地表水Ⅲ类水质标准。由于当地珍贵的水资源条件和不良的水体循环与补水条件,水环境保障体系成为工程的重中之重。为达到水质目标,工程采用了综合的工程和非工程措施共同实现此水质目标。

10.7.2.1　湖体自净化措施

1.湖底防护

　　湖区防渗采用了生态环保材料膨润土防水毯,膨润土防水毯是采用特殊针刺技术,将天然高钠基膨润土均匀地织在两层土工织物之间形成的一种毯状防渗材料。由于钠基膨润土遇水有超强的膨胀特性,在自由状态下,遇水膨胀 15 ~ 17 倍,因此在受约束的条件下,膨润土防水毯遇水后可以形成一层无缝的高密度浆状防水层,渗透系数可以达到 1×10^{-9} cm/s,能起到良好的防渗效果。它是一种环境友好的天然材料,在保证防渗效果的前提下,为生物生长提供了"能呼吸"的环境。

　　湖底的碎石和卵石在满足景观效果的基础上,也自然形成了多孔隙的生物生长栖息环境。

2.生物砌块

　　在湖区内平行湖岸放置了三圈生物砌块,沿中心湖喷泉周围放置了两圈生物砌块。生物砌块的多孔隙结构,为水生生物创造了良好的生存环境,同时起到了净化水质的作用。

3.阿科蔓生态净化基设计

　　生态净化基是一种用于生态性水处理的高科技材料,采用超级编织技术,外形似水草,放置于河、湖中,起到净化水质的作用。生态净化基采用特殊的材料制作,具有特殊的三维复合结构和巨大的比表面积,每 1 m² 生态净化基能够提供约 245 m² 的表面积。这使得它对水体中的污染物有很强的吸附能力。生态净化基为异养生物(如细菌)设计了微孔(1 ~ 5 μm),可以最大限度地为细菌群落提供排他的生存环境;同时为自养生物(如藻

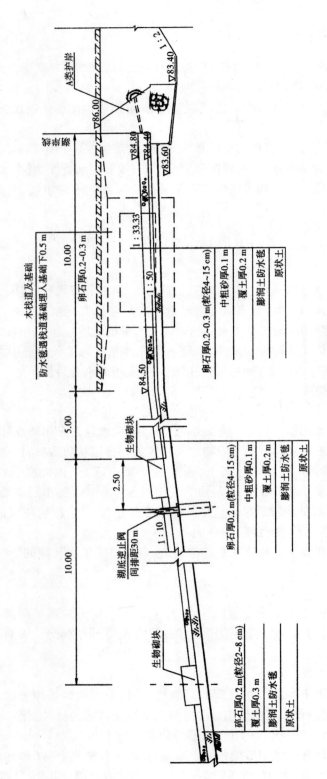

图 10.7-2　CBD 中心湖护岸典型图

类)设计了大孔(80~350 μm),从而使更多的营养物被吸附转移到生态净化基的表面,使这些固着在生态净化基上生长和繁殖的菌类、藻类在获取水中营养物方面相对其他浮游藻类占据更大的竞争优势,远离生态净化基的水域的营养比例失调,浮游藻类在获取食物的生存竞争中处于不利地位,导致其不能够正常生长、繁殖甚至消亡。最终为建立起稳定的水体生态系统提供了最理想的条件。

为充分利用湖中心喷泉对水体的充氧和循环流动作用,使生态净化基更好地与水中的溶解性有机物接触,在喷泉周边布置了一定数量的生态净化基。除湖中央喷泉区域外,另将4个供水出水口以及湖边近岸区域作为重点维护区,通过良好的水体置换和内部循环达到整个湖水质和水体生态维护的目的。

湖区生态净化基布置示意图见图10.7-3。

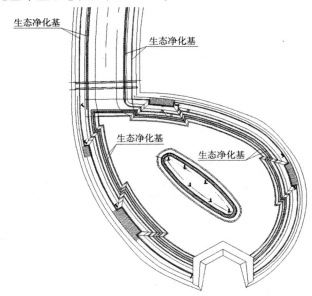

图10.7-3   湖区生态净化基布置示意图

湖区生态净化基立面示意图见图10.7-4。

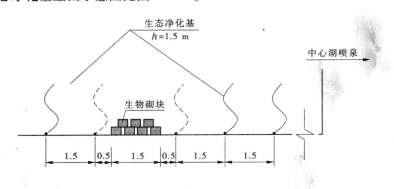

图10.7-4   湖区生态净化基立面示意图

10.7.2.2　人工湿地

根据实测指标,作为 CBD 中心湖水源的东周水厂原水,总磷浓度较高,已超地表水 V 类水质标准(其他水质指标均属于地表水 II ~ III 类),根据水环境质量保护的目标和污染物分析计算结果,必须对其采取必要的净化处理措施。同时,CBD 湖区由于蒸发、地表径流入湖、降尘、降雨以及旅游等因素,不可避免地会有污染物进入。当 CBD 湖区水体出现超过《地表水环境质量标准》III 类水质标准情况时,也需要有一套有效的水循环净化处理系统。设计采用人工湿地的方式对水源及湖区的水进行处理。

人工湿地位于郑东新区 CBD 商务外环以北,南北运河北岸,面积 2 万 m²,最大水力负荷采用 0.5 m³/(m²·d)。

湿地工艺流程为:东周水厂原水(或水循环系统抽取的湖水)→供水系统→一级水生物池→一级植物碎石床→二级水生物池→二级植物碎石床→景观化的溪流→CBD 湖区供水管→CBD 湖区。

考虑到工程布置方便、有利于景观设计、便于调度运行,结合现有人工湿地单元规模,采用 8 个 2 500 m² 的人工湿地单元相组合,每个 2 500 m² 人工湿地单元设计参数如下。

1. 工艺尺寸

每个人工湿地面积 2 500 m²,日净化处理东周水厂原水或湖区水体 1 250 m³/d;

一级水生物池:30 m×8.4 m,水深 1.5 m;

一级植物碎石床:30 m×33.4 m,水深 1.5 m;

二级水生物池:30 m×8.4 m,水深 1.8 m;

二级植物碎石床:30 m×33.4 m,水深 1.8 m。

2. 设计坡度

一、二级水生物池池底采用平底,一、二级植物碎石床池底设计坡度为 0.1%,设计水面坡度为 0.1% ~0.2%。

3. 进水、布水方式

一、二级水生物池采用"下→上→下"进水出水方式,一、二级植物碎石床进出水采用 PVC 穿孔管布水,下进下出方式。

4. 设计停留时间

人工湿地水力停留时间与水力负荷有关。提高水力负荷、减少水力停留时间,能减小占地面积,若水力停留时间太长,会增加人工湿地占地面积,人工湿地设计水力停留时间为 24 h。

5. 人工湿地植物设计

(1)一级水生物塘:芡菜、茨实、睡莲、大藻、凤眼莲。

(2)一级植物碎石床:芦苇、美人蕉、香蒲、风车草、菖蒲、水莎草、水葱、花蔺、千屈菜。

(3)二级植物碎石床和植物砂滤池:芦苇、花叶芦荻、伞草、菖蒲、慈菇、泽泻、双穗雀稗、聚穗莎草、水苋、鸭跖草。

10.7.3　项目特点

郑东新区 CBD 中心湖工程最大的特点是其水环境保障体系的建设和实施。

（1）提出景观曝气－人工湿地过滤除铁除锰水处理方法。

①生物氧化塘－人工湿地技术：将生物氧化塘、人工湿地两种生物净化工艺相结合，发挥各自的净化优势，对水体中的氮、磷有机物进行去除，防止湖泊水体发生富营养化状况，防止藻类暴发，工程运行后出水大部分指标达到地表水Ⅱ类水质标准（见图10.7-5）。为减少人工湿地占地面积，节约城市用地，设计采用了高水力负荷人工湿地，正常时负荷达到 $1.0\ m^3/(m^2 \cdot d)$。同时，协调人工湿地水处理工程建设与城市景观建设，将人工湿地水处理工程建成城市湿地公园（见图10.7-6），取得了良好的社会效益。

图10.7-5　人工湿地处理后的水质标准

图10.7-6　生物氧化塘－人工湿地水质保护工程

②除铁除锰：针对传统的含铁、锰水曝气氧化－过滤工艺占地面积大、需定期反冲洗等运行维护复杂的特点，将曝气氧化工艺与瀑布水景观建设相结合，利用各种造型的瀑布形成多级跌水，达到充氧曝气和景观建设的双重目的；针对传统的含铁、锰水的接触氧化－过滤处理技术运行管理不便的缺陷，提出景观曝气－人工湿地过滤的新的含铁、锰水

处理方法。

（2）提出将曝气工艺与景观建设相结合的方法。

将曝气工艺与景观建设相结合，如 CBD 湖音乐喷泉与湖区充氧曝气相结合，人工湿地曝气工艺采用景观化的跌水来进行。

喷泉景观－曝气、景观跌水曝气－人工湿地见图 10.7-7、图 10.7-8。

图 10.7-7　喷泉景观－曝气

图 10.7-8　景观跌水曝气－人工湿地

（3）新材料阿科蔓（AquMats）生态基的应用。

将美国阿科蔓生态基生物处理技术引入到河道治理中来，将水处理工艺和阿科蔓生态填料技术相结合，利用生态基培养好氧、厌氧、兼性微生物，利用微生物活性降低水中氮、磷污染物浓度。

CBD 湖阿科蔓微生物生态基见图 10.7-9。

图 10.7-9　CBD 湖阿科蔓微生物生态基

10.7.4　工程实施情况及效果

工程于 2006 年投入以来，除补充正常的蒸发渗漏水量外，未采取任何换水措施，水质一直保持良好。国家城市供水水质监测网郑州监测站对水质进行长期监测，CBD 中心湖水质常年保持在《地表水环境质量标准》(GB 3838—2002) Ⅲ类水质标准；经人工湿地处理后的水绝大部分水质指标达到或优于《地表水环境质量标准》(GB 3838—2002) Ⅱ类水质标准。

在水环境保障工程投入运行之前的 2005 年雨季，郑州地区普降大雨，雨水入湖后几天之内，CBD 中心湖藻类层大量繁殖（见图 10.7-10），引起社会民众的广泛关注。工程投入运行后，水质良好（见图 10.7-11）；多项先进的水污染生物防治技术得到成功应用，2008 年该工程被命名为"郑州市科普教育基地"（见图 10.7-12、图 10.7-13）；工程与周边环境相协调，成为居民休闲游乐的场所，工程的社会、环境效益十分显著。

图 10.7-10　工程运行前湖区发生藻类污染(2005 年 9 月)

图 10.7-11　工程运行后湖区水质

（2007 年 9 月）

图 10.7-12　学生参观

图 10.7-13　科普教育基地（人工湿地）

人工湿地一角(建成6个月后)见图10.7-14。

图10.7-14　人工湿地一角(建成6个月后)

市民在人工湿地内亲水娱乐见图10.7-15。

图10.7-15　市民在人工湿地内亲水娱乐

10.8　青海省德令哈市湿地生态修复工程

10.8.1　设计总说明

10.8.1.1　项目概况

　　青海省海西州德令哈市城市水资源丰富,巴音河自北向南穿城而过并在老城区内形成水网,但在规划的新的行政中心区没有成片的集中水面,为了美化城市面貌,提升城市品位,打造"魅力、宜居的生态城市",州委州政府提出在行政中心核心区通过合理开挖,利用巴音河水资源蓄水形成湿地区,配合周边生态景观工程构建行政中心核心生态景观区。

　　德令哈市湿地生态修复工程主要包括水系工程、湿地工程及周边的生态景观工程。

其中,水系工程包括从总干渠至湿地区的引水工程、子湖至总干渠的退水工程两部分;湿地工程包括成湖工程、湿地区与子湖的水系连通工程、连接岛屿的交通工程三部分;生态景观工程包括引水渠两侧景观带和湿地区周边景观带两部分。工程总占地面积 2 780.65 亩,其中水域面积 1 256.53 亩。工程平面布置图见图 10.8-1。

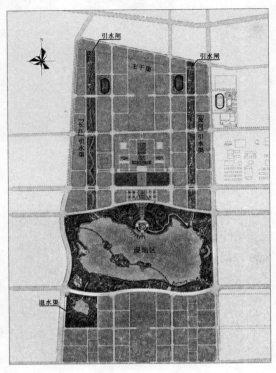

图 10.8-1　工程平面布置图

10.8.1.2　环境分析

德令哈市位于海西州东部、柴达木盆地东北边缘,宗务隆山将全市分为北部祁连山高山区地貌和南部德令哈盆地地貌两大类型。市区位于宗务隆山南部的德令哈盆地。工程区位于巴音河西岸Ⅱ级阶地上,地形开阔、平坦,地面高程由东北向西南逐渐降低,最大相对高差 15 m。

当地气候属典型高寒大陆性荒漠气候,干旱、寒冷、多风,属于西北风沙区,生态系统相对简单,生态环境脆弱,植被稀疏,土壤裸露,是青海省水土流失重点治理区。

海西是全国唯一的蒙古族藏族自治州,是青海蒙古族的发祥地。千百年来,蒙古族与藏族、汉族人民和睦相处、融合发展,创造了别具特色、绚烂多彩的蒙古族文化、藏族文化。当地有着丰富的自然景观和人文景观,区内名山大川、长江源区、荒漠戈壁、昆仑文化传说、"外星人遗址"、吐蕃文化、蒙藏风俗等旅游资源均体现出青藏高原原始、淳朴、粗犷的自然环境和自然旅游景点特点。

10.8.1.3　设计理念与目标

依据《青海省德令哈市城市总体规划(2011-2030)》和《青海省海西蒙古族藏族自治

州行政中心核心区块控制性详细规划》，立足于协调工程建设与区域环境的关系，保护和改善区域生态环境，为区域生态环境的可持续发展和生态文明建设创造良好条件。通过合理的工程措施和景观建设，打造"自然生态和谐、展现民族风貌、传承历史文化、彰显地域特色、满足休闲功能要求"的城市生态湿地区。

在生态优先思想指导下，结合海西州的历史文化，注重水生态、水景观、水文化融合设计，形成"一区两轴"的景观格局。

一区：湿地区即海西州行政中心区域核心景区。湿地外轮廓以海西州版图为平面形态，沿湖景观以海西州2市（格尔木、德令哈）、3县（都兰、乌兰、天峻）、3个行政委员会（茫崖、冷湖、大柴旦行政委员会）的历史人文、民风民俗、地理特征为设计基础，根据各自的地理位置沿湖布置景点，展现一个多姿多彩的滨水景观。

两轴：两条引水渠，分别以体现长江和黄河流域人文和地理特征为原则，根据流域著名的自然风景、人文风景、城市风貌分布情况，提取能突出反映其特征的景观要素作为节点的表现元素，形成两条城市公共休闲景观带。

10.8.2 总体规划与布局

10.8.2.1 工程布局

水系工程主要包含从总干渠至湿地区的两条引渠以及渠道中的各级跌水、引水渠入口的引水闸、引水渠出口的跌水以及退水渠等建筑物。引水渠分别命名为"黄河"引水渠和"长江"引水渠，其中"黄河"引水渠长1 858 m，"长江"引水渠长2 009 m。

湿地工程主要包含湿地区成湖工程、护岸工程及湿地中岛屿堆筑。湿地水体总库容约为141.7万 m^3，平均水深1.85 m，湿地区中心设置3座形态各异的岛屿，3座岛屿的连通工程全长854.55 m。

景观工程主要包括引水渠两侧带状生态景观和湿地区周边的生态景观两部分。湿地区景观总占地面积为1 156亩，"长江"引水渠景观占地面积（含水面面积）233.29亩，其中，陆地景观占地面积为198.09亩；"黄河"引水渠景观占地面积（含水面面积）176.74亩，其中，陆地景观占地面积为135.92亩。

湿地区平面形态采用海西州版图形状。规划结构：一湖、三岛、六区、多点。

工程鸟瞰图见图10.8-2。

10.8.2.2 绿化规划

在绿化布局上，以成片的植被景观为基底，多选取本土植被，并以小片形态优美的植被为点缀，形成丰富的景观构架。同时，兼顾植物季相和色相的变化，合理调配，使得四季有不同的观赏效果。

注重浅水区植物与其他各区间植物配置的立体结合，形成错落有致的垂直空间绿化。其中浅水区植物以芦苇为主力品种，同时结合当地的水生植物，营造出苍茫、浑厚的原生态景观。陆上植物多采用当地长势良好的植被，如新疆杨、圆柏、油松等；考虑到临水，种植柳树、杨树等耐水性植物；设计中已考虑到植物季相和色相的变化，选用碧桃、海棠、复叶槭、红桦等造型优美的景观树。

发展乡土树种、特有树种，彰显海西州特有的地域文化。

图 10.8-2　工程鸟瞰图

10.8.3　分项与详细设计

10.8.3.1　湖心岛设计

湖心岛的布置按照中国传统理水方法"一池三山"来布置。"一池三山"的掇山理水之术,体现了自然之精髓,把人工美与自然美巧妙地相结合,从而做到"虽由人作,宛自天开"的效果。3个岛屿和景观桥共同组成了1个展翅高飞的雄鹰,雄鹰展翅、搏击长空,象征着海西在广阔的大地上蓬勃发展的气势。

湖心岛形态构思见图10.8-3。

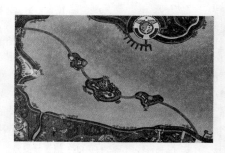

图 10.8-3　湖心岛形态构思

为了不分割湿地水体,3座岛屿的交通采用栈桥和拱桥两种方式连接。其中,3座岛屿之间的连接采用拱桥方案,这既能更好地点缀湿地,增强美感,又能使岛屿间相互辉映,生动灵然,同时,连通了东西区域的水上交通,满足游船的通行。岛屿到岸上的交通采用栈桥方案。2座拱桥采用多跨联拱,中间拱跨进29.4 m,满足过船要求。

湖心岛栈桥效果图见图10.8-4。湖心岛拱桥效果图见图10.8-5。

10.8.3.2　跌水设计

"黄河"引水渠与地面高差13.6 m,"长江"引水渠与地面高差15.6 m,为更大范围地营造水生态环境,创造亲水、戏水空间,并赋予其自然生态河道特征,特别将两条渠分别设置13级和15级跌水。跌水主要采用自然石砌筑,一处一景,与周边景观相协调。其中,

图 10.8-4 湖心岛栈桥效果图

图 10.8-5 湖心岛拱桥效果图

"黄河"引水渠道入湖跌水处,跌水水面宽度为 45 m,水流落差为 3.3 m,采用"水帘洞"形式,彰显自然瀑布效果。

入湖跌水效果图见图 10.8-6。"壶口瀑布"节点效果图见图 10.8-7。

图 10.8-6 入湖跌水效果图

10.8.3.3 驳岸设计

驳岸设计注重自然景观岸线、亲水安全及水生态系统建设的融合。岸线以河流的自然弯曲和摆动形态为主,护岸运用迎水坡坡底种植的生态固岸措施,护坡多采用较缓的自然坡面,不仅增加了生物的栖息空间,也增大了湖体水环境的容量。根据周边环境特征,湿地区设置了宽 5 m,水深保持在 0.5 m 以内的浅滩区。浅滩区及护坡上的植被,采用了当地适生乔木、灌木及地被的丰富配置,形成了空间层次分明的自然景观岸线,沟通了水、

图 10.8-7 "壶口瀑布"节点效果图

陆环境,为动植物的生存和繁衍提供了丰富多样的生态栖息地,也为野生动物在城市中的穿越提供了生物走廊。

湿地驳岸设计见图 10.8-8。

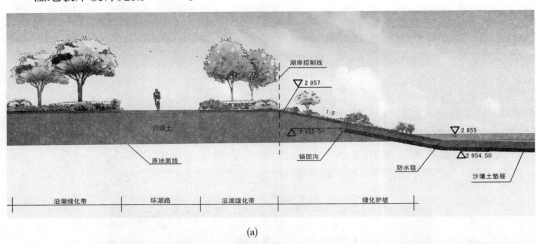

(a)

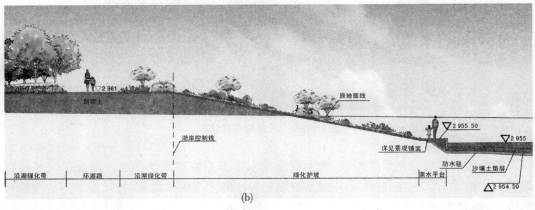

(b)

图 10.8-8 湿地驳岸设计

引水渠驳岸设计见图 10.8-9。

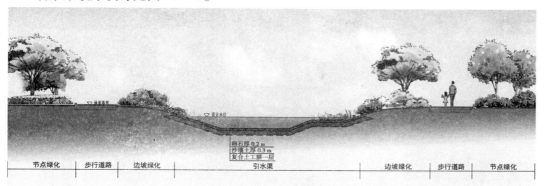

| 节点绿化 | 步行道路 | 边坡绿化 | 引水渠 | 边坡绿化 | 步行道路 | 节点绿化 |

图 10.8-9　引水渠驳岸设计

10.8.4　水环境数学模型在湖区水体优化中的应用

　　通过采用水环境数学模型对湿地区地形进行了网格划分,在构建大量模拟方案的基础上,系统模拟了湿地区不同点位水体的交换完成时间("水龄"模拟新技术),科学地论证了湖区引水规模及各引水口的引水流量最佳分配比例,节约了宝贵的引水资源,准确预测了水域内潜在的死水区和污染高发区,实现了传统水利工程的生态化设计。同时,通过风场叠加方案的模拟,为工程运行期间换水时机的确定提供了重要的参考依据。

　　多年平均最大风速时湖区流场分布如图 10.8-10 所示。

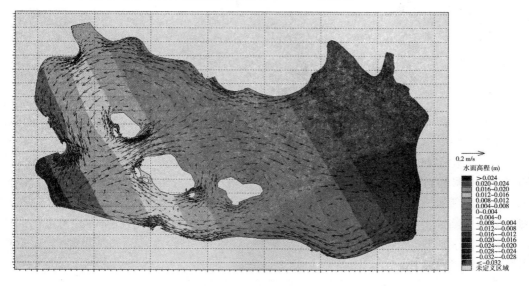

图 10.8-10　多年平均最大风速时湖区流场分布

　　有风场叠加条件下湿地区水体对流扩散模拟如图 10.8-11 所示。

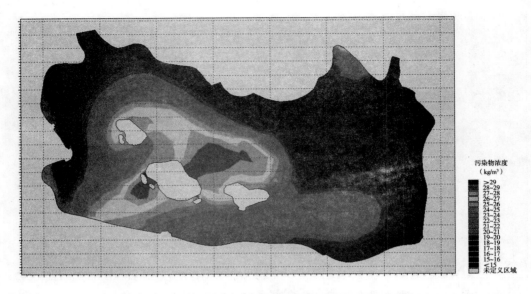

图 10.8-11　有风场叠加条件下湿地区水体对流扩散模拟

污染物浓度
（kg/m³）
>29
28~29
27~28
26~27
25~26
24~25
23~24
22~23
21~22
20~21
19~20
18~19
17~18
16~17
15~16
≤15
未定义区域

10.9　乌海市甘德尔河综合治理工程

10.9.1　设计说明

10.9.1.1　项目概况

甘德尔河位于乌海城区南部,是甘德尔山—东山山脉山洪流入黄河的主要通道之一,与千里山沟、摩尔沟共同构成乌海市的山洪防御体系,承担着乌海市城市防洪安全的重任。

工程治理范围从甘德尔山南部高速公路桥开始至入黄口,全长 9 km。下游 6 km 河道以铁路桥为界自下而上分为 Ⅰ、Ⅱ 期建设。Ⅰ 期工程河道位于滨河新区市府大道南侧,已于 2010 年完工,Ⅱ 期工程位于海勃湾区老城区,2013 年上半年已基本完工。

工程区位图如图 10.9-1 所示。

10.9.1.2　环境分析

乌海是新兴资源型工业城市,是我国西北地区重要的煤化工基地,且深居大陆腹地,为典型的大陆性干旱气候。甘德尔河所处的乌海市海勃湾区与黄河右岸阿拉善左旗的乌兰布和沙漠隔河相望,全年风沙大、干旱少雨、植被覆盖率低、水土流失严重,空气质量和水环境遭受严重破坏。

甘德尔河为季节性山洪沟、长期干涸,部分主河槽边界与城市用地边界不明显,无序采砂和垃圾倾倒,严重破坏或侵占主河槽,城市防洪存在严重的安全隐患,杂乱落后的河道形象与其周边城市发展和高标准的新区建设景观新形象极不相称,不能发挥城市河流在支撑城市水环境、营造城市小气候、提升城市形象等方面所应承担的生态服务功能要求。

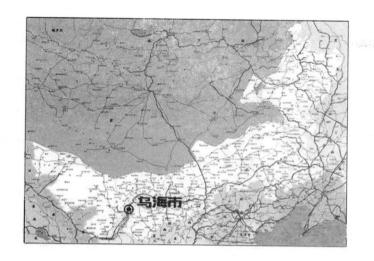

图 10.9-1　工程区位图

工程位置图见图 10.9-2。乌海市滨河新区总体规划图见图 10.9-3。

图 10.9-2　工程位置图

图 10.9-3　乌海市滨河新区总体规划图

10.9.1.3 设计理念与目标

本项目以构建"安全、可靠、生态"的城市山洪沟水环境为目标,以"保证防洪安全,还原河流自然状态、恢复河流生态廊道功能"为理念,以水生生态系统构建为核心,以水利工程生态化、工程结构景观化为设计手法,积极寻求山洪沟灾害防治与城市水环境生态景观重建和整治的建设新模式,构建人水和谐的水环境生态体系,创建亲水适宜人居环境。

10.9.2 工程总体布置

乌海市为西北干旱缺水城市,甘德尔河是一条季节性山洪沟,治理标准百年一遇的洪峰流量为 624 m³/s,平时河道基本多为干沟。为保证防洪安全,应尽量将洪水导流出城,而人们对水面和绿色的需求则要求尽量将水蓄积起来,同时,洪水发生时间即汛期又恰恰是夏季人们最渴望亲水的季节,如何解决这二者的矛盾是设计的一个难题。通过充分论证,设计采用了"三槽治理"思路,即泄洪槽、景观槽分槽方案,泄洪槽位于河道中部,两岸为景观槽,泄洪槽、景观槽之间以隔墙隔开,隔墙顶高程低于常水位 0.5～0.8 m。蓄水时,隔墙隐藏在水面下,整体形成开阔的大水面景观;泄洪时,打开泄洪槽的泄洪闸,洪水大部分从泄洪槽下泄,保证了防洪安全,同时保存了景观槽宝贵的水资源,解决了山洪突发性强、破坏力强的安全隐患与景观生态需求之间的矛盾,满足防洪、景观双重需求。

全河道规划 14 级蓄水建筑物,采用液压下翻板闸和溢流堰联合的方案形成梯级景观水面,为两岸城市滨水绿色走廊带的形成提供基本景观介质要素。本着"工程结构景观化"原则,强调弱化传统水工建筑物突兀生硬的形象,谋求"建筑景观"效果,形成特色河流新形象。

从黄河边修建泵站提水,向上游供水,满足了河道日常的景观用水需求。

工程效果图见图 10.9-4。工程总体布局图见图 10.9-5。

图 10.9-4 工程效果图

10.9.3 设计特色

10.9.3.1 "安全、可靠、生态"城市山洪沟水环境的构建

(1)通过河道疏理,提高河道行洪排洪能力,建立安全可靠的山洪排洪体系;

(2)采用分级补水、优化水资源补充配置体系,保障环境供给水量体系的安全高效;

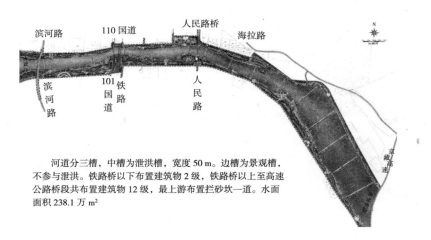

河道分三槽,中槽为泄洪槽,宽度 50 m。边槽为景观槽,不参与泄洪。铁路桥以下布置建筑物 2 级,铁路桥以上至高速公路桥段共布置建筑物 12 级,最上游布置拦砂坎一道。水面面积 238.1 万 m²

图 10.9-5 工程总体布局图

分级补水图如图 10.9-6 所示。

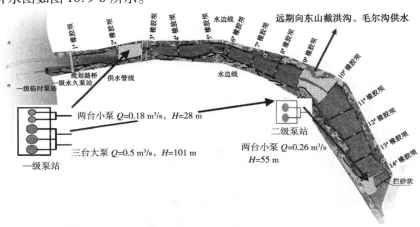

图 10.9-6 分级补水图

(3)通过生态措施和工程措施,着力于水环境水质的保护与改善,涵养水源、保持水土,改善城市生态环境。

①水质保护与改善的生态措施——土工膜深埋及岸边水生植物种植带的设置。

本项目设计在忠实于河道现有地质条件基础上,即使采取防渗措施,仍尽力遵循生态原则,即采用土工膜深埋并在其上覆土种植技术,一方面,营造了岸边湿地水生种植带,丰富了河岸防护的景观多样性,创造了怡人亲水的空间;另一方面,植物的净水功能有助于维护湖体水生态系统的健康,成为加强河流自净能力行之有效的生物措施。

土工膜深埋岸边种植图如图 10.9-7 所示。

②水质保护与改善的工程措施——采用多空隙生态友好型护岸材料,加强河道横向连通性修复。

湖区浅水区设置卵石区、仿木桩、格宾石笼等多空隙生态友好型材料,增加溶氧量,使水体污染物得到充分的降解和滞留,修复河道横向连通性。

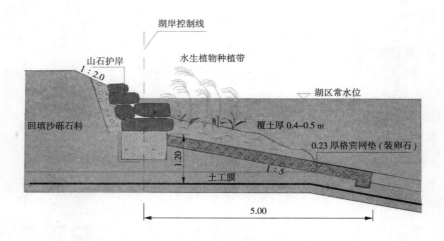

图 10.9-7　土工膜深埋岸边种植图

10.9.3.2　"一闸一景"的特色水利景观打造

　　本设计着重研究建筑物体形与环境、交通的关系,巧妙利用闸、堰、交通桥及人行桥,改变传统水闸形象,创造"一闸一景"的独特水利建筑景观。位于滨河新区的Ⅰ期工程的彩虹卧波闸、曲桥听音闸、凭栏弄影闸、亭台望月闸、潺音流瀑闸、庄周梦蝶闸等现代水闸景观已经成为"甘德尔河的特别记忆",成为"乌海城市的特殊符号"。其设计过程中的比选闸型方案如廊桥遗梦闸、庄周梦蝶闸、潺音流瀑闸也同样精彩纷呈。

　　彩虹卧波闸实景见图 10.9-8。

图 10.9-8　彩虹卧波闸实景

曲桥听音闸效果图见图10.9-9。凭栏弄影闸实景见图10.9-10。

图 10.9-9　曲桥听音闸效果图

图 10.9-10　凭栏弄影闸实景

亭台望月闸效果图见图10.9-11。

图 10.9-11　亭台望月闸效果图

潺音流瀑闸效果图见图 10.9-12。庄周梦蝶闸效果图见图 10.9-13。

图 10.9-12　潺音流瀑闸效果图

图 10.9-13　庄周梦蝶闸效果图

10.9.3.3　液控双驱动水力自动翻板门在多泥沙山洪沟上的应用

在Ⅱ期工程建设中，为"节省投资、简化运行管理"，采用了液控双驱动水力翻板闸，即在保留原水力自控能力的基础上，增加了液压启闭系统，实现了人为操作和水力自控"双保险"，改善了传统水力自动翻板门"因泥沙或石块堆积，造成门体开启困难，因而仅在南方清水河流上推广较多"的应用现状，扩大了其在北方多泥沙河流。特别是在山洪沟上的应用范围，本项目在Ⅱ期工程挡水建筑物设计中，5、6、7 号闸均采用了这种闸型，大大简化了运行管理。

液控双驱动水力自动效果图如图 10.9-14 所示。

图 10.9-14　液控双驱动水力自动效果图

10.10　西宁北川河生态河道建设工程

10.10.1　项目概况

西宁地处青海省东部,黄河支流湟水上游,四面环山,三川汇聚,扼青藏高原东方之门户,是青藏高原第一大城市,地理位置十分重要,古有"西海锁钥"之称。北川河是湟水河的一级支流,黄河的二级支流,位于中心城区"三川一水"(即西川、北川、南川,湟水)的节点位置。北川河作为北部新城区的重要生态景观核心,对其进行生态治理,提高防洪标准,改善水环境,是保障人民生命财产安全,推进"宜居城市"建设的一项重要举措。2012年3月西宁市完成的《北川河(天峻路—康家桥)综合治理总体规划》更是提出了将北川河及其周边打造成为"高原水城、文化走廊、夏都花园"的总体目标。

北川河位置示意图见图 10.10-1。

图 10.10-1　北川河位置示意图

北川河由于河床比降大，水流湍急，洪水因暴雨形成，陡涨陡落，峰量高，历时短，又多发生在夜晚，防不胜防，因此本次北川河治理防洪标准采用百年一遇，百年一遇洪峰流量为 430 m³/s。

北川河汛期泥沙平均含量在 1～2 kg/m³，主要来源是 6～9 月伏汛期间洪水挟带的泥沙，其是在降水产流过程中，洪水冲刷地表沙土带入河道形成的。其次为春汛期间的泥沙，主要是在冰雪融水和降雨产流过程中形成的。北川河流域降水量主要集中在 6～9月，此时河道来沙量占全年的 85% 左右，含沙量也最大。北川河泥沙情况见表 10.10-1、表 10.10-2。

表 10.10-1　北川河多年平均含沙量(北川河朝阳站 1985～2010 年统计资料)

(单位:kg/m³)

水文站	1 月	2 月	3 月	4 月	5 月	6 月	7 月	8 月	9 月	10 月	11 月	12 月	平均值
朝阳	0.07	0.08	0.48	1.29	0.83	1.00	2.15	0.80	0.49	0.14	0.14	0.10	1.05

表 10.10-2　北川河朝阳站 2005 年 6～9 月悬移质泥沙颗粒级配

分组粒径比例								中值粒径 (mm)	平均粒径 (mm)
粒径组 (mm)	<0.005	0.005～0.01	0.01～0.025	0.025～0.05	0.05～0.1	0.1～0.25	0.25～0.5	0.5～1.0	0.029	0.037
区间比例(%)	27.5	6.5	14.2	17.5	30.4	3.5	0.4	0		
累计比例(%)	27.5	34	48.2	65.7	96.1	99.6	100	100		

从表 10.10-2 可以看出，北川河泥沙含量并不大，但是泥沙颗粒非常细，小于 0.05 mm 的细颗粒占 65.7%，夏季水色黄浊，感官较差，影响景观效果。而这一季节正是人们渴望亲水的季节，水质制约着西宁市人居环境的改善，也不利于提升西宁市的城市品位和旅游形象。因此，市委、市政府提出了"清水入城"的总体要求。对于超细颗粒泥沙的沉淀应采取的处理方案也成为本项目的一个难点和挑战。

10.10.2　工程总体方案

10.10.2.1　泥沙沉淀方案

从项目基本情况可以看出，要实现"清水入城"的总体目标，核心是解决水色黄浊的问题，也就是超细颗粒的沉淀问题。北川河水量丰沛，多年平均流量 17.4 m³/s，汛期 7～9 月月平均流量更是大于 30 m³/s，若对全部天然来水进行沉淀处理后再进入城区，难度非常大，因此将泥沙的处理方案总体思路确定为"以排为主，按需处理"。在工程总体布局上，将河道分为内河和外河，内河是城区的生态景观核心，外河在城区外侧，肩负着防洪、保证安全的作用。根据河道位置和功能的不同区别对待，仅对内河所需的生态水量进行沉沙处理，保证内河为清水，外河仍然以泄洪排沙为主。经计算，从水环境角度，内河所需生态水量为 2.7 m³/s。也就是说，只对这一部分水量进行泥沙处理，其余水量通过外河排走。

根据工程实际情况,对常规泥沙处理方法、排沙漏斗、超磁工艺等泥沙处理方案进行了比较。

1. 常规沉沙池方案

沉沙池是用来沉降挟沙水流中有害或过多的泥沙,减轻下游渠道淤积,满足供水需求,以及在水利工程中减轻对水泵磨损和在水电工程中减轻对水轮机的磨损的一种水工建筑物。沉沙池按照运行方式可分为水力冲洗式和非冲洗式。水力冲洗式又可分为连续冲洗式和定期冲洗式。水利工程多采用定期冲洗式沉沙池,其特点是:占地较小,结构复杂;非冲洗式沉沙池利用天然洼地、滩涂,就地取材构筑一定工程设施,在沉沙区内用围堤和格堤分成若干条长度较长的宽浅土渠断面,是淤满后可还耕、固堤或清淤后可重复利用的沉沙池,其特点是:投资省,占地大。

常规沉沙池多用于灌溉、供水、引水发电等,为减少田间淤积或降低水轮机、水泵磨蚀而设,多用于处理 0.05 mm 以上的泥沙。沉沙条渠可根据进出口建筑物控制,对泥沙沉降进行一定调节,使沉降效果较好,但长度大,占地大。经初步计算,本工程若采用传统沉沙条渠,处理 2.7 m³/s 的流动水量,需要池长 8.1 km,水深 2.5 m,宽 200 m。针对西宁市区用地紧张的情况,常规沉沙条渠池是不适用的。

2. 排沙漏斗清水分离装置

排沙漏斗为新疆农业大学周著教授等的发明专利,近年来得到较多的应用,至 2009 年,已有 52 座排沙漏斗建成并投入运行。

排沙漏斗内的水沙分离,主要充分利用了三维立轴型螺旋流的特性。含沙水流经漏斗入流管道沿漏斗圆周壁切向进入漏斗室后,受其圆周形边壁的约束必然产生一强度较高的环流;该水流又同时受制于漏斗室内的水平悬板和调流墩等调流装置作用而引发多种副流;在漏斗中心由于输沙底孔的存在而产生一自由涡,上述环流、多种副流和中心自由涡的耦合,便形成一稳定的、具有中心空气漏斗的三维立轴型螺旋流;泥沙被带向漏斗中心底孔,继而被空气漏斗周围存在的高速垂向流速带入底孔经输沙廊道排走;若分离的泥沙为悬移质,调整漏斗室内的流场强度,不同粒径的悬沙在漏斗室内随螺旋水流运动不同的圈数后逐渐分离下沉继而输向底孔,后经输沙廊道排走。

排沙漏斗对粒径大于 0.5 mm 的泥沙排除率接近 100%,对粒径为 0.5 ~ 0.05 mm 的泥沙可排除 90% 以上。排沙耗水量平均仅占总引水量的 3% ~ 5%。但是常规排沙漏斗对小于 0.05 mm 的泥沙排除率不理想。近年来,周著教授等科技工作者在常规排沙漏斗的基础上,针对小于 0.05 mm 粒径的泥沙,进一步研制出了排沙漏斗清水分离装置,可对超细颗粒的浑水进行沉淀、分离,达到了很好的效果,但仅在人畜饮水等少量工程中应用,还没有较大流量的实际工程经验。

排沙漏斗清水分离装置的优点:占地小,无需外加动力,运行管理简单,排出的泥沙直接冲走,不需清淤。缺点是需要较大的高差,对本工程而言,需要 8 m 左右的高差。

3. 超磁工艺处理高浊度水

超磁工艺处理高浊度水的工作原理是:浑水经提升至混凝反应池,与一定浓度磁粉均匀混合,形成以磁粉为"核"的微磁絮团;混凝反应池出水流入超磁分离设备,在高强度磁场作用下,磁性微絮团吸附在磁盘上,磁盘在旋转过程中絮团被带出水面,通过位于水面之上的刮渣条将吸附的絮团从磁盘上刮离,实现微磁絮团与水体的分离,出水返回景观水体;由磁盘打捞出来的微磁絮团经磁回收系统实现磁粉和非磁性污泥的分离,磁粉循环使用,污泥进入污泥池,处理或外运。本处理方案的优点是占地小,处理效果好,且有保证。缺点是投资大,后期运行费较高。

4.沉沙方案及建议

根据以上比较分析,沉沙条渠占地大,不适用于本工程,本工程可以采用湖泊形沉沙池,通过对沉沙池出口节制闸控制,采用静置沉沙的方式,以利于细颗粒悬移质的沉淀,当分水闸放水入沉沙池沉淀一定时间,水变清时,再向景观水系内河放水。超磁工艺后期运行管理要求高,运行费用高。浑水分离清水装置不需外加动力,运行管理简单,有很大优势,但没有先例可循。基于此,根据工程实际情况我们推荐,主沉沙池:选用静置沉沙方案,同时在岸边建设 1 个 1 m³/s 的排沙漏斗浑水分离清水装置试验工程,进行悬移质泥沙处理试验,若试验效果较好,可在大沉沙池淤积满后不进行清淤,作为后期利用土地,同时试验工程对未来西川、南川或其他类似工程均有很大意义。

试验工程布置图见图10.10-2,试验工程高程关系图见图10.10-3。

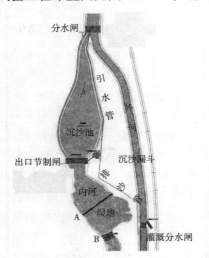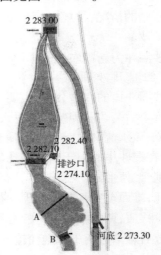

图10.10-2 试验工程布置图　　　　图10.10-3 试验工程高程关系图

10.10.2.2　工程总体布局

从防洪角度来讲,汛期时应以"泄"为主,最好保持河道通畅,排泄泥沙,安全度汛,但是汛期水量大,不稳定,水质混浊,景观效果差;而从生态景观角度讲,汛期7~9月,恰恰是景观最好的季节,是人们最渴望亲水、戏水的季节,希望有稳定的、大的、清澈的水面以维持生态景观需求。而如果在主河道多级蓄水形成水面,汛期运行操作复杂,存在安全隐患,同时水质问题同样难以处理。这两者的需求是矛盾的,需要妥善解决。

项目组对泄洪、景观河道结合的方案,双层河道方案,河道分槽方案,分离河道方案进行了多方位比选,选择了分离河道方案,即泄洪与生态景观河道分离布置,分为内河和外河,外河在城区外侧,以泄洪功能为主,内河布置在主城区侧,以生态景观功能为主。

北川河总布置图见图 10.10-4。

图 10.10-4　北川河总布置图

10.10.3　外河设计

西宁市地形呈现"四山夹三河"的"十"字形分布,市区位于河谷地带,市区的土地资源非常紧张。外河设计防洪标准为百年一遇,流量为 430 m^3/s。为防洪安全,外河需要足够大的过流断面。但洪水是有一定概率的,北川河多年平均流量仅 17.4 m^3/s。在没有洪水来临的其他时段,能否利用部分外河的宝贵土地资源呢? 本次设计创造性地提出"利用河底空间资源,考虑洪水概率,河底生态化"的治理方案,首次尝试在国内打造北方河流的"清溪川"模式。

考虑到不同流量状态的概率性和其呈现的效果及用地资源的紧张状况,设计外河底宽 40 m,河底设子槽,子槽宽 16~25 m,深 1.2 m,可保证夏季一般的流量不出子槽,使子槽两岸滩地成为人们的亲水活动场所;沿子槽间隔设置亲水台阶与景观平台,充分利用河底空间资源;子槽采用格宾石笼防护,在满足较大的抗冲流速下兼具一定的生态性,有利于水生植物生长。两岸采用台阶状分级处理,亲水节点位置降低单级台阶高程,有利于安全疏散。

外河节点处效果图见图 10.10-5。外河护岸见图 10.10-6。

图 10.10-5　外河节点处效果图

图 10.10-6　外河护岸

10.10.4　内河设计

内河为生态景观河道,全长 4.6 km,无防洪任务。在内河的设计中,以景观为主线,生态理念贯穿始终,营造了蜿蜒曲折、跌水、深潭、浅滩等多样化生境,采用了自然石、木桩、自然缓坡等透水、多孔隙的生态护岸型式,为其他物种营造了生存空间,创造了人与自然、与其他物种和谐共生的可持续环境。在岸边 5 m 宽范围内,水深 0.3～0.5 m,可以保证人的亲水安全。

北川河纵坡较陡,由于河道纵比降较大,全段高差约 25 m,为保证景观效果,需要形成水面,设计共布置 6 级蓄水建筑物,采用溢流堰的形式,设计提出"一堰一景"的目标,结合城市历史、周边环境,打造了灵活多样的溢流堰形式,使其成为工程的新亮点。

1#～6#堰效果图见图 10.10-7～图 10.10-12。

图 10.10-7　1#堰效果图

图 10.10-8　2#堰效果图

图 10.10-9　3#堰效果图

图 10.10-10　4#堰效果图

图 10.10-11　5#堰效果图

图 10.10-12　6#堰效果图

10.10.5　滨水景观

滨水地带是城市景观的核心,更是城市文化的展示之地。以生态的视角打造北川河,通过大面积的风景林和生态修复,形成绿色廊道;以"水"为线索,以纯朴大气的高原生态湿地环境为基底,打造西宁周边最大的综合性湿地休闲文化旅游区;以青海和西宁文化为亮点,形成线形的文化展示廊道,最终实现"生态之河、绿色廊道、以水兴城、城河一体"的目标。

沿河景观分区由北向南以历史时间为脉络,整体可以分为五个景观区(园):远古神话园、感悟静思园、河湟史诗园、民族文化园及夏都魅力园。

远古神话园:以远古文化及昆仑文化为线索,讲述远古时期5 000年前马家窑文化及汉代以前的古羌文明,结合中华民族的原始崇拜——昆仑文化的神奇传说,共同演绎中华民族共有的精神家园和文明根基。以祭天圣地、西王圣母、盘古开天、古羌忆事、文明碎片等节点和雕塑一一展示。

感悟静思园:该区以高原生态湿地环境为基底,将现状水面扩大,并形成大小不一的多个岛屿、半岛,增加水体的流经长度和过水面积,一方面,可以利用水生植物来净化水体,吸附水中的氮、磷、钾等元素;另一方面,蜿蜒曲折的水系有利于营造丰富的湿地空间。在湿地西侧,以生态科普湿地展示景观为主,结合木栈道、生态亭廊、观鸟塔等建筑,还原自然的生态湿地环境。湿地东侧以养生休闲为主要内容,以宗教带给人的感悟为主题,根据从各个不同宗教中提取出的共同要素——对宇宙的思索、对人生的思考等精神探索,构建整个园区的支线,将整个园区营造成一片静逸的"心灵圣地"。

河湟史诗园:分别设置了西平初现、铜印鉴古、河湟驿路、烽火连台、墙影昔现、古道交融、文成西行等节点,以历史的发展线索来展示西宁的历史变迁,结合特定时期出现的重大历史事件,展现河湟地区及北川的地域文化,展示西宁深厚的历史积淀及其对中华民族文化史的重大影响,给人以历史的厚重感和身为西宁人的自豪感。

民族文化园:以多族合鸣、水筑圣境、医显五源、草原盛会等节点展现各民族的辉煌历史文化,以及民族和民族之间的团结友爱。

夏都魅力园:以大水面为中心,商业、绿地、广场等沿水边布局,结合上位规划,在水面的西侧滨水地带规划三个多层商业建筑群,在建筑群的南北两侧形成两个大型节点,分别取意于昆仑金镶玉和银镶玉,即灵泉彩韵和会商聚宝。在大水面东侧,与西侧相呼应,形成一个以昆仑玉为主题的大型圆形景观空间。以现代的设计手法、景观元素来展现新时代的西宁魅力。

10.10.6　工程建设实施情况

工程于 2013 年 12 月开工,目前水利工程已基本完工,进入工程验收阶段。河道周边景观工程正在实施,工程初步显现出其环境和生态效益,外河水流湍急,安全地承担了泄洪任务,内河水质清澈,初现生态之河的美丽。

内河、外河实景见图 10. 10-13、图 10. 10-14。1$^{\#}$堰、3$^{\#}$堰实景见图 10. 10-15、图 10. 10-16。

图 10. 10-13　内河实景

图 10.10-14　外河实景

图 10.10-15　1#堰实景

图 10.10-16　3#堰实景

10.11 许昌学院河、饮马河整治工程

10.11.1 项目概况

2013年,许昌市成为全国45个水生态文明建设试点城市之一,为许昌市新一轮的发展带来了契机。《许昌市水生态文明城市建设试点实施方案》提出要以水生态文明建设作为城市发展的指导思想,以水定产业、以水定规模、以水定布局、以水谋发展,以水资源促进社会繁荣,以水生态保护生态安全,以水环境保障可持续发展,形成以水为核心的城市总体发展布局,建设资源高效、环境友好、产业带动、生态自然、环境优美、人水和谐的可持续发展的新许昌。

根据试点实施方案的工作安排,学院河景观提升改造工程依托学院河打造以创新文化为核心的生态景观廊道,展现新时代许昌的新文化和新风貌,进行设施配套和景观节点建设;饮马河景观整治工程以三国文化为主题建成引领城市向北发展的重要文化景观廊道。通过工程措施将学院河、饮马河连通,使连通后的水系具有较好的水动力条件和纳污能力,营造"河畅、湖清、水净、岸绿、景美"的水生态文明城市景观。

许昌市现状河道示意图如图10.11-1所示。

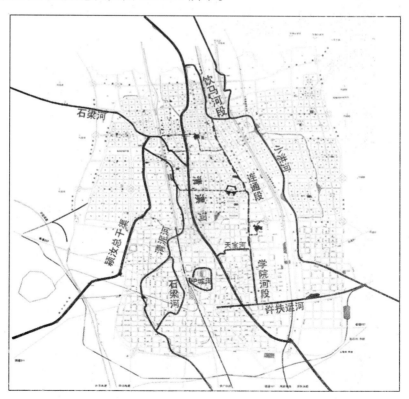

图10.11-1　许昌市现状河道示意图

10.11.2　工程设计目标

工程设计的核心目标是恢复饮马河、学院河完整的生态系统,将其建设成为生态型河流湿地的典型示范区。挖掘饮马河、学院河作为城市生态廊道的重要价值,在优化许昌市整体景观格局中发挥积极作用,成为"与城市共呼吸"的生态之河。在此基础上,充分发挥饮马河、学院河的自然系统服务,使其具有生态恢复、文化展示、休闲游憩及激活周边地块的多种功能。

生态恢复:恢复河流自然生境,提高物种的多样性,建立集河流湿地保护、环境科普教育于一体的生态廊道。

文化展示:通过生态型河流景观,展示水文明城市魅力,传承生态文明理念,建立集展示、传播、参与于一体的文化长廊。

休闲游憩:充分利用河流自然系统,服务广大市民,建立集健身、康体、娱乐于一体的休闲型游憩绿廊。

激活周边地块:利用城市生态廊道带动周边发展,提升城市活力,建立集城市功能、市民生活于一体的活力长廊。

功能分区图见图 10.11-2。

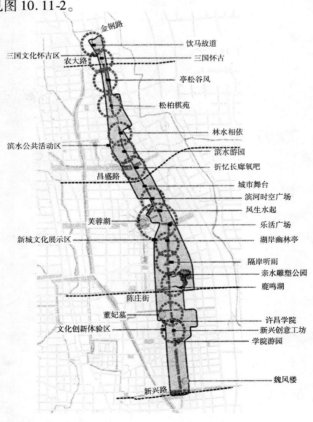

图 10.11-2　工程功能分区图

10.11.3 工程设计理念

工程的总体设计理念为:"蓝色海绵"——依托河流廊道,构建雨洪管理系统,使其成为雨时吸水、旱时储水,有效解决旱涝问题的弹性河道景观系统。在满足河道排涝的前提下,注重对生态环境的保护和人居环境的美化;紧密结合河流两岸土地利用规划及功能区划分,设计科学合理的岸线和多姿多彩的水面形式,使学院河成为一道靓丽的风景线。景观设计需遵循以下具体设计理念。

(1)外部形态:具有生态自然的岸线,能提供雨水滞蓄、气候调节等功能。

(2)内部结构:具有完善的自我调节功能,生态系统结构多样化,能为各种生物提供自然栖息地。

(3)社会服务:具有完善的社会服务与文化展示功能,满足周边居民与使用者的多种休闲运动活动需求。

(4)协调城市发展:通过营造良好的自然环境,完善周边产业发展,带动整体城市形象与品质提升。

"海绵城市"理论图见图10.11-3。

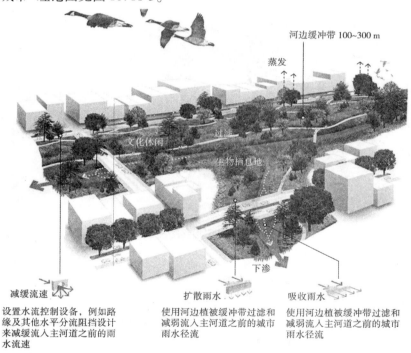

图 10.11-3 "海绵城市"理论图

10.11.4 工程设计

设计采用点、线、面结合的方式构建完整的景观系统,以生态型河流湿地作为廊道的基底,以廊道内连续的慢行系统作为线状要素、宜人的休闲运动场地作为点状要素有序分布在廊道内。

河流营造模拟自然,局部拓宽或增加湿地泡,改变原有河流僵直的形态。丰富河流生境,通过植物设计,创造良好的栖息环境。河流两侧布置自行车道、游憩步道、木栈道等多种游憩道路,形成多样的游憩路径。沿河流设计了多种模式的亲水平台,根据景观特点布置在场地内,提供丰富的亲水空间。在重要景观节点处,设置特色广场,提供游憩休闲空间。

10.11.4.1 护岸设计

采用生态护岸,控制河岸边坡坡度,并利用植物设计提高河岸的生态性与景观效果。

(1)在保证游人安全的前提下,弱化岸线,解除硬质河岸对河水的束缚,使水体与绿地相互交融。

(2)护岸采用自然生态型,缓坡入水,以湿地植物(根据不同地段的用地条件确定湿地的宽度)丰富水际景观层次,同时起到保护岸坡的作用。

(3)在城市段,以亲水平台、卵石河滩、景石(可供人停留休息)等设计元素对岸线进行整体改造,丰富和美化岸线景观,提供亲水机会。

工程鸟瞰图(局部)见图10.11-4。

图10.11-4　工程鸟瞰图(局部)

河道断面图见图10.11-5。

10.11.4.2 清水型水生态系统构建工程设计

为保证水质,在饮马河全段设计了清水型水生态系统,在这个系统中,水生生物群落的构建起到至关重要的作用,工程所构建"水下森林"的植物配置原则如下。

1. 充分发挥水生植物的生态功能

水生植物中大多具有很强的净化水体的作用,可解决水体富营养化的问题。特别要加大浮叶植物和沉水植物的利用,形成良性循环的生态系统,充分发挥其生态功能。同时,开发利用河南区域野生水生植物(成本低廉、生存能力高、繁殖力强,经配置可形成野趣景观),增加水生植物种类,丰富水景。

2. 丰富水生植物的运用形式

在水景中配置水生植物要有一定起伏,应高低错落、疏密有致;水生植物的空间布置、

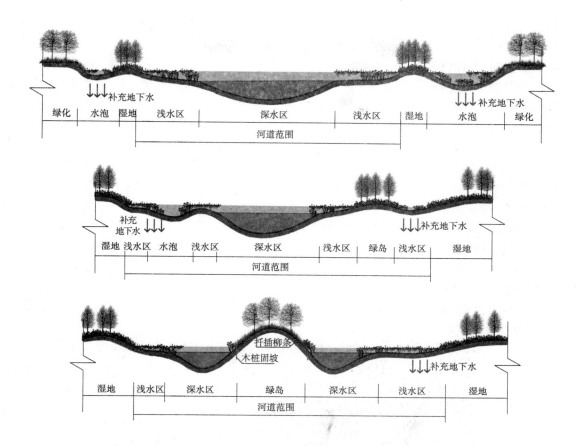

图 10.11-5　河道断面图

色彩搭配要与周围环境相配;水生植物的种类要根据水位变化和水深情况确定。

清水型水生态系统见图 10.11-6。

图 10.11-6　清水型水生态系统

10.11.5 工程特点

10.11.5.1 充分体现了"海绵城市"的理念

建设具有自然积存、自然渗透、自然净化功能的"海绵城市",是生态文明建设的重要内容,是实现城镇化和环境资源协调发展的重要体现,也是今后我国城市建设的重大任务。本设计紧扣"海绵城市"理念,将河道设计定位为"与城市共呼吸"的生态、休闲、文化、活力之河。通过设计模拟自然河流曲折蜿蜒的形态,利用浅滩、湿地创造丰富生境,增加河道自身的水体容纳和自净能力;分流筑岛、利用高差设计跌水,增加水体曝氧量的同时,调整水量均衡,减少水量流失,保证旱季河道水体景观;开挖水泡、增加雨水储备,实现雨季吸水、旱季放水的设计效果,设置水流控制设备和建设河边植被缓冲带来减弱雨水径流,构建城市河道生态缓冲带。通过这一系列的工程措施,实现"海绵城市"构想。

10.11.5.2 构建清水型水生态系统,保证水质达标

本设计以清水型水生态系统为模型,以稳态转换理论为依据,构建清水型水生态系统构架,运用生物操控手段,构建清水态、生物多样、稳定的水生态系统,保证河道水质达标和长效运行,开发利用许昌当地水生植物构建"水下森林",增加水生植物种类,丰富水景。项目通过基地改良工程、沉水植物群落构建工程、浮叶植物群落构建工程、挺水植物群落构建工程、鱼类群落构建工程、大型底栖动物群落构建工程等措施,实现水质指标长效维持在地表水Ⅳ类标准、水体无异味、水质清洁、水色正常、水生生物多样性高的目标。

10.11.5.3 梳理文化脉络,体现人文参与,建立以滨水为纽带的城市开放空间系统

本项目将地域文化要素巧妙地融入场地设计,整条河流形成汉韵新风段、活力体验段、民韵展示段3个主题分区,使河道成为一条串联城市古今人文风情的纽带,彰显古都新貌。通过园路、栈道、亲水平台、休闲节点和运动场地构建游憩网络,串联场地中的生态景观、文化遗产和游憩资源,用具象的景观构筑物弱化历史文化与现代文化的感官跨度,将人文要素与服务功能相结合,并且注重人的使用性和参与性,通过营造城市开放空间,增加人们活动的连续性,引领一种全新的、动态的文化体验方式。

参 考 文 献

[1] 何松云,韦亚芬,杨海军.城市河流生态恢复的研究现状与问题[J].东北水利水电,2005,2(25):44-45.

[2] 董哲仁,等.生态水利工程原理与技术[M].北京:中国水利水电出版社,2007.

[3] 郭瑞娟,徐宗峰.城市生态水利工程分析[J].河南水利与南水北调,2012(16):21-22.

[4] SL 431—2008 城市水系规划导则[S].

[5] GB 50513—2009 城市水系规划规范[S].

[6] GB/T 50594—2010 水功能区划分标准[S].

[7] 王其恒.城市水系规划与治理[M].合肥:合肥工业大学出版社,2013.

[8] 王超,王沛芳.城市水生态系统建设与管理[M].北京:科学出版社,2004.

[9] 李鸿源,胡通哲,施上粟.水域生态工程[M].北京:中国水利水电出版社,2012.

[10] 吴浓娣,张祥伟,高波,等.河流与自然环境[M].郑州:黄河水利出版社,2004.

[11] 邹裕波.景观系统的水系景观规划策略——以唐山环城水系为例[J].中国园林,2013(3):31-36.

[12] 邵高峰.城市滨水地区水系工程规划研究[J].广州大学学报:自然科学版,2012,11(4):62-67.

[13] 欧文昌.城市规划建设中水系规划问题探讨[J].人民珠江,2014(3):36-39.

[14] 黄锰,李光皓,张伶伶.城市内河的"蓝带"激活[J].城市规划,2010(8):93-96.

[15] 何予川,吴海亮,张军梅.城市生态水系的特征要素及其规划[J].人民黄河,2010,32(11):12-13.

[16] 刘谦.城市生态水系规划中加强水系连续性的措施[J].中华建设,2011(8):12-13.

[17] 蒋理,刘晓.城市水系的生态化规划途径[A]//2013中国城市规划年会论文集[C].2013.

[18] 蓝世萍,曾伟先.城市水系规划的实践与思考[J].规划师,2007(9):22-24.

[19] 郝达平,鞠伟,张新星.白马湖周边农作物面源污染控制技术研究[J].安徽农业科学,2014,20(6):192-195.

[20] 许志兰,廖日红,娄春华,等.城市河流面源污染控制技术[J].北京水利,2005(4):26-28.

[21] 陈吉宁,李广贺,王洪涛.滇池流域面源污染控制技术研究[J].中国水利,2004(9):47-50.

[22] 申丽娟,丁恩俊,谢德体.三峡库区农业面源污染控制技术体系研究[J].农机化研究,2012(9):223-226.

[23] 王莹.滇池内源污染治理技术对比分析研究[D].昆明:昆明理工大学,2012.

[24] 董悦,霍姮翠,谢文博,等.上海后滩湿地沉水植物群落系统对底泥的生态修复效应[J].安全与环境学报,2013(2):147-153.

[25] 徐洪文,卢妍.水生植物在水生态修复中的研究进展[J].中国农学通报,2011,27(3):413-416.

[26] 王文广.应用生物生态修复技术治理天津市水环境[J].水利水电工程设计,2013,32(2):23-25.

[27] 朱强,俞孔坚,李迪华.景观规划中的生态廊道宽度[J].生态学报,2005,25(9):2406-2412.

[28] 车生泉.城市绿色廊道研究[J].城市生态研究,2001,25(11):44-48.

[29] 黄玮,王进.从三个实例看城市湖泊水系的改造、重塑与再生[A]//城市规划和科学发展(2009年中国城市规划年会论文集)[C].天津:天津科学技术出版社,2009.

[30] 郭磊,樊贵玲.城市水系改造对城市旅游发展的影响探析——以桂林两江四湖工程为例[J].云南地理环境研究,2008,20(1):97-101.

[31] 钱欣.城市滨水区设计控制要素体系研究[J].中国园林,2004,20(11):28-33.

[32] 李保峰,刘伟.毅城市滨水区复兴——2012新西兰奥克兰滨水区发展规划[J].华中建筑,2013(6):163-166.

[33] 李家星,赵振星.水力学[M].2版.南京:河海大学出版社,2001.

[34] 吴持恭.水力学[M].2版.北京:高等教育出版社,1983.

[35] 李炜.水力计算手册[M].2版.北京:中国水利水电出版社,2006.

[36] 万力,等.生态水文地质学[M].北京:地质出版社,2005.

[37] 易立新,徐鹤.地下水数值模拟:GMS应用基础与实例[M].北京:化学工业出版社,2009.

[38] 王海涛.MIDAS/GTS岩土工程数值分析与设计[M].大连:大连理工大学出版社,2013.

[39] 费康,张建伟.ABAQUS在岩土工程中的应用[M].北京:中国水利水电出版社,2009.

[40] 北京市水利规划设计研究院.当记忆被开启——转河设计画册[M].北京:中国水利水电出版社,2006.

[41] 温明霞,邓卓智.新转河　新理念　新技术[J].北京水利,2004(3):7-8.

[42] Tennant D L. Instream flow regimens for fish, wildlife, recreation and related environmental resources [J]. Fisheries,1976,1(4):6-10.

[43] Covich A . Water in crisis:a guide to the world's fresh water resources[M]. In:Peter HG, et al(eds). Water and Ecosystem. NewYork: Oxford University Press, 1993.

[44] Gleick P H. Water in crisis paths to sustainable water use[J]. Ecological Applications,1998, 8(3): 571-579.

[45] 钱正英,张光斗.中国可持续发展水资源战略研究综合报告及各专题报告[M].北京:中国水利水电出版社,2001.

[46] 贾宝全,张志强,张红旗,等.生态环境用水研究现状、问题分析与基本构架探索[J].生态学报,2002,22(10):1 734-1 740.

[47] GB 50707—2011　河道整治设计规范[S].

[48] GB 50286—2013　堤防工程设计规范[S].

[49] 汤振宇,张德.城市河道景观设计[M].北京:中国建材工业出版社,2006.

[50] 许士国,高永敏,刘盈斐.现代河道规划设计与治理——建设人与自然相和谐的水边环境[M].北京:中国水利水电出版社,2006.

[51] 潘召楠.生态水景观设计[M].重庆:西南师范大学出版社,2008.

[52] 马玲,王凤雪,孙小丹.河道生态护岸型式的探讨[J].水利科技与经济,2010,16(7):744-745.

[53] 许芳,岳红艳.生态型护岸及其发展前景[J].重庆交通学院学报,2005,24(5):148-150.

[54] 侯英杰,城镇生态河道建设中护岸型式及选择[J].水科学与工程技术,2011(02):34-36.

[55] 蔡其华.维护健康长江,促进人水和谐[J].人民长江,2005,36(3):1-3.

[56] 赵彦伟,杨志峰.城市河流生态系统健康评价初探[J].水科学进展,2005,16(3):349-355.

[57] 李国英.黄河治理的终极目标是"维持黄河健康生命"[J].人民黄河,2004,26(1):1-3.

[58] 孙治仁,宋良西.对河流健康的认识和维护珠江健康的思考[J].人民珠江,2005(3):1-5.

[59] 胡春宏,陈建国,郭庆超,等.论维持黄河健康生命的关键技术与调控措施[J].中国水利水电科学研究院学报,2005(3):1-5.

[60] 董哲仁.河流健康的内涵[J].中国水利,2005(4):16-18.

[61] 吴阿娜,杨凯,车越,等.河流健康状况的表征及其评价[J].水科学进展,2005,16(4):602-608.

[62] 耿雷华,刘恒,钟华平,等.健康河流的评价指标和评价标准[J].水利学报,2006,37(3):253-258.

[63] 杨文慧,杨宇.河流健康概念及诊断指标体系的构建[J].水资源保护,2006,22(6):28-30.

［64］任黎,杨金艳,相欣奕.湖泊生态系统健康评价指标体系[J].河海大学学报:自然科学版,2012,40（1）:100-103.

［65］Calow P. Ecosystem not optimized[J]. Journal of Aquatic Ecosystem Health, 1993,2(1):55.

［66］李士勇.工程模糊数学及其应用[M].哈尔滨:哈尔滨工业大学出版社,2004:1-210.

［67］孙雪岚,胡春宏.关于河流健康内涵与评价方法的综合评述[J].泥沙研究,2007(5):74-81.

［68］何兴军,李琦,宋令勇.河流生态健康评价研究综述[J].地下水,2011,33(2):63-66.

［69］北京市水利规划设计研究院.北京奥林匹克公园水系及雨洪利用系统研究、设计与示范[M].北京:中国水利水电出版社,2009.

［70］尹军,崔玉波,等.人工湿地污水处理技术[M].北京:化学工业出版社,2006.

［71］何冰,王延荣,高辉巧,等.城市生态水利规划[M].郑州:黄河水利出版社,2006.

［72］赵昕悦,杨基春,邱珊,等.人工湿地系统研究技术展望[J].东北师大学报,2013,45(12):128-133.

［73］肖凤娟.基于河流生境恢复的河流景观设计[J].福建建筑,2013(4):49-52.